U0224882

居住建筑策划与设计

朱守训　编著

中国建筑工业出版社

图书在版编目（CIP）数据

居住建筑策划与设计 / 朱守训编著．—北京：中国建筑工业出版社，2017.10

ISBN 978-7-112-20968-2

Ⅰ．①居… Ⅱ．①朱… Ⅲ．①居住建筑—建筑设计 Ⅳ．①TU241

中国版本图书馆CIP数据核字（2017）第162464号

责任编辑：徐 冉 张 明
责任校对：焦 乐 张 颖

居住建筑策划与设计

朱守训 编著

*

中国建筑工业出版社出版、发行（北京海淀三里河路9号）

各地新华书店、建筑书店经销

北京京点图文设计有限公司制版

北京利丰雅高长城印刷有限公司印刷

*

开本：880×1230毫米 1/16 印张：23¼ 字数：673千字

2018年1月第一版 2018年1月第一次印刷

定价：198.00元

ISBN 978-7-112-20968-2

（30605）

前　言

衣食住行是人的生活基本需要，而当今人们对住的要求，已经不单单是避风遮雨，更主要是满足现代居住生活的个性化需求，要住得平安、舒适、健康。

新中国成立之初，职工住房都是由国家建设分配给职工居住，后来总是供不应求。20世纪80年代实施改革开放政策，国家不再统管住房，民营房地产企业开始焕发活力，推动全国房地产业的大发展，引发了住房制度的大变革。我们正与大变革时代同步，目睹房地产业翻天覆地的变化，并以建筑师专长投身于其中，深切体验到中国成功地走出一条独具特色的发展道路，让13亿人民解决了住房问题，这是史无前例的伟大实践。当今，准确把握“房子是用来住的，不是用来抄的”的定位，回归住房居住属性，让人民日益增长的美好生活需要更有保障、更可持续。为了实现2020年全面建成小康社会的奋斗目标，尚需共同努力，应确保所有贫困地区和贫困人口都过上安居乐业的生活。

说起安居，“安”是最重要的。唐代杜甫的《茅屋为秋风所破歌》为大家所熟知，诗人的浣花溪畔草堂，在一场暴风雨中被卷走了茅草屋顶，“八月秋高风怒号，卷我屋上三重茅”，随之而来的秋雨，又淋得“床头屋漏无干处”。生活中地震、山体滑坡、泥石流、塌陷等地质灾害，以及台风、暴雨、河水泛滥、冰雪灾等自然灾害时有发生，给居住建筑带来灾难。住房首先要预防和抵抗这些灾害，“风雨不动安如山”。

突发的火灾、触电、燃气爆炸、中毒等也会给人们带来灾难。前段时间英国伦敦西部格伦费尔（Grenfell）住宅大楼发生火灾，是由二楼住户的一台冰箱引发的，大火迅速吞没了整栋大楼，一直烧穿24层屋面，致使多人受伤80人丧生，主要原因是用了不合消防安全的外保温材料。据初步调查英国约有百多栋住宅大楼也使用相似的外墙保温，引起公众广泛的关注。因此为了安全，居住建筑要地基稳固、结构坚固、必须选用符合消防安全要求的设备与材料。

住，一定要住得舒适。现代家庭人口一般不多，只要住得下、分得开，各种功能空间安排合理，适用就好，不宜过于空旷，建筑面积适度为好。人们对住的要求不尽相同，但是一定要自己喜欢，体现自己的生活情趣、文化氛围，构筑一个温馨祥和的家庭。

住得舒适首先要有宜居的环境，新一代住宅应注重回归自然、融于自然，讲究阳光充足、空气清新、环境优美，讲究住得健康。根据世界卫生组织（WHO）的定义，“健康”就是指在身体上、精神上、社会上完全处于良好的状态，而不是单纯指无疾病或不体弱。有关专家将健康住宅定义为，在符合住宅基本要求的基础上，提升健康要素，保障居住者生理、心理、道德和社会适应等多层次的健康需求，营造能使居住者在身体上、精神上、社会上完全处于良好状态的住宅。

评估健康住宅主要包含四个因素：①人居环境的健康性，主要指室内外影响健康和舒适的因素；②自然环境的亲和性，让人们接近和亲和自然是健康住宅的重要任务；③住宅区的环境保护，指住宅区内视觉环境的保护、污水和中水处理、垃圾收集与处理及环境卫生等方面；④健康环境的保障，主要是针对居住者本身健康保障，包括医疗保健体系、家政服务系统、公共健身设施、社区儿童和老人活动场所等硬件建设。作为健康住宅，绿色系统要求更为明确：绿地率≥35%，建筑密度≤25%，绿化覆盖率≥70%，人均公共绿地面积≥$2m^2$/人，硬质景观用地占集中绿地面积的比例≤30%等。

为了实现居住的美好愿望，建筑界、房地产界、市政工程界乃至全社会在这场史无前例的伟大实践中勇于奉献、勤奋工作、不断创新、持续发展，建起广厦亿万间。

《居住建筑策划与设计》是一本居住建筑的专著，共分为绪言、住宅篇、公寓篇、别墅篇、宿舍篇、策划篇、实践篇七个篇章，首先绪言中记载了古代居所的进化与演变，描绘千百年来形成的各地、各民族传统民居的特色，并陈述近代居住建筑的重大发展，书中重点讲述居住建筑四大类别的功能与特性、策划与设计，同时评介国内外居住建筑的精品与新近实例；在实践篇中，记载了作者多个设计实践创作的经历。

作者一直处于建筑设计第一线，现将在居住建筑学的五十多年的研究与实践，日积月累的一些认知和创作体验，在整合国内外有关资料的基础上汇总编写本书，力求全面、系统、精深、严谨。

本书乃作者继2010年8月出版、2015年4月二版的《酒店 度假村开发与设计》后的又一力作。将两书奉献给读者，盼望对建筑师、房地产从业人员、大专院校师生有所帮助，可以从中获得启迪和收益，增添能量！

目　录

绪 言

居住建筑（Residential Building）是指供人们日常居住生活使用的建筑物，通常简称为居所、民居。不同国家、不同地区的民居有着自己独特的民族特色和建筑艺术风格。

居住建筑是城镇建设中数量最大的建筑类型，主要有住宅、公寓、别墅、宿舍四大类。而酒店的客房、医院的病房、疗养院的康复房，虽然也提供一定时间的居住条件，但并不列入居住建筑，而是归属于公共建筑。

居住建筑是以一个家庭居住使用的"户"或"套（间）"为基本单位，按组合方式有独立式（独户居住）和集合式（多户群居）两种。虽然有组合方式与建筑类型不同，但是都要保证分户和私密性，做到独门独户，保障按户分隔、安全和生活方便，防止视线、声音的干扰，不为外人所侵犯。

（一）古代居所的初始与进化

刘敦桢老师（1897-1968）于1956年所著的《中国住宅概说》，论述了中国民居的发展历程，一直评说到近代的各类住宅，是中国第一部全面系统研究传统民居的专著。

1. 人类祖先的栖身之所

距今约50万年的旧石器时代初期，人类祖先都是利用天然崖洞作为栖身之所，考古发现的北京周口店中国猿人遗址是最久远的一处。距今约5万年的旧石器时代的中期，在山西垣曲、广东韶关、湖北长阳以及广西柳江、来宾等地，均发现了人类祖先栖身的天然洞穴。

经过中石器时代到新石器时代，我们的祖先生活在黄河流域一带，除天然洞穴外，也开始尝试动手挖掘洞穴作为居所。据《易·系辞》记载："上古穴居而野处"，穴居较为常见的有两种，即横穴和竖穴，如《礼记》所述："地高则穴于地，地下则窟于地上。"在山西万泉县荆村仰韶文化遗址中，发现了我们祖先最早的居所（图1-1-1），距今约5000～7000年。土穴平面为圆形，上口略小，底径约4m，深3m。在山东日照市两城镇龙山文化遗址中也有同样的发现，多为圆形平面的半地穴式房屋，穴内有柱，以撑起房顶，底径通常为4m，深1m～3m，表面涂有白灰。

图 1-1-1 山西万泉县荆村新石器时代[1]的袋页

在西安半坡村浐河东岸台地上的一处原始社会氏族聚居地遗址，密集着排列四五十座住所（图1-1-2、图1-1-3）。中心位置有12.5m×14m近于方形广场，作为集会、公共活动的场所。区域周围有一条深、宽各5～6m的防卫壕沟，沟外东边是窑场，北边是公共墓地。规划布局颇有章法，这是被发现的我们祖先最早的居住小区，说明他们在长期聚居的条件下已在用料、工具与建造等方面积累了相当的经验。

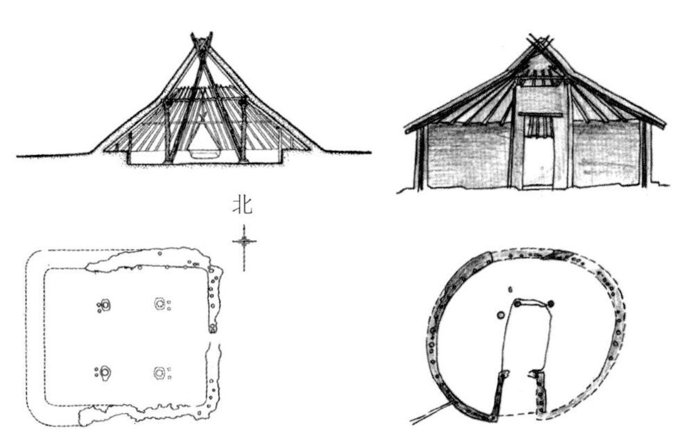

图 1-1-2 西安半坡村圆形住房遗址复原示意[2]

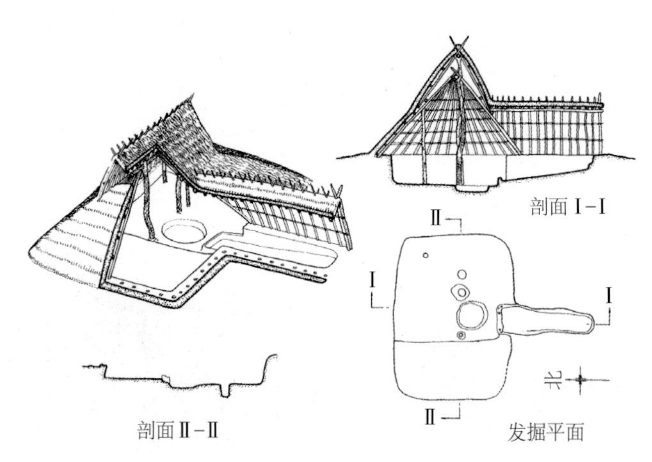

图 1-1-3　西安半坡村方形住房遗址复原示意[2]

南方气候温湿，大片森林中常有猛兽出没，人类祖先为躲避猛兽侵袭，仿鸟巢在树上“构木为巢，以避群害”（摘自《韩非子·五蠹》的记载），创始人就是古代传说中的有巢氏。《礼记·礼运》谓“冬则居营窟，夏则居橧巢。”后来我们的祖先在地面上用木桩、木柱架起“巢居”，成为干阑式建筑的雏形。到 7000 年前，河姆渡人开始建造以木榫卯连接的干阑式建筑。

新石器时代晚期，距今约 3950 ~ 4350 年，居所遗址沿黄河流域分布相当广泛，东起山东、西至青海，遗址大都位于河谷附近的台地上，并形成了聚集定居的村落，当时中国已形成以农业和畜牧为基础的氏族社会。我们祖先已经开始智慧地利用自然条件营造各种穴居，有入地较深的袋穴、坑式穴居与入地较浅的半穴居；也学会了以木架作结构，穴顶用树枝、树叶和泥土铺设，居住的条件得到了改善。

2. 古代居所的逐步进化

（1）夏、商、周时期

在新石器时代晚期、青铜时代初期，约公元前 2070 年，在中原大地上，中国历史上第一个朝代——夏朝诞生了，是由生活在黄河中下游一带的以夏氏族为首的十二个部落组建成的王朝。夏朝第一位君主——禹治理洪水有功，促成各部落氏族的团结，生产有了显著的提高，也改善了生活环境。

夏朝以及随后的商朝（公元前 1600 ~ 前 1046 年）、周朝（公元前 1046 ~ 前 256 年）是中国历史上三个世袭奴隶制王朝。周朝分为“西周”（公元前 1046 ~ 前 771 年）与“东周”（公元前 770 ~ 前 256 年）两个时期。东周时期又称“春秋战国”，分为“春秋”与“战国”两阶段。

夏商周时期，除开挖窑洞作为居所外，人类学会直接在台地上建造房屋。平面多呈方形或长方形，墙底作夯土地基，墙体为版筑墙。版筑墙是一种夯土墙，即在固定的两木板之间填土分层夯实。直到周朝才出现以白灰和土混合成的泥浆涂抹装饰。房顶先以木柱和横向木构件简单组合，逐步发展成以木榫卯连接的木结构。

西周初期学会制瓦，从陕西扶风岐山遗址挖掘中发现，当时瓦只用于高规格建筑的屋脊部位；在岐山周原遗址中发现板瓦、筒瓦，还发现不少装饰檐口的瓦当，当时还是半圆形的。发现时板瓦是青瓦，长度略大于宽度，有大小头之分。直到春秋中期瓦才普遍使用，战国时期百姓住房开始使用瓦屋面，解决了屋顶防雨问题。建筑史学家指出，“瓦的出现是中国古代建筑的一个重要进步”。

春秋时期，对传统居住建筑有了进一步的发展，《周礼》对居室的大小、布局、建筑规格等都有记载，士大夫的居所除居室外还要设专用于招待客人的堂，同时对室内装饰也开始重视。

（2）秦、汉时期

公元前 221 年，秦始皇攻灭关东六国，北击匈奴、南并百越，完成统一大业，建立中国历史上第一个封建王朝，建立中央集权的政治制度，统一文字，统一货币，统一度量衡，“器械同量，同书文字”。

继秦朝后，汉朝（公元前 202 ~ 公元 220 年）成为世界上最先进的文明强国，分为西汉和东汉两个时期，历经 29 帝 405 年。疆域面积达 609 万 km^2，全国人口达六千余万，占当时世界人口的 1/3。自汉朝以后华夏族逐渐被称为汉族，汉朝文化繁荣，科技发达，国力强盛、人民安乐，呈现出一派太平盛世的景象。

砖是由黏土烧制而成，春秋时期已有发现，但作为建材始于秦，当时最常见为青砖，伟大的万里长城即以此砌筑而成。这时，被誉为“周瓦秦砖”的时代到来了，创造了中国砖木结构建筑模式。但是平民百姓由于贫穷，多数还是居住在土筑墙或土坯墙房屋里，仍然采用土木结构直至 20 世纪。

大门是住宅的出入口，设在院墙门洞或门楼下，据《仪礼》记载，士大夫的住宅前设三间阔的门楼，中央开门，左右次间为塾，门内有院。这统一规划，不能逾越。后来城市里出现坊，民宅分布在闾里。窗最早出现在穴顶，用于采光、排烟，现在地上的建筑就改在墙上开窗，采光、换气，像直棂窗、万字花格窗等花样窗还起防护、装饰作用，先是固定式，后再设法做成可开启式。

秦汉期间的住宅，平面有一列式、曲尺式、三合式、前后两进式、日字式等形式，富裕人家多以堂为主，堂后有供起居的房屋，有的还建有后堂，专供招待宾客饮食和娱乐。小型住宅居中开门或偏一侧，稍大些住宅以墙围成院落，或形成三排房的前后院落的布局。大型住宅正门居中，布置门、堂、居室，两侧为附属房间。这时期贵族富裕人家住宅注重与园林相结合，宅院内遍植花草，还重视屋顶与瓦的形式，常选用悬山式与庑殿式，多采用图案花纹装饰。

（二）中国特色的传统民居

中国历史悠久、地域广阔，是56个民族组成的大家庭，在不同地区逐渐形成了各式各样的居住建筑——窑洞、蒙古包、北京四合院、徽派民居、江南民居、竹楼、客家土楼、吊脚楼、藏族碉房等，展现出与大自然相和谐的建筑风貌。而且在建筑的构成、群体的组合、外观造型、平面与院落布局、空间与细部装饰上形成了独特的中国传统特色。

1. 窑洞

中国是一个窑居比较普遍的国家，遍及陕西、山西、新疆、甘肃、宁夏等黄土层较厚的地区，据统计，目前中国的窑居人数仍有四千多万。

窑洞属于生土建筑，是一种特有的民居形式，利用黄土壁立不倒的特性，水平挖掘出拱形窑洞。窑洞一般宽 3.3 ~ 3.7m，高 3.7 ~ 4.0m，进深多为 6 ~ 10m。这种窑洞施工技术简单，节省建筑材料，经济适用，冬暖夏凉，渗透着与自然的和谐。

窑洞一般可分为靠山窑、平地窑，砖窑、石窑和土坯窑几类。有的地方以高大土墙将一组窑洞围起来，以防御兵荒盗贼，俗称为堡子。有些居民在天然黄土壁内开凿横洞，常将数洞相连，在洞内加砌砖石进行内饰。窑洞作为因地制宜的完美建筑形式，还渗透着人们对黄土地的热爱和眷恋。

河南省陕县境内有一种“平地挖坑，四壁凿窑”的独特民居形式，这种地坑式窑洞，称之为地坑院，又被称“地下四合院”。相传在4000年前就有发现，目前尚存近万座。现存在边长 10 ~ 12m、深 6 ~ 7m 的四壁挖 12 孔窑洞，分主窑洞、客窑洞、厨窑洞。平地看去，可谓是“见树不见村，见村不见房，闻声不见人”的建筑奇迹。2011 年，“地坑院营造技艺”入选第三批国家级非物质文化遗产名录。

图 1-2-1 窑洞建筑

图 1-2-3 地坑式窑洞

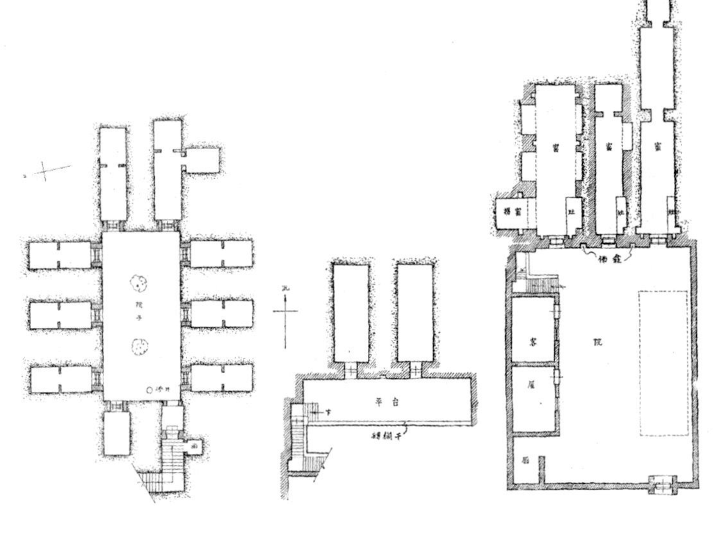

图 1-2-2 河南巩县窑洞建筑平面布置图[1]

2. 北方民居及满族民居

我们的祖先最先在北方宽广的黄河流域地带，开垦置业，繁衍生息。自开创中华文明以来，从夏、商、周到秦、汉，以及隋、唐、宋等大多数都是在北方建都。

（1）北方民居　北方民居大多是篱笆院墙、土木结构的小草房，采用夯土墙和草泥墙作为墙体，木柱安放在天然石基础上，有时还选择灰土加固地基。屋面形式有多种选择，因地制宜，材料上有采用茅草或芦苇，也有选用灰土可上人屋面以供晒谷用。

图 1-2-4　北方民居

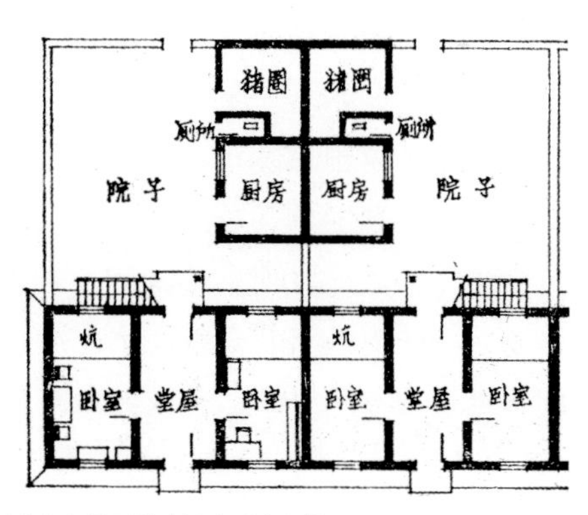

图 1-2-5　山东安丘民宅（左）与陕西礼泉民宅（右）[3]

由于北方冬季寒冷而漫长，以火炕取暖是北方传统民居的一大特色。火炕宽约 1.7 ~ 2.3m，长可随居室面宽而定。炕在北方称为盘炕，其内用砖建炕间墙，炕间墙间有烟道，上覆以较平整的石板，石板上以泥摸平，泥干后再铺炕席就可以使用。炕有灶口和烟口，灶口一般与灶台相连，利用做饭烧柴使火炕受热，烧柴产生的烟最后从火炕烟口通过烟囱排出室外。火炕邻近灶口的位置称为“炕头”，邻近烟口的位置称为“炕梢”，一般“炕头”都供家中长辈或尊贵客人寝卧。

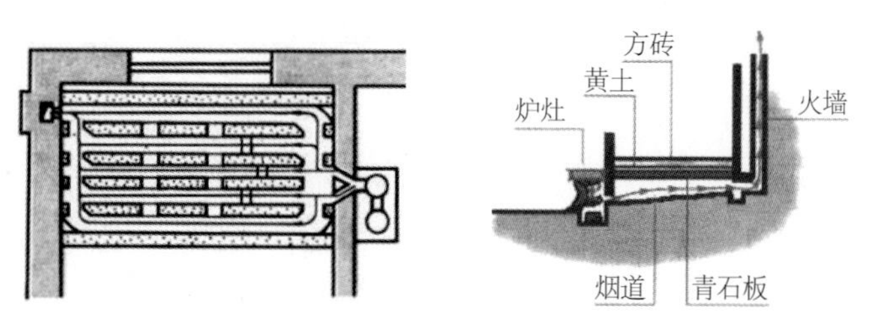

图 1-2-6　传统北方民居的火炕

东北人多是由山东等地迁移过来，仍沿用北方民居方式盖房。有采用片石板或瓦屋面，而在邻近深山老林的地方，则就地取材采用木板墙、树皮屋面，或是垒石墙、片石板屋面，这种民居有一种独特的建筑效果。

图 1-2-7　东北民居

（2）满族民居 满族总人口超过千万，人数居我国少数民族人口的第二位，拥有独特的文化、宗教信仰,其民居建筑不同于其他民族。满族多为群居，朝南行列布置，大多低矮规整，采用硬山屋顶，只是在辽宁中西部一带采用弧形屋顶。采用茅草屋顶时，先将高粱杆编扎在木架上，并抹泥填缝，再层层铺草，久经风雨，呈黑褐色，俗称“海青房”；采用瓦屋顶时，以小青瓦仰面满铺，不同于北京地区采取合瓦垅，以防止雨雪浸蚀瓦垅泥灰。

满族传统民居，一般采取“口袋房”形式布置，便于保暖。“屋高至丈余，独东南扉”，东头的一间朝南开门，是灶房，西侧居室则是两间或三间相连，室内南北炕与屋的长度相等,俗称“连二炕”或“连三炕”。以西炕为尊，南炕为大，北炕为小。南炕居长辈老人，北炕住小辈；西炕则为祖宗神位，墙上供着祖先神板，炕上设摆香案，一般不住人，因是供人起居坐卧的，炕面宽五尺多，家里来人，首先请到炕上坐；平日吃饭、读书写字都是在炕桌上；孩子们游戏也是在炕上。

“草坯房子篱笆寨，窗户纸糊在外，烟囱砌在山墙外，晚上睡觉头朝外”是满族传统民居的写照。不同于烟囱伸出屋顶的通常做法，而设在建筑端头，有时还采取下粗上细的小塔形式，俗称落地烟囱，满语称为“呼兰”。

图 1-2-8 满族民居

3. 蒙古包

为适应游牧生活，易于拆装的窝棚类居所应运而生，蒙古包即是用木枝条编成可开可合的木栅做壁体的居所，用时展开，运时合拢。

图 1-2-9 蒙古包

蒙古包（蒙古语称“格儿”，满语称为“蒙古包”或“蒙古博”）是人们对这种传统住房的称呼。“包”是“家”的意思，古称穹庐，又称毡帐、帐幕、毡包等。通常毡帐直径为 4 ~ 6m，内部无支撑，大型的则需在内部立 2 ~ 4 根柱子。毡帐的地面铺有很厚的毡毯，顶上开天窗，地面的火塘、炉灶正对天窗。传统上蒙古族牧民逐水草而居，每年大的迁徙有 4 次，有“春洼、夏岗、秋平、冬阳”之说，因此，蒙古包在草原地区适合于轮牧走场居住。

蒙古包呈圆形尖顶，是用架木，包括以套瑙、乌尼（即椽子）、哈那（即围栏支撑）、门槛做成骨架，包顶为伞骨状圆顶，四周侧壁用条木编成网状，以两至三层厚毡覆盖围裹而成，并以马鬃或驼毛拧成的绳子捆绑。其顶部用“乌耐”作支架并盖有“布乐斯”,呈天幕状。其圆形尖顶可开有天窗（蒙语“套瑙”），上面盖着四方块的羊毛毡“乌日何”,可通风、采光。以哈那的多少区分大小，通常分为 4 个、6 个、8 个、10 个和 12 个哈那。12 个哈那的蒙古包，面积最大可达 600m^2，在草原也是罕见的。

蒙古包这一闻名于世的建筑民居形式，是亚洲游牧民族的一大创造。在发展过程中形成了两大流派：一种是中国鄂伦春人的传统建筑歇仁柱式（鄂伦春语中为“木杆屋”之意），即尖顶，用兽皮或树皮、草叶子做苫盖。西伯利亚埃文基（鄂温克）人的住屋、美洲印第安人的梯比和北欧萨米人的高阿邸或拉屋等均属这一类型。另一种是蒙古包式，即穹顶圆壁，主要用毛毡覆盖。现在，随着蒙古族游牧习俗向定点放牧或舍饲、半舍饲转变，蒙古族人民几乎完全定居在砖瓦房或楼房里了。

4. 北京胡同和四合院

1271 年元代定都北京，开始大规模规划建设都城，实施“大街制”：“自南以至于北谓之经，自东至西谓之纬。大街二十四步阔，三百八十四火巷，二十九街通。”（载自元末熊梦祥所著《析津志》）所谓“街通”，即今日之胡同，按这一规划建起北京的宫殿、衙署、街区、坊巷和胡同。元大都胡同之间的距离约为70m，是供臣民建造住宅的基地，当时元世祖忽必烈“诏旧城居民之过京城老，以赀高（有钱人）及居职（在朝廷供职）者为先，乃定制以地八亩为一分，分给迁京之官贾营建住”。

同时出现一种传统合院式建筑，称之为四合院，通常由正房、东西厢房和倒座房组成，将庭院合围在中间。它规模也有所不同，可分为大四合、中四合、小四合三种：小四合院一般是南、北房各三间，东、西厢房各二间；中四合院一般是北房五间，三正两耳，东、西厢房各三间，房前有走廊以避风雨；而大四合院习惯称作“大宅门”，南、北房各五间、七间，甚至九间、十一间，一般是复合式四合院，即由多个四合院纵深相连而成。北京四合院是中国民居的典型代表，蕴含着中华传统文化的内涵，是中国建筑的瑰宝。

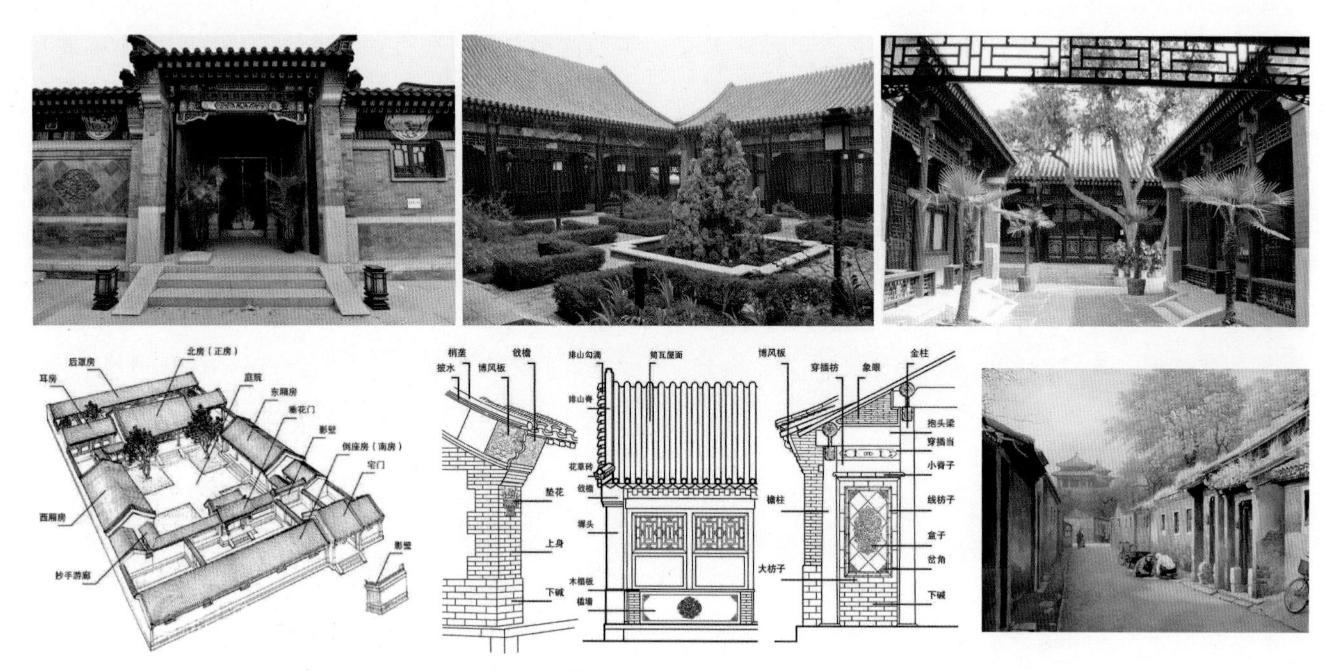

图 1-2-10 北京胡同和四合院

5. 山西平遥古城与山西大院

（1）平遥古城

拥有2700多年的历史，是保存完整的古代县城的原型，素有“中国古代民居建筑的荟萃和宝库”之称，文物古迹保存之多、品位之高，实为国内罕见，1986年被国务院公布为国家级历史文化名城。1997年12月3日，平遥古城被联合国教科文组织列入《世界遗产名录》，平遥古城与云南丽江古城、四川阆中古城、安徽歙县古城并称为中国现存最为完好的“四大古城”。

平遥城三华里见方，城门六道，南北各一，东西有二，形如“乌龟”，头南尾北，所以平遥城又称龟城。平遥县衙建成于元至正六年（1346年），明清时期古城内形成了四大街、八小街及七十二条

图 1-2-11 山西平遥古城

蚰蜒巷，在明清两代五百余年间，城墙历经26次修葺增补，形成了现存规模，即周长6162.68m。

古城主体的民居宅地、商铺作坊，是在15世纪初随着晋商文化中心城市的逐步形成而兴建起来的。清代中叶，古城商业贸易一度兴盛，曾发展为全国的商业金融中心。清道光三年（1823年），“汇通天下”的日升昌票号诞生，被誉为“中国现代银行的鼻祖”，平遥商帮迅速崛起，进一步促进古城贸易的发展。

闻名中外的山西祁县乔家大院是商业资本家乔致庸的宅院，将在本书“住宅篇”中作为“十大古代宅院”之一进行专题评说。

（2）王家大院

随着古城商业贸易的兴盛，一些民宅大院也凸显出来。距平遥古城35km的灵石县静升镇的王家大院，是由王氏家族经明、清两朝历三百余年修建而成的，包括五巷六堡一条街，总面积达25万m^2，成为一座具有文化特色的建筑艺术博物馆，是全国重点文物保护单位和AAAA级景区。

王家大院的整体格局继承了西周以来形成的前堂后寝的庭院风格，既提供了对外交往的空间，又满足了内在私密性的要求，做到了尊卑贵贱有等，上下长幼有序，内外男女有别，且起居功能一应俱全，充分体现了官宦门第的威严和宗法礼制的规整。

图1-2-12 山西王家大院

大院的高家崖建筑群由王氏十七世孙王汝聪、王汝成兄弟俩建于嘉庆元年（1796年）至嘉庆十六年（1811年），面积达19572m^2。建筑群包括大小院落35座，房屋342间，主院敦厚宅和凝瑞居皆为三进四合院，每院除有祭祖堂和两旁的绣楼外，又都有各自的厨院、家塾院，并有共用的书院、花院、长工院、围院。周边堡墙紧围，四门择地而设。大小院落既珠联璧合，又独立成章，多达65道门，连通前后左右的院落。大院的红门堡建筑群建于乾隆四年（1739年）至乾隆五十八年（1793年），总面积为25000m^2，又似依山而建，从低到高分四层院落排列，左右对称，中间一条主干道，形成一个很规整的“王”字造型，同时隐含“龙”的造型。堡内88座院落各具特色，无一雷同。

（3）李家大院

坐落在万荣县闫景村，是清至民国时期晋南首富李子用的宅院，始建于清道光年间，与乔家大院、王

图1-2-13 山西李家大院

家大院并称为“晋商三蒂莲”。整体建筑为竖井式聚财型四合院，同时吸纳了徽式建筑风格，因李子用曾留学英国，部分院落为“哥特式”建筑，是南北融汇、中西合璧、三晋无双的晋商大院，浓缩着传统文化的深厚底蕴，有着极高的文化价值、艺术价值，是全国重点文物保护单位，国家AAAA级旅游景区。

李家大院原有院落20组，房屋280间，现存院落11组，房屋146间，建筑面积为10万m^2。其规模宏大，古朴典雅，构思巧妙，散发出民族传统文化的精神、气质、神韵。

6. 徽派民居

最有代表性的是皖南的两座古村落——西递村、宏村，位于安徽省黄山市黟县。这两座“来自画中的村落”于1999年12月被列入《世界遗产名录》，以其世外桃源般的田园风光、保存完好的村落形态、工艺精湛的徽派民居、高大奇伟的马头墙以及丰富多彩的历史文化内涵而闻名天下。

徽派民居是传统民居建筑的一个重要流派，并非指全部安徽民居，而是指古徽州地区，即如今黄山市所辖的屯溪、徽州、黄山三区和歙县、休宁、黟县、祁门四县，以及宣城市绩溪县和江西省婺源县的民居。在形成过程中，受到独特的地理环境和人文观念的影响，反映了徽州的山地特征，显示出鲜明的区域特色，在造型、功能、装饰、结构诸多方面自成一格。明代中叶以后，随着徽州缙绅和商业集团的崛起，徽派园林和民居建筑亦同步跨出徽州本土，在大江南北的大城镇扎根落户，如江苏的扬州、南京，浙江的杭州、淳安、金华，江西的浮梁、景德镇等地，包括皖南部分地区如宣州等也受其影响，全都成了泛徽地区。但皖北和江淮地区却与此不同。

徽派民居为多进院落式集居形式（小型者以三合院式为多），一般坐北朝南，倚山面水，讲求风水价值。布局以堂屋为中心，以中轴线对称分列，面阔三间，中为厅堂，两侧为室。厅堂前方有天井，采光通风，院落相套，形成了纵深自足型家族生存空间。民居外观整体性和美感很强，高墙封闭，马头翘角，墙线错落有致，黑瓦白墙，色彩典雅大方。在装饰方面，徽州民居的“三雕”之美令人叹为观止，青砖门罩、石雕漏窗、木雕楹柱与建筑物融为一体，堪称徽式民居的一大特色。

当今徽派民居依然充满生机，徽式新建筑群不断涌现，作为一个传统建筑流派，融古雅、简洁与富丽于一身的徽式建筑仍然保持着独有的艺术风采。

图 1-2-14　徽派民居　西递村

图 1-2-15　徽派民居　宏村

图 1-2-16　徽派民居

7. 江南民居

距今约七千年的河姆渡先民们在江南这块土地上生息，传承着民族生活方式。在商代，江南形成了初具规模的民居聚落，从汉代起，这里开始居住官吏，唐代时期已形成了相当规模的官宅。随着南宋建都杭州，江南在政治、经济、文化上都有了空前的发展。到了明清，江南已成为全国经济、文化最发达的地区，达官显贵、地主富商、文人雅士纷纷选择此地建宅。更多的是小桥流水的民宅，粉墙黛瓦，青石为基，门泊小舟，置身与此，仿佛穿越千年，流散在才子的诗画意境之中。

杭州灵隐法云弄民宅[9]

吴兴甘棠桥民宅[9]

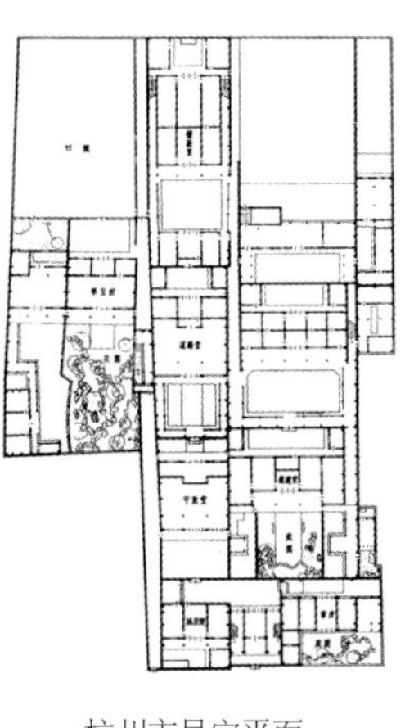

绍兴仓桥直街民宅[9]

杭州市吴宅平面

桐庐临江民宅[9]

图 1-2-17 江南民居

江南民居是传统居住建筑的重要组成部分，一般临水而建，前门通巷，后门临水，每家自有码头，供洗濯、汲水和上下船之用，形成了江南水乡的特色。其平面布局与北方民居大致相同，坐北朝南，大门多开在中轴线上，迎面正房为堂屋，以堂屋为中心的四合房屋围成内院。院内后面常建有二层楼房，也是在沿河的有限空间中扩大面积与改善环境的一个手段，以适应当地人口密度较高，要求少占农田的特点。

江南民居多采用砖木结构，采用木构架，不用梁，而以柱直接承檩，以砖、石或土坯砖砌作护墙，特别是内外墙体多选用砌筑空斗墙或编竹抹灰墙，墙底部常砌片石，墙面多粉石灰或黄泥砂浆，刷成白色。二层为木地板与围栏结构，采用稻草或小青瓦屋顶并出檐落水。屋顶内侧坡的雨水从四面流入天井，所以这种住宅被称为“四水归堂”。厅堂内部依据使用目的的不同，用传统的罩、隔扇、屏门等自由分隔。

室内地面平铺石板，以起到防潮的作用。梁架仅作少量精致的雕刻，不施彩绘，外露的木构部分采用木材本色或褐、黑、墨绿等颜色，与白墙、灰瓦相映，色调雅素、明净，与周围自然环境结合起来，形成了景色如画的水乡风貌。

四水归堂式住宅的个体建筑以传统的“间”为基本单元，房屋开间多为奇数，一般三间或五间，每间面阔 3 ~ 4m，进深五檩到九檩，每檩 1 ~ 1.5m，各单体建筑之间以廊相连，和院墙一起，围成封闭式院落。为利于防火，相邻民居以高高的马头墙（因形似马头而得名）隔开，在发生火灾时隔断火源。向河面延伸的空间过大时，就在底部设立支柱，形成吊脚楼形式。屋顶上铺瓦，形成水乡民居双层重檐的结构。

8. 客家福建土楼

相传西晋永嘉年间（公元 307 ~ 312 年），由于北方战乱、河水泛滥、大旱和蝗灾，中原居民大量举族南迁，唐末（9 世纪末）以及南宋末年（13 世纪末）又有大批移民南下到赣、闽、粤东及粤北等地，为别于本地人，称之为“客家人”。

客家人，在背井离乡的过程中，历经千辛万苦，流离到闽粤赣三省边区，多数群居在偏僻的山区，条件十分艰苦。客家人总要聚居在一起，形成客家民系，营造“抵御性”的城堡式建筑，防野兽，抗盗贼，抵挡当地人的袭扰，形成了独具特色的建筑形式——土楼。其中以福建龙岩永定、漳州南靖的土楼最为有名，例如永定县的高北土楼群、洪坑土楼群、初溪土楼群和衍香楼、振福楼，南靖县的田螺坑土楼群、河坑土楼群和和贵楼、怀远楼，华安县的大地土楼群。现存方形、圆形、八角形和椭圆形等形状的土楼共 8000 余座，规模之大，造型之美，既科学实用，又独具特色。中国客家民居建筑“福建土楼”于 2008 年被联合国教科文组织列入《世界遗产名录》。

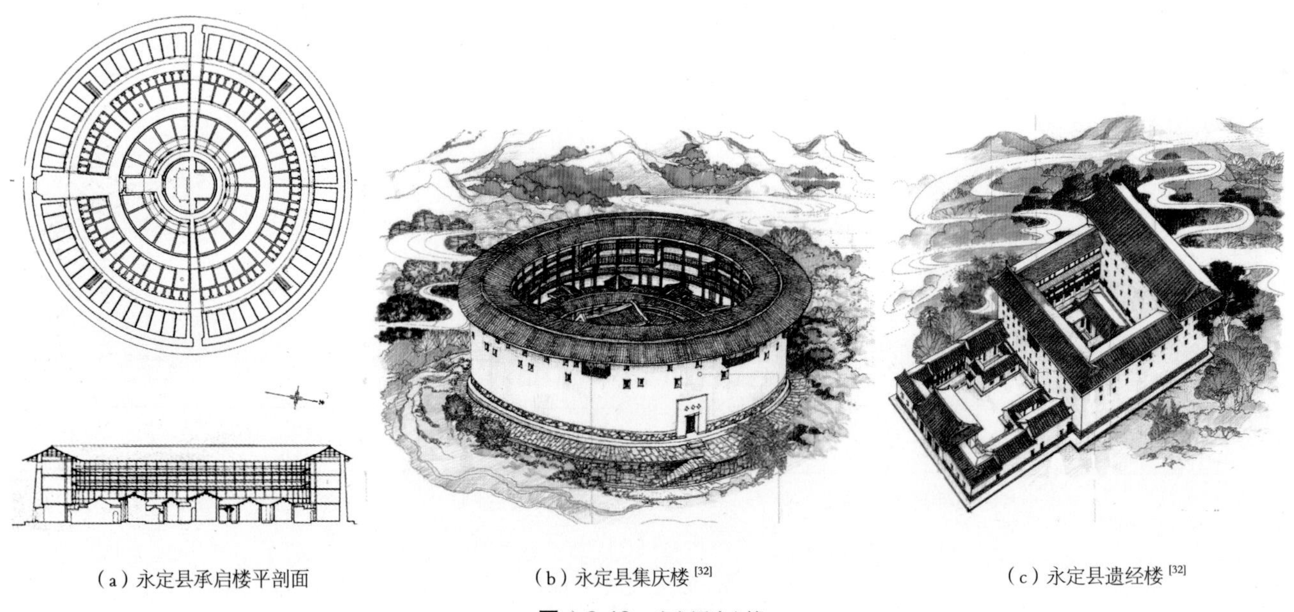

（a）永定县承启楼平剖面　（b）永定县集庆楼[32]　（c）永定县遗经楼[32]

图 1-2-18 客家福建土楼

土楼多为圆形，最大的圆楼直径为 82m，最小的是洪坑村的“如升楼”，直径为 17m。最古老的是高头乡高北村的“承启楼”，始建于明崇祯年间，清康熙四十八年（1709 年）才建成，直径 73m，由四个同心圆环建筑组成，总占地面积 5376.17m^2，底层土墙厚 1.5m，到顶部第四层的土墙厚 0.9m，楼高 12.4m。楼内最多时曾居住 80 余户，有 600 多人。由于方形土楼具有方向性，四角较阴暗，通风采光条件不好，于是客家人设计出了通风、采光良好的圆形土楼。

土楼中心处为家族祠院，向外依次为祖堂、围廊，最外一环住人。整个土楼的所有房间大小一致，面积约 10m² 左右，共用楼梯。客家土楼的墙体是按一定比例的砂质黏土和黏质砂土混合以夹墙板夯筑而成，也有少数以土坯砖砌墙，并以大块卵石筑基，其高度设计在最大洪水位以上。墙顶出挑达 3m 左右的大屋檐，以防雨水侵袭。土楼群的奇迹，充分体现了客家人的集体力量与高超智慧。

客家人另一种聚族而居的形式为“围拢屋”，是由中原地区的大院发展起来的，多依山势缓坡而建，亦颇具特色。

围拢屋外修建一道或高或矮的墙，称为“照墙”，大门设在中轴线上，建筑由堂屋和横屋组成，多为单层，也有两层的，有单门楼二横式、双堂一横式、双堂二横式和角楼式等不同的平面布局，后面则是半圆形围屋，内设有水井。照墙前是平坦的空地，供晒谷与活动用，被称为“和坪”，再前方为半月形池塘。

图 1-2-19 广东梅县客家围拢屋[32]

9. 闽南民居

闽南方言把住房称为厝（音：cuò）。闽南民居汲取了中国传统文化、闽越文化和海洋文化的精华，“红砖白石双坡曲，出砖入石燕尾脊”是闽南建筑特色的形象表述，主要分布于福建的泉州、厦门、漳州、莆田等地，以及隔海相望的金门地区。

闽南民居沿袭北方汉族传统民居的共同特点：坐北朝南，以堂屋、庭院为中轴线，有三、五开间，两边对称、横向扩展布局。闽南方言称“进”为“落”，进深有二落、三落、五落不等；建筑采用穿斗木构架作为承重结构。而闽南民居的显著特点是以红砖红瓦作为基调主色，多采用硬山屋顶，弯曲起翘的燕尾式屋脊。

闽南民居外墙由勒脚、墙身与檐边三个部分组成：勒脚（包括角碑石础）多采用白石和青石；墙身采用实砌砖石外墙，所不同的是红砖和青石协调地混砌组合，在混合中隐藏着艺术化的图式，以及窗柱缕花的点缀配合，形成红砖青石相间的“出砖入石”视觉效果；檐边一般采用浮雕形式，用泥塑彩绘，以云、水、龙、凤、花卉、如意、葫芦等喜庆图形或辟邪形象，通过一些诸如绶带飘动流转统一起来，具有一种更强的亲和力。

图 1-2-20 金门地区的传统闽南民居

10. 湘西凤凰古镇与吊脚楼

凤凰古镇因背依的青山酷似一只展翅欲飞的凤凰而得名，夏商周以前为“武山苗蛮”之地，秦昭王（公元前277年）建黔中郡，成为统一中原后的36郡之一，汉高祖时更名为武陵郡，唐宋时又属麻阳县，辛亥革命后（1912年）改称凤凰县，1957年划归湖南省湘西土家族苗族自治州，2001年被授予“国家历史文化名城”称号，国家AAAA级景区，由苗、汉、土家族等28个民族组成，少数民族人口占70%以上，为少数民族聚居地。

古城民居大多依山傍水住房多采用吊脚楼形式。吊脚楼源于古代的干阑式建筑，是鄂、湘、渝、黔土家族地区普遍使用的一种民居建筑形式。吊脚楼的形式多种多样，有以下五种类型：

（1）单边吊，也称“一头吊”或“钥匙头”，是最普遍的一种形式，其特点是正屋一边的厢房伸出悬空，下面用木柱支撑。

（2）双头吊，即在正房的两头皆有吊出的厢房，常常单吊和双吊共处一地。

（3）四合水式，其特点是将正屋两头厢房吊脚楼部分的上部连成一体，形成一个四合院，两厢房的楼下即为大门。

（4）二屋吊式，即在一般吊脚楼上再加一层，单吊、双吊均适用。

（5）平地起吊式，单吊、双吊皆有，主要特征是建在平坝中，按地形本不需要吊脚，却偏偏将厢房抬起，用木柱支撑。支撑用木柱所落地面和正屋地面平齐，使厢房高于正屋。

吊脚楼中间为堂屋，供奉祖先神龛，是家族祭祀的地方，一般为横排四扇三间，三柱六骑或五柱六骑。楼下四面皆空，多作牛、猪等牲畜棚及储存农具与杂物。

11. 丽江古城与纳西族民居

丽江古城位于云南省丽江市纳西族自治县，始建于宋末元初时期（13世纪后期）。古城地处云贵高原，海拔2400余米，这里山高谷深，峰奇谷秀。

古城中保存有大片明清建筑特色的民居建筑，多数为土木结构，布局形式有三坊一照壁、四合五天井、前后院、一进两院以及两坊拐角、四合院、多进套院、多院组合等类型。三坊一照壁和四合五天井是丽江纳西民居中最基本、最常见的形式，既讲究结构布局，又追求雕绘装饰，外拙内秀，玲珑精巧，被中外建筑专家誉为“民居博物馆”。

在结构上，一般正房一坊较高，方向朝南，面对照壁，主要供老年人居住，东、西厢房略低，由晚辈居住，天井供生活之用，多用砖石铺成，常以花草美化。如有临街的房屋，居民会将它用作铺面。“城依水存、水随城至”，是古城建筑的一大特色。

图 1-2-21　湘西凤凰古镇吊脚楼

图 1-2-22　丽江古城与纳西族民居

12. 干阑式建筑

干阑式建筑主要分布在中国西南部的云南、贵州、广东、广西等地区，为壮族、傣族、景颇族等少数民族的住宅形式，一般用竖立的木桩或竹桩构成高出地面的底架，上架横梁，再铺板材，然后在木板平台上立柱架梁承托起住房。考古发现中最早的是在浙江余姚河姆渡遗址出土的干阑式建筑，是古时流行于南方百越族的居住区。

这种建筑以竹木为主要建筑材料，两层高：下层多用作碾米场、贮藏室及杂屋，放养家禽；上层前部有宽廊和晒台，后部为堂和卧室。屋顶为歇山式，坡度大，出檐深远，可遮阳挡雨，这种建筑更适合潮湿多雨地区的人们居住，可防止虫、蛇、野兽的侵扰，至今西南一些少数民族地区尚采用这种古老的建筑形式。

壮族喜欢依山傍水而居，在青山绿水之间，点缀着一栋栋木楼，构成独特的壮族传统民居。壮族称屋为“干阑”，一般设计巧妙，用料精致，工艺颇高，主要有全阑式、半阑式和平房三种形式，自一幢三间、五间、七间，以至一幢九间，以三开间平房民居形式为多。木楼上前厅用来举行庆典和社交活动，两边厢房住人，后厅为生活区。屋内生活以火塘为中心，每日三餐都在火塘边进行。

壮人素来注重村落环境的选择，许多村寨有“村前一曲水，村后万重山”之美，体现出壮族建设优秀环境村落的文化观念。因此，壮族乡村多以围墙绕村，绿树成荫，村前都有几棵大榕树，以象征人畜两旺。

图 1-2-23 干阑式建筑

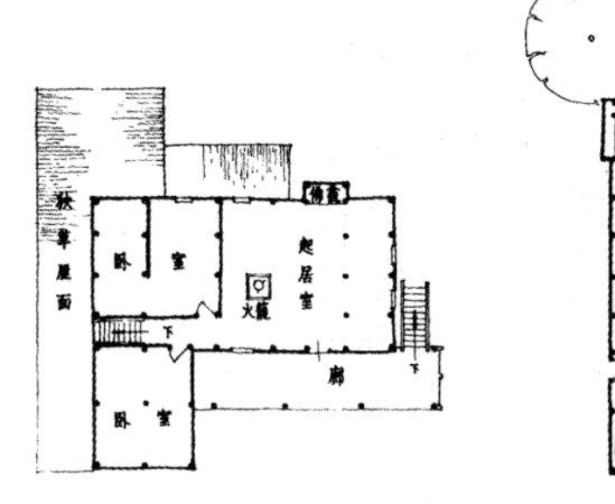

图 1-2-24 云南瑞丽县万楼傣族干栏式建筑平面图[2]

13. 傣族竹楼与景颇族矮脚竹楼

云南西双版纳是傣族聚居地区，属热带雨林气候，降雨量大。由于这里盛产竹子，住宅多用竹子建造，一般为上下两层的高脚楼房，被称为傣族竹楼，属于干阑式建筑，建造竹楼已有1400多年的历史。它的房顶呈“人”字形，“人”字形房顶易于排水，高脚是为了防止地面的潮气。

傣族喜欢独家独院，当孩子成人娶亲时便有新的院落出现。建造新竹楼时全寨人都会来帮工，送草排，赠青竹，因此建房相当快，一幢楼一两天即可竣工。新楼落成，男女老幼前往祝贺，傣族人民喜爱的“赞哈”，更是以自己的歌声，祝福主人迁入新居后的美满生活。

干阑式竹楼也是云南景颇、佤、苗、哈尼、布朗等少数民族的主要民宅形式。云南景颇族聚居的山区，海拔一般在1500～2000m左右，年平均温度为18～24℃。景颇族和其他民族一样，多选择在向阳平缓、依山傍水的地方建房，草顶的“矮脚竹楼”多建于斜

图 1-2-25 傣族竹楼

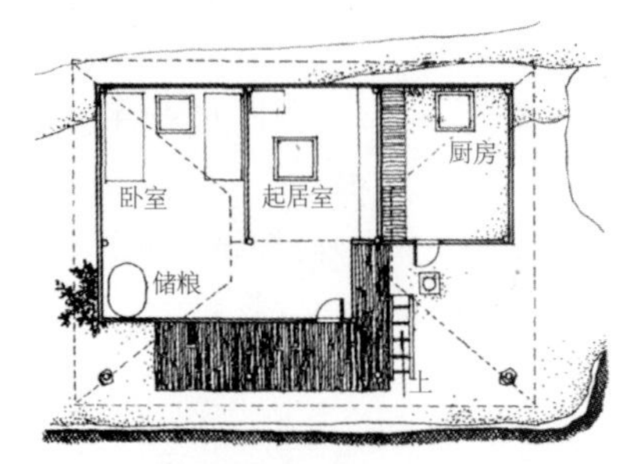

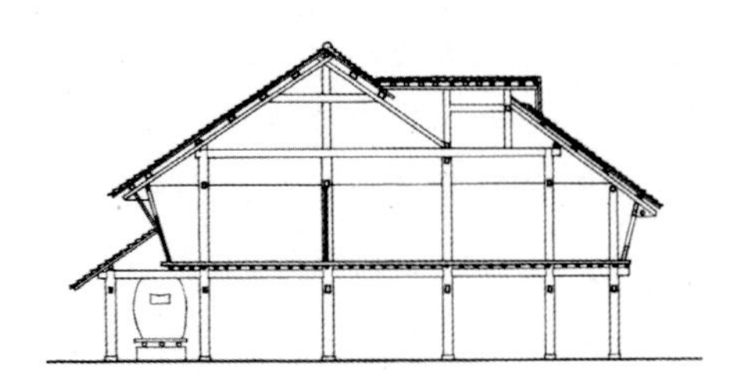

图 1-2-26 景颇族的矮脚竹楼[2]

坡上，一边接地，一边架空，楼上住人，楼下饲养猪鸡，大牲畜则另建厩栏。墙、梁、楼板、椽子、护栏、楼梯和床凳，都使用竹子建造。竹楼的后院场地开阔，溪水环绕，可种菜培竹、栽花育果，有的人家还有水井。

长脊短檐架空低矮的干阑式景颇族竹楼，不论在外形上还是在室内空间的分隔上都在云南少数民族民居中独树一帜，并以其别具一格的建筑形式，向人们展示了该民族的居住文化。景颇竹楼一般有3种：一是全楼式，即整间房子，所有人都住在楼上。景颇族有的人家弟兄几个都结婚生娃了还不分家，人多时达二十多口。这样的人家住的竹楼就不是三格，而是四格、五格、六格，有八九个火塘，楼下大多是一人多高的空间。二是半楼式，即竹屋的一半用作楼屋，另外一半用作伙房，或是支上一副脚碓，或者用来堆放秋粮。三是田棚窝铺，用来守卫庄稼，或用来煮饭和休息。上楼的人一律脱鞋，以保持清洁。

14. 广西侗寨

侗族民间有"建寨先楼"之说。每个侗寨至少有一座鼓楼，有的侗寨多达四五座。过去鼓楼都悬有一面牛皮长鼓，平时登楼击鼓，召众议事，发生火灾、匪盗时也击鼓呼救。一寨击鼓，别寨应声，照此击鼓。就这样一寨传一寨，很快传到深山远寨，鼓声所及，人们闻声而来。

侗寨鼓楼是侗族人民的标志，也是侗族人民团结的象征。外形像个多面体的宝塔，一般高20多米，11层至顶，全靠16根杉木柱支撑。楼心约10米见方，中间用有石砌大坩埚，四周有木栏杆，设有长条凳，供歇息使用。楼的尖顶处筑有葫芦或千年鹤，象征侗寨吉祥平安，楼檐角凸出翘起，给人以玲珑雅致，如飞似跃之感。

图 1-2-27 广西侗寨

贵州从江增冲鼓楼建于清初，距今有300年历史，宝塔外形如双葫芦顶，楼高25m，占地面积160m^2。内有四大柱，每根直径为0.8m，高15m，每柱之间距离为3.6m，构成高耸的锥形方架，为鼓楼的栋梁骨干部分。内部四大柱的外围3m处，竖有8根高

图 1-2-28 贵州从江增冲鼓楼

3.5m 的支柱，将四大柱团团围住，并以穿枋与内四柱相连，呈辐射状。再叠上数层，每层则用 8 根短瓜柱支撑，依内四柱将穿枋逐层缩短，紧密衔接，竖到第 11 层。四大柱的上面即第 11 层的上面，另立有两层八檐八角的伞顶宝塔，为鼓楼的顶部。

15. 黔东南苗族村寨

中国的苗族人口接近 900 万人，贵州黔东南苗族侗族自治州有苗族村寨 1500 多座，180 多万人，是苗族聚居地。雷山县的西江千户苗寨则是全国最大的苗寨，被誉为“苗都”，苗族西氏支系就居住在河流谷地的坡地上，清澈见底的白水河穿寨而过。西江居住有 1285 户 6000 余人，苗族占 99.2%。木质吊脚楼依山而建，层层相叠，鳞次栉比，气势恢宏，在这层层叠叠、高低错落的苗寨深处，隐藏着太多的传奇。

图 1-2-29 黔东南苗族村寨

黔东南是联合国确定的人与自然多样性生态文化保护遗产圈，全球仅存的八个生态博物馆之一，是联合国教科文组织推荐的世界十大“返璞归真，回归自然”旅游首选地之一，是世界原生文化遗产的稀世之珍，是人文遗产资源和自然遗产景观资源的聚宝盆。

16. 回族民居

回族是全国分布最广的少数民族，分散在各地的回民围寺而居，清真寺的周围就是一个回民居住小区，或是一个教坊，形成了大分散、小集中的居住格局。例如北京城内就有几处，牛街就是一个著名的回族聚居地，还有北海公园附近、西单牌楼、通州等地都是回族聚居地。

宁夏回族自治区地处西北，黄河上游，全区 590 万人，其中回民占 1/3，是中国最大的回族聚居地。南部为黄土高原，六盘山地，北部是被誉为“塞上江南”的宁夏平原，大陆性气候特征明显，年降水量只有 200 ~ 500mm，气候寒冷，温差大，冬春干旱多风沙，盛行偏北风，因此，住宅一般不开北窗。为保温防寒，采取厢房围院形式，且房屋紧凑，屋顶形式为一面坡和两面坡并存。

回族民居有三种类型：

第一种：根据自然条件和地形特征，人们大多住窑洞，回民称为“崖窑”，小则三孔窑，大则五孔窑、六孔窑。土质坚硬的窑洞一般深 12m 左右，宽 3 ~ 4m，高 3m 有余。回族窑洞一般中间为主窑，或称客窑、大窑，边孔为火窑，供做饭和居住用。洞口多用土坯、砖石砌筑，并镶一门两窗或三窗。窑外上侧通常挖一个高 2m 左右、深 4m、宽 2m 左右的窑洞，回民俗称“高窑子”，为回族人念经礼拜的地方。

第二种：在地势较平坦的地方，用土坯和黄草泥垒窑洞，回民称之为“箍窑”。箍窑技术性较强，箍完后整个窑呈尖圆拱形，好似牛脊梁。最后外抹一层黄土和麦草粗泥，晾干后再抹一层黄土和麦衣的细泥，使其光滑照人。箍窑

图 1-2-30 回族民居

比较坚固，一般可住几十年乃至百年，但每隔三五年需要在窑的外面抹一层泥，避免阴雨塌落的危险。箍窑一般并排修三五孔，其外形独特、美观。

第三种：俗话说“回族有钱盖房，汉族有钱存粮”，说明回民经济富裕后首先想到的是改善居住条件，多选择地势平坦、日光好、清洁和用水方便的地方。黄土高原的回民盖房多选向阳山坡或避风处。房屋形式有土木结构平房、前后两坡砖瓦房、前坡砖瓦房或二层楼房等。

回族家庭多悬挂阿拉伯文对联、字画，《克尔白清真图》较为常见，还有一种用竹笔蘸墨汁书写的阿拉伯文“堵阿儿”（祈祷词），这是回族人民喜闻乐见的艺术佳品。

17. 藏族民居

藏族民居是一种用乱石垒砌或土筑的房屋，高3～4层，因外观很像碉堡，故称为碉房。《后汉书》中有记载，在汉元鼎六年（公元111年）以前碉房就已存在。碉房是中国西南部的青藏高原以及内蒙古部分地区常见的民居形式。

藏族民居的墙体下厚上薄，外形下大上小，建筑平面较为简洁，多为方形平面，也有曲尺形平面。因青藏高原山势起伏，一般占地面积较小，而向竖向发展，底层养牲口和堆放饲料、杂物，二层布置卧室、厨房等，三层设有经堂。由于藏族信仰藏传佛教，诵经拜佛的经堂占有重要位置，都设在顶层，神位上方不能住人或堆放杂物。西藏那曲民居外形是方形略带曲尺形，中间设一小天井。

藏族民居色彩朴素协调，基本保持材料的本色：泥土的土黄色，石块的米黄色、青色、暗红色，木料部分也涂上暗红色，与明亮色调的墙面屋顶形成对比。粗石垒造的墙面上有成排的上大下小的梯形窗洞，窗洞带有彩色的出檐，精致的木窗与窗框作重点装饰，与大面积的厚宽沉重的石墙形成对比，既给人以稳重感又使外部风格雄健，在高原强烈的日光照耀下，民居显得格外耀眼，粗犷而凝重。

这里要特别提到丹巴，位于四川省甘孜藏族自治州东部，东与阿坝州接壤，南与康定县交界，秦汉时为西羌领地，唐、宋、元时期由吐蕃所据。丹巴古碉楼的历史可追溯到秦汉时期，称“邛笼”，源自羌碉，据不完全统计，如今尚存古碉166座，最

图 1-2-31 藏族民居

图 1-2-32 丹巴藏寨与碉楼

早修建于唐代，最迟为清朝，古碉一般高20余米，最高达50m，内建楼10至20余层，可容上百人，丹巴藏寨古碉群已列入国家申遗清单。

《西游记》中的女儿国就取材于丹巴美人谷，被称为“东女国故都”。丹巴处于长江上游，属高山峡谷型地貌，自然风光神奇、美丽。藏寨通常以红、白、黑三色装饰，黑色代表土地，白色代表天空，红色代表阳光，漂亮艳丽的丹巴藏寨坐落于山涧谷地，被誉为“中国最美丽的乡村”。

18. 维吾尔族民居

中国西北的新疆维吾尔自治区是一个多民族聚居地区，其中以维吾尔族为主，人口约占全区的2/3。维吾尔族传统民居以土坯建筑为主，多为带有地下室的单层或双层拱式平顶房。一般分前后院，前院为生活起居用，院中引进渠水，栽植葡萄和杏等果木，既可蔽日纳凉，又可收获葡萄和葡萄干，当地人喜爱在庭院或外廊摆设茶具，接待客人。后院是饲养牲畜和积肥的场地，院内有用土坯块砌成的拱式小梯通至屋顶，还有以土坯块砌成镂空花墙的晾房，作晾制葡萄干用。北疆的昌吉、伊犁等地区，降雨量较大，民居的土坯墙就多用砖石作基础和勒脚，

图 1-2-33 维吾尔族民居

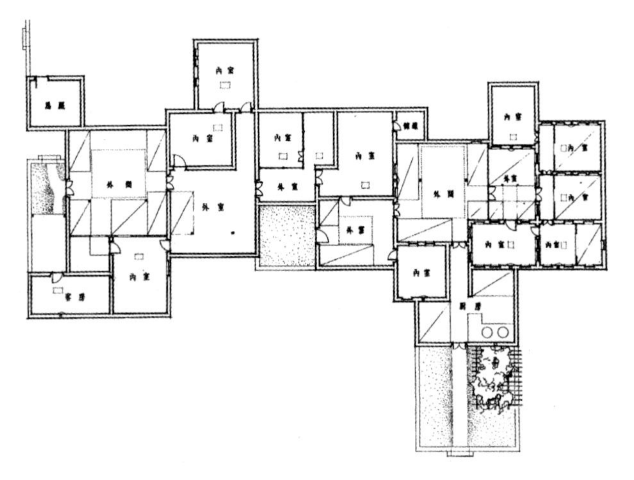

图 1-2-34 和田县维吾尔族民居实例 [21]

图 1-2-35 维吾尔族阿以旺式民居

并在基础与墙身结合处铺一层苇箔作防潮层；而吐鲁番盆地基本全年无雨，墙体全用土坯砌筑。

阿以旺是新疆维吾尔族的另一种住宅形式。这种房屋连成一片，庭院在四周。带天窗的前室称“阿依旺”，又称“夏室”，作起居、会客等多种用途；后室称“冬室”，为卧室，通常不开窗。住宅的平面布局灵活，室内设多处壁龛，墙面大量使用石膏雕饰。

新疆人多信仰伊斯兰教，为了举行宗教仪式活动和接待亲友，每户通常都有一间上房，一般在西面，最少是两开间，约30 ~ 40m^2。房中有一个通长的大火坑，火坑对面的墙壁悬挂着《古兰经》字画或麦加圣地图画，便于老年人做礼拜。维吾尔族喜好清洁，重视沐浴，在没有渠水的地方，几乎每户都在庭院自打一口井，并严格保护水源，使其不受污染。

19. 云南“一颗印”民居

“一颗印”民居形式是云南彝族和汉族先民共同创造的，湖南、陕西、安徽等地也有相似的形式，由于实用紧凑，占地较小，很适合用于人口稠密、用地紧张的地方。

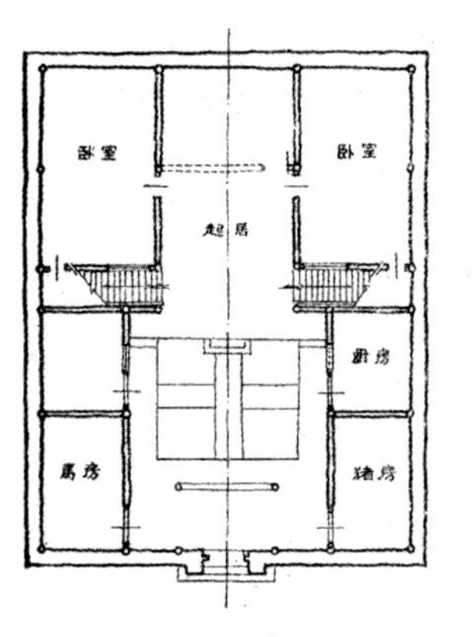
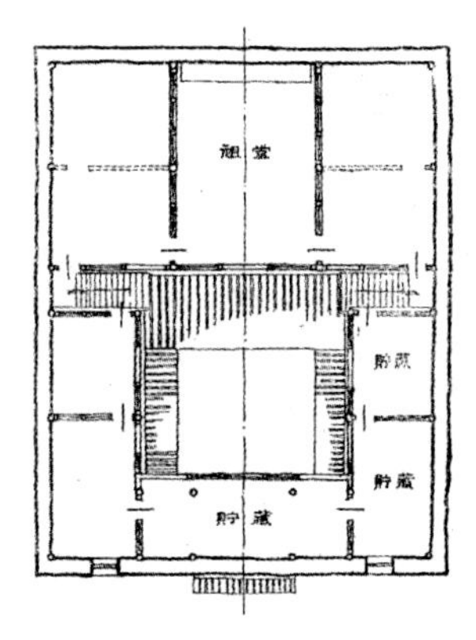

图 1-2-36 云南“一颗印”民居 [1]

一颗印由三间两层正房和两侧厢房（亦称耳房）组成，是一种三合院的宅院，厢房间以门廊和院墙围合成正方形，如同印章，俗称“一颗印”。其基本规则为“三间两耳倒八尺”，平面近乎正方形，正房三间两层略高些，若两侧耳房各一间的称“三间两耳”，各两间的称“三间四耳”，中间为一小天井，门廊又称倒座，进深为八尺，所以叫“倒八尺”。正房底层明间为堂屋、客厅，楼层作为祖堂、佛堂；耳房底层作厨房、柴草房或畜廊；正房与耳房连接处设单跑楼梯，进入楼层居室。

一颗印多为两层楼房，采用两面坡的硬山屋顶，但朝向内院的一面坡较长，正房和厢房屋顶高低错落有致，富有变化。

20. 增城水上民居瓜岭古村寨

广东增城瓜岭村寨是唯一建在水上的清代传统民居，距今已有500多年的历史，2003年发现后被广州市列为内控历史文化保护区。村寨是典型的岭南水乡风格，村中央有祠堂与大型建筑一字摆开在水道岸边，水道环绕全村，岸边有全村最高的建筑——碉楼（相当于现在的9层楼高），能观察和防御外敌入侵，起到护村的作用。对岸有上百年的荔枝林。

瓜岭村寨是著名的侨乡，只有700多人的小村，却有2000多位乡亲旅居海外，多数在新西兰和澳大利亚，也有在美国和加拿大的。由于村里多是妇孺，仅1919年一年，土匪就进村绑架了侨眷36人。

图 1-2-37 增城水上民居瓜岭古村寨

1928年，为防盗匪劫掠，旅外侨胞捐资修筑两座碉楼，其中一座是宁远楼，4层高，三层以上的四隅各置一个小碉堡，因而被称作四角碉楼。如遇外敌入侵，可以拉起与河岸相连的吊桥。

21. 上海石库门住宅

它起源于19世纪70年代清同治年间，在传统砖墙承重的木板房的基础上逐渐改进而成，发展距今已有一百余年历史。当时太平天国战乱迫使江浙一带的富商、地主、官绅纷纷举家拥入租界寻求庇护，外国的房产商乘机大量修建住宅，中西合璧的石库门住宅就应运而生。

石库门一般为三开间或五开间，保持了中国传统建筑以中轴线左右对称布局的特点。老式石库门住宅，一进门是一个横长的天井，两侧是左右厢房，正对面是长窗落地的客堂间。客堂宽约4米，深约6米，为会客、宴请之处。客堂两侧为次间，后面有通往二层楼的木扶梯，再往后是后天井，其进深仅及前天井的一半，有水井一口。后天井后面为单层斜坡的附屋，一般作厨房、杂屋和储藏室。整座住宅前后各有出入口，前立面由天井围墙、厢房山墙组成，正中即为“石库门”，以石料作门框，配以黑漆厚木门扇；后围墙与前围墙大致同高，形成一圈近乎封闭的外立面。因此，石库门虽处闹市，却仍有一点高墙深院、闹中取静的好处。

截至1949年，上海拥有石库门里弄9214条，住宅20万栋，总建筑面积达1937.2万m^2，占当时上海市全部住宅面积的58%，至今上海还留有十多万幢。石库门建筑是具有海派特色的近代优秀建筑，具有中国传统的江南民居空间，吸取西方连排方式作总体布局，应用源自西方的山花、拱券等建筑元素，形成浓厚的东西方合璧的融合特征。

它是自开埠以来最为深刻影响上海市民生活方式的建筑形态，衍生了上海的弄堂文化，成为上海重要的象征之一，承载着老上海温馨的记忆。

22. 开平碉楼

位于广东江门的开平市，是中国本土建筑的一个特殊类型，是集防卫、居住为一体的多层塔楼式建筑，多建于20世纪二三十年代，是华侨吸收世界各国建筑的不同特点设计建造的，形成了古希腊、古罗马、伊斯兰等多种风格的混杂，具有独特的中西合璧特

图 1-2-38　上海石库门住宅

图 1-2-39　开平碉楼

色。2001 年被列为全国重点文物保护单位，2007 年列入《世界遗产名录》，成为中国第 35 处世界遗产，中国由此诞生了首个华侨文化的世界遗产项目。

开平盗匪猖獗，常常袭扰百姓，加上河流多，每遇台风暴雨，洪涝灾害频发，当地民众被迫修建碉楼以求自保。明末崇祯十七年（1644 年）芦庵公的儿子关子瑞在井头里村兴建了一座瑞云楼，这座楼非常坚固，一有洪水暴发或贼寇扰乱，井头里村和邻村村民就到瑞云楼躲避。1884 年，潭江大涝，开平赤坎三门里村民因及时登上碉楼而全部活下来。

1912 年，司徒氏人为防盗贼而建南楼。楼高 7 层 19m，占地面积 29m^2，钢筋混凝土结构，每层设有长方形枪眼，第六层为瞭望台，设有机枪孔和探照灯。

碉楼按功能的不同可分为众楼、居楼、更楼，其中居楼最多，现存 1149 座，在开平碉楼中约占 62%。众楼由全村人家或若干户人家集资共同兴建，每户分房一间，为临时躲避土匪或洪水使用，现存

473座，约占26％。更楼主要建在村口或山冈、河岸处，高耸挺立，视野开阔，多配有探照灯和报警器，是为周边村落联防的需要，现存221座，约占12%。

中国特色的传统民居折射出了中国地大物博、自然条件差异显著的特点，并且就地取材，形成了各地特色不一的民居文化，创造出了中国特色的木构架建筑结构体系及与其相适应的不一样的平面和外观。北方的“四合院”是在主轴线上建正厅或正房，两侧建厢房；南方的“四水归堂”，让四方屋面的雨水都流入天井；云南的“一颗印”和 湖南的“印子房”平面布局大体一致；福建客家土楼和云南、贵州的干阑式民居等都是适应自然环境的生动体现，具有显著的地方特色。

上海石库门和开平碉楼是一种中国传统民居和西方文化相融汇的新型居住建筑，也是最具中国特色的现代民宅之一。

（三）近代居住建筑发展的记录

1. 居住建筑基本建设的30年（1949～1978年）

1949年新中国成立，即刻就开始了多年战乱之后的重建工作，百废待兴，1953年开始经济大建设，实施第一个五年计划，其中计划由国家投入建设住宅6300多万平方米，开启了居住建筑建设的新时代。

（1）基本建设起步的10年（1949～1958年）

为了解旧社会遗留下来的居住建筑状况，北京市规划局曾对西单一个有200年以上历史的旧城区（东起西单北大街，西到赵登禹路，北起丰盛胡同，南至辟才胡同）作过实地调查（图1-3-1）。该城区东西约800m，南北约500m，面积约为39hm^2。调查表明：该区基本单位为平房四合院（一般都只是一进），两排四合院连续延伸形成胡同，胡同间距约50m，较长的胡同约250m。

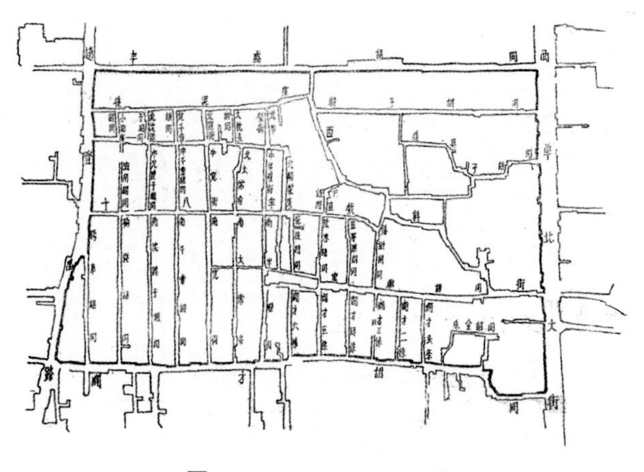

图1-3-1 旧城区实地调查[4]

住房几乎全部是碎砖和木架结构，由于碎砖墙较厚，在40cm以上，使得住房都比较小。大部分住户都是住房兼作厨房，连煤球都放在室内，厕所、水龙头、洗手池等都是集中使用。该区共居住3017户，建筑面积为128085m^2，其中净居住面积为73154m^2，共分成6906.5个自然间，居住15809人，人均居住面积5.06m^2，但是半数以上的住户都不足4m^2。其建筑基地面积占48.28%，道路面积占12.28%，院子面积占39.44%。

当时调查的旧城区在北京西单，还是比较富足的地区，就全国来说，旧社会遗留下来的居住建筑状况更为严重。因此第一个五年计划的“前三年中就建造职工宿舍达5000多万平方米，单就北京一地每年新造住宅约300万平方米”。①

1）制定居住面积指标

在社会主义公有制的条件下，职工住房由机关、企事业单位提供，各单位在主管部门批准的城镇规划的土地范围内，建设职工住宅与宿舍，分配给职工居住，职工的住房水电费自工资中扣除。

新中国成立之初，国家建设委员会的《城市规划暂行定额（草案）》中规定：人均居住面积指标为4m^2，按每户4.5人计，即每户居住面积为18m^2，房屋按平面系数K=50%，即每户建筑面积为36m^2；近期用地指标为每人9.5～12m^2。

根据当时城市人口增长过快，很多人没有房子住的状况，国家制定的居住面积指标还比较低，最好的解决办法是在少量的建筑面积上多住些人，居住条件也要有一定的改善。因此，李富春副总理提出：“就是要合乎现在我们的生活水平，合乎我们的生活习惯并便于使用。”②

① 杨廷宝．解放后在建筑设计中存在的几个问题，建筑学报，1956（09）．

② 在中央各机关、党派、团体的高级干部会议上所作的报告，1955年6月13日

当时的居住建筑标准设计中有生硬搬用苏联经验的现象,可中国的面积指标比苏联低一半多。因此,当时年轻的彭一刚、屈浩然提出了适用于南方地区的外廊式小面积居室方案:

(a)基本单元1:适3～4人家庭居住,居住面积15.8m²,人均4.0～5.3m²;

(b)基本单元2:适6～7人家庭居住,居住面积31.6m²,人均4.5～5.3m²;

(c)端头单元1:供两家用,大户2居室、小户1居室、厨厕各1间,居住面积31.6m²,大户人均4.3m²、小户人均5.0m²;

(d)端头单元2:适8～9人家庭居住,居住面积39.1m²,人均4.4～4.9m²。

以这些基本单元可以组合成不同长度的住宅楼,并通过转角单元组成街坊,结合不同的地形设计出不一样的居住区。

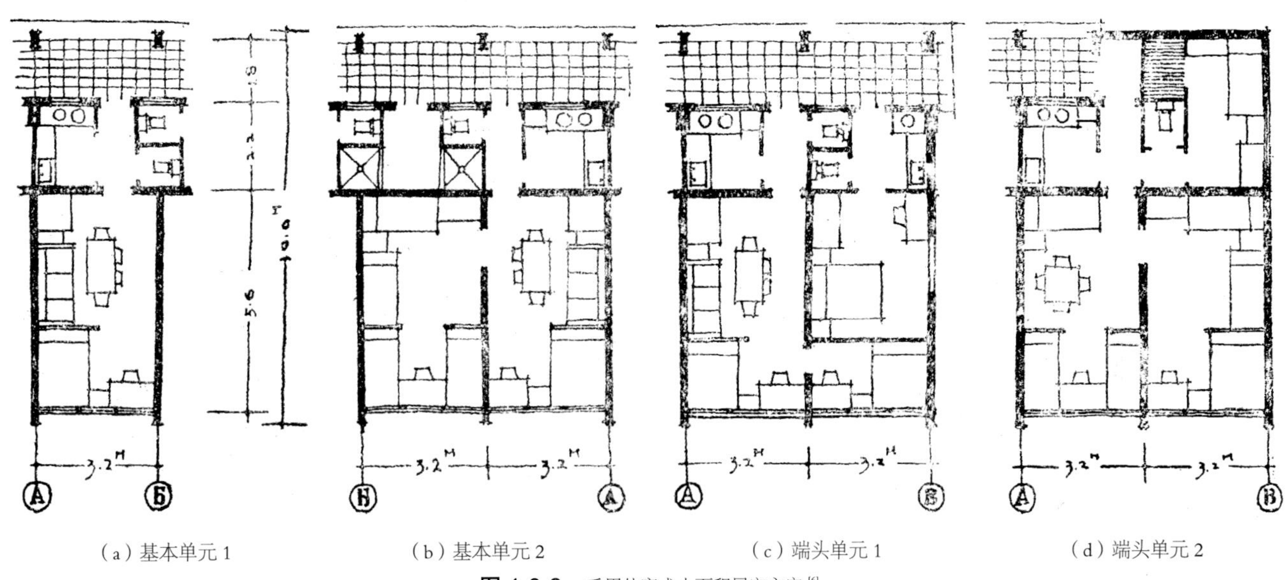

(a)基本单元1　(b)基本单元2　(c)端头单元1　(d)端头单元2

图 1-3-2 采用外廊式小面积居室方案[6]

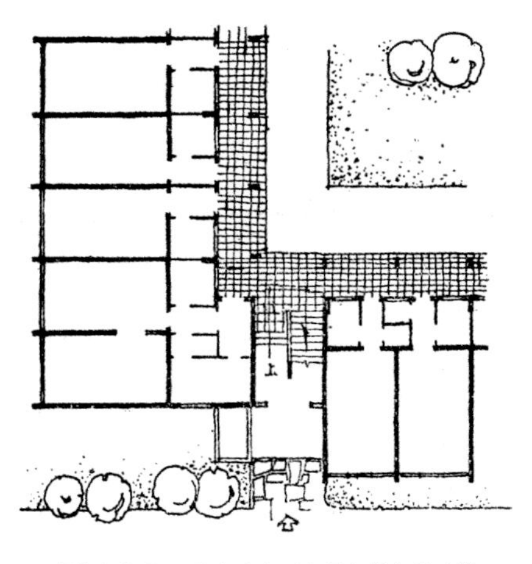

图 1-3-3 外廊式小面积居室转角单元[6]

2)建设职工生活区

1951年开始建设的上海曹阳新村,是最先兴建的职工生活区,多是两三层的砖木结构楼房,一层有四间卧房,可灵活分配居住,共用厨房和厕位。曹阳新村总用地面积为94.63hm²,建筑密度为30%,道路面积比为15%,共居住人口24206人,人口毛密度为279人/hm²,当时确定每人公共建筑用地10m²、公共绿地10m²、广场1m²。

曹阳新村首期于1953年建成,第一批光荣入住的是上海市劳动模范、先进生产者,成为当时国家的重大新闻。

3)建造小面积住宅

在居住面积指标的指引下,全国各地新建了许多小面积的住宅区,例如北京百万庄住宅区位于北京阜成门外,是机关干部居住区,东西长504m,南北长419m,总占地面积为21.09hm²,可居住1.1万人。居住区以3层住宅楼为主,配套项目为1～2层,总建筑面积为125674m²,其中住宅99920m²,单身宿舍12324m²,采用双周边式布置,街坊总建筑密度为24.19%,于1953年基本建成。

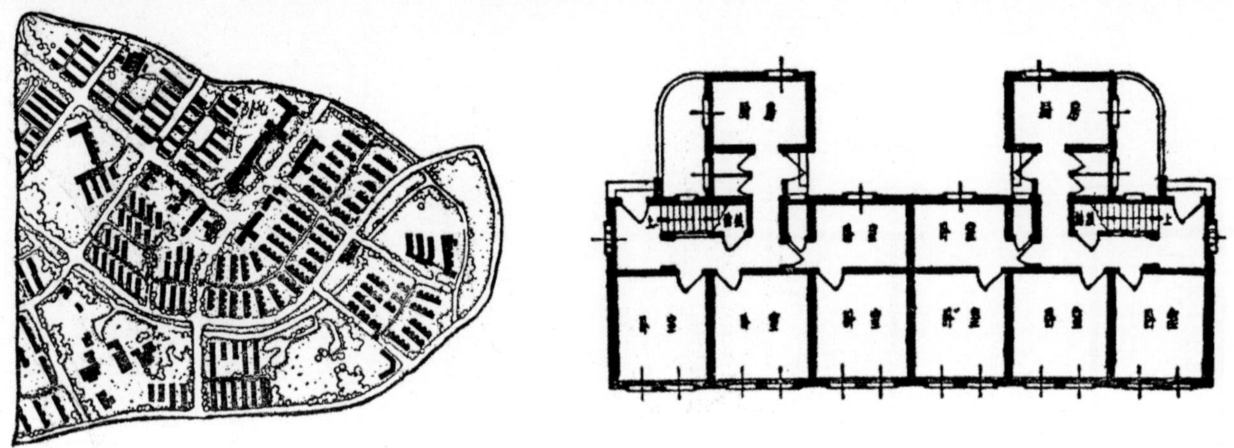

图 1-3-4 上海曹阳新村总平面与户型图

在北京，国棉一厂生活区位于东郊，总占地面积为13.1hm²，居住区以3层住宅楼为主，总建筑面积为43435m²，其中住宅30510m²，单身宿舍9265m²，人均居住面积为4.27m²。它是为纺织工人建造的生活区，而且是第一个按街坊设计的工人生活区，改变了行列式布置方式，采用四合院型的组合布置，街坊总建筑密度为15.02%，街坊内建筑密度为17.09%。国棉一厂的生活配套设施比较齐全，建有小学（802m²）、技校（285m²）、食堂（1625m²）、回民食堂（150m²）、浴室理发（438m²）、锅炉房（495m²）等。[7]

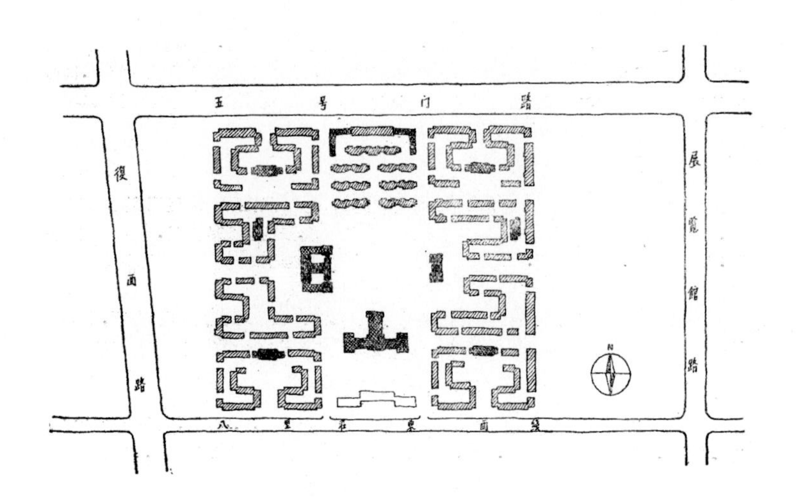

图 1-3-5 北京百万庄住宅区[7]

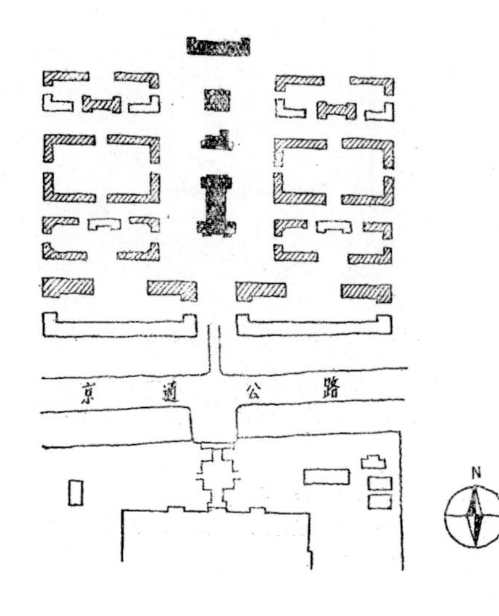

图 1-3-6 北京国棉一厂生活区[7]

4）住宅建楼以3层为主

从20世纪50年代开始，居住区以三层住宅楼为主，配套项目多为1～2层，居住建筑已经进入楼房的时代。

例如北京东城区幸福大街的幸福村，实际用地面积为11hm^2，总建筑面积为17450m^2。居住面积指标为每人4～4.5m^2，户室比按一室户占15%～20%，二室户占60%，三室户占20%～25%设计。由于钢材、水泥供应困难，一期采用砖木混合结构，由于消防的限制，只能以3层住宅楼为主，二期采用砖拱楼板就可改为4层。

5）单元式住宅楼的出现

住宅主要有两种类型：一是外走廊式，二是内走廊式。在小面积住宅设计中，外廊式住宅可以多安排住户，做到独门独户，尤其在南方深受住户喜爱，但也有难以克服的缺点。因此，在居住面积定额短期内还不能提高的条件下，北京市规划管理局设计院于1956年下半年设计出了试建的内廊式住宅图。

北京地坛北的一个居住区首先试行这一内走廊住宅设计，随后逐步发展形成了沿用至今的一梯多户的单元式住宅模式。[9]

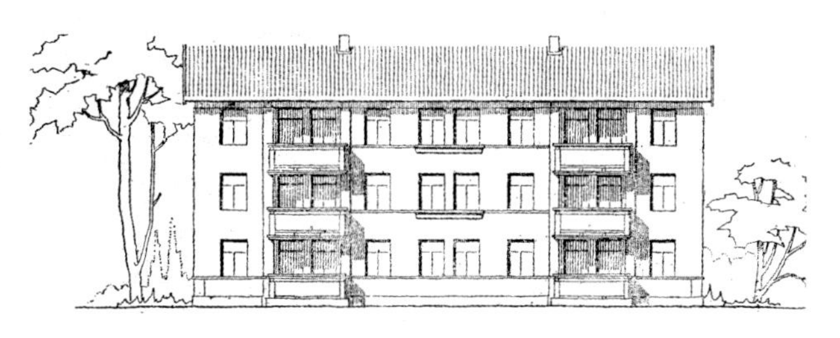

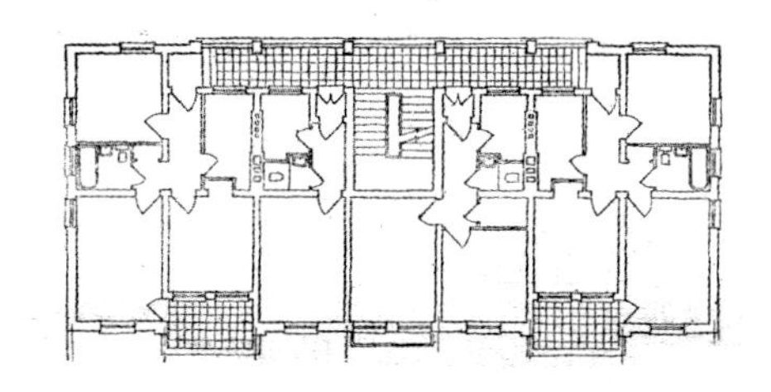

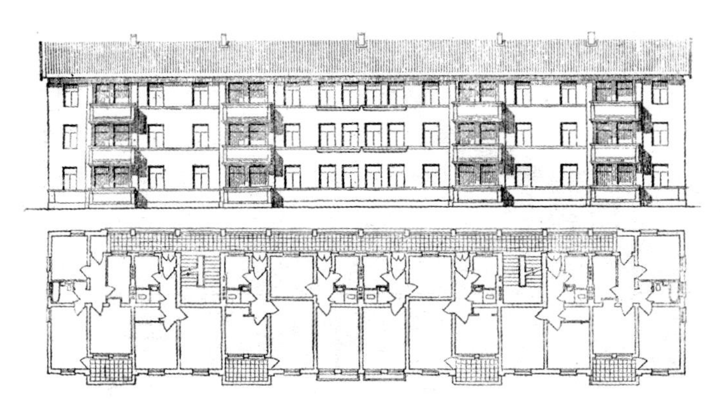

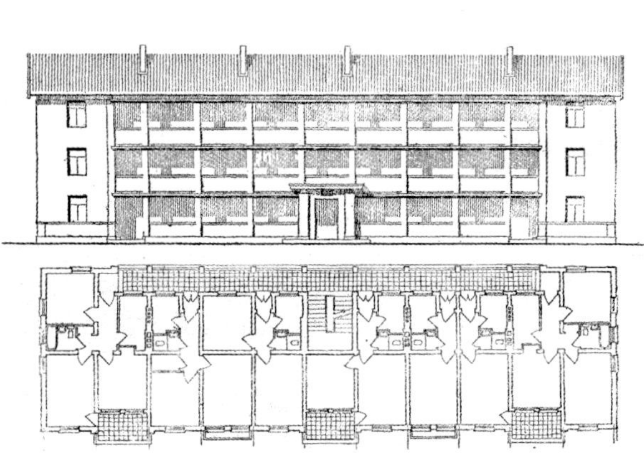

图1-3-7 北京幸福村[8]

居住区的规划综合周边式与行列式布局之长，既取得京城的街坊效果，也让住户获得好朝向和好的居住环境。为节约钢筋、水泥，采用预制小梁砖拱楼板结构，不仅经济适用、施工方便，而且解除了用木地板的消防隐患，开始设计建设 4 层或更高楼层的住宅。该居住区总建筑面积为 34.58hm^2，按 500 人 /hm^2 计，可居住 1.8 万人。其中居住建筑用地面积为 17.24hm^2，占 49.8%，公共建筑用地面积为 8.13hm^2，占 23.4%，道路广场面积为 5.64hm^2，占 16.4%，绿地运动场面积为 3.57hm^2，占 10.3%。

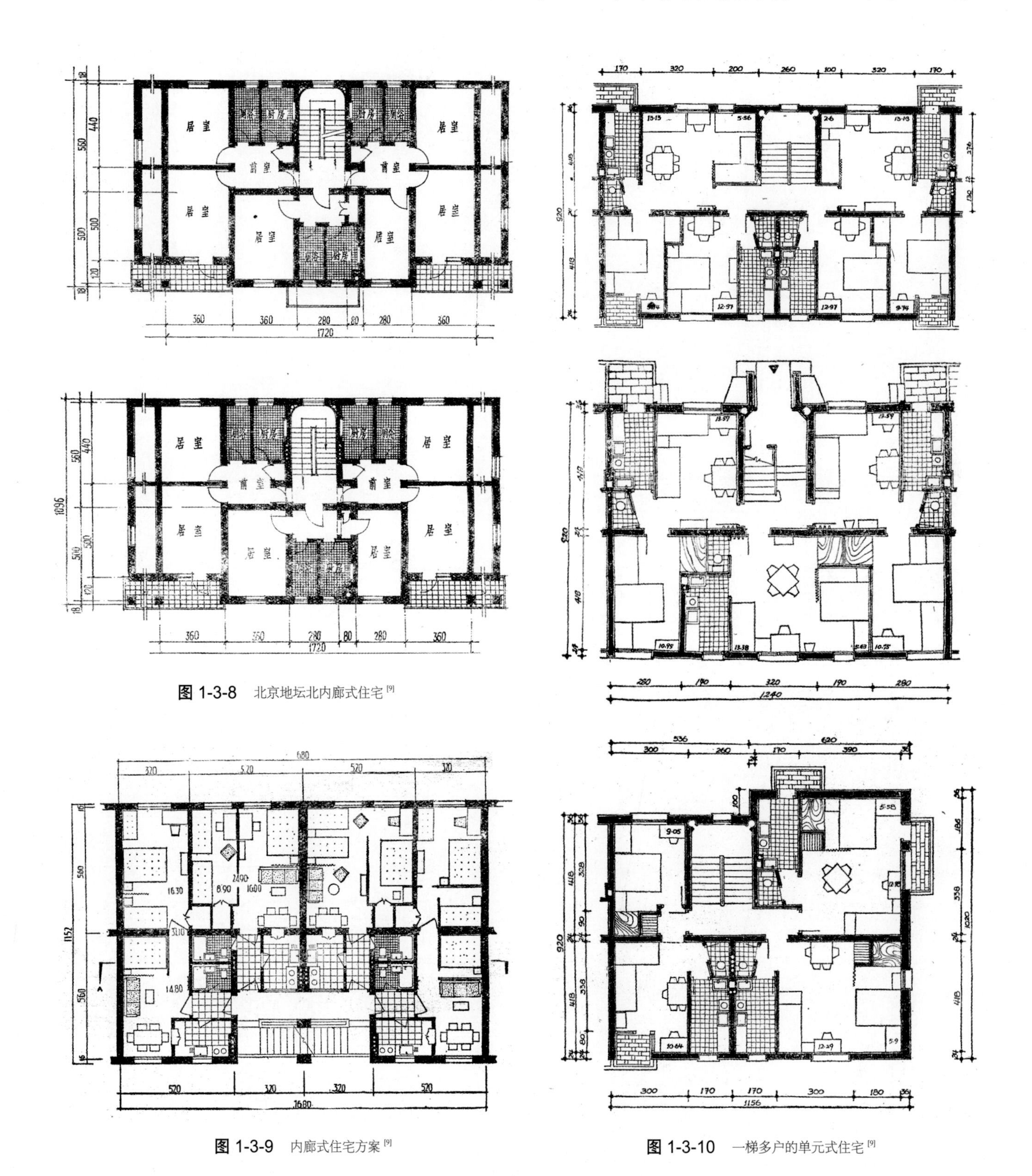

图 1-3-8 北京地坛北内廊式住宅[9]

图 1-3-9 内廊式住宅方案[9]

图 1-3-10 一梯多户的单元式住宅[9]

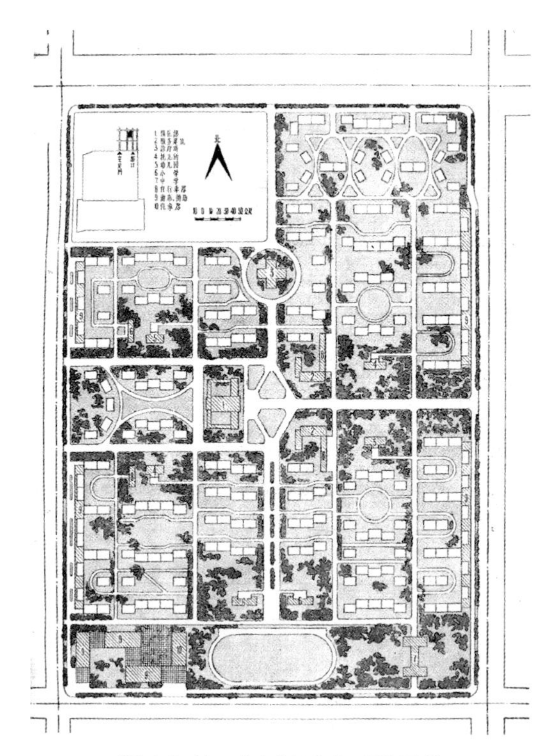

图 1-3-11　北京地坛北的一居住区[10]

6）自建公助经济住房

在住宅严重不足的情况下，除国家计划外，有些部门以自建公助的办法，为职工建造一定数量的经济住房，几年时间铁道部、煤炭部、纺织部等所属企业建了 200 多万平方米的住房，这种砖木结构瓦顶平房在当时的造价为 15 ~ 20 元 /m^2（1956 年全国平均造价为 44 元 /m^2），很短的时间内就解决了 10 多万职工的住房问题。

7）全国第一次厂矿职工住宅设计竞赛

由原国家建委委托建筑学会组织这次竞赛，1957 年底收到方案 1200 个，初审后选出 661 个，聘请杨廷宝、林克明、杨锡鏐、张镈、汪坦等 12 人座谈试评，共评出三等奖 8 个、四等奖 19 个、优良方案 20 个，报国家建委批准以图集形式发行。现选出四个三等奖，了解一下当时的居住状况。[12]

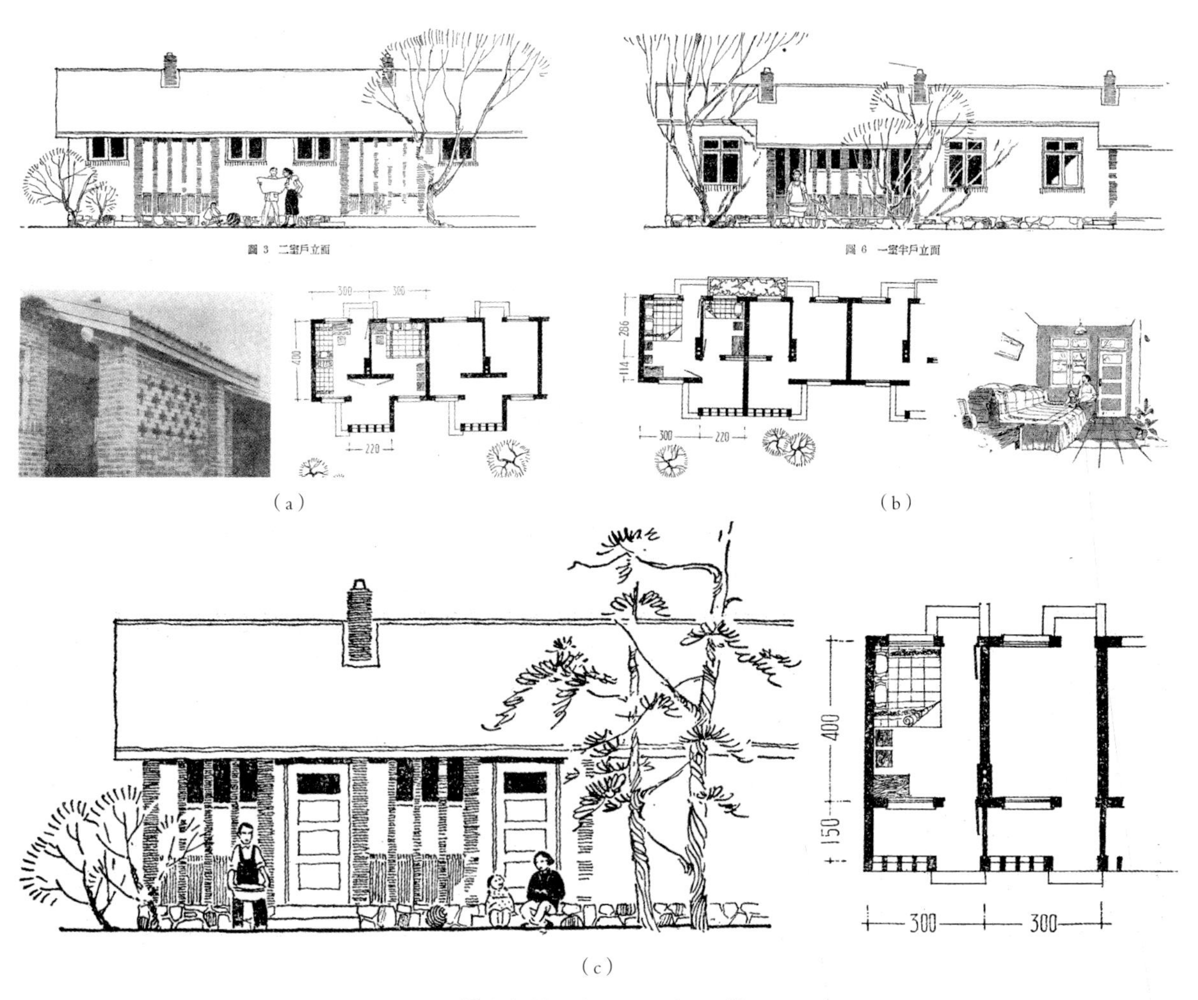

图 1-3-12　自建公助平房住宅[11]

1959年，北京著名的十大建筑：人民大会堂、中国革命和中国历史博物馆、中国人民革命军事博物馆、全国农业展览馆、民族文化宫、北京火车站、北京工人体育场、北京民族饭店、华侨大厦胜利建成，以欢庆新中国成立10周年。

新中国成立10周年之际，全国新建工厂与民用房屋52000多万平方米，出现了许多新城区和工矿新区，旧城也获得了更新与改造，其中新建城市住宅16300多万平方米，许多城市新建的住宅超过原有住宅面积的总和，大大地改善了人民的居住条件和城市面貌。过去的贫民窟如北京的龙须沟、上海的肇嘉浜、沈阳的铁西区、天津的墙子河、南京的秦淮河等，彻底地改变了面貌，生活环境得到大大的改善。

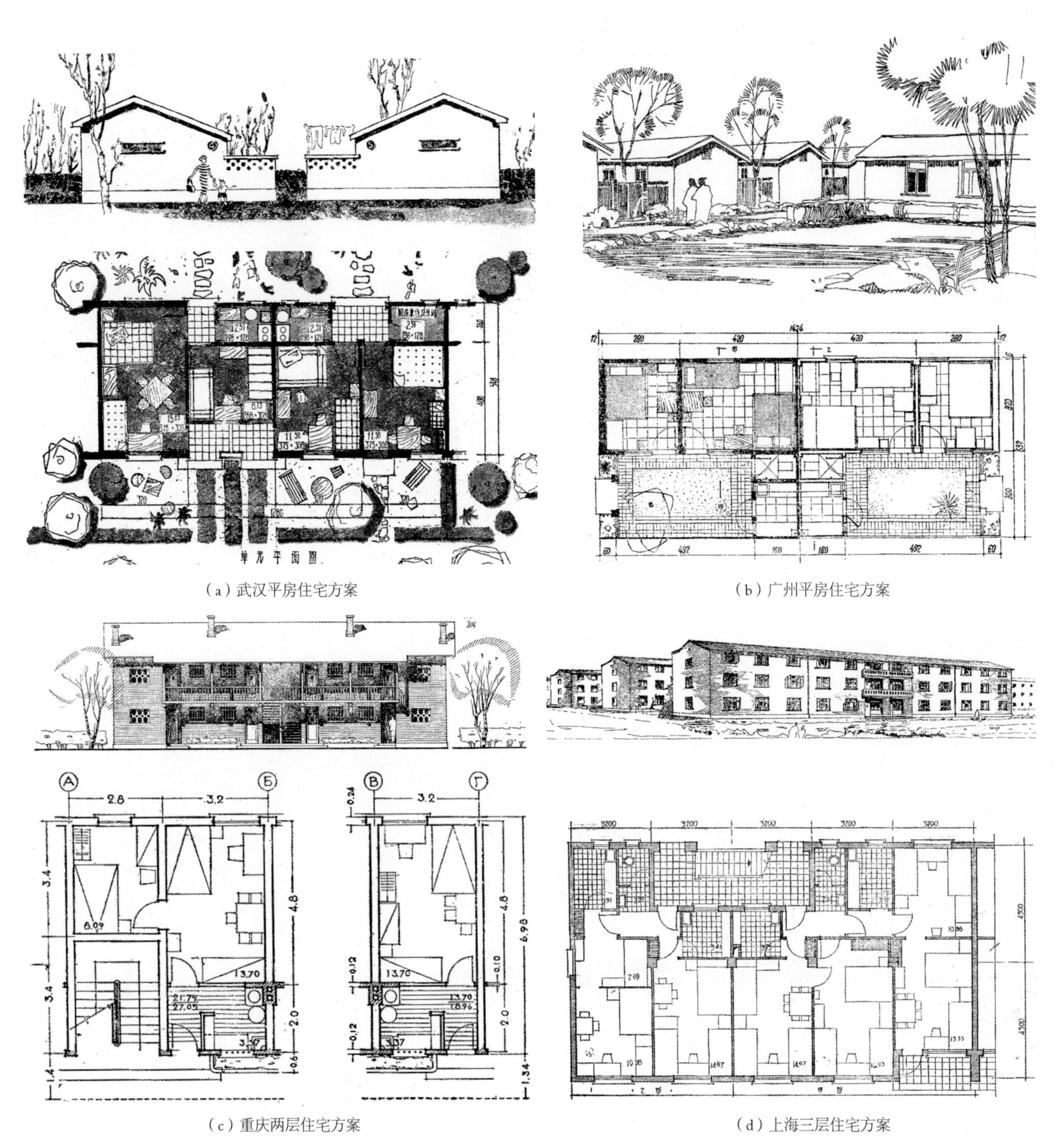

（a）武汉平房住宅方案
（b）广州平房住宅方案
（c）重庆两层住宅方案
（d）上海三层住宅方案

图 1-3-13　厂矿职工住宅设计方案[12]

为总结基本建设10周年，1959年建筑工程部和建筑学会联合在上海召开了“住宅标准及建筑艺术座谈会”，梁思成、刘敦桢、陈植、吴良镛、汪坦、戴复东、哈雄文等30多位专家作了发言，原建筑工程部部长刘秀峰作了“创造中国的社会主义的建筑新风格”的总结发言。

（2）经历灾难 坚定发展（1959 ~ 1978年）

中国经历了1959 ~ 1961年的三年自然灾害，是新中国成立以来最严重的干旱灾害，全国受灾面积达3812.5万hm^2，连续三年每年减产粮食达838万吨，减产幅度达15%。

1966年3月8日，河北省邢台地区发生6.8级的大地震，3月20日又发生了7.2级的大地震，两次大地震共死亡8064人。1976年7月28日，河北唐山、丰南一带发生了里氏7.8级的大地震，地震持续24秒，强震产生的能量相当于400颗广岛原子弹爆炸，整个唐山市顷刻间夷为平地，造成242769人死亡。强震严重波及北京、天津等地区，楼间空地临时搭起无数的防震棚，对达不到抗震要求的建筑物进行紧急抗震加固。

1966 ~ 1976年发生了“文化大革命”，直到1976年粉碎“四人帮”后，国家的政治经济建设才逐步恢复正常。

1）住宅建筑工业化

在这个非常时期，各地仍在墙体改革的基础上，研究大板、大模板、砌块、框架轻板住宅建筑体系，将住宅建筑工业化作为住宅建设的发展方向。

（a）大板住宅建筑体系

从1958年开始试点，1966年发展较快，大板有外墙板、内墙板及楼板，由单一材料或复合材料制作。

作者曾到当时的北京东郊构件厂参观，看到了重型龙门吊架、重型专用运输车、大型的混凝土搅拌站以及占用大片的平地。这个构件厂所在地现在已成为高楼林立的北京中央商务区（CBD）。

（b）大模板住宅建筑体系

从1974年开始快速地发展起来，有平模、大角模、小角模三种，用于墙体现场浇筑，后又发展成滑模，一直沿用至今。

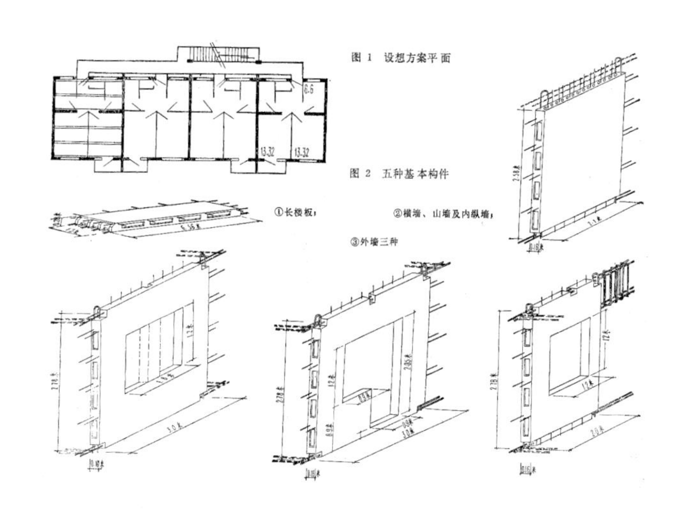

图1-3-14 大板住宅建筑体系实例1[14]

图1-3-15 大板住宅建筑体系实例2

（c）砌块住宅建筑体系

从1957年开始发展起来，砌块有中小型空心砌块和实心砌块等类型，当时砌块的全国年生产能力约为100多万立方米，以工业废料制成的砌块最多。由于它生产工艺简便，造价低，适用性强，至今都是使用最广泛的建筑材料。

（d）框架轻板住宅建筑体系

自1975年开始试点，从一开始就显示出它是一种具有发展前途的住宅建筑体系。

2）北京前三门高层住宅

北京的前三门大街，东起崇文门，经前门、宣武门至西二环，是一条横贯市中心的东西干道，1970年地铁建成后，沿着原老城根和护城河，形成了一条全长5km，宽27 ~ 37m，面积22km^2的地带。

图 1-3-16 北京 1977 年建成前三门高层住宅

1975 年政府规划统建前三门高层住宅，以 10 ~ 12 层板式楼为主，点缀 11 ~ 15 层的塔楼。总建筑面积达 60 万 m^2，其中住宅 40 万 m^2，每户建筑面积为 55.4m^2，共居住 7200 户、3.25 万人，建筑密度为 33%。在当时国家经济还极其困难的情况下，解决了住房紧缺和生活服务配套问题，配合旧城改造，使得城南市容面貌焕然一新，开创了高层住宅建设的新局面。[15]

建成后，小平同志亲临视察，提出："多请一些内行的人来挑毛病。"为此，《建筑学报》开设建筑评论专栏，刊登了张开济、沈亚迪、沈继仁、朱宗彦等人的文章，对这条十里长街提出评说和建议，引发了全社会的关注。

这时，上海也克服困难，大力兴建了职工住宅与高层住宅。

（a）上海石油化工总厂居住区

（b）上海曹溪路高层住宅

（c）上海静安寺高层住宅

图 1-3-17 上海职工住宅与高层住宅

3）住宅建筑标准的修订

1977 年修订了职工住宅建筑标准，建议新建厂矿企业楼房住宅平均每户建筑面积为 34 ~ 38m^2（严寒地区为 36 ~ 40m^2），老厂矿企业增建职工住宅，多人口户可适当增大，一般为 39 ~ 42m^2（严寒地区不超过 45m^2），但整个厂矿企业的住宅建筑面积总平均应控制为每户 40m^2（严寒地区为 42m^2）。新建厂矿企业每户按 4 ~ 4.5 人计，每人占建筑面积为 8.4 ~ 9.3m^2；而老厂矿企业每户按 4.5 ~ 5 人计，每人占建筑面积为 8.9m^2。这样计算，每人占居住面积为 5 ~ 5.4m^2，比原来的 4m^2 有所提高。①

2. 改革开放大发展的 35 年（1979 ~ 2013 年）

20 世纪 80 年代，中国实行改革开放，犹如春风吹绿大地，从此，国家进入了史无前例的大发展时代。

1978 年之前，在高度集中的计划经济体制下，城市住房由国家统一建设，建好后按系统、单位实行住房分配，一些厂矿企业的员工住房列入国家计划中同时建设，还有单位自筹资金解决住房问题，住房成了员工福利之一。在农村，实行集体土地所有制，农民的住房以在宅基地上经批准自建为主。

当时中国只有 50 个城市，城市住房、商业服务、环境与市政建设等全部依赖于国家主导的城市规划、建设与管理。长期以来，由于城市缺乏发展动力和活力，城市居民的居住条件得不到改善，1978 年人均居住面积为 12m^2。

（1）改革开放的起步（1979 ~ 1988 年）

1）经济特区正式成立

1979 年 1 月 31 日，中央决定将深圳的蛇口辟为香港招商局蛇口工业区，3 月 17 日，香港招商局与深圳市商定，蛇口工业区租赁土地 1000 亩，每年每亩交地租 4000 港元，租赁期限为 15 年。7 月，蛇口工业区开山放炮，成了经济特区建设的奠基礼。

① 戴念慈．论住宅面积定额和提高居住水平问题。

1979年8月26日，经中华人民共和国第五次全国人大常委会第十五次会议决定批准在深圳市境内划出327.5km²（补更调查数据为395.992km²）地域设置经济特区。1980年8月全国人大常委会颁布了《广东省经济特区条例》，深圳经济特区正式成立。2010年5月31日，中央批准深圳特区范围延伸至全市，特区总面积将由395km²扩容为1948km²，接近香港面积的两倍（香港总面积为1103km²）。先后批准成立的还有珠海、厦门、汕头、海南经济特区。

2）土地使用权的改革

广东省人大常委会于1981年11月17日通过《深圳经济特区土地管理暂行规定》，1982年1月1日起正式施行。在早期探索阶段，深圳于1979年12月31日，与香港妙丽集团签订第一宗合作经营房地产的协议书，以“补偿贸易”合作方式运作，深方出土地，客商出钱建酒店或楼房。建成以后如能盈利，钱先还给投资商，还清成本后，盈利所得由政府与企业五五分账。最后，深方分得净利400余万元人民币，传媒称深方是“第一个吃螃蟹的人”。土地使用权一般为25年，到期后，土地上的建筑就归深圳市政府所有，连同物业、经营权全部收回，这是深圳土地改革的第一步。

随后，收取土地使用费，即将土地使用权出让给投资商独资开发，根据出让年限一次性收取土地使用费。深圳经济特区房地产公司仅1981年一年间就与客商签订了9项出让土地协议，实为出让土地使用权。

1980年1月8日，深圳市房地产公司成立，负责开发、建设、经营涉外房地产业务，9月，与香港中发大同房地产公司合作建设国际商业大厦，这是两栋20层的高层住宅，总建筑面积为5.2万m²。随后，友谊、金城、南洋与海丰苑等港式井字形小面积高层住宅不断建起，裙房用作大型商场，从境外引进了家电、服装、生活用品等商品，吸引了众多顾客，呈现出一派改革开放的新景象。

图1-3-18 国贸大厦与国商、海丰苑高层住宅建设场面

1981年5月，在这块年轻的土地上，53层的深圳国际贸易中心大厦开工建设，总建筑面积达10.4万m²，以160m的高度成为当时全国第一高楼，而且创造出了“三天一层楼”的深圳速度。同时，还建起了电子大厦和华强、爱华、赛格、中航、华联、八卦岭等一座座标准厂房。

图1-3-19 深圳首次土地拍卖会角逐现场

1986年6月25日《中华人民共和国土地管理法》正式颁布实施。1987年12月1日深圳会堂内举行了新中国成立以来的首次土地拍卖会，开价200万元，44家中外企业举牌应价，一时牌起牌落，经过一番激烈的角逐，时任深圳市规划国土局副局长刘家胜挥起拍卖锤，重重击下，特区房地产公司以525万元买下了这块面积为8588m²的土地的50年土地使用权，深圳人迈出了中国城市土地管理制度改革的关键一步。

1988年4月12日，第七届全国人民代表大会第一次会议通过了《中华人民共和国宪法修正案》，其中第二条“任何组织或者个人不得侵占、买卖或者以其他形式非法转让土地。土地的使用权可以依照法律的规定转让。”它奠定了中国土地使用制度改革的基石，拉开了改革开放以来中国土地使用制度改革的帷幕。

3）开始住房改革

早在1978年，改革开放的总设计师邓小平首先提出“解决住房问题能不能路子宽些”，其重要讲话内容于同年9月在中央召开的城市住宅建设会议上进行了传达，拉开了住房改革的序幕。

1979年由广州市东山区引进外资指挥部和港商合资建设的东湖新村，是中国最早的商品房住宅小区。1980年1月至4月深圳市房地产公司与港商合作建设东湖丽苑、翠竹苑、湖滨新村等住宅区。

1980年上海开始出现外汇公寓、住宅，中华企业公司推出20套住宅，全部销售给侨眷。

1980年4月2日，邓小平同志更明确地提出了住房制度改革的总体思路，提出要走住房商品化的道路。他指出：“城镇居民个人可以购房，也可以自己建，不但新房可以出售，老房子也可以出售。可以一次付款，也可以分期付款，10年、15年付清。住宅出售后，房租恐怕要调整，要联系房价调整房租。使人们考虑到买房合算。”“房租太低，人们就不买房子了。”“将来房租提高了，对低工资的职工要给予补贴。”邓小平提出的住宅商品化，为后来的城镇住房制度改革指明了方向。同年6月，中共中央、国务院联合批转了《全国基本建设工作会议汇报提纲》，宣告住宅商品化的政策将得到正式实施，首先在全国范围内进行个别试点，开始推动实施实质的住房改革。

4）住房改革试点

1981年，作为改革开放的“排头兵”，深圳开始开发商品房。被称为深圳特区的试管的招商局蛇口工业区，一开始就有外商、港商投资建造的居住建筑：碧涛苑海滨别墅、碧涛公寓、龟山别墅等，购房者多为香港居民与境外人士。创办时的建设指挥部逐步发展成为招商地产，是中国最早一批的房地产综合开发企业。1985年，自行开发的招商南小区，由上海民用建筑设计院设计，有11栋带底层商铺的6层住宅楼，成为第一批商品住房，率先实施住房改革的试点。

图1-3-20 招商南小区成为第一批商品住房

（2）开创房地产业的新局面（1989～1998年）

1）创办房地产企业

这一时期，中国诞生了以万科为代表的第一批房地产开发企业。万科成立于1984年，从经营贸易起步，1988年开始进入房地产行业。1990年接手一座商业、办公与公寓的综合楼项目，位于红岭中路红宝路口，原计划建酒店，完成桩基、地下室和地面楼板后停改建，因面向荔枝公园而命名为荔景大厦，于1994年12月建成交付使用，这座深圳新地标、现代风格的大厦成了当时的万科总部，该工程被评为1994年深圳市级样板工程之首，1995年深圳市优秀设计一等奖，1996年全国建设工程鲁班奖。从此，万科凭借产品创新与精心的物业管理，经30多年的发展，成为国内领先的房地产企业之一，2015年营业额达2614.7亿元。

2）树立住宅精品样板

1995年11月，万科在土地拍卖中胜出，就是在这块土地上建造了“深圳万科城市花园”。过去，住宅设计一般由低级别设计单位来完成，这次聘请了有过荔景大厦合作情谊的华森建筑与工程设计顾问有限公司来担当设计。

万科城市花园的设计受到华森公司总院的重视，在总院建设部建筑设计院的支持下，1995年8月22日在北京召开了“深圳万科城市花园设计方案专家咨询评议会”，刘洵蕃院长亲自主持，盛情邀请龚德顺、吴观张、石学海、窦以德、邹时萌、酆婴垣、宋源、宋融等建筑大师、专家参加，专家们高度称赞设计方案，认为它代表了国内居民住宅小区的发展方向，同时还提出了不少宝贵意见。因此，万科城市花园设计的成功，集中了建筑界顶级专家的畅想。

这个住宅小区设计方案评议会，有这么多的设计大师、专家到会，共同研究中国住宅设计的新理念、新方向，成了一次史无前例的建筑师的峰会，开创了住宅设计的先河。

1998年11月29～31日，建设部勘察设计司、中国建筑学会与华森公司联合召开的“住宅建筑设计研讨会”在深圳举行，来自各省市建设厅（局）的领导、专家、学者和业内人士约120人参观了深圳万科城市花园。叶如棠副部长到会讲了话，赵冠谦、鲍家声、聂兰生、蔡镇钰、白德懋等专家作了专题发言。于是，深圳万科城市花园所开创的住宅设计新理念、树立的住宅精品形象很快影响全国。随后许多精品住宅、优秀楼盘不断涌现，迎来了一个前所未有的居住建筑设计的繁荣局面。

3）1993年房地产投资过热

在宏观经济过热的经济环境背景下，直接催生了连续两年的房地产投资过热，以海南为代表的房地产泡沫是由于局部市场供应过大，消费需求不足，市场规模有限，也是不完善的金融体系带来的土地炒作催生了泡沫。

当时许多房地产企业甚至其他企业，盲目圈地，以为有了地就能开发赚钱。作者曾经目睹过一例：一个国企动用集资建高楼的钱到海南买了大块土地，结果没钱建楼，只好停工，而海南那块土地在长草。在停工数年后，政府出面重新组织班子，组织贷款，重新搭脚手架复工。

图 1-3-21　专家咨询评议会

这时中央政府及时采取了强制停止银行贷款、清理土地等行政干预措施，刺破了海南等局部市场的泡沫。

4）在调整中求发展

1998年对中国房地产业来说是关键之年，很多开发商在1998年上半年都熬不下去了，把土地纷纷卖掉退出市场，但是到了6月份，在东南亚金融危机的影响下，中国经济“硬着陆”，连续8个季度经济增速下滑，为了遏制进一步的下滑，中央政府决心培育新的经济增长点，出台了一系列刺激房地产发展的政策，最具代表性的是取消福利分房、按揭贷款买房政策，通过市场、个人信用来解决住房问题，一系列政策使得有效需求在短期内爆发，并大幅快速上升。

1993～1998年，中国的GDP总量在20万亿的基础上，以每年8%的速度递增。中国人均GDP在1000美元左右，处在全球前200名以外，因此，中国的城市居民消费仍停留在吃、穿等日常生活层面，房地产业还处在调整中求发展的阶段。

（3）迎来房地产大盘时代（1999～2003年）

20世纪90年代，房地产得到史无前例的大发展，迎来了大盘时代，不少城市不限于市区开发，还选择近郊甚至远郊创建了几十万、上百万平方米的大型楼盘，自行配套，来一个“造城运动”。

1）房地产的大角逐

1999年，广州迎来了一个大发展的机遇：地处广州市番禺区南部的小镇——南村，聚集了广州八大房地产开发商，酝酿着一场合作，要共同创建一个华南城。1999年6月，一条从广州南跨珠江直达番禺的华南快速干线开通，为房地产界所称的“华南板块”带来了更大的便利。

祈福新村：1997年开始创业，创出了年销售14亿元的历史记录，在当地做了10年的老大，已储备土地6500亩。

碧桂园：自从1995年在顺德短短几年已创建5个碧桂园，广州碧桂园创下了一个月销售3000套住宅的纪录，现又挥师南下，在番禺占地1200亩。

雅居乐：几乎和碧桂园同时起步的中山房地产开发商也不甘落后，占有土地4500亩。

合生创展：仅1998～1999年的短短一年间，就有110多栋住宅相继建成，建筑面积逾100万m²。合生创展在广州共有土地储备440万m²，这次又一气拿下了临珠江的3800亩土地。

广地花园：早在1995年就进驻了南村，5年间已形成成熟的社区，已屯地1200亩。

锦绣香江：著名的家具大王香江集团旗下的房地产开发商，现已占地3000亩。

南国奥林匹克花园：1998年凭着番禺金业别墅花园的成功，实现由建造商向房地产开发商的转变，并与中体产业联手，创建了独特的复合房地产企业，相继在广州、上海等地开发多个奥园，在番禺已占地1000亩。

星河湾：位于华南大桥两侧的1.80km滨江地带，隔江眺望老广州，占地1200亩。在两年前招标时，成为八强必争的门户地块，最后被一个新手——宏富房地产公司夺得，但它是享誉广州实业界的宏宇集团旗下的房地产公司，凭着20多年的信誉和实力，表示不会辜负家乡父老的期望。

以上八强共占地22400亩，折合约1500hm²。2001年五一节前夕，星河湾正式对外开放并进行内部认购，涌来了十几万人，销售额突破亿元，获得空前成功。更让人们震撼的是房地产开发的标准提得这么快、这么高，为购房者提供了这么高品质的居住生活环境。继而华南板块的各个楼盘纷纷崛起，从而推动了全国房地产业的大发展。

图1-3-22 广州“华南板块”中的星河湾

2）土地财政政策

2003年，中国开始实行统一收储并出让的土地管理政策以及早已形成的地方财权与事权分开的财税管理体系，地方拥有有限的财权，却必须承担更多的地方事务。这一体系下，地方政府追求以土地出让为主的预算外财政收入，填补地方事务的财政支出不足。

这样，房地产成为一点地方发展的主要动力。在随后的10年里，“土地财政”愈演愈烈，地方实业萎缩，房地产在地方政府的拥护下获得了空前的发展。

3）政策推动房地产市场

1998年东南亚金融危机之后，为了振兴萎靡的经济，中国结束了稳健、紧缩的货币政策并进入宽松的轨道。2002年，中国加入世贸组织，为了刺激出口，货币宽松政策得以延续。货币超发成为推动房地产投资的重要力量。在宽松的货币政策环境下，大量的民营房地产企业开始焕发活力，房地产市场由国资企业统领的局面得到扭转，万科、合生创展等大量民营企业获得了第一轮快速发展，房地产企业数量猛增到8万多家。

房地产的发展离不开中国整体经济环境和消费能力的提升。加入世贸组织后，大量的农业人口进入城镇，大量的大学毕业生、海外留学生在城市就业，中国经济发展提速，GDP增速进入两位数时代。在经济快速发展的前提下，城市居民的消费结构也发生了改变，从日常的吃穿消费升级到大宗商品、旅游等消费，汽车开始进入普通家庭，住房改善也被提上了家庭消费议程。

（4）房地产成为支柱产业（2004～2013年）

1）房地产的快速发展

自2004年开始，在巨大的投资需求、消费需求、政府驱动、取消价格管制等因素的促使下，中国房地产获得了10年空前的发展，各大城市都成为巨大的工地。从2004年起，房地产投资连续保持20%的同比增长率，价格涨幅为200%，每年的竣工面积达到500万m^2，是1998年之前总和的1.5倍，是美国房地产全年竣工面积的1.2倍。

在此期间，为中国绝大多数的城市居民解决了住房问题，城市人均居住面积从12m^2上升到32m^2。房地产为中国城市的升级改造提供了机会和样板，城市数量迅速增加，城市面貌获得显著改观，由市场主导的商业地产蓬勃发展，人均商业面积到2012年已经达到20m^2。

中国逐渐形成了消费、投资和出口贸易这三大经济“马车”，其中，投资和出口构成了中国经济增长的核心，而房地产是投资中的重要力量。所谓“中国模式”就是出口促进了国内实体经济的发展，解决了就业，增加了居民收入，也给国家带来了巨额的外汇储备和税收收入，政府将这些收入转化为政府投资用于基础设施和民生建设。实体经济发展、基础设施建设和人民收入水平的提高形成了对城市化的需求，从而推动了房地产的快速发展，进而又推动了经济的增长。所以，可以说，在“中国模式”的增长动力中，出口、政府投资和房地产是三大重要力量。房地产产业经济自2010年以来，占GDP的25%强，而房地产带来的各项收入普遍占到地方财政的70%以上，房地产实际上已成为支柱产业。

2）房地产业成为关注焦点

虽然中国房地产获得了空前的发展，解决了积累已久的住房问题。但行业发展中暴露出了更多的问题：

（a）消费主导的市场变成消费与投资并重；城镇化率从1978年的22%提高到2012年的51%，但是进城农民没有获得产权住房，城市家庭因为购房导致的家庭负债过高，一套房耗掉了三代人的积蓄且背负上沉重的债务；以房地产为代表的社会财富再分配导致了阶层分裂、社会不公平；与房地产有关的社会问题诸如拆迁纠纷、群体事件愈演愈烈。社会中逐渐出现质疑中国房地产发展模式，抱怨房价过高、上涨幅度过快的声音，各种社会矛盾出现，房地产业成为社会关注的焦点。

（b）2004～2013年，在一系列社会压力下，实施调控政策，主要是对土地供应、挤压投资需求以及市场的行政管制，并未触动房地产发展的根本动力。2008年，美国爆发金融危机，全球经济衰退，中国为了刺激经济发展推出更为宽松的货币政策，更为直接地推动了房地产价格的上涨。房地产市场反而由于行政干预，一次次地暴涨，价格快速上升。截至2012年，按照国际通用衡量房价水平的指标，中国一线城市的房价收入比达到25倍，高于纽约、东京等国际大城市，而二、三线城市的住房大量空置。因此，历次调控都以失败告终，反而形成了一个畸形的房地产市场，使得房地产发展给民众留下了负面的印象。

（c）中国房地产市场发展不平衡，首先表现为沿海与内地的地区不平衡，市场主要聚焦于长三角地区（上海、浙江、江苏）、珠三角地区（广州、深圳及周边城市群）、环渤海地区（京津冀辽鲁等），而中西部地区市场占比小。城市与农村市场也不平衡，房地产主要在城市中发展。其次是客户群体的不平衡。客户主要是先富起来的城市富裕阶层，而城市中低收入者尚没有获得住房。另外，还有房地产产品品质的不平衡，普通住宅品质低下，高档住宅追求奢华。

（d）中国房地产企业在此轮发展周期中，伴随市场规模的增大，企业数量急剧上升，但在调控作用下也进一步兼并整合，行业集中度快速提高。2005年，房地产前100强仅占11%的市场份额，而截至2012年底，房地产行业前50强占据了21%的市场份额，企业竞争导致的优胜劣汰现象明显。

2015年3月27日，由国务院发展研究中心企业研究所、清华大学房地产研究所和中国指数研究院三家研究机构共同发布了最新的中国房地产百强企业名单，前20名为万科企业、保利房地产、绿地控股、中国海外发展、恒大地产、碧桂园、绿城房地产、世茂房地产、龙湖地产、北京首都开发、华润置地、中信房地产、招商蛇口、华夏幸福基业、金科地产、金地、远洋地产、荣盛房地产、新城控股、复地等。

3. 走进新常态（2014年至今）

2012年底，中国新一届政府改革不停顿，开放不止步，确立了“城镇化”的发展思路，试图改变以往以土地为核心的房地产发展模式，转变为以人为核心的发展模式。在新的发展模式指导下，开展一系列的变革，旨在促进房地产市场健康发展。房地产的进一步发展有以下几方面：

（1）中心城市带动二、三线城市与小城镇房地产的发展；

（2）城市品质升级带来的100个城市的旧城改造；

（3）新一轮土地改革带来的城市、郊区与农村统筹发展；

（4）住宅产品升级带来的商业地产、旅游地产、养老地产的发展；

（5）调节房地产存量，挤压泡沫，促进社会公义；

（6）沿海产业内迁带来的中西部城市房地产市场发展；

（7）户籍制度、城乡二元管理改革带来的农民工在城市置业的需求。

这一系列的房地产发展趋势将引领房地产朝着更健康的方向发展，总之，房地产业将成为中国“城镇化”发展战略的引擎，是民生为主的产业模式。

住宅篇

一、概述

住宅（Residential Buildings）是供家庭居住使用的建筑，由卧室、起居室（厅）、餐厅与厨房、卫生间以及可供活动的阳台或露台组成。

原《民用建筑设计通则》已修订为《民用建筑设计统一规范》，规定住宅建筑按层数或高度分类：

一层至三层为低层住宅，四层至六层为多层住宅，七层至九层为中高层住宅（高度不大于27m），高度大于27m的为高层住宅；建筑高度大于100m的为超高层住宅。

另在《建筑设计防火规范》中规定：建筑高度大于54m的住宅建筑为一类高层住宅，而建筑高度大于27m，但不大于54m的住宅建筑为二类高层住宅。

20世纪80年代房地产业兴起以来，通常将七层至十二层或建筑高度不大于40m的称之为小高层住宅，将十三层至十八层或建筑高度不大于60m的列为中高层住宅，这样按地上层数或高度的细分比较贴切，有利于房地产开发与设计，利用土地资源，控制地区的建筑高度。

实际上，建筑高度划分主要和消防等级相匹配，与构件耐火、安全疏散和消防救援等防火设计标准相对应。世界各国的规定都有所区别，如新加坡规范按24m和60m，英国规范按18m、30m和60m，美国按23m、37m、49m和128m等分别进行规定，而中国按24m、36m、54m、100m和250m的建筑高度分别制定不同的防火设计规定，对应采取不同的消防措施。

住宅设计的基本要求：

住宅是供一家人日常起居的场所，外人不得随意进入。《中华人民共和国宪法》第三十九条规定，中华人民共和国公民的住宅不受侵犯，所以住宅也被称之为私宅，作为私宅，首先应满足安全和私密的基本要求。

住宅设计应符合《住宅设计规范》GB50096-2011的规定：

（1）应符合城镇规划及居住区规划的要求，并应经济、合理、有效地利用土地和空间。

（2）应使建筑与周围环境相协调，并应合理组织便利、舒适的生活空间。

（3）应以人为本，除满足一般居住使用要求外，尚应根据需要满足老年人、残疾人等特殊群体的使用要求，应符合无障碍设计原则。

（4）建筑结构设计应满足安全、适用和耐久的要求。

（5）设计应符合相关防火规范的规定，并应满足安全疏散的要求。

（6）应满足居住者所需的日照、天然采光、通风和隔声等要求。

（7）设计必须采用质量合格并符合要求的材料与设备。选用的设备系统应满足功能有效、运行安全、维修方便等基本要求，并应为相关设备预留合理的安装位置。

（8）设计必须满足节能要求，应能合理利用能源。宜结合各地能源条件，采用常规能源与可再生能源结合的供能方式。

（9）设计应推行标准化、模数化及多样化，并应积极采用新技术、新材料、新产品，积极推广工业化设计、建造技术和模数应用技术。

（10）设计应在满足近期使用要求的同时，兼顾今后改造的可能。

二、低层住宅

独立式住宅，用作府邸、公馆、宅院以及大量的农村民居，大多为低层形态。

新中国成立初期，住房非常缺乏，在花费少、建设快的思想的驱使下，首先建了一些二三层的集体住房，这样的住房属于低层集合式住宅。当时能分配到就非常高兴了。

（一）低层独立式住宅的发展历程

1. 中国古代宅院

千百年来，中华大地上出现了许多优秀的独立式住宅建筑，有的被列为全国重点文物保护单位，成了国际旅游景区，有的被联合国教科文组织批准列入了《世界遗产名录》。

保存完好的古宅中最著名的是：浙江东阳卢宅、苏州拙政园、苏州留园、贵州毕节大屯土司庄园、北京东城崇礼府第、福建泰宁尚书第、山东栖霞牟氏庄园、山东潍坊十笏园、四川宜宾夕佳山民居和山西祁县乔家大院，统称为“十大古代宅院”。

（1）浙江东阳卢宅

位于浙江省东阳市东郊卢宅村，卢氏自宋代起定居于此，世代聚族而居。从明永乐十九年（1421年）卢睿成进士起，到清代中叶，科第不绝，陆续兴建了许多座规模宏大的宅第，形成一个完整的明、清住宅建筑群，也是典型的封建家族聚居点。全宅占地约 $5hm^2$，主轴线自照壁穿过三座石牌坊转折至肃雍堂、乐寿堂而止于世雍堂，沿南北轴线布置十余组宅院。住宅周围有河流环绕，通过跨河的九座桥梁而沟通宅内外。这座建造至今已近600年的中国古代民居建筑，于1988年被列为全国重点文物保护单位。

图 2-2-1　东阳卢宅

（2）苏州拙政园

始建于明正德四年（1509年），御史王献臣以大弘寺址拓建为园，取自西晋文学家潘岳《闲居赋》中的“灌园鬻蔬，以供朝夕之膳，是亦拙之者为政边”之句，名曰“拙政园”，是江南古典园林的代表作品，与北京颐和园、承德避暑山庄、苏州

图 2-2-2　苏州掘政园

留园一并被誉为中国四大名园。拙政园以水面为中心，占地78亩（约5.2hm²），南面为典型的多进民居，建筑精美，厅榭秀丽，花木繁茂，具有浓郁的江南民居特色。

宅园分为东园、中园、西园三部分。东园山池相间，点缀有秋香馆、兰雪堂等建筑。西园水面迂回，依山傍水建以亭阁，其主体建筑鸳鸯厅是园主宴请宾客和听曲的场所。园中“与谁同坐轩”乃为扇亭，两侧实墙上开着扇形窗，而后面那窗正好映着笠亭，笠亭的顶盖恰好是一个完整的扇子。中园是拙政园的精华所在，其总体以荷花池为中心，亭台楼榭皆依水而建，南岸为主体建筑远香堂，隔池与东、西山岛相望。山岛上各建一亭，西为雪香云蔚亭，东为待霜亭，四季景色因时而异。

1961年3月被列为首批全国重点文物保护单位，1997年被联合国教科文组织批准列入《世界遗产名录》，2007年被国家旅游局评为国家AAAAA级旅游景区。

（3）苏州留园

位于阊门外，始建于明万历二十一年（1593年），为太仆寺少卿徐泰时的私家庭院，占地面积23300m²。清代时称“寒碧山庄”，后改为“留园”，被称为中国四大名园之一。

全园分四个部分，可分别领略山水、田园、山林、庭园四种不同景色：中部以水景见长，是全园的精华所在；东部以建筑精巧取胜，有耆硕馆、冠云台、冠云楼等十数处斋、轩，院内还立有石峰三座，冠云峰居中，两旁为瑞云、岫云两峰；北部具田园风光，并新辟盆景园；西区则是全园最高处，奇石众多，涵碧山房与明瑟楼为主要观景建筑。

留园为清代风格，以建筑造园艺术精湛而著称，厅堂宽敞华丽，庭院富有变化，构成了有节奏、有韵律的空间体系，成为建筑空间处理的范例。1961年3月被列为首批全国重点文物保护单位，1997年被联合国教科文组织批准列入《世界遗产名录》。2010年4月留园荣膺国家AAAAA级旅游景区。

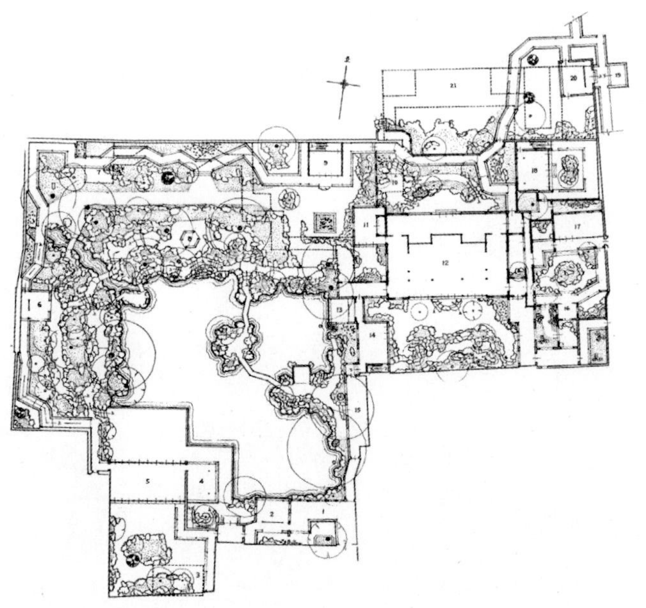

图2-2-3　苏州留园

（4）贵州毕节大屯土司庄园

位于毕节市大屯乡，于川滇黔三省交界的赤水河畔，始建于清道光年间（1821 ~ 1850 年），由彝族土司余象仪所建，后经余达父扩建成今状，占地 $5000m^2$，建筑面积 $1200m^2$。庄园坐东向西，依山势而建，按中轴对称分三路构筑布局，逐级升高，纵深递进，呈长方形。四周砖砌围墙，沿围墙设有 6 座土筑碉堡，具有独特的民族风格和浓郁的地方特色，是当今唯一保存完好的古代土司庄园，且是规模最大的国家级重点文物保护单位。

图 2-2-4 贵州毕节大屯土司庄园

（5）北京东城崇礼府第

位于东城区东四六条胡同内，建于清光绪年间，为东阁大学士转文渊阁大学士崇礼的宅第。宅院坐北朝南，三面临街，占地面积 $9858m^2$，正面开 3 座街门，将宅院分成三路，内部互相连通。东院有三进院落，大门开在东南角巽位上。第一进院有正房九间，明间为过道门，进门后由两卷垂花门和廊庑组成第二进院，进垂花门即为内宅，由正房三间与东、西厢房各三间和耳房二间组成一座规整的四合院，北面即到花园；中院前半部原为一座花园，北边是五间大戏楼，戏楼后面有前后院落，各有正房五间；西院是一组四进四合院，规制小于东院，整个建筑可自成体系。此宅原有房三百余间，可谓是晚清四合院的经典，仅逊于王府，号称“东城之冠”，1988 年被列为中国重点文物保护单位。

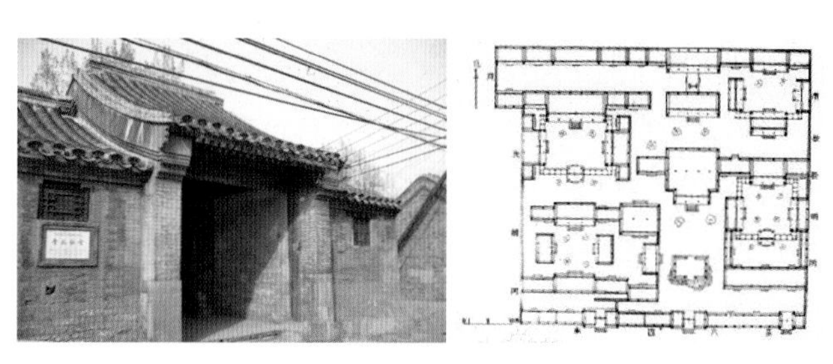

图 2-2-5 北京东城崇礼府第

（6）福建泰宁尚书第

泰宁历史悠久，人文发达，素有“汉唐古镇、两宋名城”之美誉，曾有“一门四进士、隔河两状元、一巷九举人”之盛况。尚书第坐落于县城尚书街，是明代兵部尚书李春烨的宅第，建于明万历末年，占地近 2 万 m^2，至今已有 380 余年历史，是南方保存最完好的明代民居建筑群，以规模宏大、布局合理、建筑风格独特、工艺精湛而闻名遐迩，1988 年被确定为全国重点文物保护单位。

尚书第由五幢建筑组成，主体建筑上刻着天启皇帝赐封的“四世一品”。李春烨（1571-1637），6 岁开始读书，16 岁考上秀才，36 岁中举人，46 岁中进士踏入仕途，任兵部尚书、太子太师，56 岁告老还乡，66 周岁去世。他生前有“大起大落十年间”之说，后人用“大器晚成，青云直上，急流勇退”来概括他的一生。

图 2-2-6 福建泰宁尚书第

（7）山东栖霞牟氏庄园

坐落于山东栖霞市古镇都村，是大地主牟墨林及其后裔营建的宅院，牟氏祖籍湖北公安县，始祖牟敬祖于明洪武三年（1370 年）到栖霞做官落户，至清末民初，牟氏家业进入鼎盛时期，土地达 6 万亩，山林 12 万亩，一度名扬齐鲁。庄园始建于清雍正年间，至民国 24 年基本建成，庄园依山傍水，坐北朝南，硬山顶、砖木石结构，占地面积 2 万 m^2，房屋 480 多间，耗白银达 43 万两。

图 2-2-7 山东栖霞牟氏庄园

整个庄园布局为三组六院，各组一至三院不等，均为四合院结构，房舍多是雕梁画栋，明柱花窗，气势恢宏，蔚为壮观，是目前我国保存最完整、最典型的地主庄园，1988 年被国务院公布为全国重点文物保护单位。它是中国北方民族建筑艺术风格的优秀建筑成果，具有极高的艺术价值和丰富的历史文化内涵。

（8）山东潍坊十笏园

十笏园位于山东省潍坊市胡家牌坊街，原是明朝嘉靖年间刑部郎中胡邦佐的故宅，清顺治年间彰德知府陈兆鸾、道光年间直隶布政吏郭熊飞曾先后在此居住。后于清光绪十一年（1885 年）被潍县首富丁善宝以重金购作私邸，修葺了北部三间旧楼，题名砚香楼，开挖水池，堆叠假山，始成十笏园，又名丁家花园。

图 2-2-8 山东潍坊十笏园

这个著名的古代园林，按园主的说法——园太小，只“十个笏板”大，故名十笏园。这里曾有 16 座古园，十笏园是其中最著名的一座，是整个丁宅建筑群落的一部分。该建筑群落，除“文革”中被毁的后花园外，现存建筑面积 10400m^2，房屋 200 余间，其中仅十笏园中的大小建筑就多达 34 处，1988 年被确定为全国重点文物保护单位，有“鲁东明珠”之称。

（9）四川宜宾夕佳山民居

位于宜宾市江安县城东南 18km 处，建于明万历四十年（公元 161 年），后于清、民国年间进行过数次修葺。民居坐南向北，南依安远山脉，北邻层层浅丘，有“千人拱手、万山来朝”的气势。占地 6.8 万 m^2，建筑面积超过 1 万 m^2，房舍 123 间，为悬山穿斗式木结构，深院高墙，飞檐黛瓦，古木参天，掩映于修竹茂林之中，风光秀丽，景色迷人，是我国保存完整的古代民居建筑群之一，被誉为“中国民间建筑活化石”，国家 AAAA 级旅游景区，1986 年被列为全国重点文物保护单位。

图 2-2-9 四川宜宾佳山民居

（10）山西祁县乔家大院

乔家大院地处晋中盆地，是清代著名的商业金融资本家乔致庸的宅院。乔家大院始建于乾隆年间，以后曾两次增修，共有 6 个大院，20 个小院，313

间房屋，占地面积 10642m²，建筑面积 4175m²。

大院大门坐西向东，为拱券式门洞，上有高大的顶楼，正中悬挂着山西巡抚受慈禧太后指示赠送的匾额“福种琅嬛”。进入大院后是一条长 80m 的石铺甬道，把六个大院分为南北两排。整个建筑设计精巧，工艺考究，高空俯视，呈“囍”字形，中央甬道就是“囍”字中长长的那一横。梁思成先生称乔家大院为“清代民居建筑艺术上的一颗明珠”，现为国家 AAAA 级旅游景区，1988 年被列为国家级重点文物保护单位。

图 2-2-10 山西祁县乔家大院

2. 宅园一体的居住形态

居住建筑在千百年的发展历程中，逐渐形成了“园内建宅、宅中有园、宅园一体”的设计理念，涌现出许多宅院园林的优秀实例，以苏州古典园林、扬州府宅园林与岭南庭院园林为主要代表。它们并非纯粹园林景观，其主要功能仍是供人们居住，只是将生活空间与园林更紧密地结合。用作团聚、迎宾的主厅堂屋设计在主轴线上，前庭后院，朝向主园林主景观，书屋、画房设在主体花园中，幽深处设卧室，园内多姿多彩的景观与画舫、云轩、竹苑、花馆、草堂等建筑交相呼应。

它引发了现代人的“住在花园中”的居住理想，开创了居住形态的研究，发展了住宅景观学。

（1）苏州古典园林

又称苏州园林，起始于春秋时期，吴国建都姑苏（公元前 514 年）时，形成于五代，成熟于宋代，兴盛于明清，到清末已有园林 170 多处，现保存完整的有 60 多处，对外开放的园林尚有 19 处。1961 年被列为首批全国重点文物保护单位，1997 年被列入《世界遗产名录》，被盛誉为“咫尺之内再造乾坤”，是中华园林文化的辉煌成就，2010 年荣膺国家 AAAAA 级旅游景区。

苏州古典园林历史绵延两千余年，在世界造园史上有其独特的历史地位和价值，它以高超的写意山水艺术手法，展示着蕴含浓厚的中华传统和文化内涵的东方造园艺术，实为中华民族的艺术瑰宝。现存的苏州园林主要有沧浪亭、狮子林、拙政园、留园，分别代表宋（960 ~ 1276 年）、元（1271 ~ 1368 年）、明（1368 ~ 1644 年）、清（1644 ~ 1911 年）四个朝代的艺术风格，被称为苏州“四大名园”。

1）沧浪亭

为北宋诗人苏舜钦的私人花园，始建于北宋，是现存历史最为悠久的古代园林。占地面积 1.08hm²，园内除沧浪亭外还有印心石屋、明道堂、看山楼等景观建筑，全园布局自然和谐，构思巧妙。

图 2-2-11 沧浪亭

2）狮子林

始建于元代至正二年（1342 年），占地面积 1.1hm²，因园内众多假山怪石酷似狮形而得名，又因得法于浙江天目山狮子岩的高僧天如禅师于 1341 年到苏州讲经，弟子们为纪念禅师而兴建禅林，取佛经中“狮子座”之意，命名狮子林寺。

狮子林以假山著称，假山群共有九条路线，以“透、漏、瘦、皱”的太湖石堆叠，奇峰怪石，群峰起伏，占地面积约为 0.15hm²，是中国园林大规模假山的仅存者。1703 年清康熙帝巡游至此，赐额“狮林寺”，清乾隆帝曾六游狮子林。后来，园林多次易主，几经兴衰，寺、园、宅分而又合。1917 年，上海颜料巨商贝润生（建筑大师贝聿铭的叔公）购得狮子林，近代贝氏家族把西洋造园手法和家祠引入园中。

图 2-2-12 狮子林

3）网师园

始建于南宋淳熙年间（1174 ~ 1189 年），原为宋代藏书家史正志退居姑苏时筑园，因府中列书42橱，藏书万卷，故名为“万卷堂”，园名为“渔隐”；清乾隆三十年（1765 年），曾官至光禄寺少卿的宋宗元购之重建，作归老与奉母养亲之所；乾隆末年（1795 年），太仓富商瞿远村购得，增建亭宇，叠石种树，半易旧观，使得园地虽仅有数亩，却有迂回不尽之致，故又称瞿园。

宅园分东、中、西三部分，东为住宅区，西为读书区，中部为园林。网师园为宅园合一的典型代表，园主多为文人雅士，园内藏有珍贵的诗文碑刻。全园布局紧凑，建筑精巧，空间尺度比例协调，以精致的造园布局、深厚的文化内涵、典雅的园林气息，成为江南中小古典园林的代表作品。

（2）扬州府宅园林

它不仅历史悠久，而且在府宅院落的组合处理、园林水景的独特处理、山石景观的安排上，形成了独具风格的中国文化艺术特色。扬州园林还是北方皇家园林与江南私家园林之间的一种介体，由于清帝南巡，四商杂处，它是南北匠师交流的结果。扬州园林既有皇家园林金碧辉煌、高大壮丽的气势，又有江南园林的玲珑隽秀、幽静雅逸的景色，自成一格。

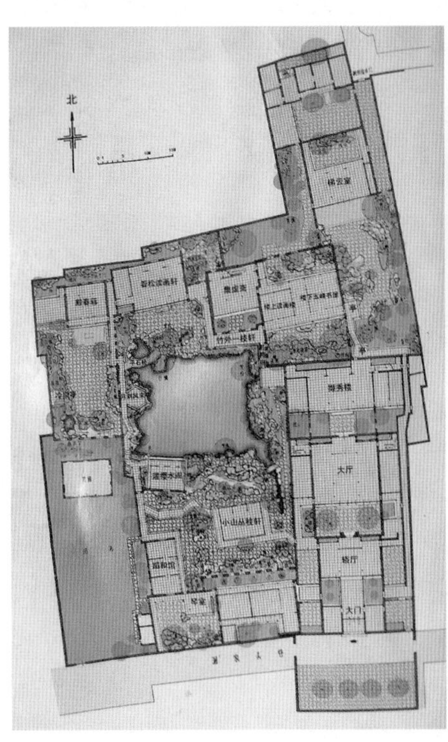

图 2-2-13 网师园

清乾隆、嘉庆年间，“甲天下”的是扬州园林，而不是苏州园林。当时扬州盐商富甲天下，这些富商多为徽籍儒商，有的还捐得空头官衔，有足够的财力来建宅造园，据统计，扬州城内私家园林最盛时达 200 多处。

1）个园

由两淮盐业商总黄至筠建于清嘉庆二十三年（1818 年），在明代的寿芝园旧址上扩建而成。个园以竹石取胜，运用不同的石料堆叠成“春、夏、秋、冬”四景，被誉为晚清第一名园，1988 年被列为全国重点文物保护单位。

图 2-2-14　个园

2）何园

又名“寄啸山庄”，清光绪年间（1862 年），由湖北汉黄道台、江汉关监督何芷舠在清乾隆的双槐园旧址上所造，作为何宅后花园，故称何园，占地 14000m²。清光绪九年（1883 年）园主归隐扬州后，购得吴氏片石山房旧址扩入园林，并吸收中国皇家园林和江南诸家私宅庭园之长，广泛使用新材料，使该园取众家之长而更为突出，于 1988 年被列为全国重点文物保护单位。

3）小盘谷

这座秀丽的城市山林位于扬州市丁家湾大树巷内，始建于清乾隆、嘉庆年间（1894 年），光绪三十年（1904 年）成为两江总督周馥的私人宅院。因园内假山峰危路险，苍岩探水，溪谷幽深，石径盘旋，故名小盘谷。2006 年被列为全国重点文物保护单位。

图 2-2-15　小盘谷

4）逸圃

图 2-2-16　逸圃

位于东关街，东邻个园，系民国初年钱业经纪人李鹤生所筑。一般园林多建于住宅之后，唯此园内建宅。八角形的大门额上嵌“逸圃”二字刻石，一路引向五进宅院，沿东侧原有湖石假山贴墙而筑，委婉屈曲，壁岩森严，与墙顶之瓦花墙形成虚实对比。利用曲尺形隙地巧妙布设，上下错综，境界多变。2013 年被列为全国重点文物保护单位。

另外，珍园为清末盐商李锡珍所建，刘庄由清代盐商刘氏修筑，平园由盐商周静臣所建，怡庐为民国初钱业经纪人黄益所建，汪氏小苑系盐商汪伯屏所建，都是扬州尚存的府宅园林。

（3）岭南庭院园林

岭南是中国南方五岭之南的统称，主要包括福建南部、广东、广西东部与南部，位于欧亚大陆的东南边缘，处于低纬度地区。北有五岭为屏障，南濒南海，山清水秀，一年四季郁郁葱葱，呈现出一派亚热带和热带自然景观。

岭南庭院园林始建于南越帝赵佗（公元前137年），效仿秦代皇室园囿在越都番禺（今广州）兴宫筑苑，现存的九曜园前身就是仙湖遗迹。特别是晚清以后，岭南的文人、绅士、富商成为创作的主体，按照自己的生活方式建宅造园，用高墙冷巷对建筑院落进行多进多庭院组合，用连房博厦把建筑与庭院连为一体，突出反映了它的文化性、兼容性和多元性。

岭南四大园林是指顺德清晖园、佛山梁园、番禺余荫山房和东莞的可园。

1）顺德清晖园

位于佛山市顺德区大良，始建于清嘉庆五年（1800年），原为明万历状元黄士俊的府邸，清乾隆年间为进士龙应时购得，后经龙家数代精心营建。龙宅利用碧水、古墙、山石、小桥、曲廊等与亭台楼馆融合，汇集建筑、园林、雕刻、诗书于一身，突出了中国传统建筑的特点。1959年后，地方政府注资扩建修复予以重点保护，尽显岭南庭院园林之特色。

图 2-2-17 顺德清晖园

2）佛山梁园

是梁氏宅园的总称，由当地诗书画名家梁蔼如、梁九章、梁九华及梁九图叔侄四人，于清嘉庆、道光年间（1796～1850年）陆续建成。主体位于松风路先锋古道，由十二石斋、群星草堂、汾江草庐、寒香馆等多个群体组成。其布局精妙，宅第、祠堂与园林浑然一体，岭南式的庭园空间变化迭出，格调高雅，造园组景追求雅淡自然、如诗如画的田园风韵，园林建筑富于地方特色，轻盈通透；园内果木成荫、繁花似锦，加上曲水回环、松堤柳岸，形成了特有的岭南水乡韵味，为清代岭南文人园林的典型代表。

1982年，佛山市政府先对现存的群星草堂群体进行了抢救性保护，继而于1994年开始全面修复，总面积达21260m^2，重现名园的精髓。

3）番禺余荫山房

又名余荫园，始建于清同治三年（1864年），以藏而不露、小巧玲珑的独特风格著称，赢得了园林艺术的极高荣誉。进入写有“余荫山房”的正门，门旁有对联一副：“余地三弓红雨足，荫天一角绿云深”，正是此园点题之句。园地虽不足2000m^2，但亭桥楼榭、曲径回栏、荷池石山、名花异卉等，一应俱全。

图 2-2-18 佛山梁园

图 2-2-19 番禺余荫山房

此外，山房南侧还紧邻一座稍小的瑜园。瑜园是一住宅式庭院，是园主的第四代孙邬仲瑜于 1922 年所造，现已归属余荫山房。

4）东莞可园

位于东莞市城区博厦村，前人赞为“可羡人间福地，园夸天上仙宫”。它始建于清朝道光三十年（1850 年），为莞城人张敬修所建，此人官至广西按察使，后被免职回乡，在原冒氏宅址修建可园。可字包含了“合适、称心如意”的意思。

可园占地 $2200m^2$，园内有一楼、六阁、五亭、六台、五池、三桥、十九厅、十五间房，多以“可”字命名。建筑是清一色的水磨青砖结构。最高建筑——可楼，高 15.6m，凭窗可眺望莞城景色。可园运用高超的造园技艺，在小块土地上营造出了层次丰富、错落有致，富有节奏、色彩和空间对比的建筑体系。

图 2-2-20 东莞可园

可园因在近代书画史上占有一席之地而蜚声海内外。园主张敬修虽是个武将，却对金石书画、琴棋诗赋样样精通，在退职后请来众多画家长年在此作画，并创了撞粉画法、撞水画法，对后期岭南画派产生了非常大的影响，适应时代的需要，追求一种大众化的、雅俗共赏的美的艺术。

（二）近代独立式住宅的实例

1. 南京民国建筑

民国政府于 1927 年定都南京，于是这个六朝古都开始大兴土木，推进首都规划建设和城市化进程。民国政府的“五院八部”（行政院、立法院、司法院、监察院、考试院与最高法院、军政部、外交部、交通部、铁道部等）和中央博物院、中央研究院、中央大学、金陵大学、大会堂、励志社、中央医院、中央体育场等民国建筑以及 1929 年建成的中山陵，都成了南京的城市标志，都显现出了中西方建筑技术、风格的融合，既体现近代西方建筑风格对中国的影响，又保持中华民族传统的建筑特色，全面展现了中国传统建筑向现代建筑的演变。这些旷世杰作是中国第一代建筑师：吕彦直、杨廷宝、赵深、童寯、范文照、卢树森等，在中国近代建筑的探索实践中做出的卓越贡献。

宋子文公馆由老前辈杨廷宝老师设计，位于南京北极阁 1 号，建于 1933 年，三层钢筋混凝土结构，马尼拉草屋顶，顶上设有老虎窗和壁炉烟囱，在南京现存的 400 栋民国官邸中可谓首屈一指。

鼓楼区颐和路、宁海路有一片民国住宅建筑，包括使馆和民国党政军要员、富豪、外国人的花园别墅等，至今完好保存的有 200 多栋，其中著名的有马歇尔公馆、汪精卫公馆、美国大使馆等。这里曾被誉为“民国官府区”、“使馆区”。

当时还营造了许多官邸和私宅，江宁汤山温泉路上的颐和公馆是民国高官的住宅区，26 栋私宅青砖灰瓦，在法国梧桐的掩映下，极具传奇色彩。著名的梅园新村拥有 52 栋、桃源新村 58 栋，雍园 33 栋，都以独立住宅为主，与一些西式洋房组成了官邸与住宅区。依照 2006 年《南京市重要近现代建筑和近现代建筑风貌区保护条例》以及全国文物普查的要求，都以“民国住宅”挂牌实施保护和利用。

南京地处南北之中，文化兼容并蓄，其建筑既有北方的端庄浑厚，又有南方的灵巧细腻。南京的民国建筑可谓参酌古今，兼容中外，融汇南北，是

图 2-2-21 南京北极阁 1 号宋子文公馆

上海、天津、广州等城市的租界建筑无法比拟的，是中国近代建筑的一个重要组成部分，其主要建筑风格有折中主义、古典主义、传统中国宫殿式、新民族形式、传统民族形式及现代派六种。漫步在这些中西合璧的百年老建筑之间，仿佛又回到那个新旧交替、绮梦幽幽的年代。

图 2-2-22　南京颐和公馆

图 2-2-23　南京梅园新村

2. 上海十大优秀独立式住宅

上海是最早的通商城市，西方人在这里跑马圈地，随之而来的是风格各异的洋房。初时都是由西方商人或传教士主持工程，本地的泥水匠建造，最早出现的洋房多为周边拱形回廊的建筑，如同最初欧洲传入印度等东南亚国家的建筑一样，被称之为“殖民地建筑形式”。十九世纪五六十年代，上海出现了设计西式建筑的营造厂，这时也有了中国第一代建筑师；本地泥水匠除“本帮”外，也出现了建造洋房的“红帮”。随着租界西式建筑的增多，其华丽美观的建筑特色显现出来，上海被称为万国建筑博览园。

下面将列举上海滩最负盛名的十大优秀独立式住宅，其优秀之处不仅在于建筑本身，还在于住房主人身份的传奇色彩。

（1）嘉道理住宅

地处延安西路 64 号，即上海市少年宫所在。它的原主人艾里·嘉道理，英籍犹太人，以 500 港币起家，后成为沪港两地鼎鼎有名的实业家。嘉道理住宅气势恢宏，建筑正门采用爱奥尼式大理石柱廊，二层端正狭长的阳台正好充当了天然走廊，匀称整齐的柱石和立面装饰，处处都显现出皇家宫殿的华贵惊艳。

一楼大厅是舞厅与餐厅，是招待客人娱乐的场所，大厅顶部特意以大理石砌出穹隆，楼上有多间卧室，装修别具特色。内外墙面、地坪几乎全部采用意大利大理石，楼梯的石级、扶手与栏杆也都采用大理石装饰，所以人们称它为“大理石房子”。嘉道理住宅为钢筋混凝土结构，占地面积为 14000m^2，建筑面积为 3300m^2，于 1929 年又加盖了一层，总造价为 100 万两银子。在当时的上海，这座的确美轮美奂，宽广的草地让人顿觉视野开阔，更显示出了它的卓尔不群。

图 2-2-24　嘉道理住宅

（2）蒋宋“爱庐”住宅

这幢法式花园洋房位于东平路 9 号，为 1927 年蒋介石与宋美龄在上海安置的家，是他的大舅子宋子文买来作为陪嫁的。住宅由主楼与两座副楼组成，副楼位于主楼两侧，分别是侍从人员、警卫人员的住所。主楼坐北朝南，由造型不一的东、西、中三个单元组成。主楼东侧二层原是蒋介石、宋美龄的卧室及卫生间，且有一秘密暗道，发生紧急情况时可从暗道直达楼外。

主楼南面原有占地 30 多亩的大花园，现已大大缩小，只有三四亩大。顺着花园往前走几十步有一汪池水，在池旁假山石上镌刻着蒋介石亲笔题写的“爱庐”两个大字。蒋把庐山牯岭别墅称为“美庐”，把杭州西湖别墅称为“澄庐”，把上海这所住宅称为“爱庐”。

“爱庐”周围的衡山路、东平路口还有10多栋花园住宅，都是宋家、孔家和陈立夫、陈果夫的家业。

图 2-2-25 蒋宋“爱庐”住宅

（3）汪公馆

地处愚园路1136弄31号，为民国政府交通部长王伯群的住宅。该建筑系意大利哥特式城堡建筑，4层钢筋混凝土结构，各种厅室共32间，主楼南面有花园草坪1.3hm^2，园内绿树葱郁、绿草如茵，有水池、小桥、假山、花坛，园中百花四季吐艳，在当时可谓上海滩少有的豪宅。由协隆洋行柳士英设计，辛丰记营造厂施工，历时4年，于1934年落成，占地10.78亩，主建筑面积2158.8m^2，耗资30万银元。

图 2-2-26 汪公馆

1939年，该建筑被汪精卫用作驻沪办公联络处与行宫，被称为“汪公馆”，成为汪伪集团在上海的巢穴。新中国成立后，作为长宁区少年宫，被列为上海市优秀近代建筑，市文物保护单位。

（4）白公馆

位于汾阳路150号，这幢气势非凡的灰白色洋楼曾因白崇禧、白先勇父子居住过而名噪海上，人们习惯称之为“白公馆”。新中国成立后，市政府接收了这幢花园洋房，曾先后作为上海画院和上海越剧院的院址，改革开放后成了餐厅，昔日的将军故居，今日依旧名流汇集。汾阳路一带树高枝繁，环境幽雅，路边的小洋楼也大多历史悠久，如法租界公董局总董官邸、犹太人俱乐部、丁贵堂旧居、潘澄波旧居等。

图 2-2-27 白公馆

（5）沙逊别墅

地处长宁区虹桥路2409号，又名罗别根花园或罗白康花园，是英籍犹太人爱利斯维克多·沙逊于1932年建造的私人住宅，由英商公和洋行设计。沙逊别墅建筑面积为800m^2，是英国乡村风格的尖顶花园洋房。1989年沙逊别墅被列为市级文物保护单位。

图 2-2-28 沙逊别墅

（6）兴国宾馆

兴国路上的花园别墅宾馆。旧上海美商的中国营业公司是当时最大的房地产公司之一，投资兴建了许多高级里弄住宅和花园别墅。现在的兴国宾馆，建造于20世纪二三十年代，由风格迥异的法、英、德、美、西班牙式别墅楼组成，掩映在鲜花绿树丛中，形成了风格独特的园林庭院，每幢建筑都有鲜明的个性。宾馆闹中取静，景色幽雅，古木葱茏、鸟语花香、飞瀑流泉、奇峰异石，占地 105600m²，绿化覆盖面积达 90% 以上。

图 2-2-29 上海兴国宾馆

（7）丁香花园

位于华山路 849 号，由美国建筑师艾赛亚·罗杰斯设计。他建造了一座新颖的别墅和美式花园，园内种植了许多丁香丛，丁香花园因此而得名，原是英国泰兴洋行大班（经理）林克劳夫的住所。

图 2-2-30 丁香花园

后来，丁香花园卖给了李经迈（清末朝廷重臣李鸿章的幼子，系丫鬟出身的七姨太莫氏所生，在李家地位不高并受歧视，幼时长得瘦小，但长大后变得机灵、奸诈，分家时把当时不值钱的股票和最差的房产分给了他）。说来也奇，这些财物到了李经迈手里，没过多少年，股票和地产增值数倍，后遂成巨富。辛亥革命后，李经迈隐退寓居上海租界，洋房洋车，是个豪富公寓。李经迈名下的房产，最著名的是丁香花园和枕流公寓。丁香花园现已划归兴国宾馆管理。

枕流公寓也在华山路上，建于 20 世纪 30 年代初，在当时堪称一流，有“海上名楼”之称，原属泰兴银行老板所有，后归属李鸿章，由李经迈继承。影坛明星周璇曾在此住过多年。

（8）杜美花园

东湖路 7 号有一幢二层洋房，由于东湖路旧名杜美路，因此这幢花园洋房被称为“杜美花园”，由英商瑞康洋行老板约瑟夫（R. M. Joseph）建于 1925 年。约瑟夫是英籍犹太人，第二次世界大战爆发后，1941 年，他即被日军拘捕送进了集中营，这幢漂亮的住宅就被日本军官占用。抗战胜利后，约瑟夫去向不明，住宅由中国政府接收，现作为东湖宾馆使用。

图 2-2-31 杜美花园

（9）马勒别墅

位于延安中路陕西南路 30 号，是一幢独具风情的花园别墅。大约在 1859 年，英籍犹太人马勒（Nils Maller）在上海创办了赛赐洋行，代理航运业务，到 1920 年已拥有海运船只 17 艘，随后又创办造船厂，最多时拥有工人 2000 余人，这厂就是今天沪东造船厂的前身，从事造船、修船、报关、进口业务代理和运输业。马勒和许多西方冒险家一样，原本一无所有，发迹在中国。

马勒依照爱女的梦境建造了一座“安徒生童话般的城堡”，历时 7 年，于 1936 年建成，建筑面积为 2989m²。主楼为 3 层，顶部矗立着高低不一的两个攒尖四坡顶，东侧坡顶高近 20m，上面设有拱形凸窗，尖顶和凸窗上部均有浮雕装饰物，西侧的坡顶高约25m，屋顶陡直，墙面凹凸多变，檐角起翘，是一座精致的北欧挪威式建筑。

为躲避战乱，1941年马勒离开了中国，留下了这栋无法带走的“梦幻城堡”，抗日战争期间，成了日本的军人俱乐部，抗战胜利后又成了国民党的一处特务机关，1949年后成为共青团上海市委办公所，1989年被认定为上海优秀近代建筑和全国重点文物保护单位，2001年1月改建成衡山马勒精品酒店。

图2-2-32 马勒别墅

（10）张学良公馆

位于皋兰路1号，是一幢西班牙式的三层花园洋房。当年皋兰路是一条短短的马路，路边的法国梧桐，枝叶蔽天，毗邻复兴公园，是一处十分恬静的住所。

乳白色的外墙，主楼3层面，积约为1800m²，一楼是宴客大厅，会客室在二楼，张学良、赵一荻的卧室在三楼，是西班牙式的套房，房内放着一张西班牙式的大床，房外有20m²的平台。楼前有一座大花园，面积约1000m²，现名“荻苑”。园中栽种香樟、雪松、紫藤、玉兰、金桂、银桂，铺有马尼拉草坪，还有可坐几个人的秋千架等。张学良出任武昌行营主任，离开上海后，赵四小姐却常来此小住，因此这一处被人称为“张学良公馆”。

现为上海市房地产管理局迎宾馆，并将几处厅室分别取名为敬学厅、慕良厅、忆卿厅、少帅厅，厅内壁上挂了张学良、赵一荻的照片及张学良的手迹。

图2-2-33 张学良公馆

另外，上海的思南路得名于20世纪初法国作曲家儒勒·马斯南，是一条法国风情的马路，马路两侧满是法国梧桐和精美的洋房，二十多幢洋房有着独特的吸引力，集中了老上海近乎全部的民居样式，是城市历史的活标本，上海市11个历史风貌保护区之一。

包括：香山路7号——“孙中山故居”（1918～1925年），思南路73号——保留着纪念周恩来的“周公馆”，今中国共产党代表团驻沪办事处纪念馆，87号——京剧大师梅兰芳住过的西班牙式四层洋房“梅宅”，41号——今上海市文史馆，51号、61号——大律师薛笃弼寓所等。

图2-2-34 上海香山路孙中山故居

图2-2-35 上海思南路周公馆

图2-2-36 上海思南路民居

3. 天津、汉口的小洋楼

在天津，外来的建筑独树一帜，被称为“小洋楼”。这些建筑弥漫着欧陆风情，记述着时代的风雨和历史的变迁。随着袁世凯北洋时代的结束，它不再被视作过时的昔时遗物，相反渐渐成了一种城市标志。

图 2-2-37 天津小洋楼

在内陆的开放通商城市汉口，1865 年法国领事馆建于洞庭街 81 号，二层砖木结构，上下两层外廊，距馆不远处建有官邸。这栋法式小楼在 20 世纪末被拆毁。1989 年，对这小楼进行建筑勘测时，在楼房暗顶上找到了一批旧瓦，瓦上刻有法文“VISSTE　MARSEILLE”（马赛维斯特工厂）字样，说明当时砖瓦都是千里迢迢地从欧洲运来的。

4. 厦门鼓浪屿

鼓浪屿是福建省厦门市思明区的一个小岛，面积为 1.91km^2，宋、元时名为“圆沙洲”，明朝时始称“鼓浪屿”，与厦门半岛只隔 600m 宽的鹭江。因岛西南方海滩上有一块两米多高、中有洞穴的礁石，每当涨潮水涌，浪击礁石，声似擂鼓，人们称“鼓浪石”，因此而得名。

由于独特的地理位置，鼓浪屿与海外建立起紧密的联系，鸦片战争后逐渐成为西方多国侨民的聚居地，同时也是世界各地华侨返乡居住地。1902 年《厦门鼓浪屿公共地界章程》签订，鼓浪屿工部局正式成立，建立了驻岛各国侨民与中国人代表共同参与管理的公共社区管理体制，开创了鼓浪屿的国际社区阶段。岛上现存 900 余栋中外风格各异的建筑，不仅完整见证本土建筑在外来文化影响下变化、创新的过程，也展现出鼓浪屿国际历史社区的多元风格，整体上保持了优美的海岛景观特征和不同片区的城市肌理特征。

此外，小岛还是音乐的沃土，人才辈出，钢琴拥有密度居全国之冠，又得美名“钢琴之岛”、“音乐之乡”。2007 年被国家旅游局评为国家 AAAAA 级旅游景区，2017 年 7 月 8 日第 41 届世界遗产大会上，“鼓浪屿国际历史社区”被列入《世界遗产名录》。

图 2-2-38 厦门鼓浪屿国际历史社区

（三）国外低层独立式住宅的设计实例

1. 波兰奥波莱中庭式住宅

它位于奥波莱紧邻森林的 1km^2 的基地上，让车辆从西南侧进入地下坡道驶到地下中庭处，这样就保持了庭院的完整，同时建筑四周的露台可自由延伸，以获得最好的景色。项目由 KWK Promes 建筑事务所设计。

2. 南非 Albizia 住所

Metropole 建筑事务所设计的这座现代住所，坐落在 Simbithi 生态村的山坡上，占地面积为 4047m^2。

其设计风格以简约为主，质朴却不失雅致。住所的所有的生活空间都有开阔的视野，自然风光尽收眼底。在设计中，大胆采用木制的屏风、板墙、桥面板、水泥遮板以及天然石材等，给人带来了视觉上的安逸、亲切。

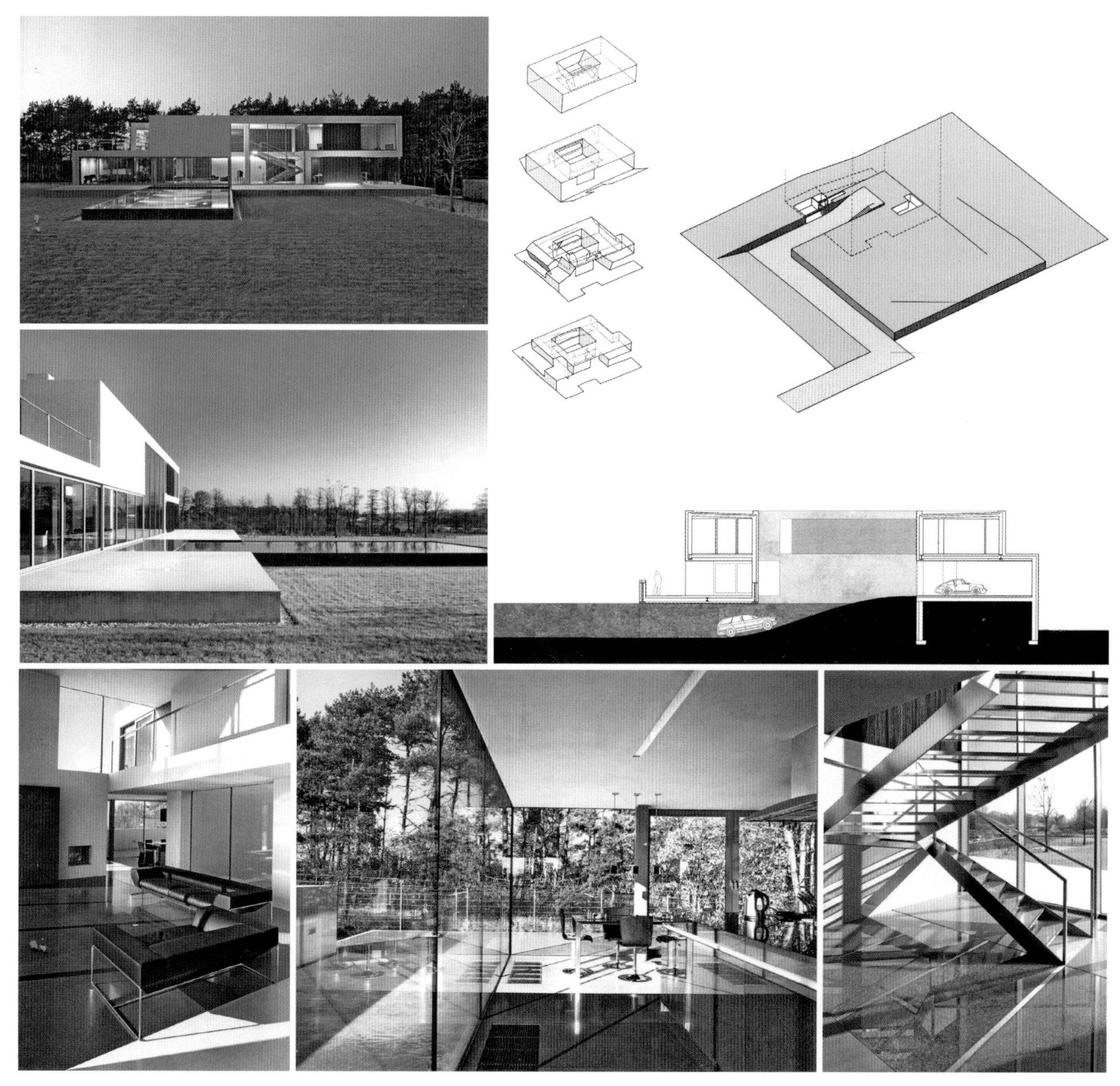

图 2-2-39　波兰奥波莱中庭式住宅

图 2-2-40　南非 Albizia 住所

3. 美国亚利桑那州坦佩市柏树街住宅

它是由旧房子改建而成的，设计以大庭院为中心展开各种功能布置，简洁、灵活又高效。其建筑面积为976.5m²，由Colab设计工作室设计。

图 2-2-41 美国亚利桑那州坦佩市柏树街住宅

4. 挪威奥斯陆科尔波顿边缘住宅

住宅基地标高距入口处的道路标高相差8m，为了保护环境，避免爆破，将建筑以钢柱支撑到道路的上方，悬挂在山体边缘，入口台阶沿坡道而上，楼梯隐藏在山体和建筑内部。

Jarmund/Vigsnaes AS建筑事务所承担这个富有挑战性的设计，主体采用钢结构，配有抛光的混凝土楼板，外部铺设自然色的纤维水泥板，内部铺设桦木胶合板。

图 2-2-42 挪威奥斯陆科尔波顿边缘住宅

5. 巴西 LA 住宅

住宅的建筑和室内设计都具有非常鲜明的个性，实用的空间也向人们展示了简洁的生活方式。其建筑面积为 410m²，由 Studio Guilheme Torres 设计公司设计。

6. 美国加州卡里罗住宅

项目位于圣塔莫尼卡峡谷的一处狭长地带，可远眺大西洋。该项目由 Ehrlich 建筑师事务所设计，设计师充分利用加利福尼亚宜人的气候和景色条件，营造出了舒适的居住环境。住宅前方有一个供孩子们玩耍的游戏场，后面有户外餐厅、野餐区和游泳池，这里视野开阔，并与客厅、餐厅连通，拓宽了室内外空间。

图 2-2-43　巴西 LA 住宅

图 2-2-44　美国加州卡里罗住宅

7. 秘鲁利马拉斯帕尔梅拉斯海滨别墅

建筑所在的海滩是秘鲁海岸线的一部分，是一片没有极端气温、几乎终年无雨的沙地，建筑以简洁的几何形体与天空、海洋、沙地直接联系在一起，犹如一个白色的盘子安放在基石上，成为秘鲁海岸线上的优美景观。

别墅建筑面积为348m²，一层为服务区和停车库，二层为住房，三层为客厅、餐厅、露台与游泳池。该项目由Javier Artadi建筑事务所设计，2011年竣工。

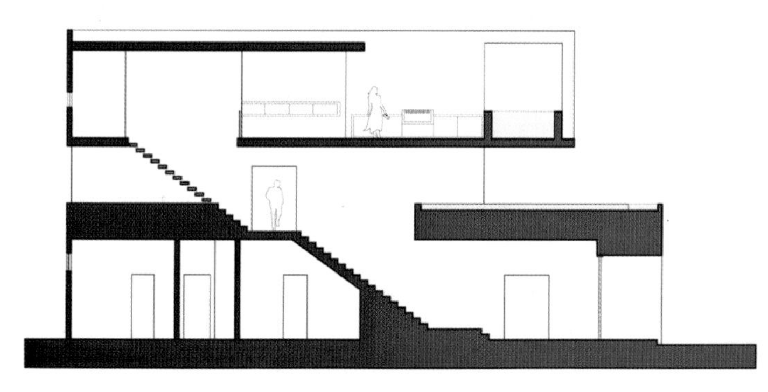

图 2-2-45 秘鲁利马拉斯帕尔梅拉斯海滨别墅

8. 斯洛文尼亚卢布尔雅那老橡树私宅

利用一片树龄过百年的橡树林，在树间建造私家住宅，建筑本体也与周边的树林景观相协调，创造出了具有自然特色的居住品质。该项目是智能建筑，空调、安防、遮阳板等都可以由软件控制，由OFIS建筑事务所设计。

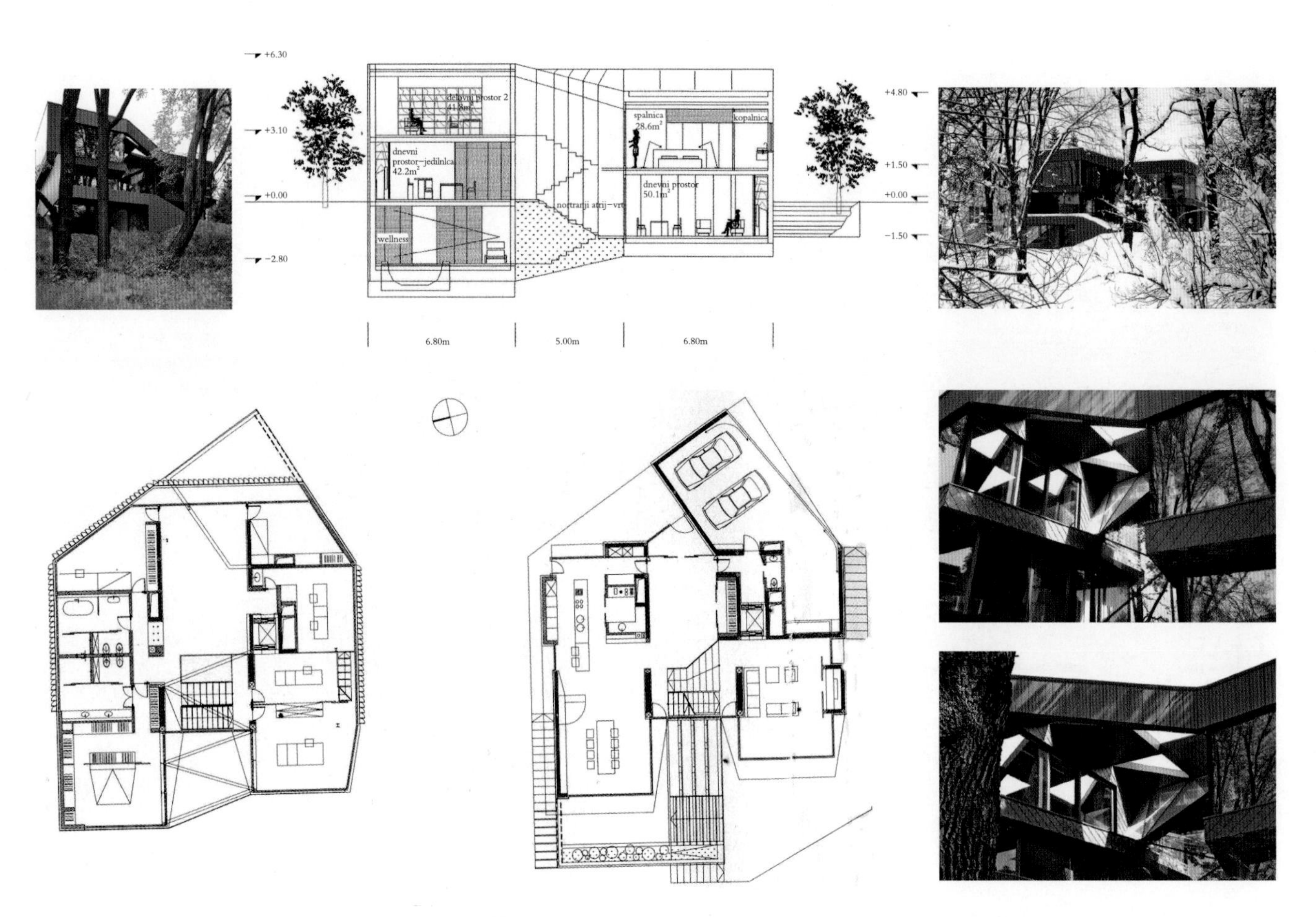

图 2-2-46　斯洛文尼亚卢布尔雅那老橡树私宅

9. 特别定制的 Shah 私宅

按业主要求，将住宅以建筑墙分成两部分，一边是客厅、餐厅与厨房构成的公共空间，另一边是主人卧房、工作室与书房构成的私人空间，工作室兼作客房。将室内空间通过外墙向外延伸，与户外景色完美结合，并透过天窗引入自然光，照得室内柔和、明亮。

住宅由 Sunil Patil and Associates 设计，采取现代、时尚的建筑风格，建筑面积为 571m²。

（四）集合式住宅及国外的设计实例

集合式住宅是指在特定的土地上有规划地集合建造的住宅，低层时，居住形态可为独立式住宅，也可能是集合式住宅；而多层和高层的居住形态一般都是集合式住宅。《中国大百科全书》中也有“多户住宅”的概念，即“在一幢建筑内，有多个居住单元，供多户居住的住宅，多户住宅内住户一般使用公共走廊和楼梯、电梯”。集合式住宅在不同的国家和地区有不一样的名称，有时简称为“集合住宅”，在新加坡用“组屋”这样类似的名称，而在香港以“公屋”相称。

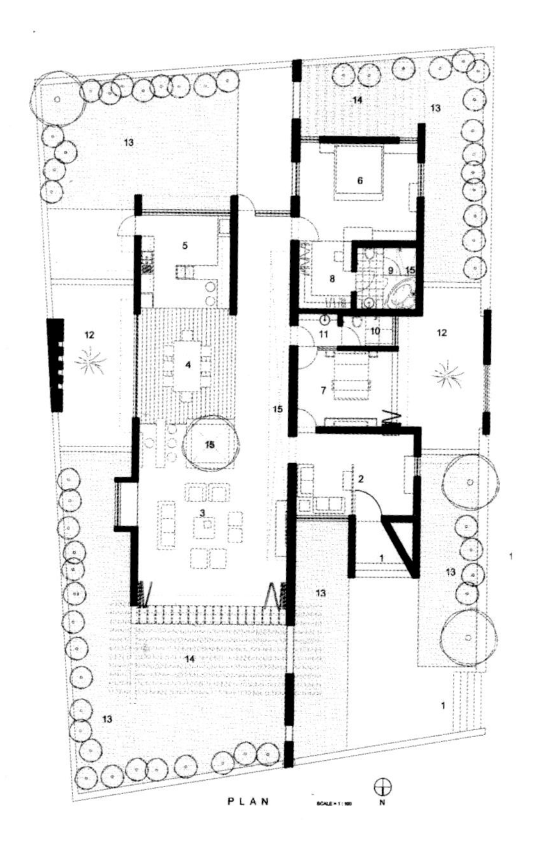

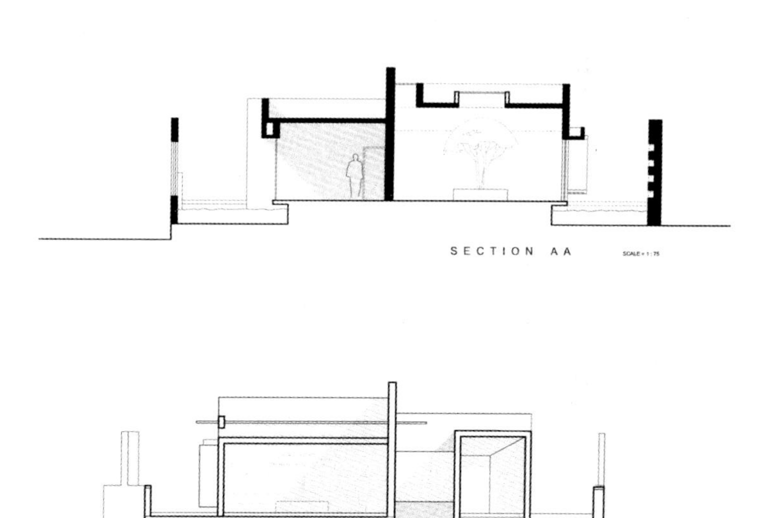

图 2-2-47 特别定制的 Shah 私宅

集合式住宅体现在居住者的居住形态上，是一种与独立式住宅不同的居住形态。“集合”主要用于描述若干个不同的家庭共同居住生活在一栋建筑内的居住形态，它区别于几千年来中国社会普遍存在的家族聚居模式。集合式住宅一般层数较高，密度较大，主要由公共空间和套型空间构成，它区别于独立别墅等独立居住形式。此外，它属于住宅，又区别于宿舍等非家庭集体居住的居住建筑。

目前，集合式住宅适合中国普通家庭的需求，成为居住建筑的主流，而这是由中国的基本国情决定的。尤其是高层、超高层住宅不可能由一个家庭独立使用，甚至多层住宅都极少是独立式的。美国、加拿大等发达国家城市化水平较高，相对地广人稀，低层独立住宅和独立别墅是主要的居住形态。

1. 美国洛杉矶宽街集合住宅（Broadway Housing）

该住宅位于洛杉矶西部，是经济、环保、可持续发展的住宅，是供给当地低收入家庭的“经济适用房”，4 栋住宅拥有 33 个居住单位，围绕着地块中央保留下来的几棵树布置，自然形成了一个半封闭式的内院空间，成为人们交往与休闲的场所。两层的廊桥将几栋建筑连接起来，成为人们在不同建筑间沟通交流的风雨廊，将社区内的人联系在一起，也成为该项目的一大亮点，由 Kevin Daly Architects 设计。

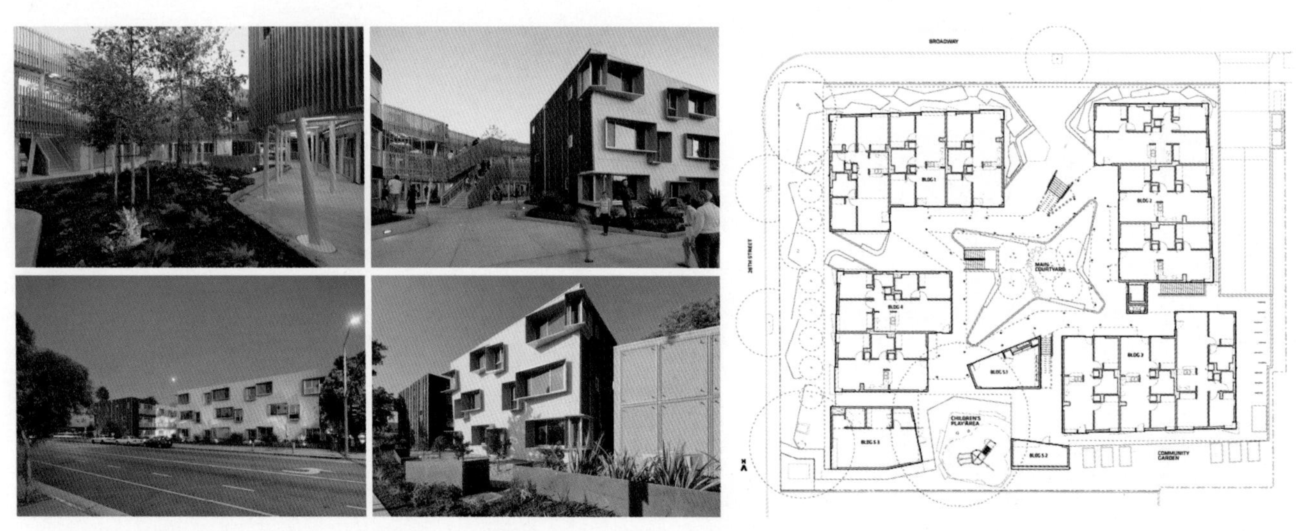

图 2-2-48 美国洛杉矶宽街集合住宅

2. 丹麦哥本哈根的山地住所

哥本哈根的山地住所（Mountain Dwellings）是著名的 Bjarke Ingels Group（BIG 建筑师事务所）的住宅作品。密集排列的公寓，都拥有大阳台与花园，山居般向上倾斜，住户可以独自享受一方蓝天，而住宅的下方则为 5 层楼高的停车场、彩虹色的走道，也可以沿着山体壁画的楼梯步行，或是搭乘缆车式倾斜电梯，到达居住的楼层。

由于丹麦的冬天较为漫长，人们更多时间留守家中，选用鲜艳的颜色与明亮开放的生活空间，成为设计的一大亮点。

3. 西班牙伊比萨岛集合住宅

这座集合住宅位于西班牙伊比萨岛（Ibiza），由两座锯齿形的公寓围合出一个中心庭院，建筑局部 3 层高，共拥有 14 户公寓单位，每户公寓由两到三间卧室组成，每户都可从庭院直接进出。白色的建筑外墙加上高低错落的建筑形体非常符合地中海建筑的气质。由当地的 Castell-Pons Arquitectes 设计公司设计，建筑师认为：“在地中海文化中，公共空间与私密空间的转换常常被理解为某种‘顺序’，灰空间例如室内庭院、连廊、门廊或者棚架在空间与人的相互影响中扮演着很重要的角色。”

图 2-2-49　丹麦哥本哈根的山地住所

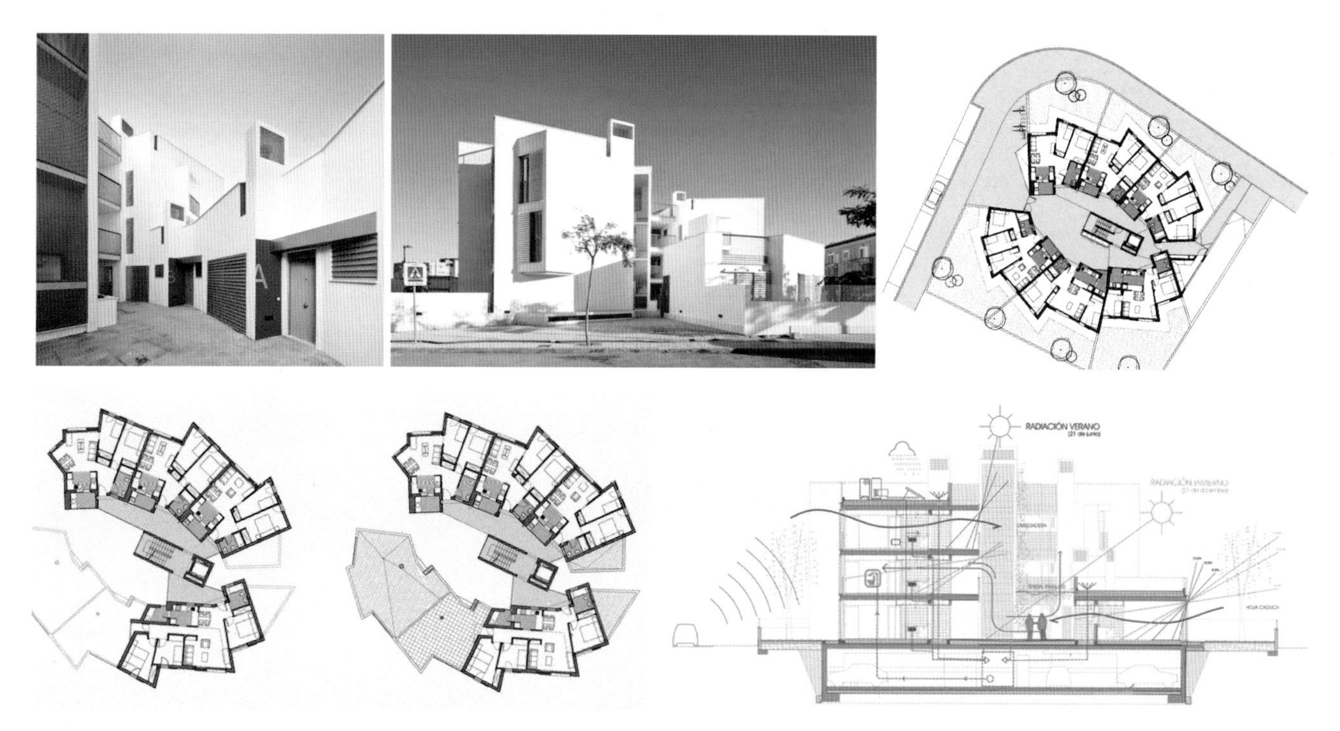

图 2-2-50　西班牙伊比萨岛集合住宅

4. 荷兰哈根岛簇群住宅（Hagen Island Housing）

荷兰在 20 世纪 50 和 60 年代建造了许多标准住宅。随着生活水平的提升，尤其是到了 70、80 年代，多项城市更新计划出炉，政府通过规划对住宅作区域分类，提供多种住宅形态，以符合现代人的多样性需求。

由荷兰著名建筑团队 MVRDV 规划设计的哈根岛簇群住宅，位于海牙行政区内原飞机场的位置，面积约为 500hm^2。机场关闭后该地区开始规划为住宅小区，有密封型、天井屋、行列屋及豪华别墅等多种类型。

图 2-2-51 荷兰哈根岛簇群住宅

5. 法国 mouvaux 住宅

法国 LAN 建筑设计事务所设计了这个位于法国 Mouvaux 的集合/独立住宅项目。该设计考虑了多个影响因素，如城镇住宅、汽车、公共空间等级差别以及环境质量等。

通过对组成 Mouvaux 城市形态的建筑类型进行研究，得知该住宅是一个将私密性和社交性紧密结合的居住空间。新项目将独立住宅的特色和品质融入集合住宅的建筑空间中。建筑师勾画出不同的空间系统，为各功能空间创造出了丰富而多样的建筑图景。

图 2-2-52 法国 mouvaux 住宅

6. 比利时 AGVC 集合住宅

由 De Gouden Liniaal Architecten 设计，建筑共 5 层，首层和二层分别为两户住户居住，所有住宅均设有宽敞的阳台，与起居室相连。首层局部设置了公共自行车库，提供自行车出租。立面设计借鉴了当地的特色建筑。砖的运用体现了微妙的细节和多样的纹理及颜色组合。

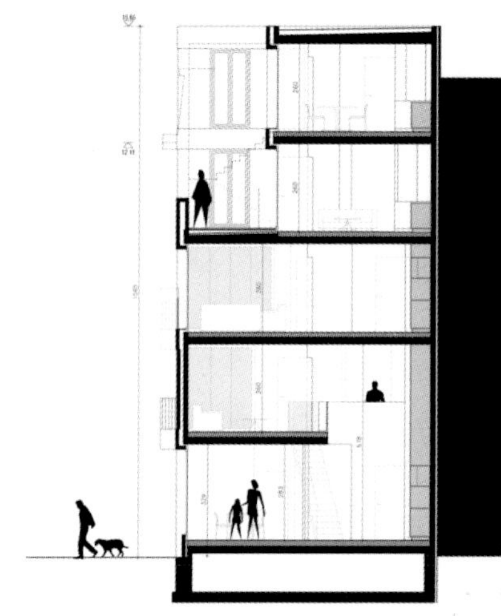
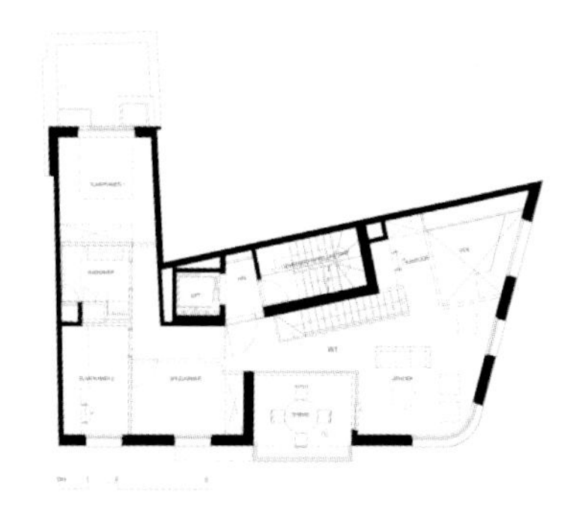
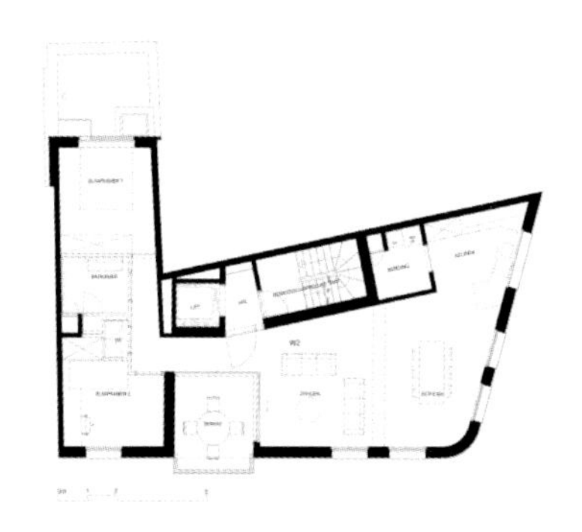

图 2-2-53 比利时 AGVC 集合住宅

7. 新加坡 Poh Huat Road 住宅

这座位于新加坡 Poh Huat Road 的住宅建在一块特别狭长的地块上。虽然它是独栋住宅，但处于集合之中，不仅满足了业主对居住空间较为复杂的要求，同时对室内外空间的贯通、光线的引入等作了很好的处理。入口雨篷做得很大，因雨篷上面是卧室的一个很宽大的阳台。内部一个三角形的天井成了很好的光线导入通道，同时与楼梯结合，让这处设计成为了整座房子的亮点，所有空间围绕这里展开，楼梯下方的水池与室外入口处的水池相呼应，水池旁墙壁上的垂直绿化让整个房间生机盎然。该项目由 Envelope Architects 设计。

8. 日本京都西野山集合住宅

位于京都郊区，是一处规模不大的集合住宅。最鲜明的特色是 21 个面积接近的斜屋顶，乍看之下如同一座小型村落，但与传统建筑迥然不同，波浪状金属斜屋顶并没有交会于某条屋脊，而是形成了一个彼此分离的综合体，暗示着檐下复杂的住宅空间组合。

建筑师妹岛和世（普利兹克建筑奖获得者，SANAA 事务所合伙人之一）擅长设计低矮建筑。为了保持古都特色，住宅屋顶必须有一定的坡度，屋檐下的 10 个单元（包含约 40 个房间与 20 个内部花园）彼此联动互锁，绝非常规的简单合并。从平面图中可以看到，界墙的消失令这一建筑更像是彼此关联的房间的集合，有种现代版京都二条城的视感——传统的墙被日式隔扇（障子）取代，隔扇的打开或闭合可以带来上百种不同的房屋格局。在多单元的住宅中，这种略显复杂的设计并不常见。

尽管看似房间的集合，实际上这 10 个单元却是完全独立的。每一个住宅单元在一楼都设有一厅一

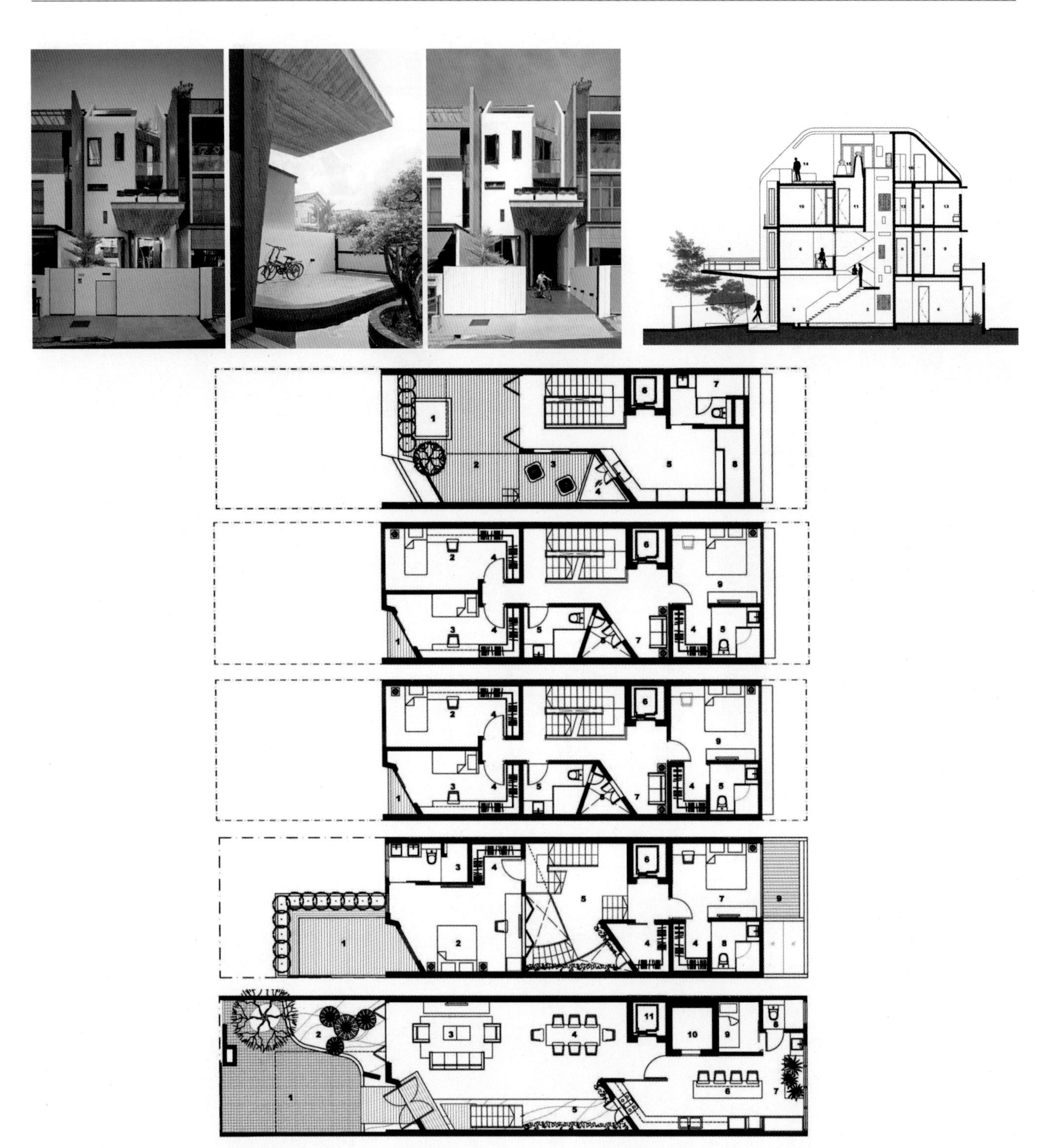

图 2-2-54　新加坡 Poh Huat Road 住宅

图 2-2-55　日本京都西野山集合住宅

卧与厨房，个别单元在一楼还有更多的房间。有5个单元内设计了刚好能卡在屋顶下的“阁楼”，6个单元有地下室，可以连通地下车库与单元内其他房间。只有1个单元有3层，即同时拥有地下室与阁楼。总之，对于一个占地面积仅有880m^{2}的建筑来说，这种内部划分已令人叹为观止。

所有单元都配有小花园，一些位于单元入口，另一些则作为庭院。房间与花园的隔断采用了玻璃移门，室内外空间显得更为融洽。窗户则比较固定，通常也就是移门顶部的天窗。小庭院四周镶嵌着落地玻璃，光线在其中来回反射，尤为耀眼，有时也过于炫目。考虑到这一点，设计师加入了纱帘，在遮挡直射光的同时又增加了一重隐约感——内外的空间界限愈发模糊。正是这种界限的消失，令人在都市环境中也能感受到与自然的共生。

房间本身倾向于实用主义，除了必要的设施外一律是白墙，为了增加一些温馨感，木的元素被更多地用在了地板与天顶上。地面选用金黄色木材（室内）或混凝土（室外），屋顶则由架在白色钢结构框架上的木托梁进行支撑，顶棚也同样为木质。

9. 日本神户六甲山集合住宅

在神户六甲山山脚下一个60°朝南的斜坡上，有一座平凡而又奇特的建筑。平凡是那些方方正正的盒子，灰白的混凝土，奇特是因为不大的建筑竟然拥有十处以上的室外庭院，面向宁静美丽的神户港湾，这便是六甲山集合住宅，是安藤忠雄的代表作之一。

图 2-2-56 日本神户六甲山集合住宅

一开始，安藤忠雄就看中了平地后的倾斜山体，设想在60°的斜坡上建房子。他曾表示，此设计受柯布西耶影响，将以人为本作为建筑的核心理念，为了理想的美好生活而战斗。当时有很多同行，包括著名大师也不看好这个设计方案，建筑公司认为项目太危险而不肯承接，意想不到的打击并没有让安藤忠雄因此而放弃计划，反而更要把六甲山集合住宅做好，他说服业主：今后的时代是一个重视个性发展的时代，这样的房子会获得崇尚个性的年轻人的青睐。

为了与周边环境相呼应，低层住宅顺应山势而建，其中一部分还掩埋在山中。一期占地仅1900m^2，配置203户，每个单元长5.80m，宽4.80m，平面对称，每个单元都有开阔的视野，可以观赏到大阪湾到神户港的全景。如果说在一期工程中试图创造纯粹的居住环境，那么二期工程建立在5.20m×5.20m的网格上，并引入了公共空间。二期占地面积是前期的3倍，与一期同样建在60°的斜坡上，配置50户，总建筑面积是前者的4倍。

三、多层住宅

（一）国内多层住宅的设计实例

新中国成立前30年，居住建筑的基本建设中普遍兴建多层住宅。随着经济的发展与建筑技术的进步，多层住宅设计也不断地改进与创新。例如不再合用厨、厕，都改成了各自专用并选用品牌的厨具、洁具，布置更人性化；起居室、卧室尺度更合理，内部空间更舒适，每户都设有阳台；应业主要求，先是带阁楼，后出现复式，还创造了大小错层以求得住房空间的变化；单元设计中有一梯两户、一梯三户等更多户组合。但是受到面积指标、材料与造价等条件的限制，设计不可能随心如愿。

1. 多层住宅的建筑形象

深圳华侨城锦绣公寓

上海石油化工总厂住宅

图 2-3-1 多层住宅的建筑形象

2. 多层住宅户型的组合平面实例

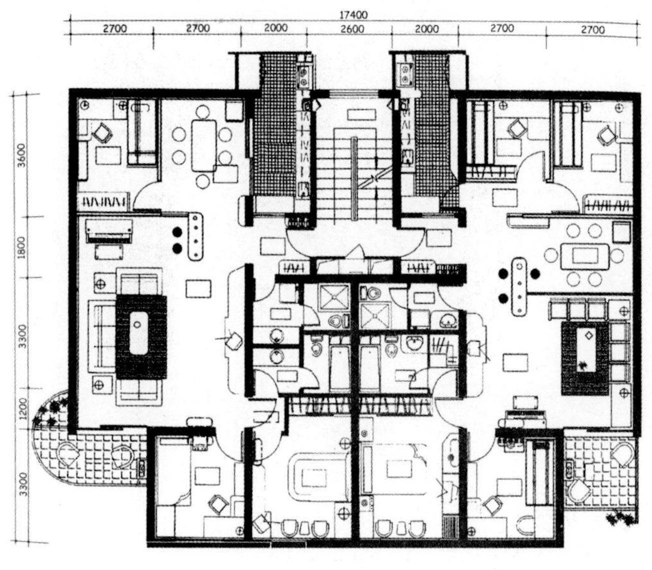

A 户型面积 109.40m^2

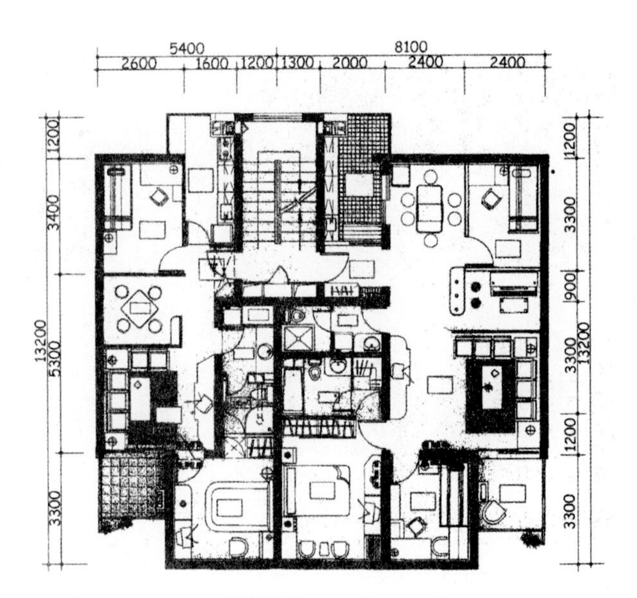

B 户型面积 61.17m^2/ 94.26m^2

图 2-3-2 多层住宅的户型平面实例（一）

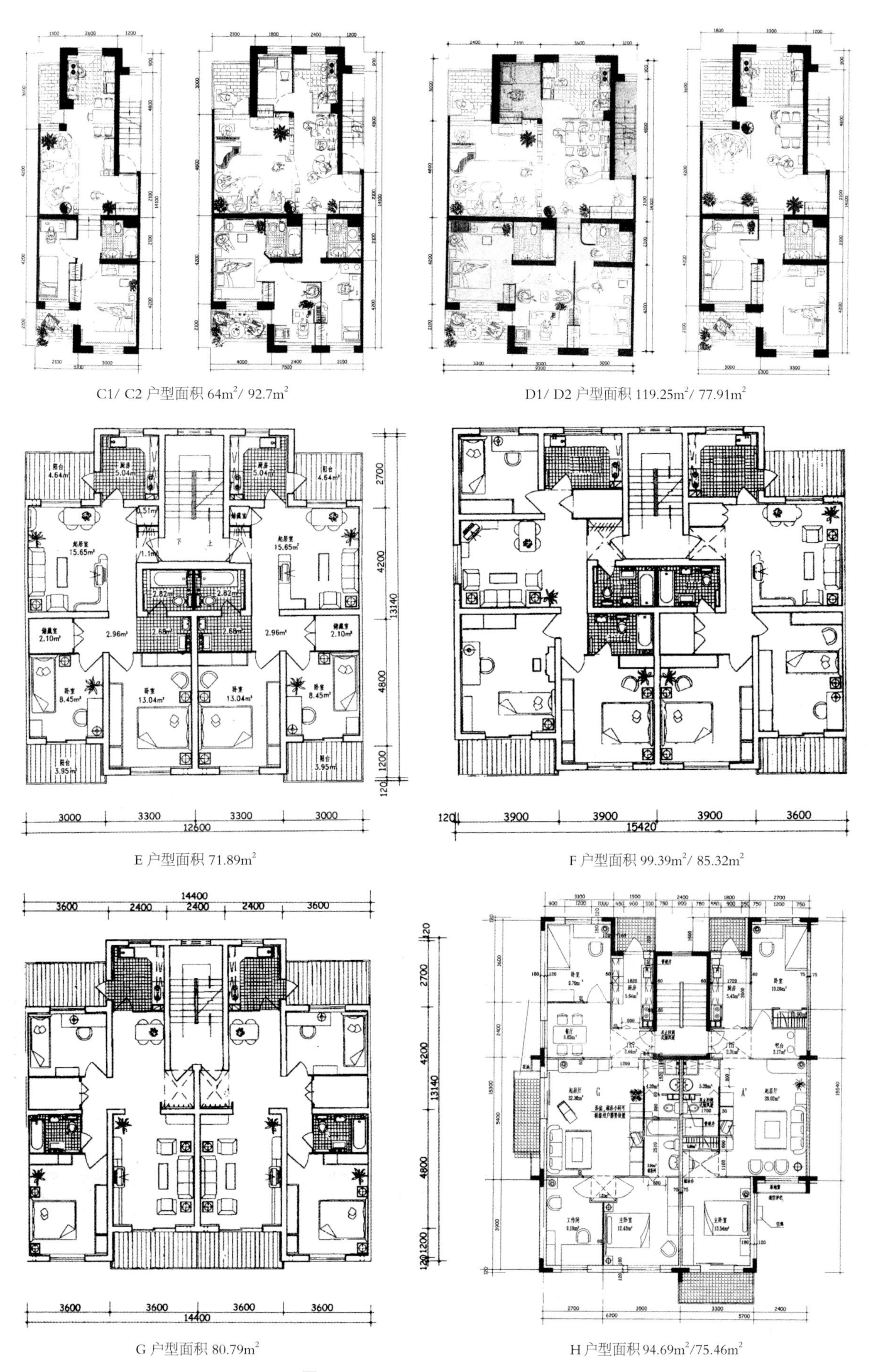

C1/ C2 户型面积 64m²/ 92.7m²

D1/ D2 户型面积 119.25m²/ 77.91m²

E 户型面积 71.89m²

F 户型面积 99.39m²/ 85.32m²

G 户型面积 80.79m²

H 户型面积 94.69m²/75.46m²

图 2-3-2 多层住宅的户型平面实例（二）

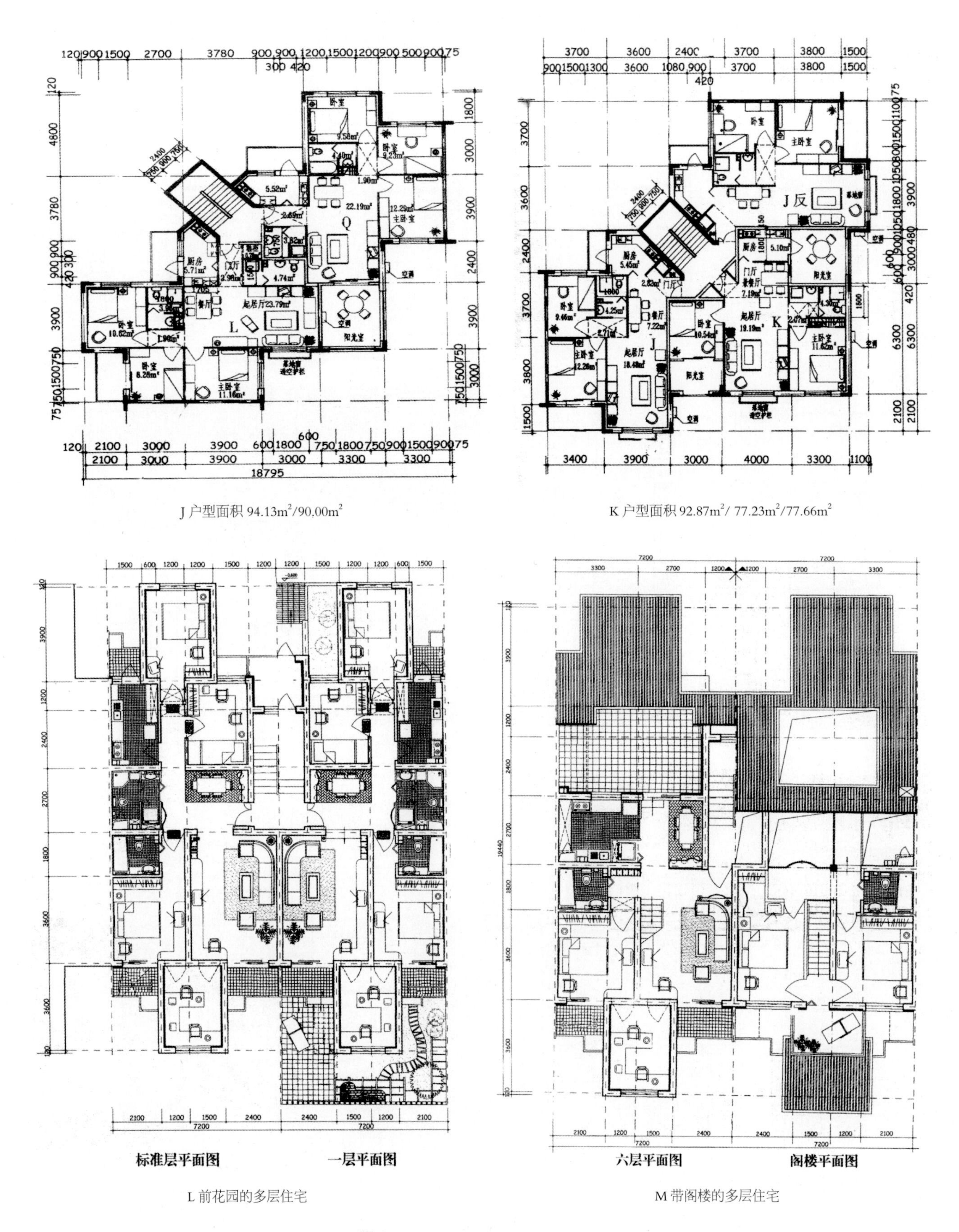

图 2-3-2 多层住宅的户型平面实例（三）

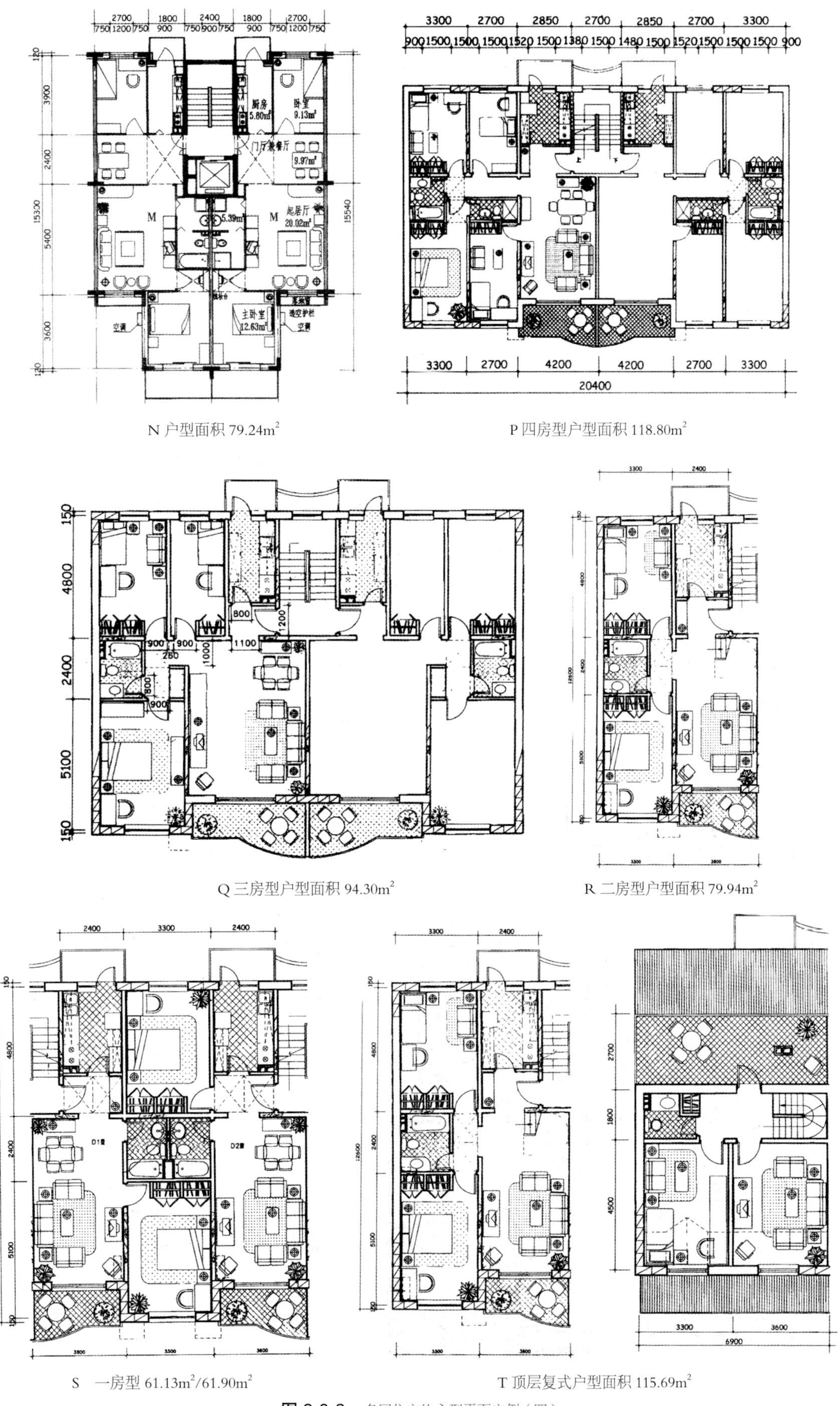

N 户型面积 79.24m²

P 四房型户型面积 118.80m²

Q 三房型户型面积 94.30m²

R 二房型户型面积 79.94m²

S 一房型 61.13m²/61.90m²

T 顶层复式户型面积 115.69m²

图 2-3-2 多层住宅的户型平面实例（四）

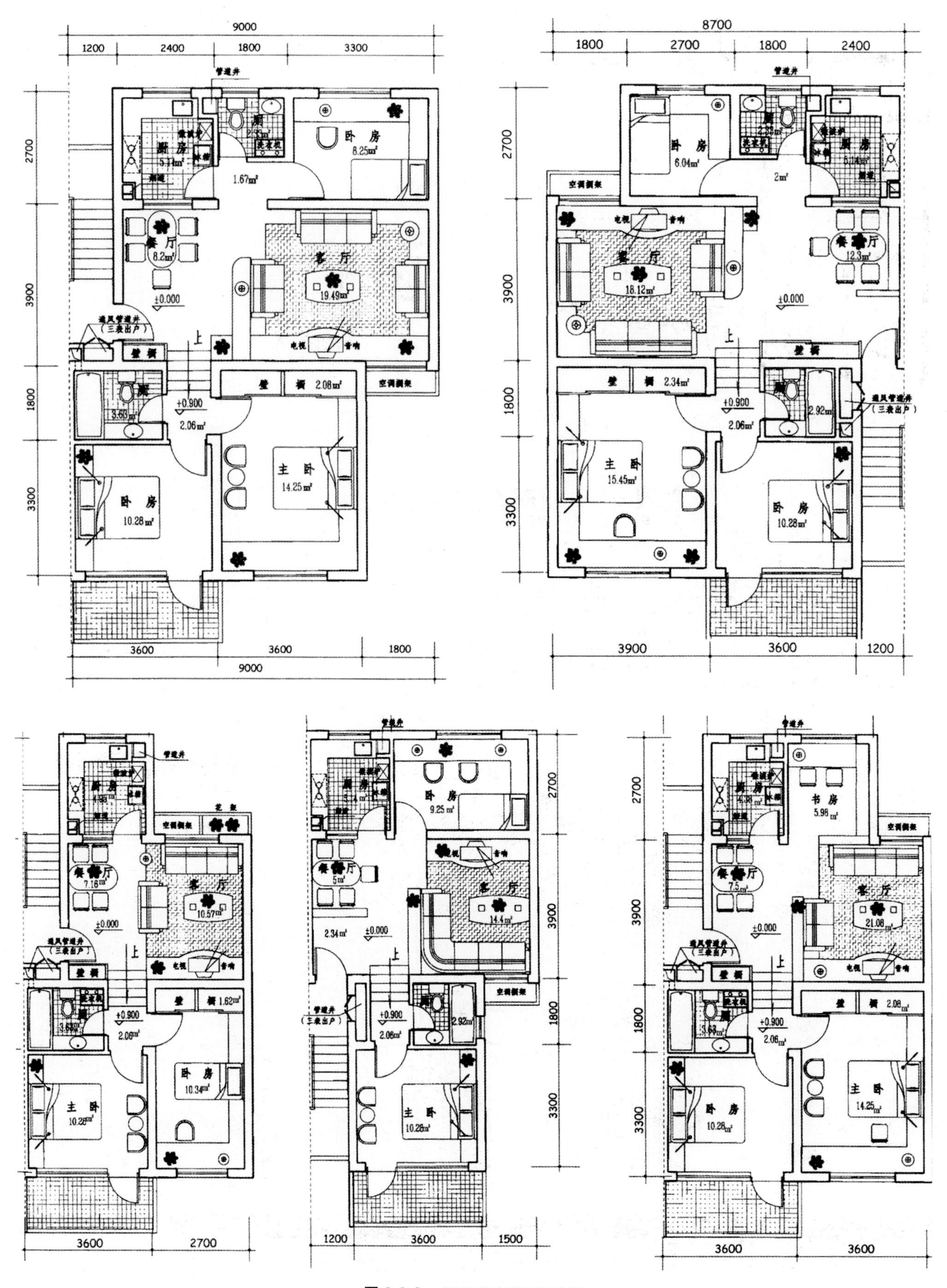

图 2-3-3　多层住宅的错层平面布置

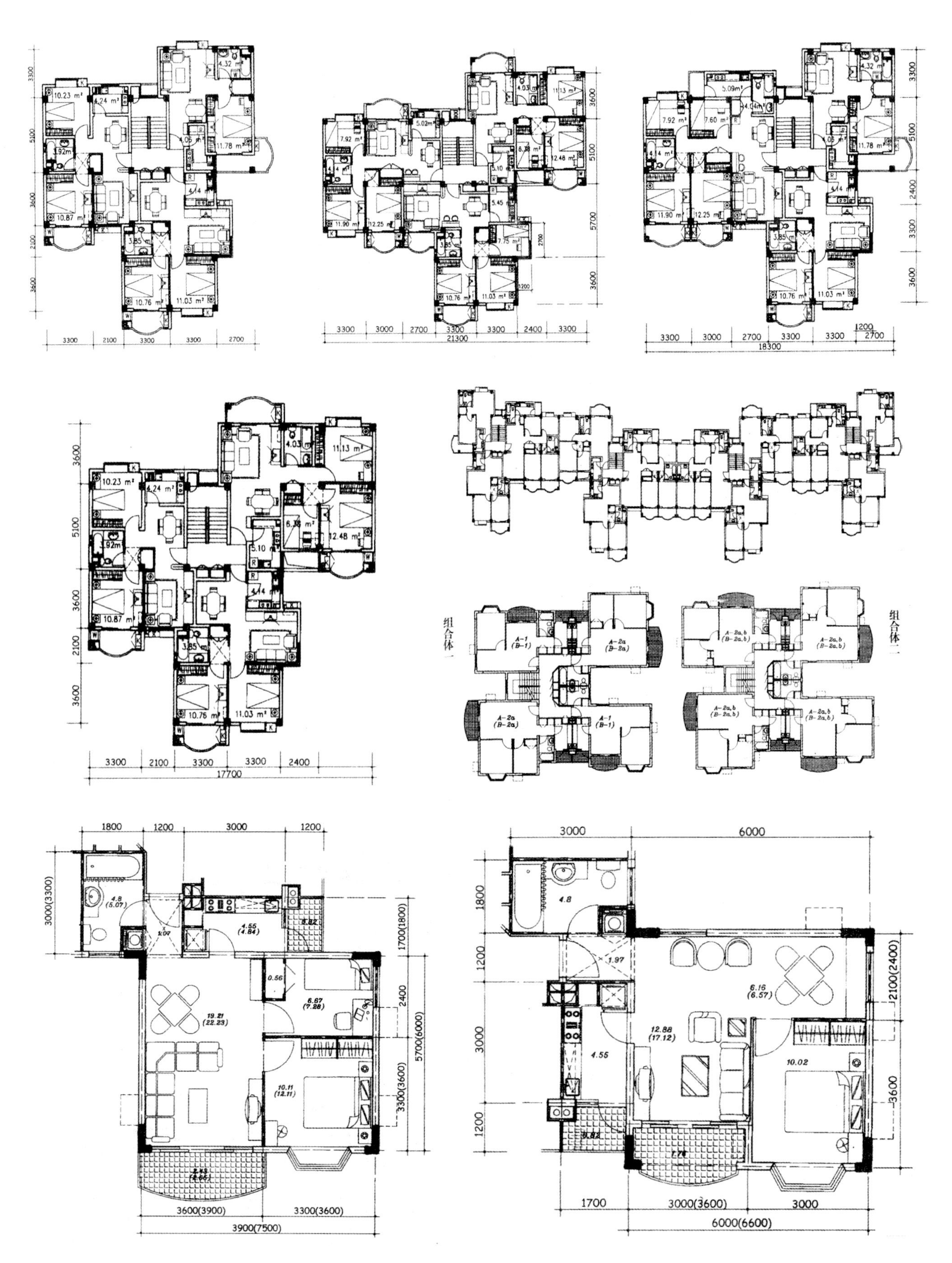

图 2-3-4 多层住宅的多单元组合布置

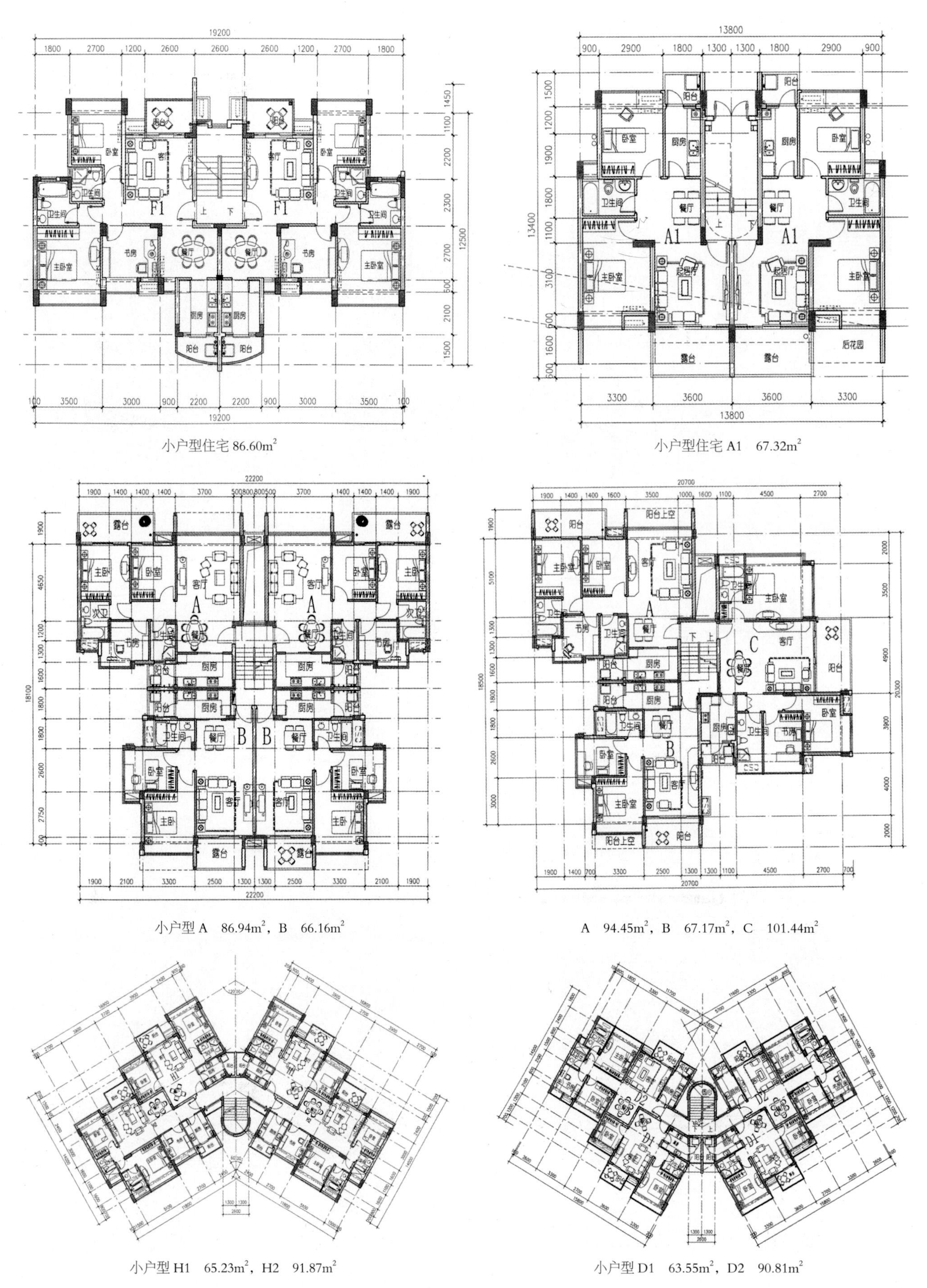

图 2-3-5 小户型多层住宅（一）

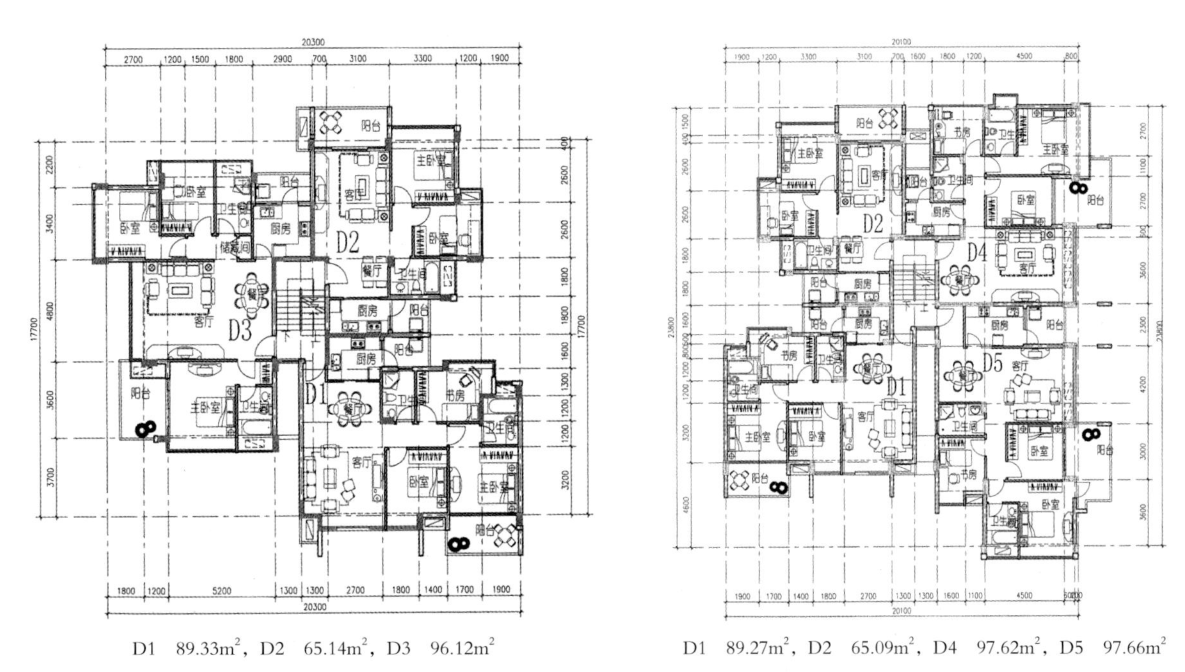

图 2-3-5　小户型多层住宅（二）

3. 当今的多层住宅

当今，虽然多层住宅建得少了，可在山地、风景区建上几栋，或与别墅共建时，反而物以稀为贵。香港歌赋山上的 5 层住宅就是一例。

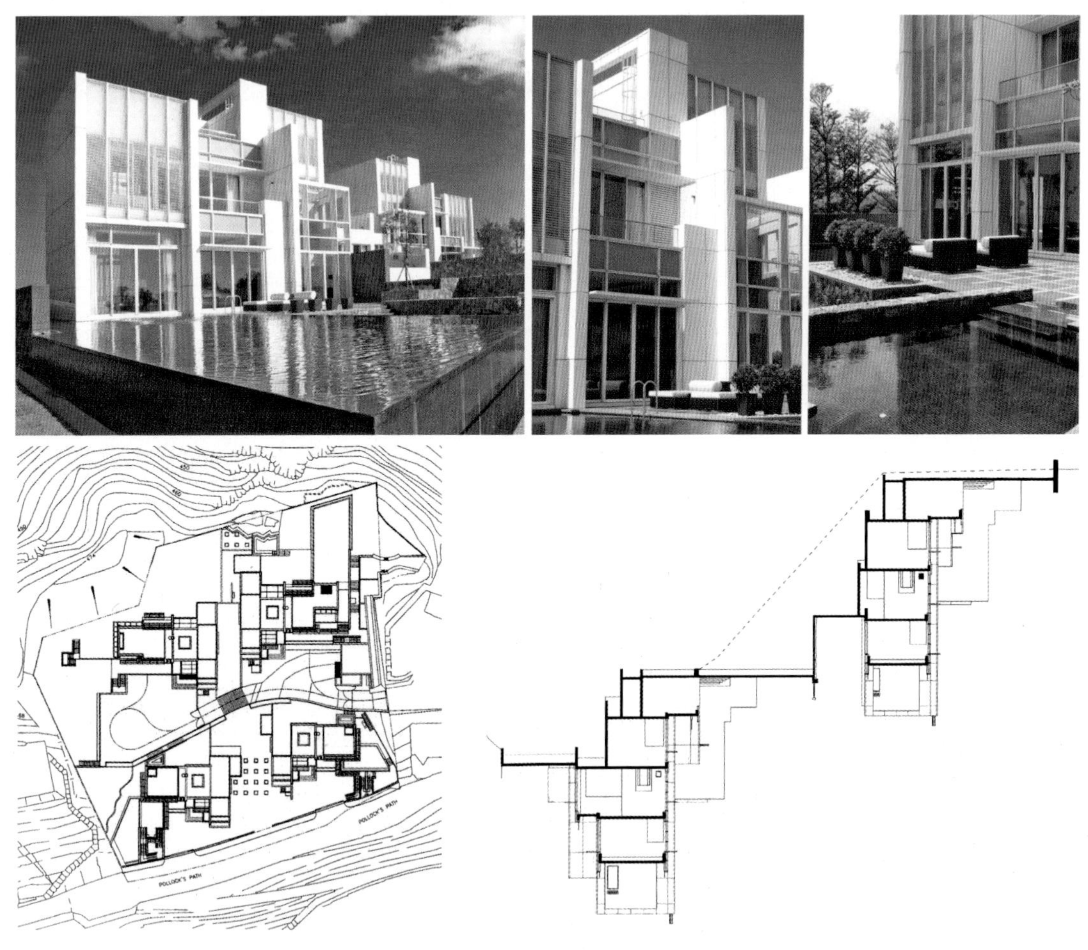

图 2-3-6　香港歌赋山天比高私宅

香港歌赋山天比高私宅（Pollock's Path）位于歌赋山顶最高处的普乐道上，由四栋独立住宅组成，采用前后排式设计。16号、18号位处于前排，拥有360°景观，同时拥有前后海景，除可饱览维多利亚港的繁华景象外，宽阔的南海海景也尽入眼帘，具有双海景的优势；10号、12号位处于后排。每座住宅楼高5层，并装有电梯，设有停车场及天际泳池，总建筑面积为2035m²。住宅均采用环保物料，包括天然石、铝质外墙板、遮光板及双层玻璃。私宅间以瀑布及绿林分隔，完全不用围墙，更能与大自然融为一体。该项目由巴马丹拿集团设计，于2008年建成，荣获香港建筑师学会颁发的“全年境内建筑大奖”。

（二）国外多层住宅的设计实例

1. 美国旧金山霍华德街8号公寓与办公楼

该项目占地面积为16432.13m²，办公与住所的组合满足了更多人群的需要，可以提供162个居住

图 2-3-7 美国旧金山霍华德街8号公寓与办公楼

单位，使资源配置更为优化。亮色和暗色构成了建筑的前后立面，对比鲜明却不失和谐。该项目由大卫·贝克及合伙人建筑事务所设计。

2. 法国碧格拉斯住宅

该项目将住宅和公寓融合在一起，具有居住、商业与办公等功能，是一个可持续发展的复合型建筑，其建筑面积为 6500m²。该项目由法国 LAN 建筑事务所设计，设计原则是通过对体积叠加、生活方式、气候条件件和太阳全年运行轨迹的研究来实现设计。该项目采用框剪结构体系，形成一个轻质立面系统，并能表现出卓越的保温隔热性能。建筑内每户都有各自的室外空间。

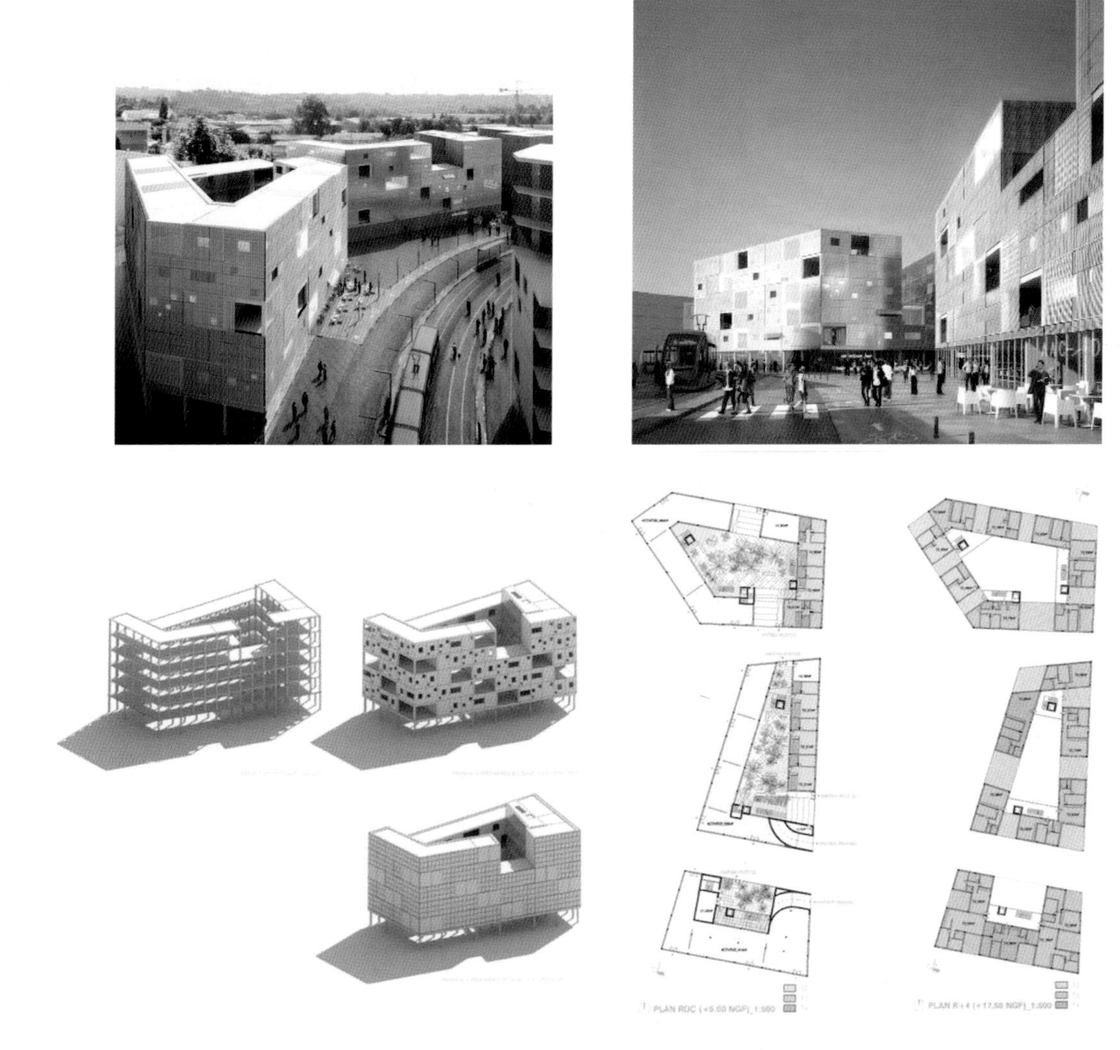

图 2-3-8 法国碧格拉斯集合住宅

3. 墨西哥城 Kiral 公寓

位于墨西哥城殖民地华雷斯。ARQMOV 建筑设计工作室以不对称性作为本项目的设计理念，利用建筑构件不具有对称元素、不能与其镜像相叠合的特性，彰显大楼的独特个性。

设计通过几何图形的相互作用获得动感，突出建筑外皮变幻的视觉效果，阳台的水平和垂直线条交织成完美、协调的网络。与此同时，这个网络也处在一个三维的球形体上，曲面时而被压缩，时而又被拉伸，形成一个动感的立面，随着观望建筑的角度的改变而变化，随着自然光线的变化而变幻。

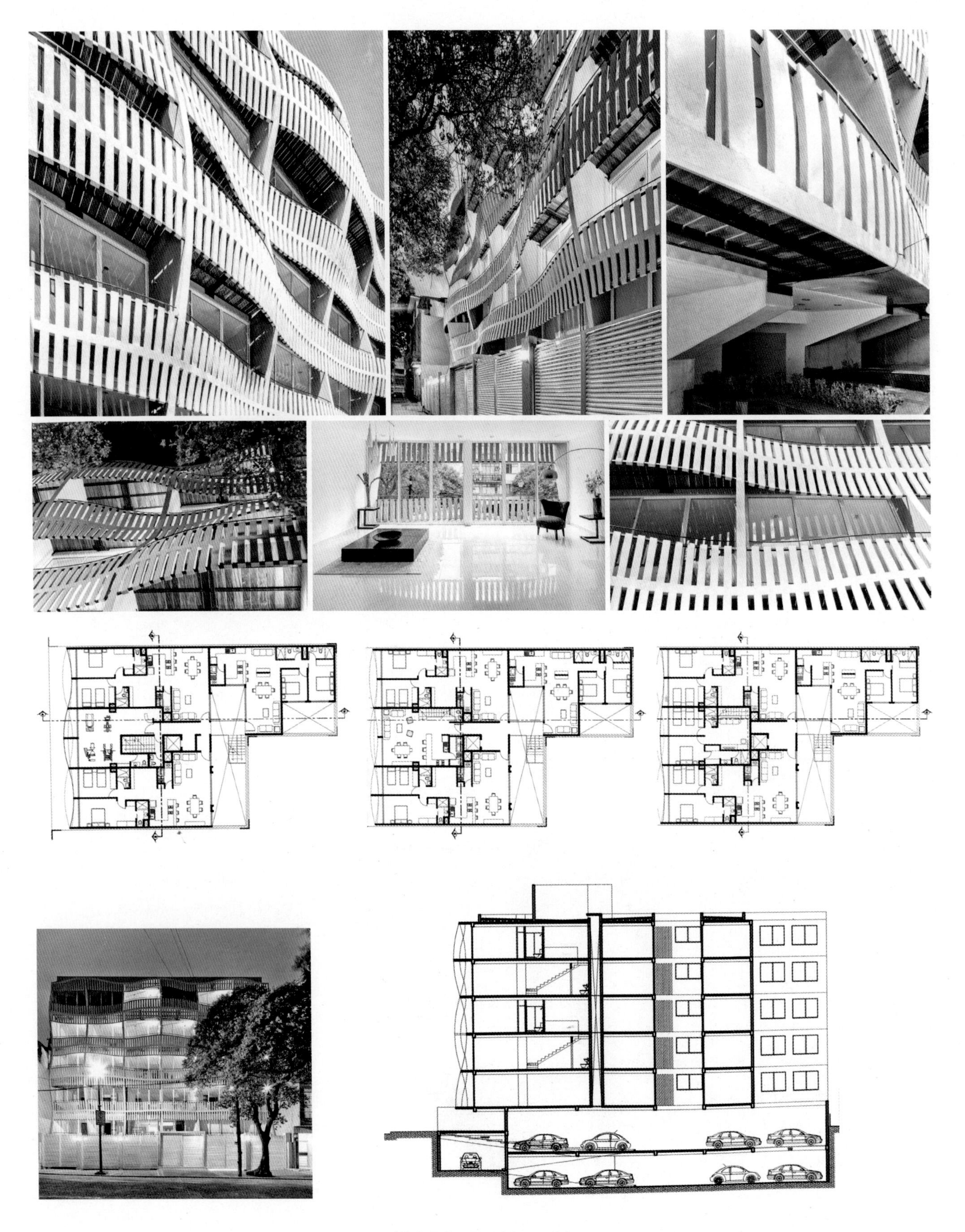

图 2-3-9 墨西哥城 Kiral 公寓

4. 西班牙阿维莱斯市 ELNODO 住宅楼

在山顶绿地的尽头，阿维莱斯河口处，两栋金属表皮建筑矗立在水泥基座上，展现出了闪烁金属光泽的视觉效果。作为一个重工业城市，选用钢铁产品包装楼房是很适合的。建筑面积为2737m²，拥有200套住宅单位，由Exit建筑事务所设计。

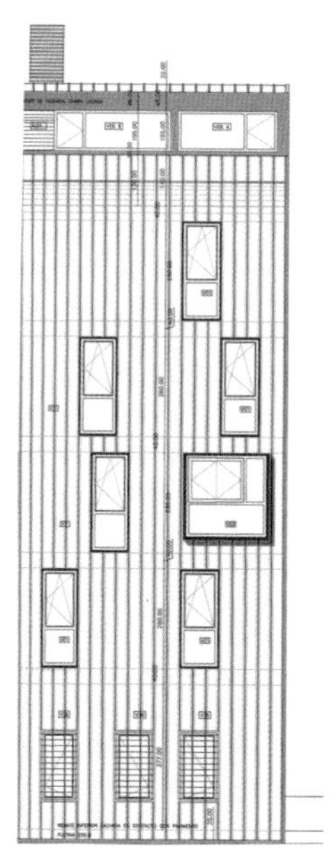

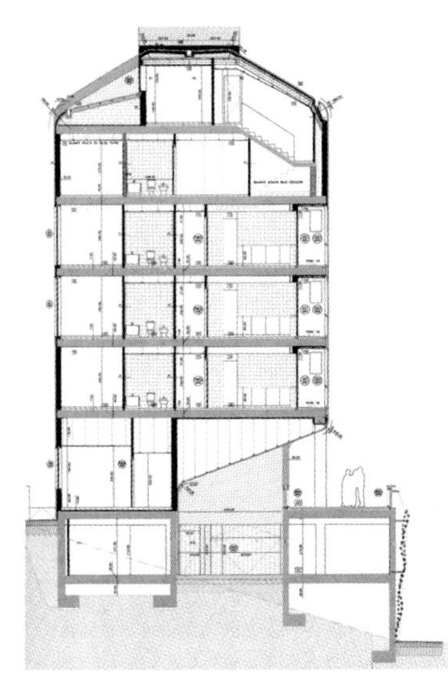
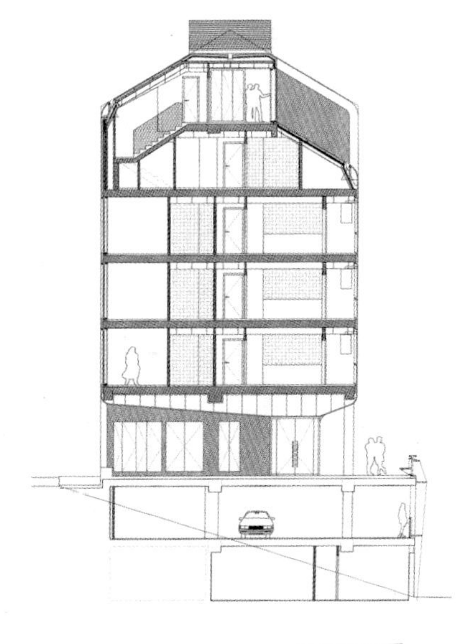

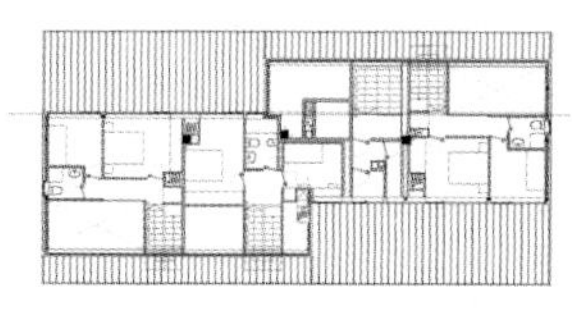
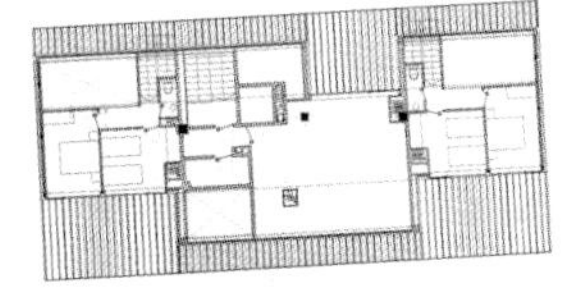
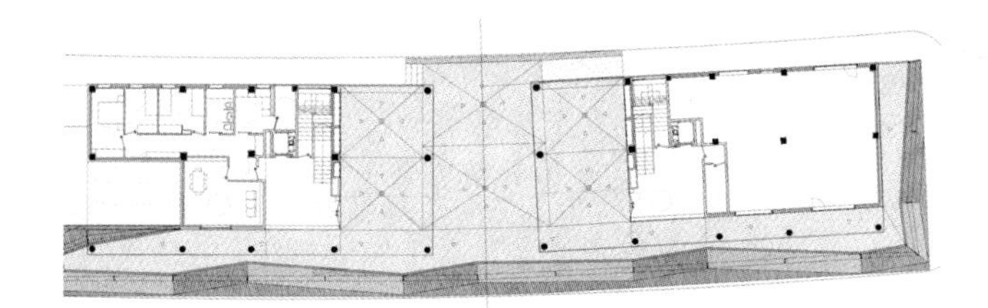

图 2-3-10 西班牙阿维莱斯市 ELNODO 住宅楼

5. 斯洛文尼亚方块住宅

建在斯洛文尼亚卢布尔雅那市，为社会经济住房，归斯洛文尼亚基金会所有，占地面积为 5500m²，拥有 56 套住宅单位，由 OFIS 建筑事务所设计。

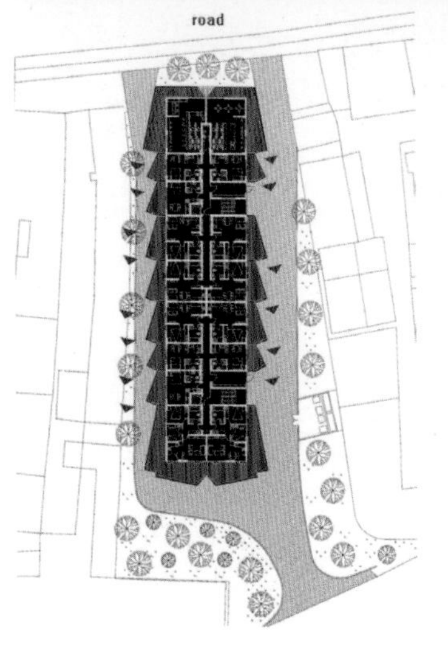

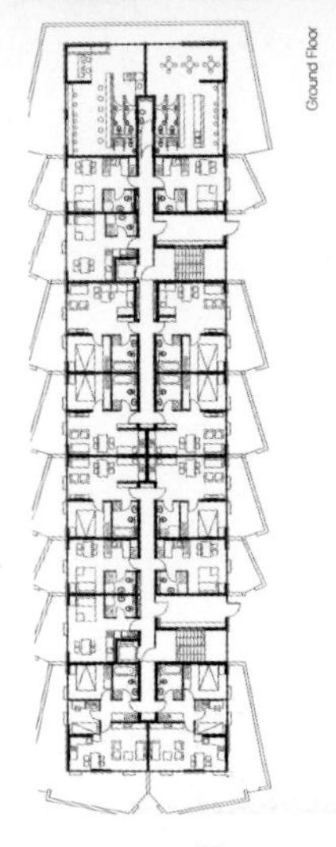

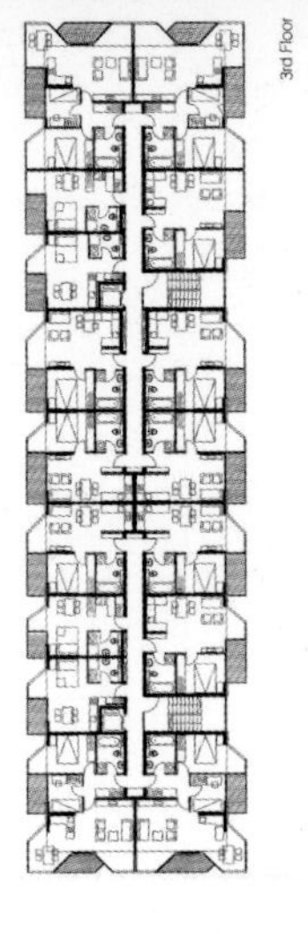

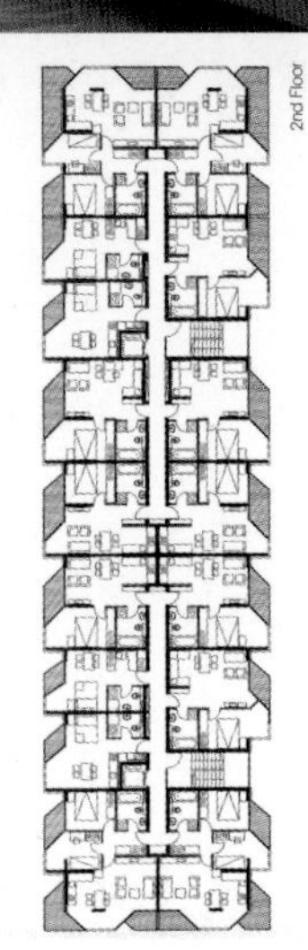

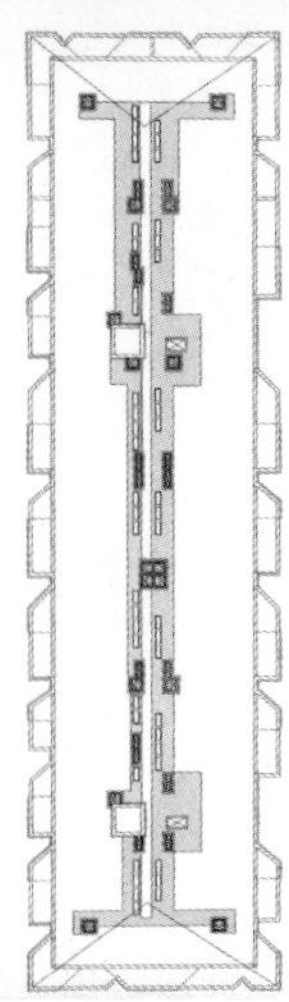

图 2-3-11 斯洛文尼亚方块住宅

6. 美国旧金山阿奇斯通·波特雷罗公寓

这是波特雷罗山脚下的一个完善的社区，底层是商业，上层是住宅，占地面积为 174740m²，拥有 468 套住户，其中 20% 作为社会经济住房出租，还拥有 1393.55m² 商业面积以及为小型企业或工作室提供的 650.32m² 面积。色彩鲜明的建筑立面在阳光下熠熠生辉。项目由大卫·贝克及合伙人建筑事务所设计。

图 2-3-12 美国旧金山阿奇斯通·波特雷罗公寓

7. 斯洛伐克尼特拉市 Triangolo 住宅

坐落在 Spojovacia 街的十字路口一个特定的三角地块上，占地面积为 1000m^2，拥有 15 套住宅单位，由 Sebastian Nagy Arhitektis s.r.o 设计。

设计师采用完全相同的外立面、波浪状的屋顶以及钢筋混凝土框架构筑了这座三角形住宅楼，独特的外形不仅节约了空间和材料，兼顾了朝向与采光，还成就了不一样的建筑风格。

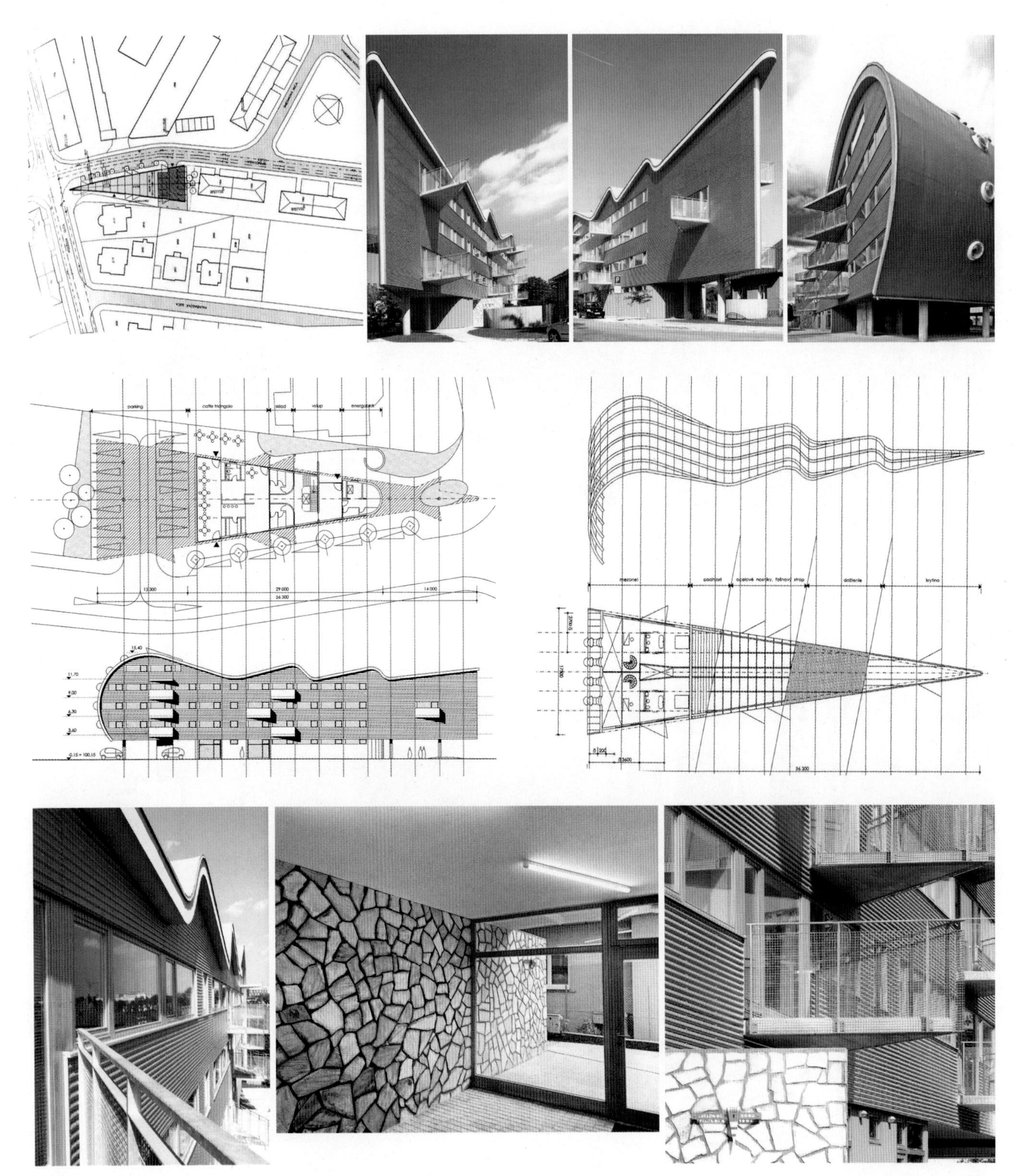

图 2-3-13 斯洛伐克尼特拉市 Triangolo 住宅

8. 斯洛文尼亚新戈里察蕾丝公寓

建在斯洛文尼亚西部的新戈里察市中心，占地面积为6500m²，拥有63套住宅单位，由OFIS Arhitektis设计。这座长48m、宽16m的5层住宅楼的纹理与色彩取自当地的土壤、砖与酒等色彩元素，凸出的棚架、分隔墙，配以凉廊的露台与阳台以及铝制的遮阳板，都显现出了立面设计的创意和特色。

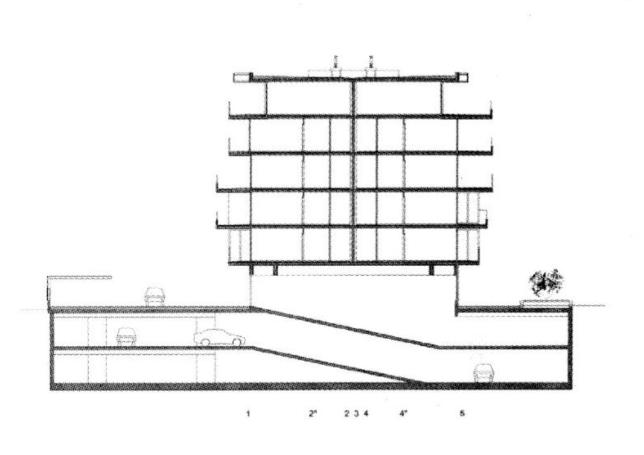
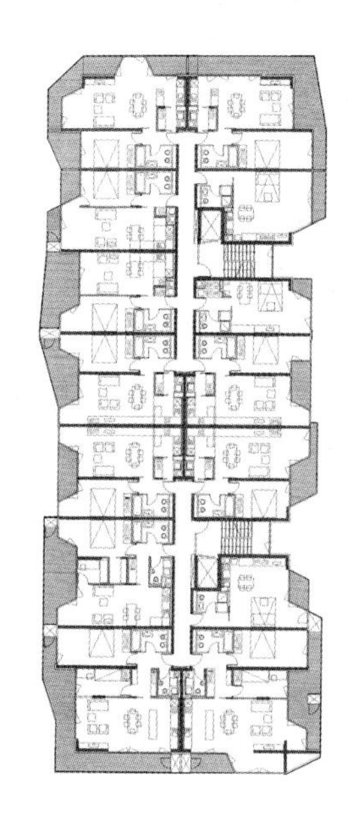
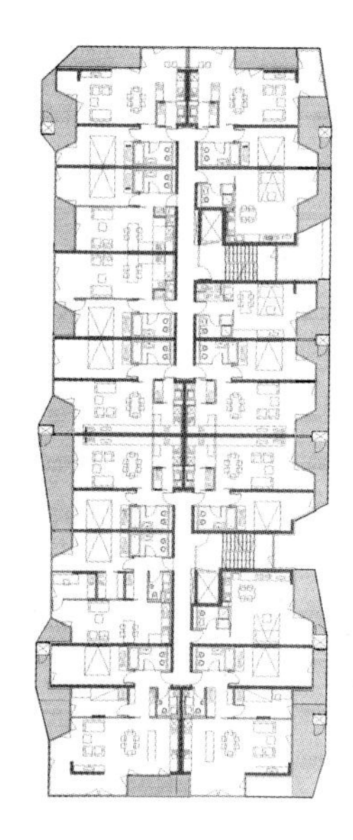
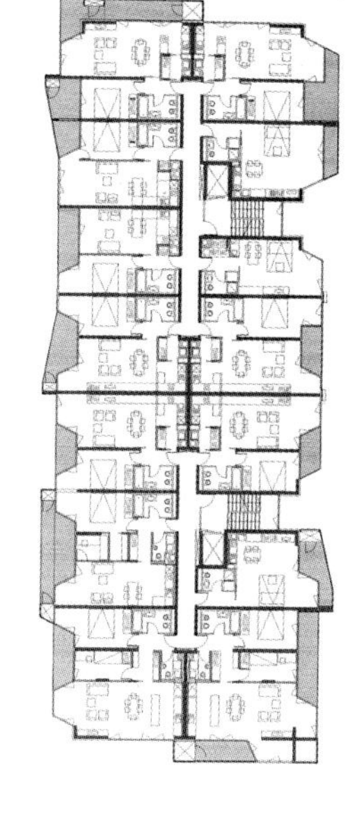

图 2-3-14 斯洛文尼亚新戈里察蕾丝公寓

9. 法国的经济房

这里以法国Choisy-le-roi住房为例，了解法国经济房的新标准：在控制成本内提供高品质的住房，并使其成为城市中一个令人震撼的建筑形象。该项目占地面积为2100m²，拥有26套住宅单位，由Trevelo & Viger-Kohler Arhitektis/Ubanistes设计。

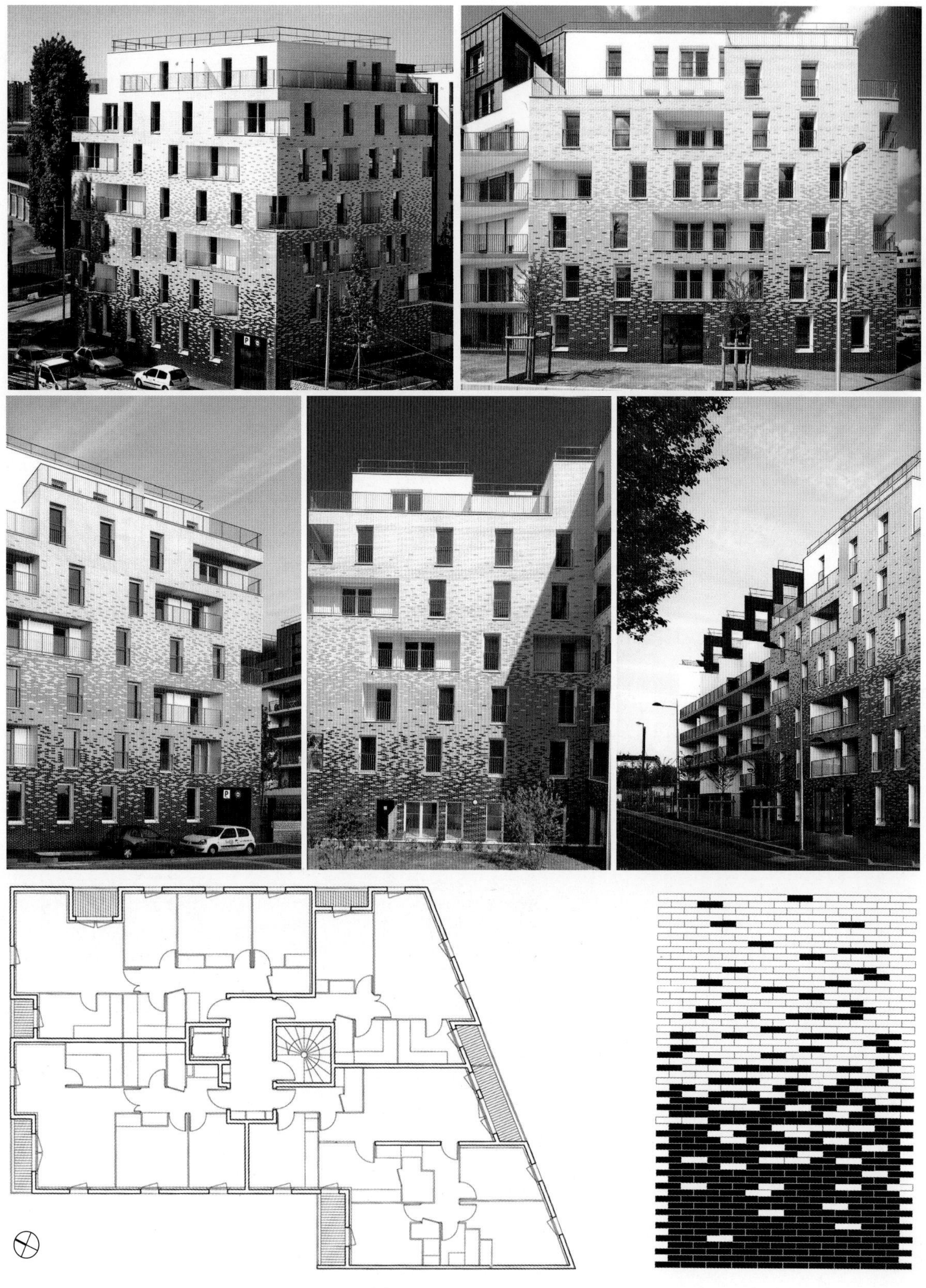

图 2-3-15　法国的经济房

四、高层住宅

（一）国内高层住宅的设计实例

这里将列举小高层住宅、中高层住宅及高层住宅的一些实例，其中有高端的、中高端的，也有经济适用房、微利房住宅。

1. 深圳花园城三期

该项目位于南山区蛇口的中心地带，南海大道东侧，西邻公园路与体育场，北面是沃尔玛商业中心，东南为四海公园，西南与蛇口人民医院相邻，设有独立的幼儿园和会所，是一个交通便利、环境优越、适合居住的高档小区。

图 2-4-1 深圳花园城三期沿南海大道为城市提供亮丽的街景

花园城三期是中、小高层住宅群，建筑高度控制在 60m 以内，适度地组合形成高低错落的空间环境，注重城市与自然的和谐，使整体设计有机地融入城市文脉中，实现建筑与景观、艺术与生活的生态高品位的共融。该项目是华森建筑与工程设计顾问有限公司的设计作品，主创建筑师为岳子清、叶林青。

三期有两个地块，分两批开发：东地块由 3 栋一梯两户的 9 ~ 11 层小高层住宅和 2 栋 18 层中高层住宅组成，占地面积为 15729m^2，总建筑面积为 39323.5m^2，其中住宅面积为 36323.5m^2，商业面积为 3000m^2，容积率为 2.5，停车位 256 个。共 423 户，以中小户型为主，由建筑面积约 48m^2 的一室一厅、75m^2 的二室二厅、90 ~ 110m^2 的三室二厅、120 ~ 140m^2 的四室二厅以及少量顶层复式组成，于 2004 年建成入住。

图 2-4-2 东地块以中小户型为主，创造高品位社区城市生活模式（一）

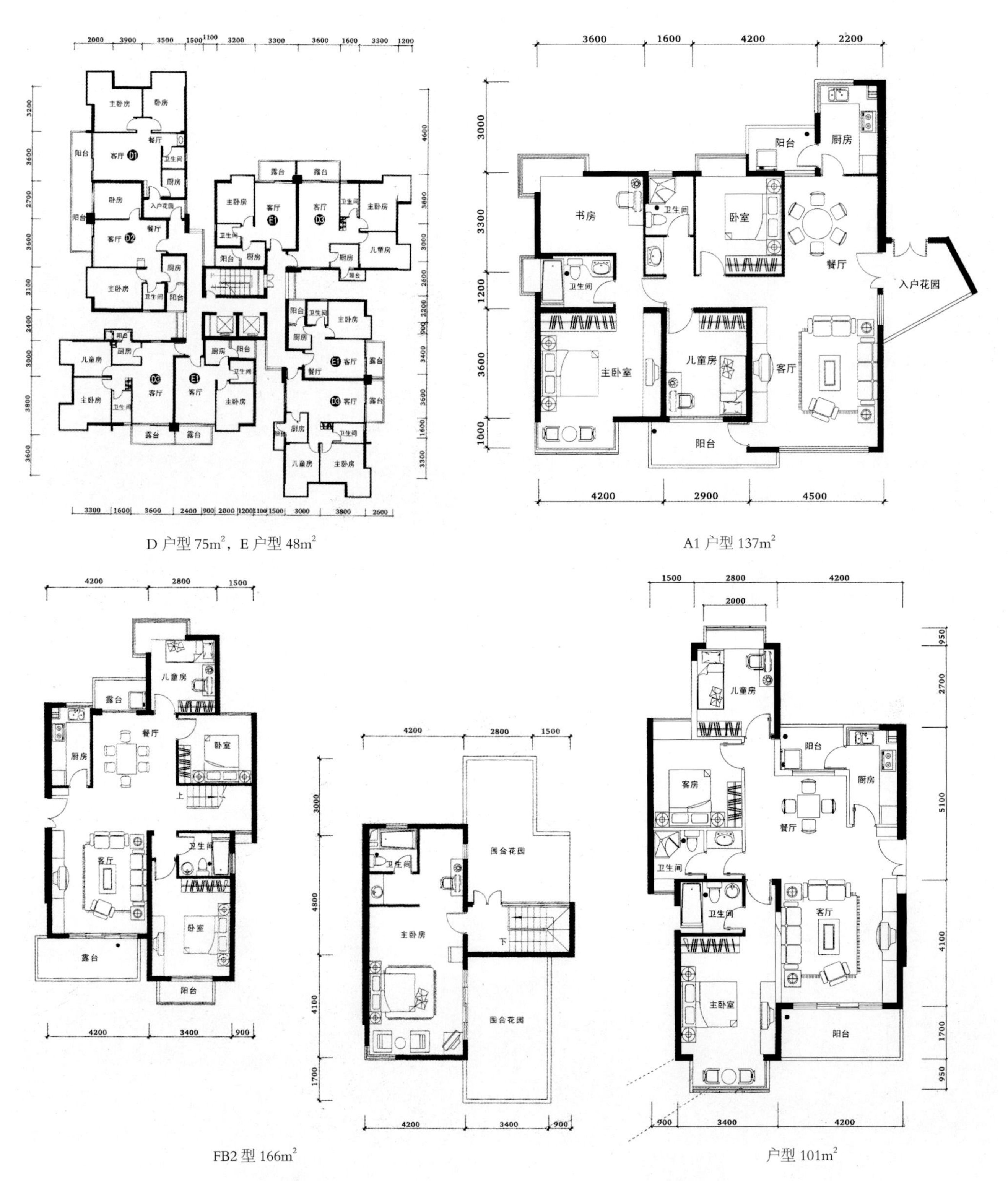

图 2-4-2 东地块以中小户型为主，创造高品位社区城市生活模式（二）

西地块由 10 栋一梯两户的 9～11 层小高层住宅和 5 栋一梯三户的 18 层的中高层住宅组成，占地面积为 15729m^2，总建筑面积为 112 万 m^2，容积率为 2.5，停车位 256 个，户型以 98～120m^2 的三室二厅和 140～170m^2 的四室二厅为主，共 423 户，于 2006 年建成入住。

特别值得一提的是西地块的园林设计，完美地兼顾了使用功能与国际化园林风格，让住户从花园步入家门，将摩洛哥水景、普罗旺斯休闲广场、泳池、大不列颠棕榈园融入共享园林，以地中海沙漠绿洲作为儿童活动场地，“老奶奶的果园”为纯生态园林设计。

6B 型

6C 型 149.91m^2

图 2-4-3 西地块以花园式住宅为目标，注重城市与自然的和谐生活氛围（一）

10A、B 型

13D 型 146m²

13E 型 151.46m²

13C 型 128.44m²

图 2-4-3 西地块以花园式住宅为目标，注重城市与自然的和谐生活氛围（二）

2. 云山诗意花园系列

由方圆集团开发，华森建筑与工程设计顾问有限公司设计，主创建筑师为岳子清、汤文健、史旭、施广德、李伟明。设计全面传承传统建筑文化，总体布局因地就势，平面布局与自然环境融合，并将徽派建筑元素巧妙地应用在现代住宅高楼上，粉墙黛瓦、起翘的飞檐、观音兜山脊或马头墙形成了优美的坡屋顶造型，加之高低错落的形体节奏，构成了现代建筑群体风貌。这一新中式风格是众人盼望已久的。这一住宅系列在各地陆续建成，发挥其品牌效应，唤起了人们对本土优秀建筑文化的情怀。

（1）广州云山诗意花园

该项目位于白云大道北侧的白云新城，具有良好的开发前景。地块基本呈规则的四边形，总占地面积约为13万m^2，总建筑面积为50万m^2，全部为小高层住宅，总户数1300户，户型面积从60m^2到200m^2不等，容积率为3.85，建筑密度为21%，绿化率为30%，停车位377个，于2008年1月竣工。该项目荣获2010年广州市优秀工程设计一等奖，2011年广东省优秀工程设计二等奖，2011年全国优秀工程勘察设计行业住宅二等奖。

图 2-4-4 广州云山诗意花园

（2）珠海云山诗意花园

该项目位于珠海市新香洲梅花西路，地块呈不规则多边形，地势起伏大，高差约16m，东面拥有天然水景资源。总占地面积为41035.07m²，总建筑面积为132150.6m²。该项目获2009年全国优秀工程勘察设计行业住宅二等奖。

图2-4-5 珠海云山诗意花园[21]

（3）常州云山诗意花园

该项目位于常州市花园城南侧，由16～28层的高层住宅与商场、会所裙房组成，总建筑面积为24万m²。

图 2-4-6 常州云山诗意花园

3. 北京中海馥园

该项目位于海淀区增光路 37 号，总体规划为 4 栋高低错落的高层住宅沿用地周边围合式布置，形成内向型大家庭的居住氛围，以板式小高层为主，总户数 803 户。总用地面积为 3.651hm^2，地上建筑面积为 125616m^2，容积率为 3.44，绿地率为 43.6%，停车位 810 个。

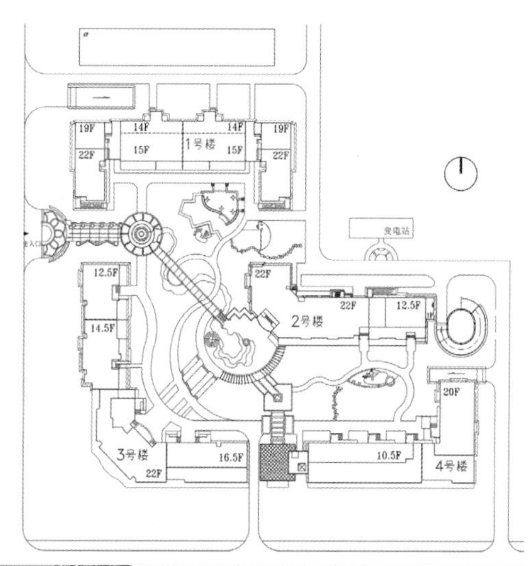

图 2-4-7 北京中海馥园（一）

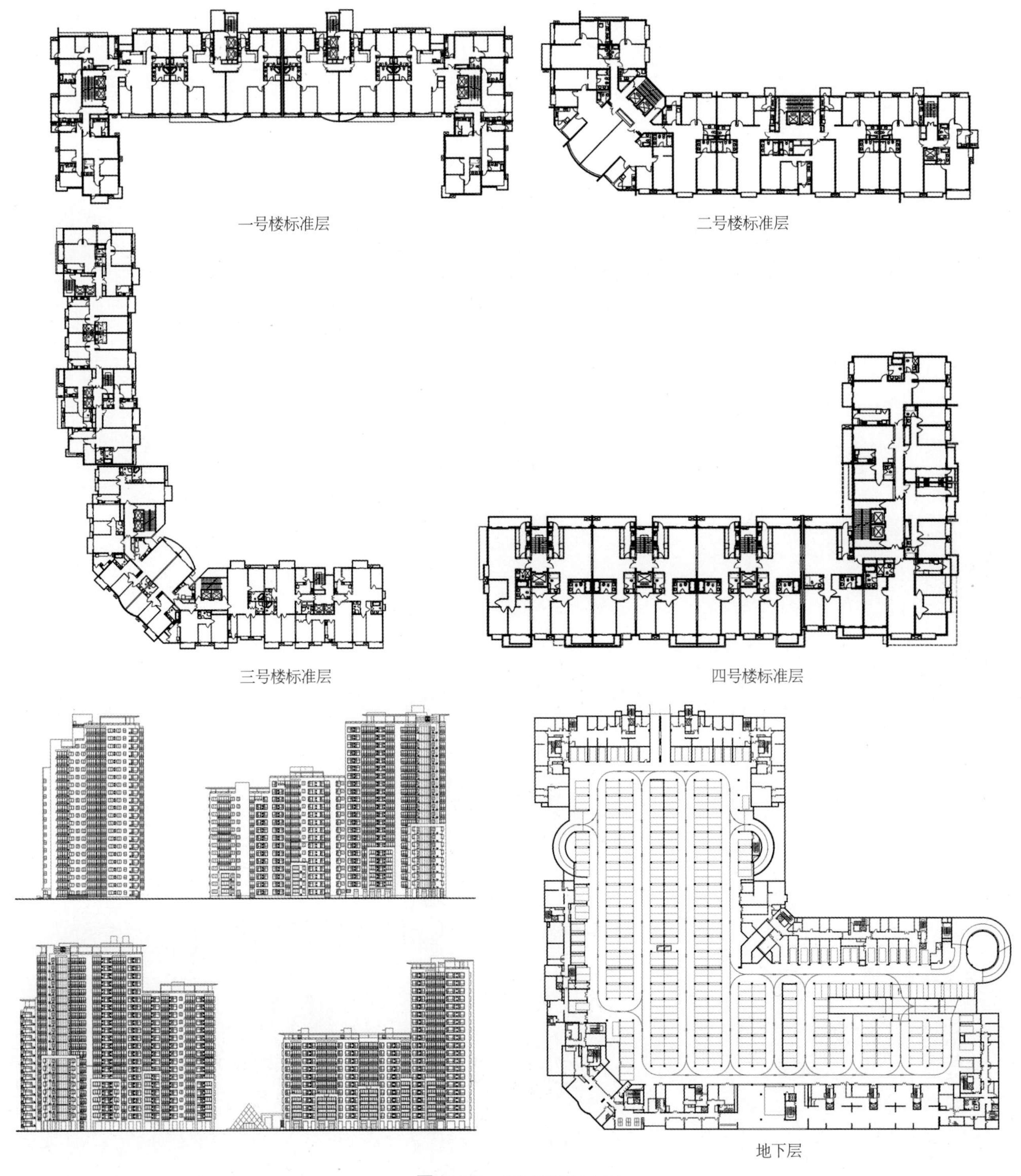

图 2-4-7 北京中海馥园（二）

主体建筑下部采用砖红色墙砖，配合白色挑板、浅黄色与锈红色入口雨篷；中段采用浅米黄色墙砖，利用凸窗、挡板与阳台等连成体块，有韵律地相互穿插，减弱板式建筑的压迫感。屋顶以轻盈的挑板降低建筑的沉重感。社区整体风格与周边的商业街建筑一致，又独具特色，外围设有通长的挑棚，形成了一条可供停留的商业空间。立面材料以砂石为主，配合铝板、木构架，于整体中孕育变化。该项目由中国建筑设计研究院设计，主创建筑师为单立欣。

4. 广州万科欧泊

该项目是万科开发的红郡四期高层住宅区，位于番禺区兴南大道与汉溪大道交汇处，总用地面积为364651m²，总建筑面积为716183m²，容积率为1.68，绿化率为36.8%，由唯士国际设计与发展有限公司设计。

该项目是Art-Deco建筑风格示范住宅区，总体规划采取高层住宅环周边布置，中间形成两块开阔空间，中间围合出两片主题鲜明的绿化水景园，作为邻里活动空间。项目以75m²的两室户与85m²的三室户为主力户型，体现了万科一贯倡导的紧凑精致的户型设计风格，配合临街商店、一栋酒店式公寓、一座幼儿园与一所小学形成了高尚社区。

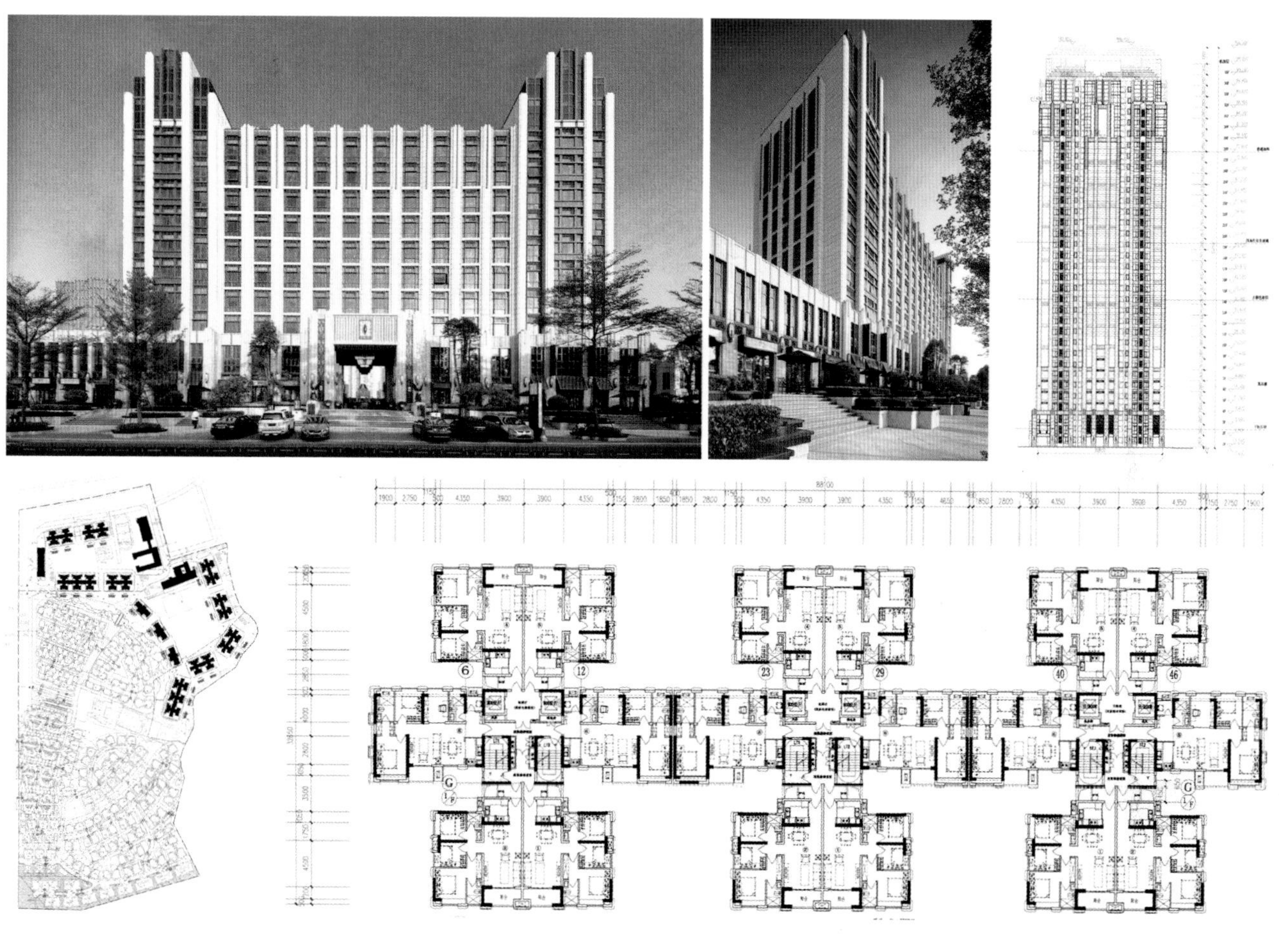

图 2-4-8 广州万科欧泊

5. 海南神州半岛保利1号

神州半岛位于海南省万宁市东澳镇，三面环海，面积为24hm²，是一处大型旅游风景名胜区。项目总用地面积为8.7万m²，总建筑面积为11.2万m²，拥有1394套海景房，容积率为1.3，绿化率为54%，由华森建筑与工程设计顾问有限公司设计，主创建筑师为岳子清、钟建斌、王瑜。

神州半岛的南面，由东至西排列着5个美丽的海湾——东渥湾、沁宁湾、圆石湾、金沙湾、乐涛湾。东渥湾形如半月，背靠如黛青山、如雪沙滩，是一个天然渔场；沁宁湾海岸线绵长，沙滩宽阔，四季酒店就坐落于此；圆石湾的海滨是渥仔岭，以石为主，几百米长的陡峭石壁伸入大海；金沙湾水清沙白，绵延1km长，为天然海水浴场，现在为神州高尔夫球会的球场；乐涛湾与州仔岛合拥一方海水，水深浪平，老爷海之水在此湾入海，此湾既是天然良港、渔场，又是一个踏浪戏水的理想所在。

从地貌上看，岛上还有牛庙岭、石门岭、凤岭、渥仔岭、马鞍岭、南荣岭6座大小山岭起伏跌宕。海湾里有一大石叠成的面积约300m²的石岛，涨潮时漂在海中，潮退后又与陆地相连；还有一形似公鸡的巨石，取名公鸡石，周围有乌龟石、钓鱼石等形状各异的岩石相拥。

图 2-4-9 海南保利神州半岛

6. 上海中凯城市之光名邸

位于徐家汇中心区虹桥路南，临城市干道，四栋高层住宅围合式布置，建筑形态高低错落，空间收放有序，营造出了富有趣味的户外环境以及雅致、舒适的居住氛围。

该项目建筑造型简洁、典雅，外墙材料以香槟色铝合金幕墙为主，干挂石材，以 200 ~ 430m^2 的舒适的大户型为主，体现出豪宅的高贵气质。 总用地面积为 26000m^2，总建筑面积为 66000m^2，容积率为 3.5，绿化率为 35%，由上海中房建筑设计有限公司与加拿大 B+H 建筑事务所、美国 Gensler 建筑事务所合作设计。

7. 惠州海悦长滩花园

大亚湾海悦湾一线海岸为黄金海岸，海域面积达 488km^2，海悦长滩位于黄金海岸旅游度假区，规划总用地面积为 5 万 m^2。建筑系南北通透的板式楼，家家都有海景阳台，健康、通风、节能。户型以 2+1 两室公寓为主，除面积为 67m^2、73m^2、78m^2、83m^2 和 86m^2 等户型外，还有 125 ~ 225m^2 的海景大宅，总建筑面积为 5109143.61m^2，其中计容面积为 89978.82m^2，由华森建筑与工程设计顾问有公司设计，主创建筑师为李舒、黄小洪。

家门口 10 步外即是沙滩。深圳紫月景观公司设计的“参与式园林”，不仅让业主可观赏园林，更可参与景观园林活动，具备休闲、娱乐、运动等功能，包括三个游泳池、四个儿童游乐场、小坡地、大草坪、篮球场、老人活动中心等。

现在华润、万科、华侨城、碧桂园、富力、金融街、世茂等房企都已进驻布局，惠州市帆船基地也已入驻，还在规划兴建滨海酒店、高尔夫球场、游艇会、华润中心、摩天轮、商业区、公园、会议中心、游艇码头等，着力打造惠州宜居、宜业、宜游的滨海城市新形象。

景观技术经济指标

项　目	数　量	单位
用地面积	26020.50	㎡
总建筑面积	156597.64	㎡
建筑占地面积	6582.60	㎡
绿地面积	6941.90	㎡
水域面积	2168.00	㎡
绿地率	35.3%	

图 2-4-10　上海中凯城市之光名邸

图 2-4-11 惠州海悦长滩花园 4 ~ 31 层平面

8. 香港南湾

位于香港岛鸭脷洲，背靠玉桂山，9 栋 25 ~ 29 层的高层住宅沿海岸排列而建，都享有香港仔避风港及海洋公园一带的怡人海景，将原船厂工业用地发展成了高尚住宅，提升了该地区的资源价值。项目总用地面积为 16700m^2，由吕元祥建筑师事务所设计。

南侧的两栋主楼朝南，拥有更优越的海景，是本项目设计的重中之重。住宅面山一面设计成阳台，玉桂山景尽收眼底。塔楼之下为 5 层高的平台，设有大型会所与停车场。户型面积自北向南由 56m^2 升至 232m^2，直到复式单位 362m^2。塔楼采用低反射玻璃，将反射光减到最少，三座大楼中间设空中花园，为建筑增添了透光效果。

图 2-4-12 香港南湾 [29]

9. 重庆融创御锦

位于重庆二江新区的核心地带，紧邻奥园大型社区配套服务设施，为本项目带来了更多的生活便利。该项目采用围合式布局，建筑沿周边布置，形成宽400多米、进深100多米的中央花园，并围合出近万平方米的湖面，结合湖岸打造优质的人居环境，成为项目的一大亮点。项目占地面积为12.48万m^2，建筑面积共计42万m^2。

由AAI国际建筑师事务所与机械工业第三设计研究院合作设计，建筑采用ArtDeco风格，以大胆的轮廓、几何的形体、阶梯状造型、简洁的装饰，获得了人们的青睐。

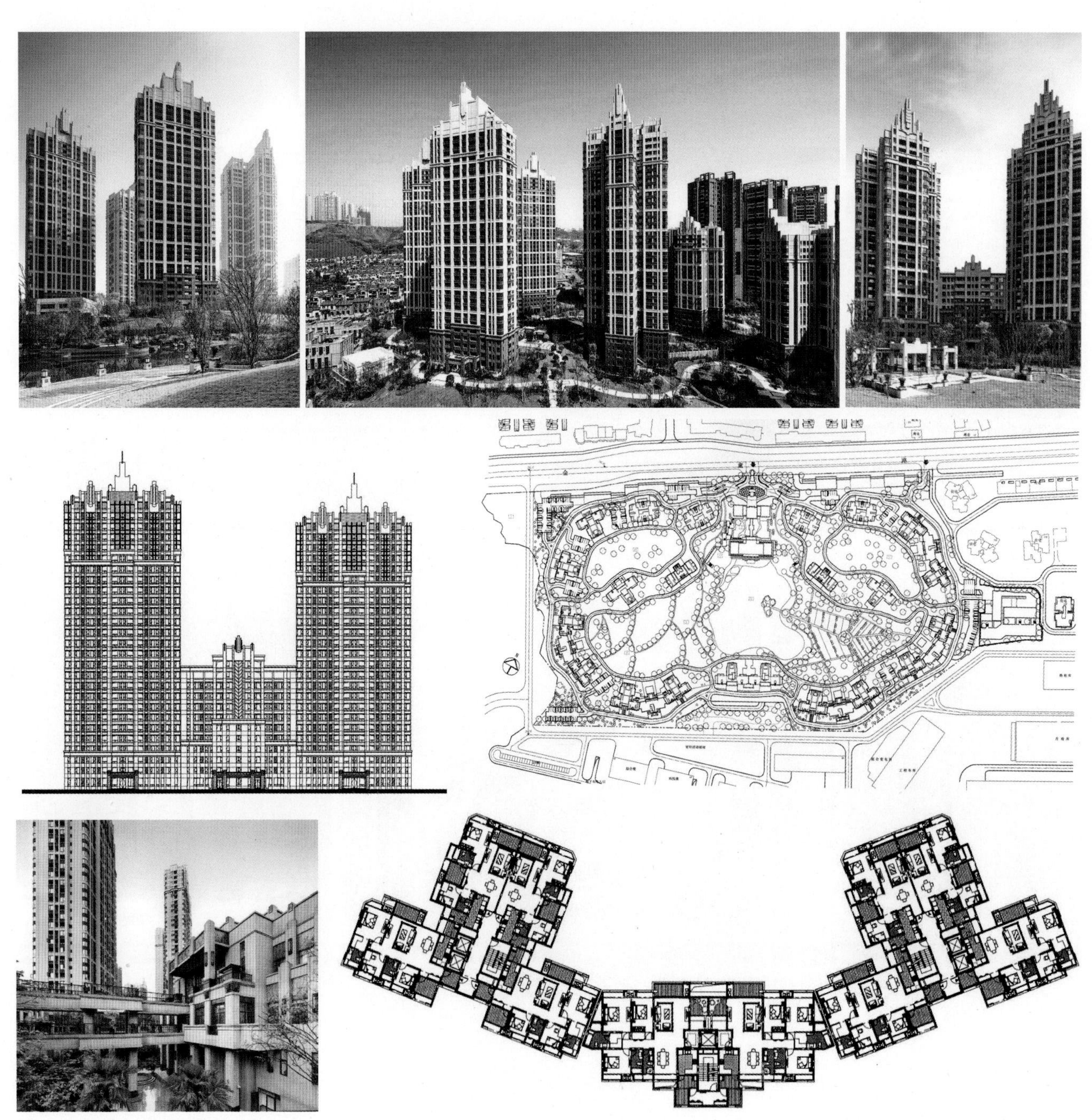

图 2-4-13 重庆融创御锦[29]

（二）国外高层住宅的设计实例

1. 丹麦哥本哈根 8 字形住宅

8 字住宅（House 8）位于哥本哈根 Orestad 地区外沿最南部的地带。这座综合楼平面布局呈 8 字形，包括独栋住宅、顶层公寓及普通公寓三种类型共 476 套，零售商业与办公面积为 10000m²，建筑面积共计 61000m²，是丹麦目前最大的私人开发项目。

8 字住宅不同于传统的建筑，它把一个活跃的城市社区的所有成分堆叠在水平层里，由直通第十层的连续的散步道和单车道联系，创造了一个三维立体的

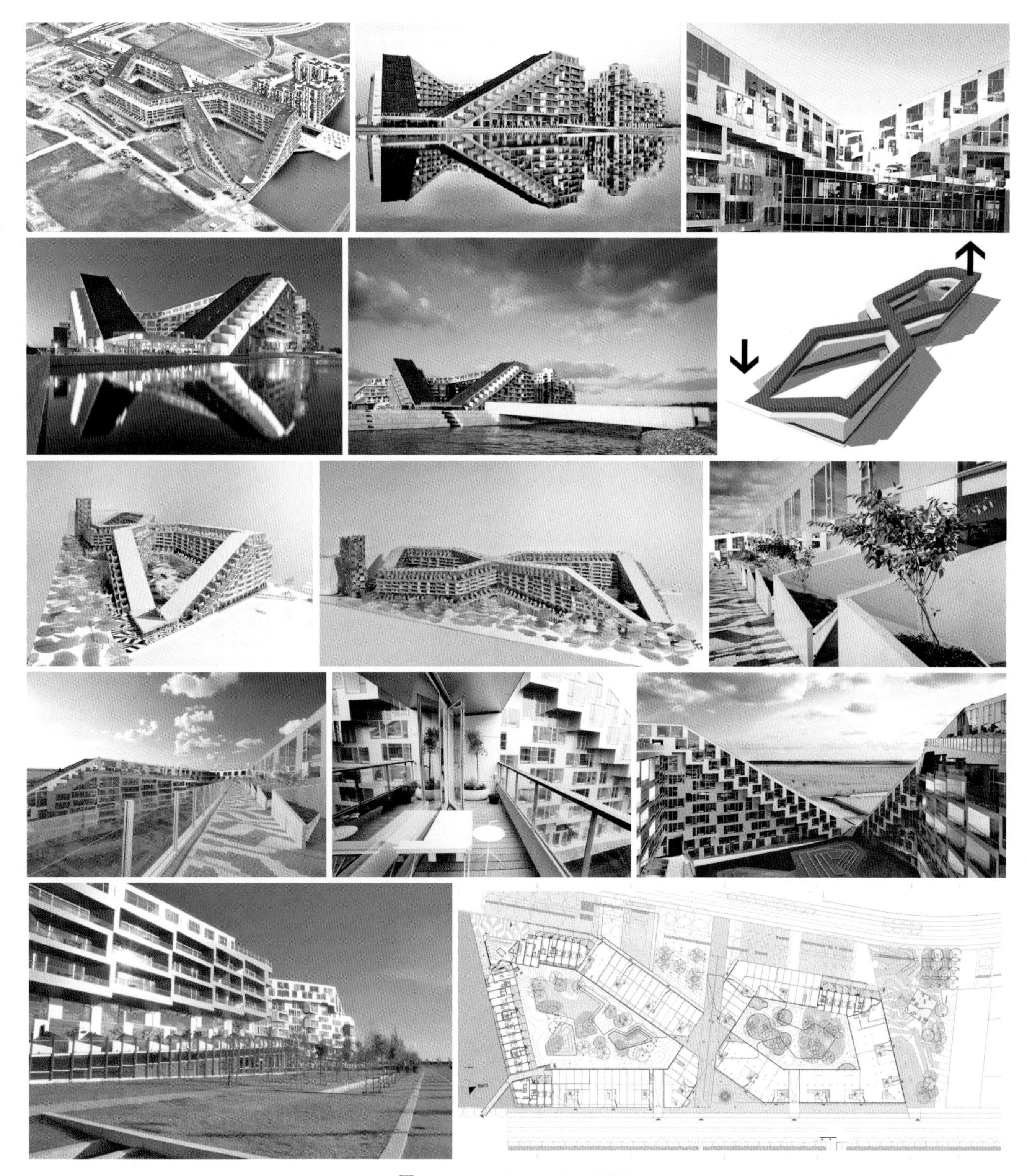

图 2-4-14　丹麦哥本哈根 8 字形住宅

城市社区，把郊区生活融入商业和居住功能共存的城市活力中。8字住宅还创造了两个独享的内部庭院，中心十字部分含有向全部住户开放的500m²公共设施，同时把庭院一分为二。一个9m宽的走廊穿过建筑，连接了西侧的公园地带和东侧的运河水系。

8字住宅为集家庭生活、休闲娱乐与社交活动于一体的社区。建筑底层商业与街道生活相融，住宅设在上部，拥有良好的视野、日照和新鲜的空气。8字住宅的形状正是强调了这一点，东北角被高高抬起，西南角被压低，光和空气得以灌入南部庭院。

8字住宅由Bjarke Ingels Group（BIG）设计事务所设计，被Huffington Post评为21世纪前10年十大新建筑之一，并在2011年世界建筑节上赢得住宅建筑类优胜奖。

8字形住宅从属于更大尺度的周围环境，可俯瞰哥本哈根大运河的壮丽景观，毗邻Kalvebod Falled辽阔的自然保护区，与郊外的宁静氛围和大都市的能量感交织在一起，使得这栋61000m²的住宅充满了亲密感。所有综合设施由建筑四周蜿蜒的小路连接起来，可充当居民的天然会所，同时又为该区儿童的室外娱乐提供了安全保障。8字形围合成两个500m²的内庭院，与商业空间和住宅空间相结合，使公共空间与设施融入了个人生活；带有花园的住宅区内可以使用自行车，并可直接从地面骑到住宅楼顶，在楼顶可以享受夜晚的星空。

2. 法国蒙彼利埃"白树"集合住宅（Tree-Inspired Housing Tower for Montpellier）

这座高层集合住宅位于法国城市蒙彼利埃（Montpellier），处在严格规划的街道、铁路线与伊夫里郊区入口的衔接处，楼高17层，各层露台作螺旋形上升，犹如从每一个角度捕捉阳光的树叶，拼命地向外伸长，整个建筑就像一棵巨大的松树，因此被称为"白树"（White Tree），项目名为Arbre Blan。

纵观这座建筑，一层层叠放，却没有给人以重复的感觉，每一间公寓都有强烈而独特的个性。通过营造多种户外空间，设计出各种各样的户型，响应了对个体认同、所有权和差异化的追求。住在高高的楼上，眺望着下方的土地和远处的地平线，就好像远离了城市的喧嚣。

该项目作为一个独立的建筑，提供120套社会福利住房和自置居所，还包含画廊、餐厅、全景酒吧以及办公等配套公共设施。项目由Hamonic+Masson & Associés和Comte Vollenweider合作设计，建筑面积为13750m²，于2015年竣工。它是20世纪70年代以来在巴黎建成的首座50m高的住宅楼，它象征着人们重新考虑巴黎城市高度的潜在意愿。

图 2-4-15 法国蒙彼利埃"白树"集合住宅

3. 挪威 Rundeskogen 三塔集合住宅

位于挪威西海岸的 Rundeskogen 是一座草木茂盛的小山丘，与三座城市的市中心相连。该地区独门独户住宅及小型住宅项目居多，本项目的密度和集中度均得到合理开发，与众不同的高度及规模更引人注目。

这三栋塔式建筑由 Helen & Hard 设计，共有 113 个单元，面积从 $60m^2$ 到 $140m^2$ 不等。最高的一栋达 15 层。该建筑采用混凝土核心筒结构与木结构的混合结构，使高耸的大楼底层平地上获得了宽敞、迷人的公共绿色空间，减少了这三栋高楼的占地面积，可避免遮挡周围建筑的峡湾视野。建筑底部的几层如悬臂般从主体结构中伸出，高悬于地面之上，从而在地面上形成了遮顶式户外空间。

图 2-4-16 挪威 Rundeskogen 三塔集合住宅

4. 丹麦奥尔胡斯 Siloetten 公寓

丹麦许多城镇都有一些工业筒仓，Siloetten 公寓就是利用废弃的筒仓改扩建而成，依然主导着当地的天际线。原有的筒仓结构容纳高层公寓的楼梯和电梯，新建的钢结构住宅围绕着筒体，独特的挑出结构形式具有自由的空间，为公寓创造了优越的居住品质。筒仓的底部改扩建成公共空间和商店，以及供居民使用的小型庭院。

改建时保留部分筒仓作为标识，保持建筑的历史感。筒仓改扩建面积为 3000m²，另建城市配套项目 1500m²，由 C.F.Moller Architects 设计。

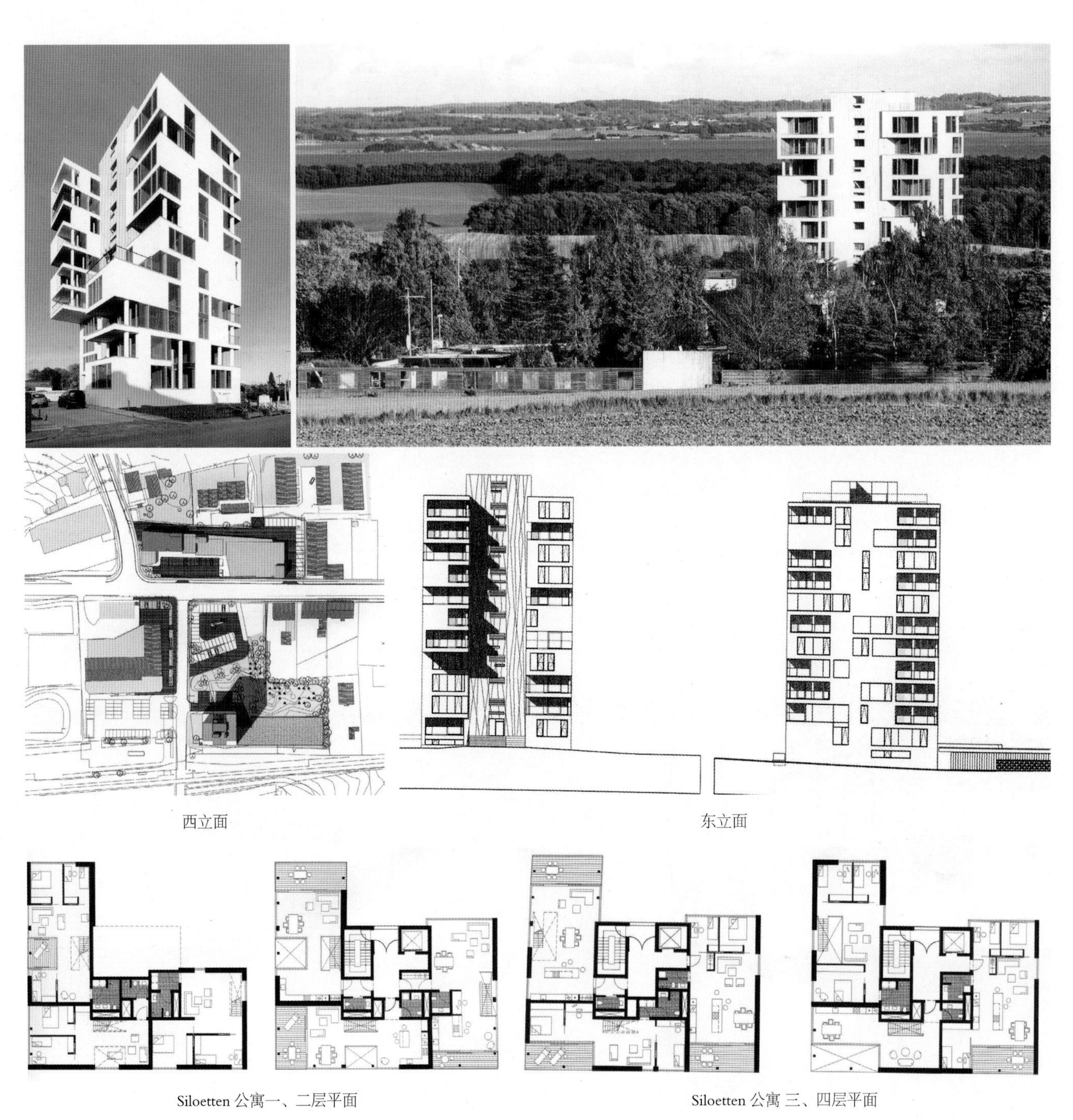

西立面　　东立面

Siloetten 公寓一、二层平面　　Siloetten 公寓 三、四层平面

图 2-4-17　丹麦奥尔胡斯 Siloetten 公寓 [29]

5. 丹麦哥本哈根 VM 住宅

从空中俯瞰时该建筑，形如字母 V 和 M，因而得名。它拥有 230 套住宅，总建筑面积为 25000m^2。它与隔壁的 VM 山形住宅（VM Mountain），都是由 PLOT 建筑事务所 Bjarke Ingels（BIG）+Julian de Smedt（JDS）设计。该建筑于 2005 年完工，是未来城（Qrestad City）选出的最佳居民村之一。

住宅南面大胆地采用独特的三角形阳台，像刺猬的尖刺，给人造成强烈的视觉冲击，成为了 VM 住宅的典型特征。实际上，凸出的阳台可让充足的阳光进入每个家庭，并形成了与相邻房屋的最大的沟通空间。通透的玻璃幕墙覆盖整个住宅，这使得室内充满阳光。

VM 住宅采用落地窗，与大都市东边的其他建筑一样，面向大都市的一面较高，而面向 Amager 东部旧住宅区的一面则相对较低，这使得东部 Amager 旧区和 Qrestad 新区之间有一个自然过渡。

图 2-4-18 丹麦哥本哈根 VM 住宅

6. 巴黎 Monts Et Merveilles 集合住宅

这几座小山似的公寓位于巴黎 Clichy-Batignolles 地区，是一个集居住、宗教、商业及医疗等配套设施于一体的小型综合体。这里曾经是铁路旁的一块废弃地，随着城市住需求的提高，如今这里被重视并加以改造，成为了巴黎城的一个重要组成部分。该项目由 Jean Bocabeille Architect 设计。

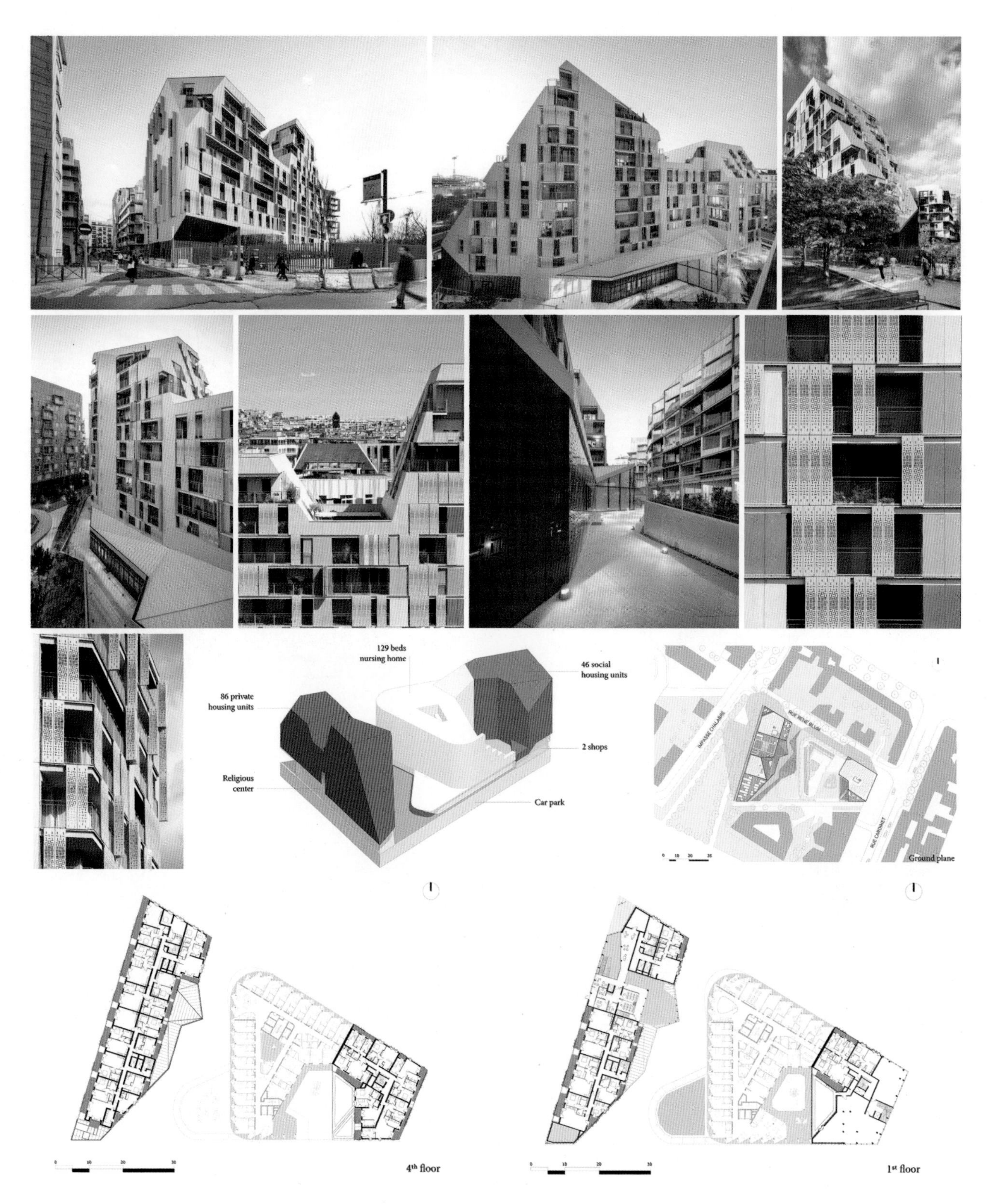

图 2-4-19　巴黎 Monts Et Merveilles 集合住宅

7. 巴黎马沙·布鲁诺住宅（Housing ZAC Massena，Paris）

处在巴黎东南部十三区的马沙·布鲁诺街道上，一边与法兰西大道相连，一边通向伊夫里郊区。它是一座双塔形的高层住宅，一栋以不同的方位层层退台，一栋以不同的平面角度层层相叠，这种层层渐变为这个不平凡的楼宇增添了魅力，可给人留下一种独特的印象。

巴黎正谨慎地允许高层建筑回归。这个有200个住户的建筑，具有不让人产生重复感的特质，每层的住房都不一样，每一间都有其独一无二的特点。它由两家法国的建筑设计单位：Hamonic+Masson和Comte Vollenweider设计。

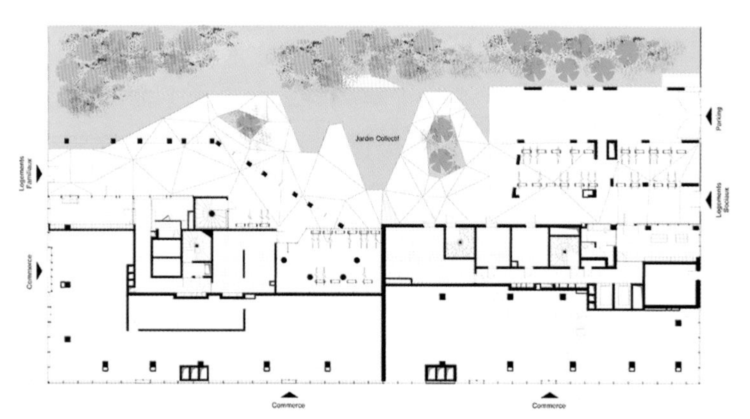

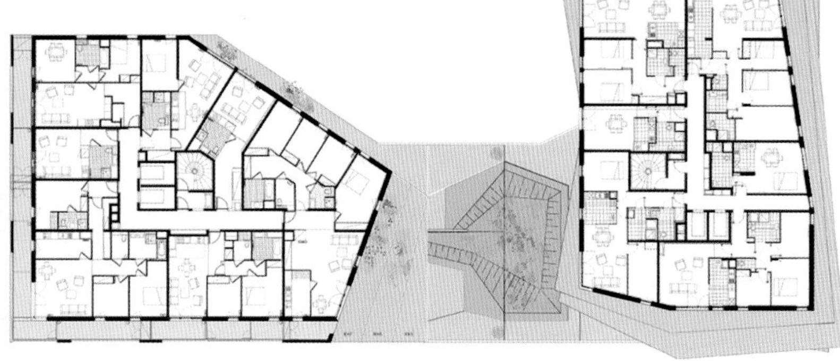

图 2-4-20 巴黎马沙·布鲁诺住宅

8. 法国巴黎 62 公寓

项目由两栋公寓组成，分别高 11 层和 9 层，它们交相辉映，创造出了一种动感的旋转形态，这种旋转动态在首层相互连通，一条弧形小路穿过茂密的树林花园，将公寓与城市连通。公寓每层的绿色阳台，似飘浮在空中缓缓旋转上升，更显现出特别的动感。设计重新探索了独立式住宅的优势，以宽敞的户外空间作为出发点，连接以阳台为主的私人空间和以楼层为主的共享空间，为 62 个住户构筑了一个温馨的家园。其建筑面积为 5120m^2，由 Hamonic ＋ Masson 设计。

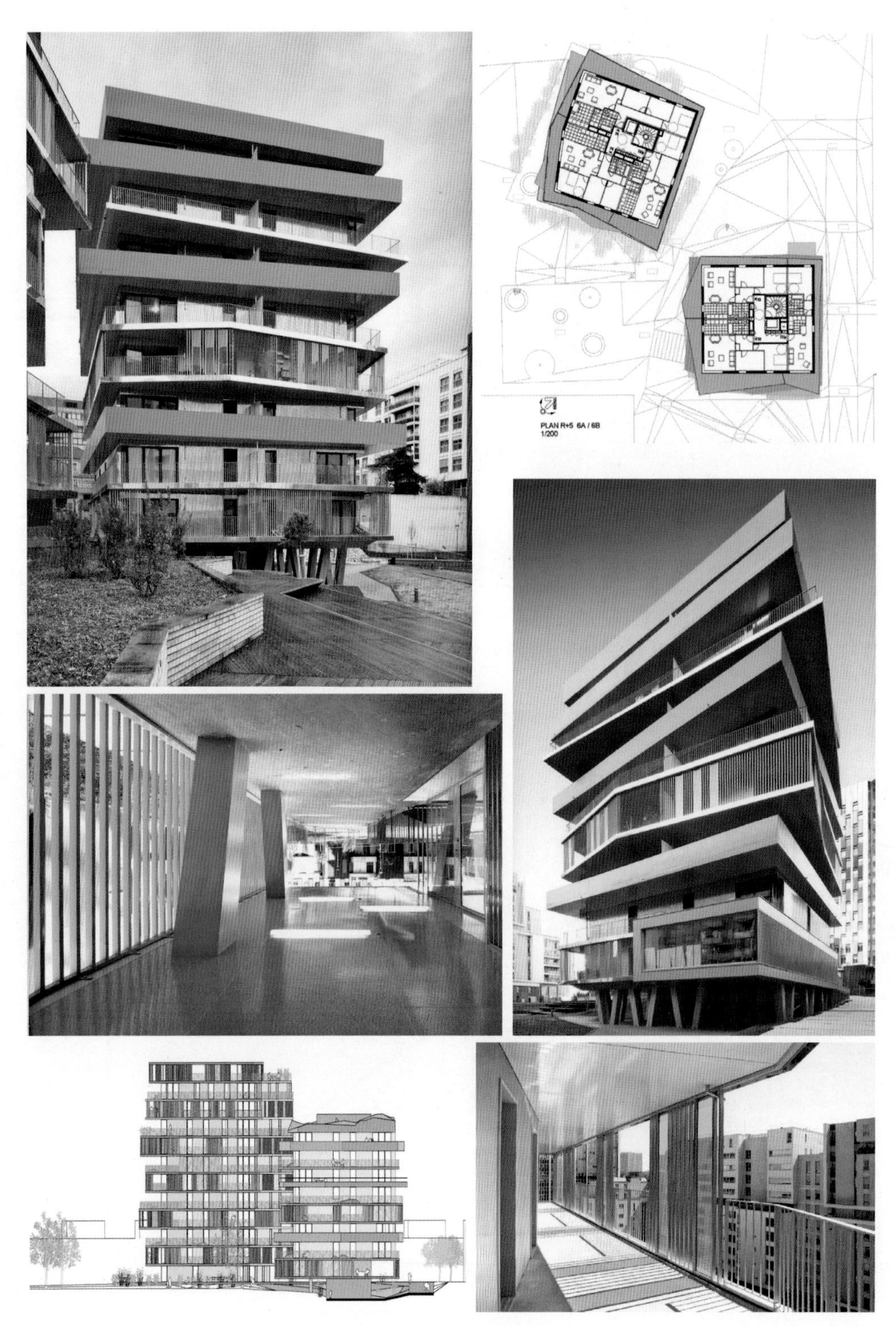

图 2-4-21 法国巴黎 62 公寓

9. 新加坡交织住宅

新加坡的城市规划、建筑设计和住房政策等有许多值得学习借鉴之处。新加坡居民的住房主要由政府提供，其中中低收入者住房由政府投资建设并有偿提供，高收入者住房由市场提供，实行政府分配与市场出售相结合的政策。据统计，由政府建屋局提供住房的居民占 87.6%，其中廉租屋住户占 8.6%，廉价屋住户占 79.0%，其余 12.4% 居住在私宅和公寓里。

这里将介绍新近落成的交织住宅（The Interlace）——“翠城新景”。该项目共有 31 栋住宅楼，占地 8.1 万 m^2，建筑面积为 17 万 m^2，共有 1040 个住宅单位。尽管看起来并不高耸入云，却拥有相当于 24 层楼的高度。住宅楼平面呈六角形，交错叠加，形成了 8 个庭院，周围有多个花园，屋顶还建有花园和绿地，并建造了地下停车场。交错式的设计增强了集群效果，保护了住户的隐私，增强了社区的整体性。

公共活动区建有中央广场、剧院广场和水上公园，还有会所、剧院、体育馆等公共设施。户外的空间很宽敞，8 个庭院里有野餐区、瀑布、荷塘和温泉，为住户提供了休闲的场所，营造了舒适的居住环境。

该项目由 Ole Scheeren 设计，于 2014 年建成，并获得 2014 年全球城市居住奖，评委会赞扬该设计和环境建设的可持续性强，营造了综合的社区文化环境。

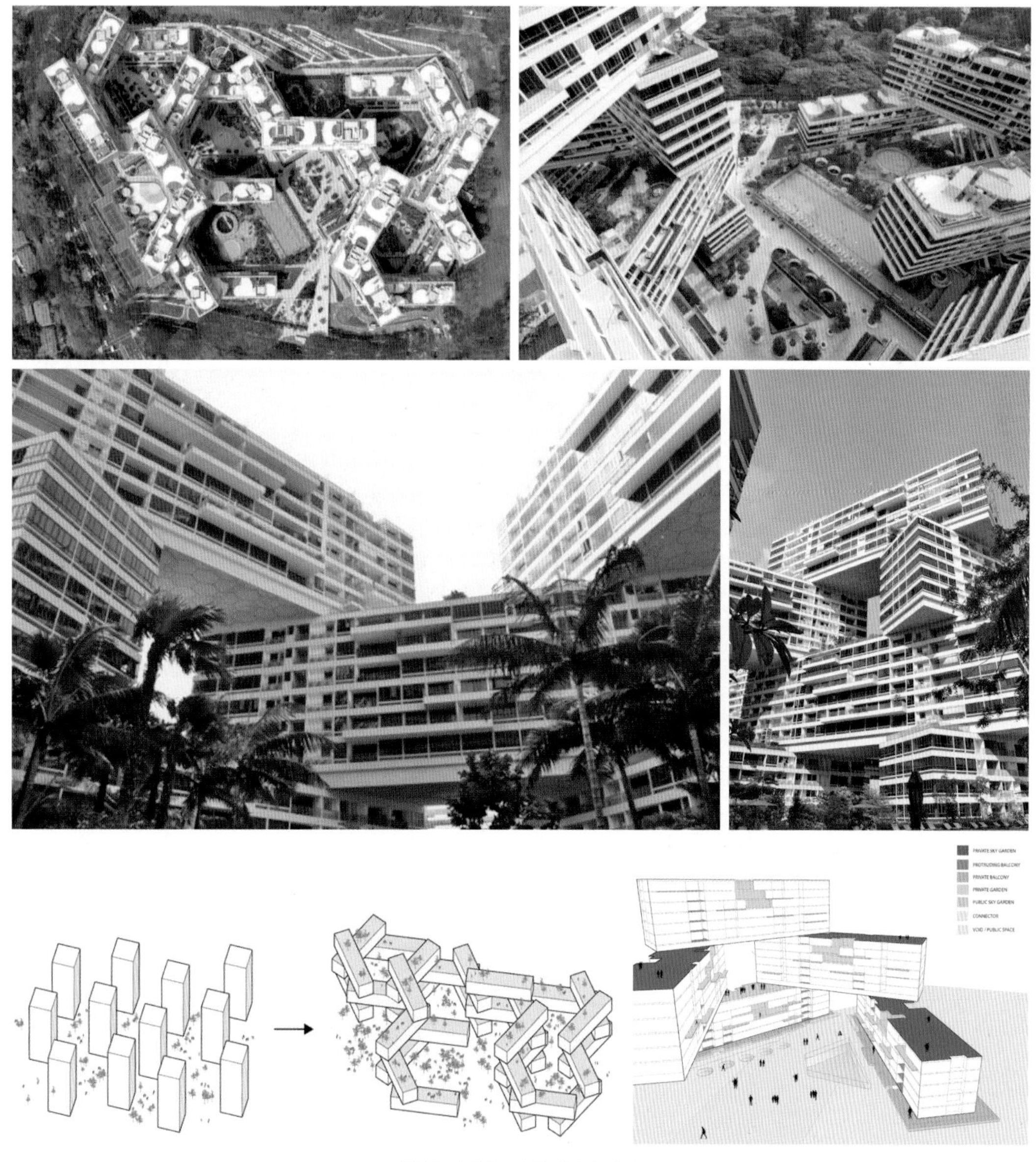

图 2-4-22 新加坡交织住宅

10. 美国波士顿麦卡伦公寓

位于马萨诸塞州波士顿南部，处在城市的过渡地块，周边有高速公路、旧住宅区和工业荒地，占地面积为 32500m²。该项目由 Office dA 设计。设计根据多样的空间条件，采取不同的公共领域处理手法：西侧以幕墙面对高速公路，东面邻近人行道，为砖砌装饰的店面，而南、北面采用古铜色铝板对应工业区元素，以不同的外墙材料分别反映不同的周边环境，在不同的城市设施中取得协调和平衡。公寓提供了 140 个优质的住所，在预算范围内建造出了创新和可持续发展的建筑，成为波士顿第一个获得 LEED 金级认证的多户型家庭住宅。

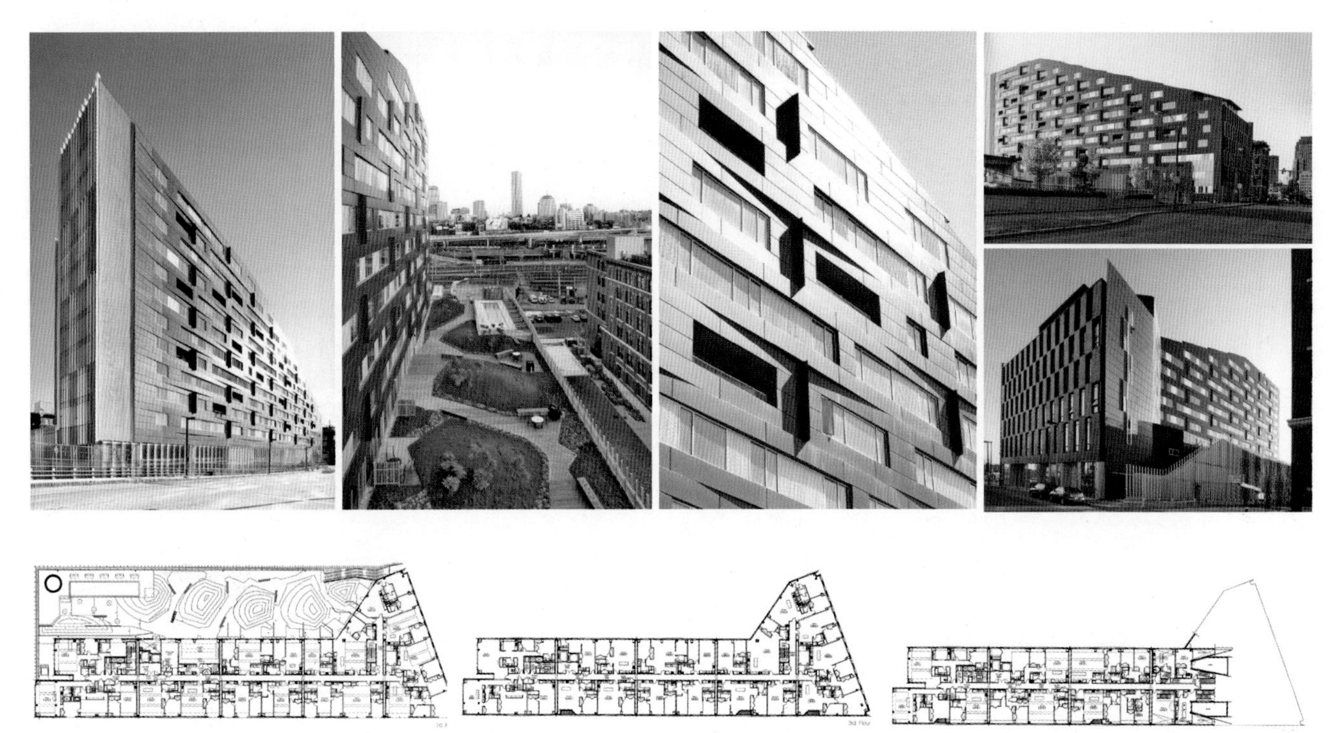

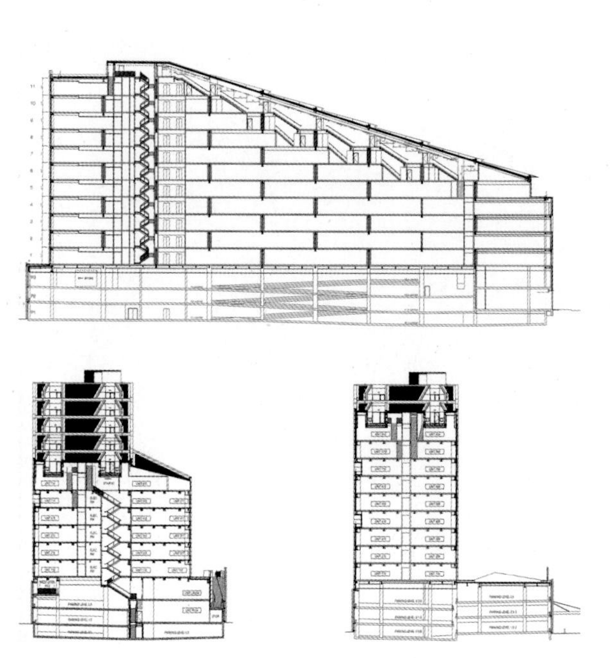

图 2-4-23 美国波士顿麦卡伦公寓

11. 纽约第 57 西街住宅

项目位于纽约第十一大道和第十二大道之间的第 57 西街上，总建筑面积为 8 万 m^2，拥有 600 个住宅单位。这一设计为纽约带来了全新的住宅类型，糅合了不同的文化和商业元素，为曼哈顿的天际线增添了多姿的风貌。建筑将争取 LEED 金级认证。

图 2-4-24 纽约第 57 西街住宅

12. 维也纳 Doninpark 商住综合体

Doninpark 位于维也纳 Kagraner Platz 地铁站背后，是一栋集住宅、办公以及零售商业于一体的 8 层的综合体建筑，由 LOVE 建筑设计事务所设计。从城市规划来讲，该建筑所处地块可谓“巨大”，其东边城区建筑密度较高，西侧是独立或多层居住区以及运动场地，建筑密度相对较低，有点城郊结合部位的感觉。Doninpark 的造型独具个性，尤其是其东侧的巨大悬挑空间甚至跨在道路之上，给人震撼的感觉。建筑全身素裹，底层商业采用深色，使建筑看上去像浮在地面上的一艘大船。立面凹凸不平，有些是房间，有些是阳台，加上大小不同的方块窗，非常具有立体感。

图 2-4-25 维也纳 Doninpark 商住综合体（一）

图 2-4-25 维也纳 Doninpark 商住综合体（二）

13. 德国汉堡港口城 Baufeld10 公寓

港口城是邻水的一个 157 万 m^2 的新区，除满足各种综合用途外，力求开发建造出高质量的城市建筑群落。LOVE 城市建筑设计事务所的设计方案在招标中获胜。

这是一个合资建设项目，占地面积为 $820m^2$。设计要满足从最大的 $225m^2$ 户型到 $50m^2$ 的小户型共 28 户的不同的需求，个性化设计是最先考虑的因素，目标是建设一个共同的家园。每户都有一个阳台和凸窗，可获得朝向海港的最大视野。这些圆弧形阳台和凸窗是采取预制方法建造的。立面采用复合外保温系统，里面掺入一些天然石和云母，在阳光下闪闪发光。该建筑实施了一系列可持续发展生态措施，强调节能与环境保护。

14. 西班牙马德里米洛德（Mirador）住宅

米洛德住宅高 22 层，位于西班牙马德里东北郊桑其那罗地区，这是一个被杂乱的低层建筑充斥的地区。荷兰建筑师组合 MVRDV 被委托在该地区建造一个大型集合住宅，需要设置众多的小户型住宅。

MVRDV 先设计了一个带内院的典型的水平方向住宅街区，然后将这个街区沿其一边 90° 翻转而形成了 Mirador 住宅。翻转后的内院成为了建筑中央开敞的公共平台；住宅建筑成为了相叠的居住单元；街道便相应地成为了垂直的交通空间。离地 40m 高处宽敞的平台，犹如一个被抬升起来的广场，为建筑内部提供了开敞的公共空间。通过一台直达电梯将平台与地面广场联系起来，使原本平面的开放空间向三维立体方向延伸。

这个设计的初衷来源于 MVRDV 对“三维都市”概念的研究和实践，聚焦于密度、公众可达性、空间和功能的多样性以及可持续发展四个部分，利用“三维都市”概念中的“翻转”（Flip）方式，配合大胆的外立面以及不同的色块，为集合住宅的设计提供了一种新的尝试。

通过“密度”的极限化，在有限的客观条件下最大化和最优化地利用土地，从而改善了建筑密度分配不均、建筑用地不合理的现状。这里的“密度”的极限化并不是指在平面占据更大的面积，而是延伸到整个三维空间，追求的是在有限条件下扩大建筑的空间容量和功能容量。

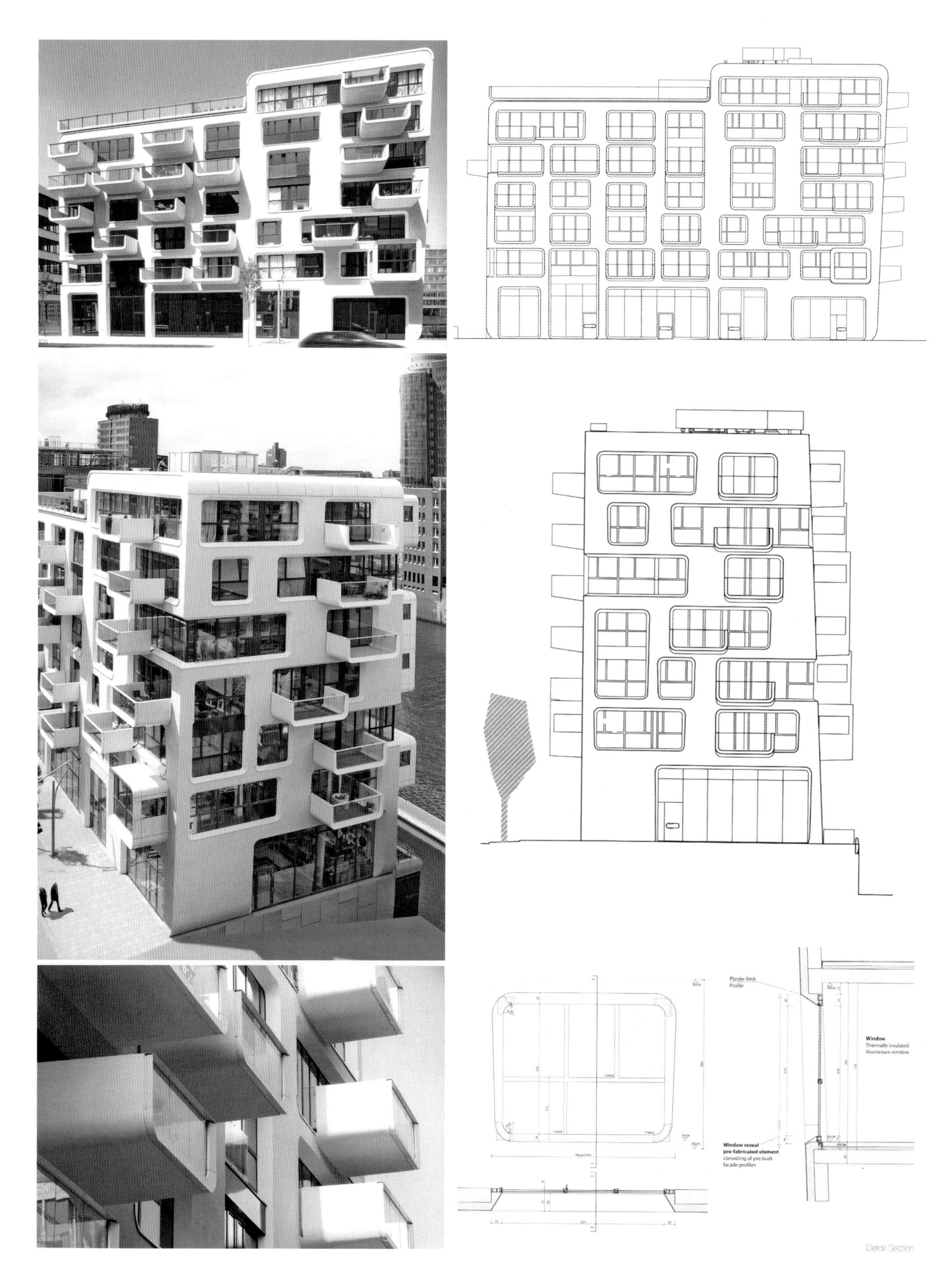

图 2-4-26 德国汉堡港口城 Baufeld 10 公寓

图 2-4-27 西班牙马德里米洛德住宅

15. 西班牙马德里彩虹建筑

在靠近马德里的科斯拉达工业开发区，有一栋以红色表示交通流线的综合建筑，被称为“彩虹建筑”，从底层到三层是办公与商业，三层以上是住宅，地下为停车场。四座住宅楼由红色连廊与10m高的多功能广场联系在一起，成为公共活动场所，可供居民休闲用。住宅有40m^{2}的单间和60m^{2}的套间两种户型，由Amann Canovas & Maruri建筑事务所设计。

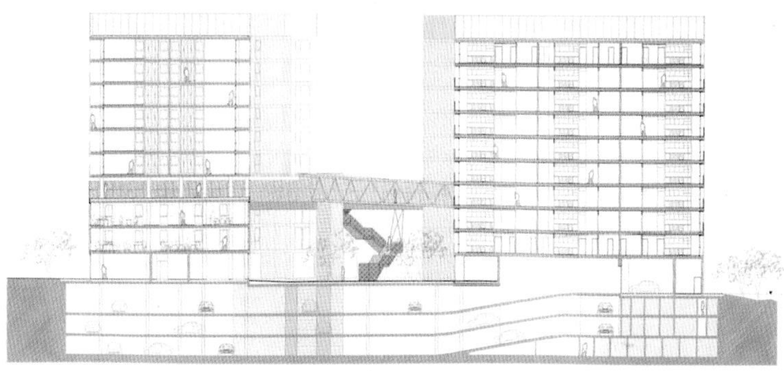

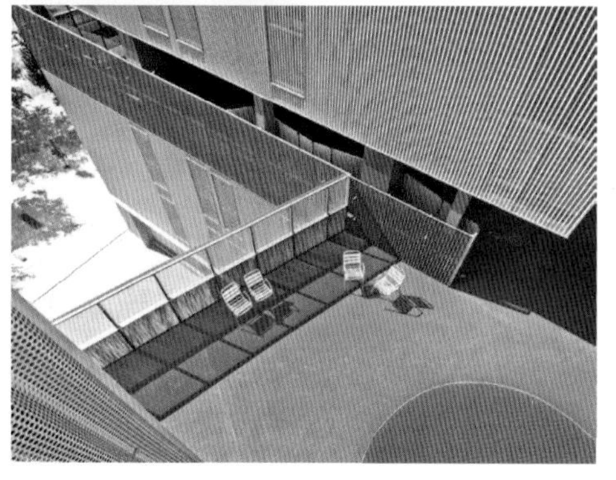

图 2-4-28 西班牙马德里彩虹建筑

16. 西班牙巴塞罗那 Europa 广场上的经济适用房

它建在城市新区中心 Europa 广场上，由两栋塔楼组成，楼高 14 层，以“T”形走廊连接，以底层 3 层通高的空间作为入口。端头为 $69m^2$ 户型，中间为 $56m^2$ 户型，共有 75 个单位。大楼通过独特的体形，以拼接的形式呈现大型框架的立面和高大的入口，精准的细部处理和考究的饰面材料，为住户塑造出住所的气质。黑色的框架采用 4mm 厚的铝复合板，其他立面用 8mm 厚的 HPL 板，都是可回收的。

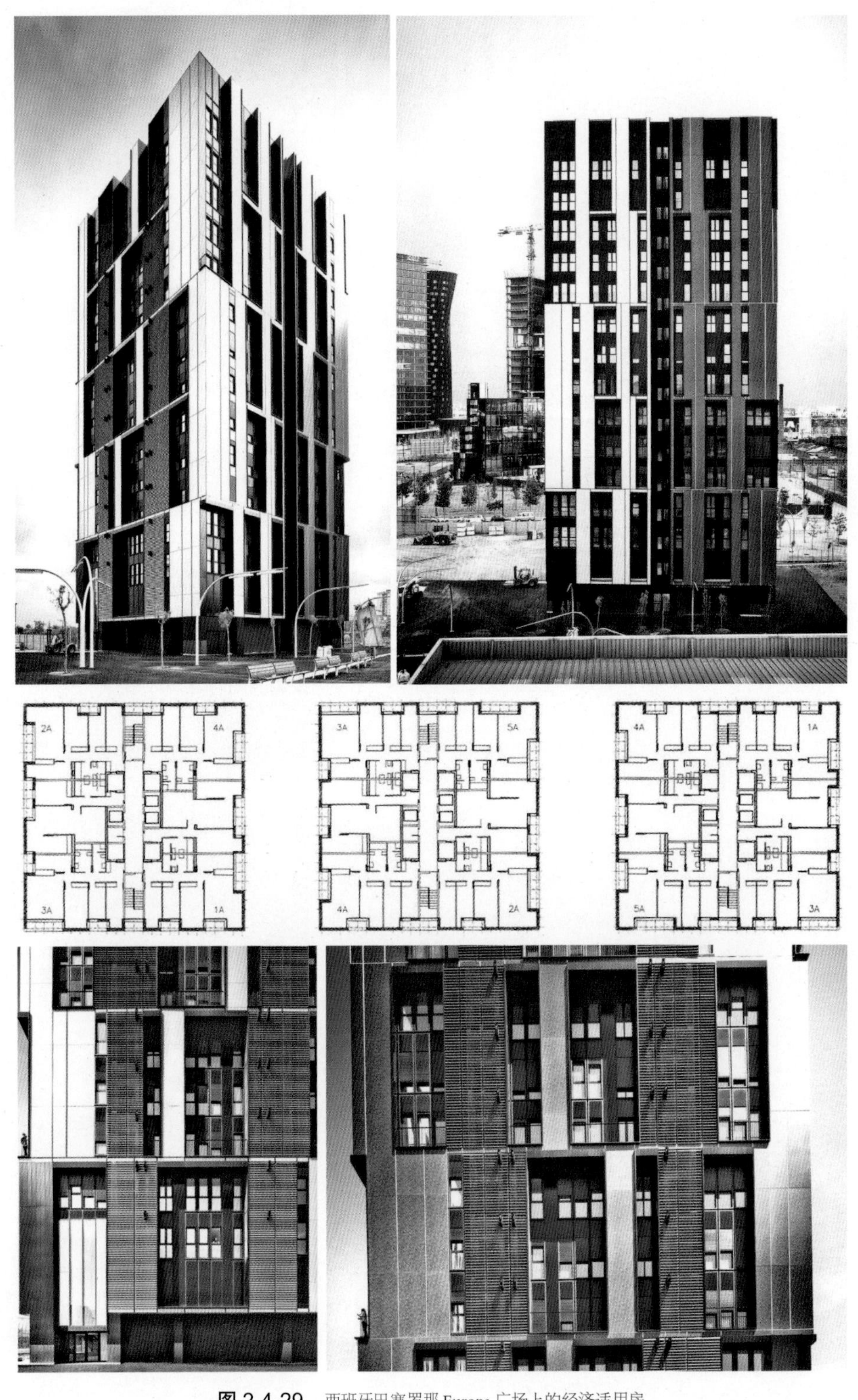

图 2-4-29　西班牙巴塞罗那 Europa 广场上的经济适用房

17. 阿联酋阿布扎比日瀚顶点

这是著名的阿尔达奈岛总体规划中的第一个建设项目，处在岛的入口处，由5栋住宅楼与14栋别墅组成，建筑面积为152576m^2。每户住宅都可领略花园、城市和海边的迷人景色。

它的地理位置、外貌都凸显了其极致的品质。主要目标是在干旱的沙漠和葱郁的植被之间形成对比，为此覆盖了干旱的沙漠地块，种植了多种景物，垂直的空中花园成为了每座住宅楼不可分割的一部分。水资源的保护和利用也是设计的推动力，大树和其他植被构成了天然的遮挡，可改善地块的微观环境，减少灌溉量。

图 2-4-30　阿联酋阿布扎比日瀚顶点

（三）中小户型高层住宅的设计实例

中小户型一般指建筑面积在100m^{2}以内的住房单位，其实际使用面积在80m^{2}左右，其中小户型一般指建筑面积在70m^{2}以内的住房单位，实际使用面积在50m^{2}左右。主要针对安居型住宅，是适应当前城市发展的需要、市场需求量最大的住宅。

1. 深圳聚龙大厦

该项目位于罗湖东门中路与文锦中路交汇处，邻近罗湖商圈东门步行街，占地面积为5893.2m^2。大厦由两栋32层的塔楼和2层裙房组成，总建筑面积为56190m^2，容积率为8.0，覆盖率为41%，绿化率为30%，停车位200个，并配备有2000m^{2}的半敞开式住客会所，包括儿童乐园、棋牌室、健身房、阅览室等配套设施。

本项目由香港沿海物业集团开发，设计由深圳市建筑设计研究院担当，建筑方案由徐金荣与作者合作创作。它的市场定位为“东门精品小户型、居家投资两相宜”的高档住宅区，其设计特点是总体布置合理、紧凑，平面方正，标准层拥有12户，每户都有良好的通风、采光，明厨明厕。共有居住单

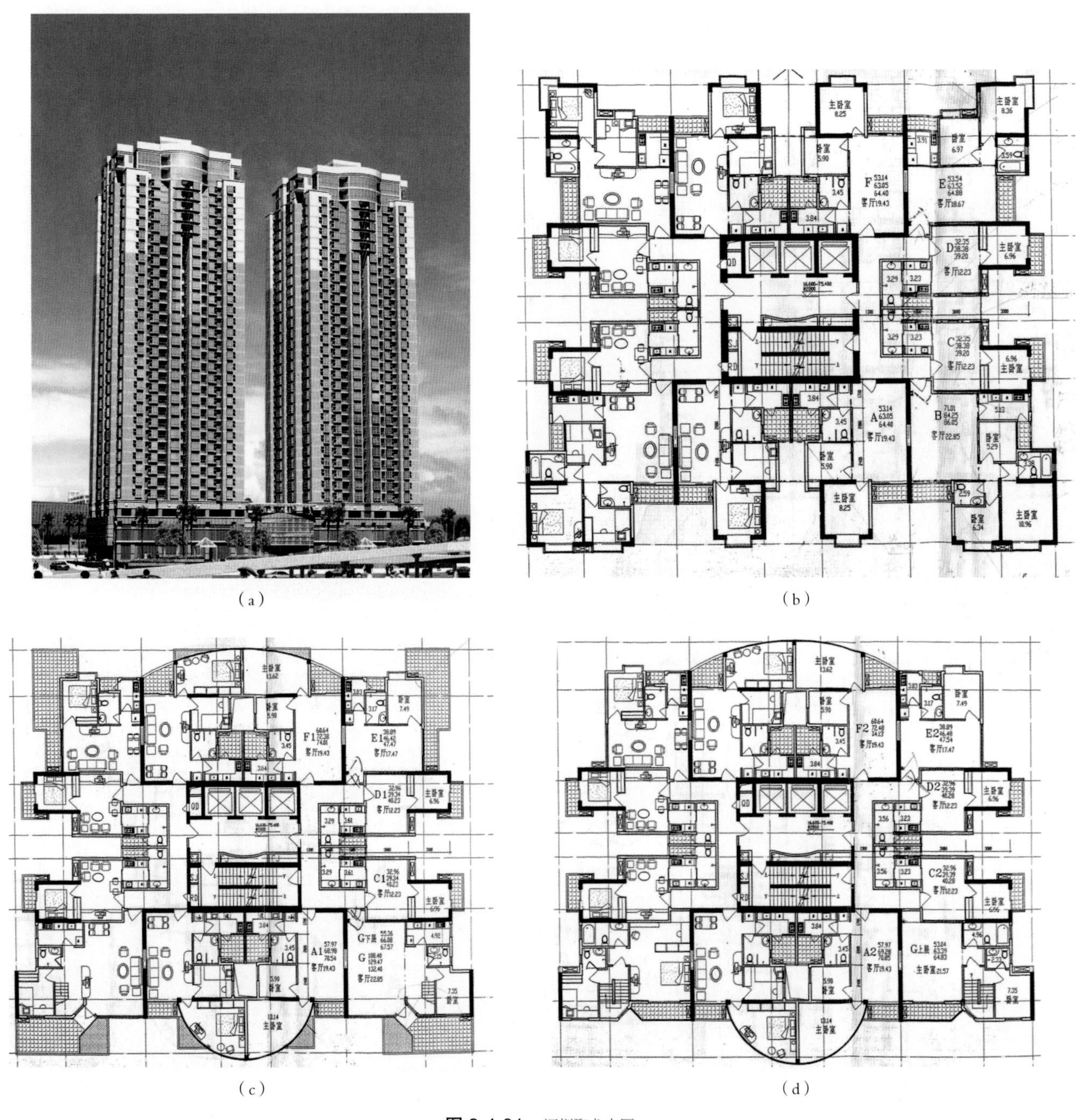

图 2-4-31 深圳聚龙大厦

（a）效果图；（b）3 ~ 30 层平面；（c）31 层平面；（d）32 层平面

位 737 户，以小户型为主，其中 40 ~ 41m² 的精装一室户占 33.3%，65 ~ 66m² 的实用两室户占 50%，86m² 的温馨的三室两卫与舒适的四室户占 16.6% 以及顶层豪华复式两套。

2. 深圳中海阳光玫瑰园

该项目位于深圳市南山区前海路，总体布局为 U 形半围合形式，东南方向面向大南山和青青世界公园，还可眺望开阔的前海湾海景。项目总用地面积为 37591m²，总建筑面积为 110498m²，容积率为 2.94，绿化率为 30%，可供 1500 户入住，主力户型为 47 ~ 53m² 一室型、66 ~ 84m² 两室型和 86 ~ 113m² 三室型。首层架空挑高 4.8m 作为社区泛会所，满足业主健身、休闲的需求，同时布置景观绿化，与社区园林融为一体。该项目由香港华艺设计顾问（深圳）有限公司设计。

图 2-4-32 深圳中海阳光玫瑰园

3. 香港住宅现状与实例

香港的住房分两种，一种是私人购买的，一种是政府开发的。政府开发的住房又分“公屋”和“居屋”。“公屋”类似于内地的廉租房，仅限于低收入者租住；“居屋”则类似于内地的“经济适用房”，低价从政府资助计划中购买。但与内地不同，香港居民购买“居屋”后只拥有部分产权，如果要出租或出售，就需补交费用或按比例缴纳出售部分的费用。

尽管香港生活成本与房价高企，但是香港拥有全球受惠人口比例最高的公屋体系。目前，香港约有 29% 的人口住在公屋，约有 17% 的香港居民住在居屋类住宅，共约有 46% 的人口居住在公营房屋住宅。

香港的住房面积一般都较小，为了节省居住空间，户内隔墙都选用高效板材，选用 1350mm 宽双人床，设法利用过道上方空间，创造性地利用飘窗，有些内门采用推拉式等。图 2-4-36 所示为香港一住宅，每单元六户，实用户型面积为 19.0 ~ 26.6m^2。

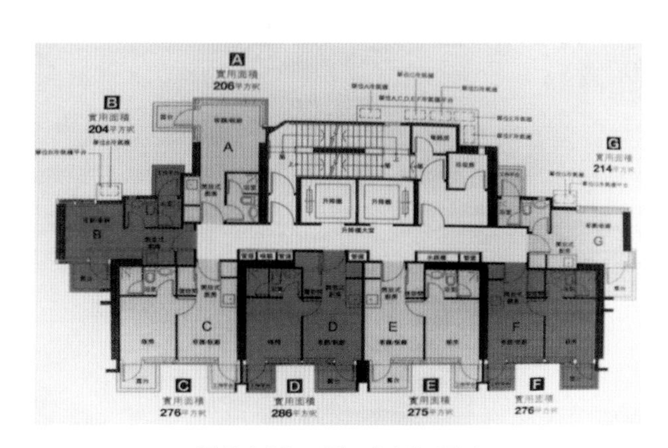

图 2-4-33 香港一住宅单元平面

（1）香港焕然一居

它是由市建局自行开发的第一个住宅项目，建筑成本达 10 亿港元，位于九龙启德区，由 3 栋 22 层塔楼与 1 栋 6 层楼组成，并附有低层商业建筑。 它拥有 338 个单位，以小面积户型为主，其中 60% 为开放式一室单位，其实用面积为 31 ~ 53m²，房间方正，比较经济实用。三座高楼顶层相连，形成大面积的观景长廊，使人可居高临下地享受开放的景观，并设有户外烧烤场、音乐室、健身房及阅览 / 互联网室等。

图 2-4-34 在建中的香港焕然一居

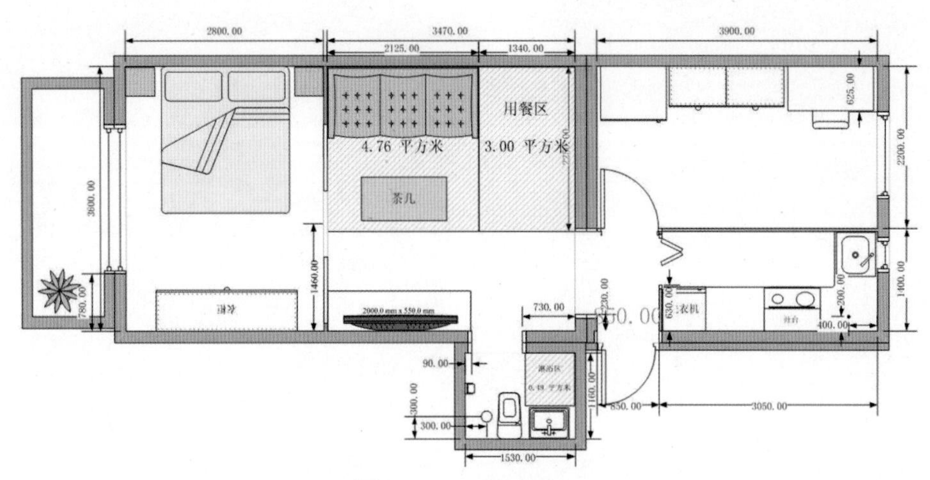

图 2-4-35 53m² 户型平面

各房间的尺寸与面积表 表 2-4-1

名称	长（m）	宽（m）	地面面积（m²）	墙壁面积（m²）
客厅	3.45	3.60	22.50	35.25
卧室	2.80	3.60		32.00
书房	3.90	2.20	8.60	30.50
厨房	3 00	1.35	4.05	21.75
卫生间	1.53	1.16	1.77	13.45
门厅	1.45	0.85	1.23	11.50

室内高度为 2.50m。

该项目预计售价为每户约 360 万 ~ 630 万港元，入住时送冰箱、洗衣机、微波炉和变频空调机。单身与家庭申请人将会排同一队列，由电脑抽签决定选楼次序。单身申请人月薪上限是 33500 元，设有 150 万元资产上限，只能选一室或开放式单位；两人以上家庭，月收入不得超过 6 万元，资产上限为 300 万。

（2）香港大埔岚山

该项目位于大埔凤园路，背靠九龙坑山、屏风山及鸦山，前眺大埔吐露港及海滨公园，共有 8 座住宅大厦，1071 套住宅单位，由长江实业地产投资开发。新推出的岚山一期包括三室、两室和 43 套一室户型，户型建筑面积为 18 ~ 46m²，总价为 165 万 ~ 870 万港币。其中被年轻人选作过渡房，面积 18m²，只需约 200 万港币（165 万元），据称是在香港能买到的最便宜房子。

（3）香港沙田绿怡雅苑

该项目位于沙田，由 3 座 35 ~ 38 层的住宅大厦组成，共有 1020 套住宅单位，是由香港房屋协会

图 2-4-36 香港大埔岚山

提供的资助出售项目，将于 2019 年完成。户型面积为 34.8 ~ 69m²，其中 10% 为一室户型，60% 为二室户型，余下为三室户型。

（4）香港启德一号

香港还对本地居民实施优惠政策，“启德一号”项目就是由两个“港人港地”地块组成，用地面积为 16356m²，占建筑面积为 81780m²，由中国海外地产有限公司开发。计划兴建 4 座 30 ~ 32 层的住宅大厦，13 座 5 层的低密度住宅以及面向未来启德地铁站广场的 2 层高的 2500m² 商业楼面，并设有住客专用会所，提供多元化休闲娱乐设施。该项目可提供约 1179 个一室至四室住宅单位，近期先推出实用面积 35 ~ 77.5m² 的住宅单位，将于 2017 年 10 月 31 日入住。

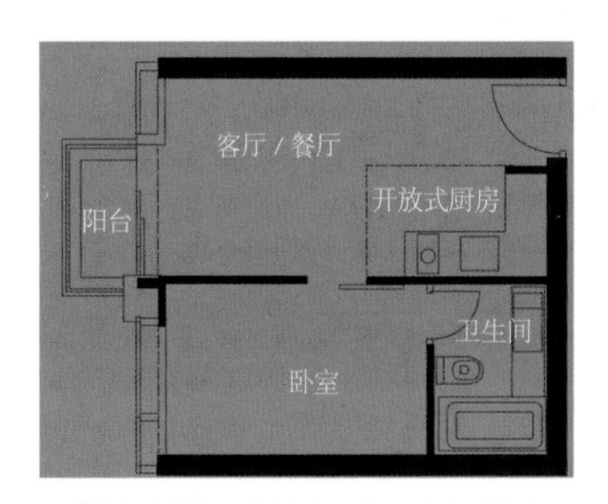

图 2-4-37 香港启德一号 35m² 户型平面

4. 中小户型高层住宅的案例

（1）11 层及 11 层以下（通常建筑高度不大于 33m）的设计实例

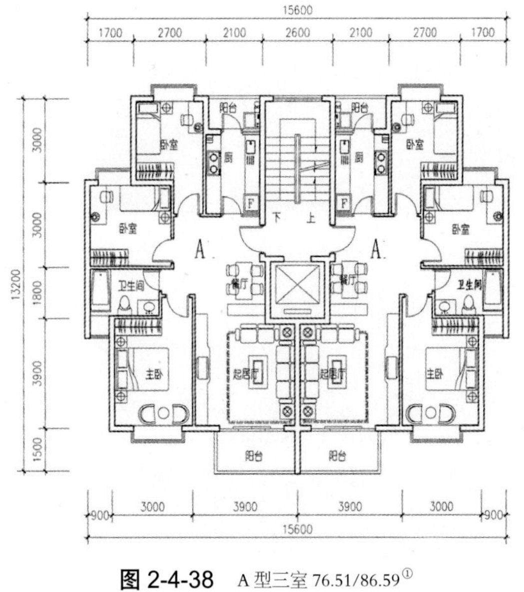

图 2-4-38 A 型三室 76.51/86.59①

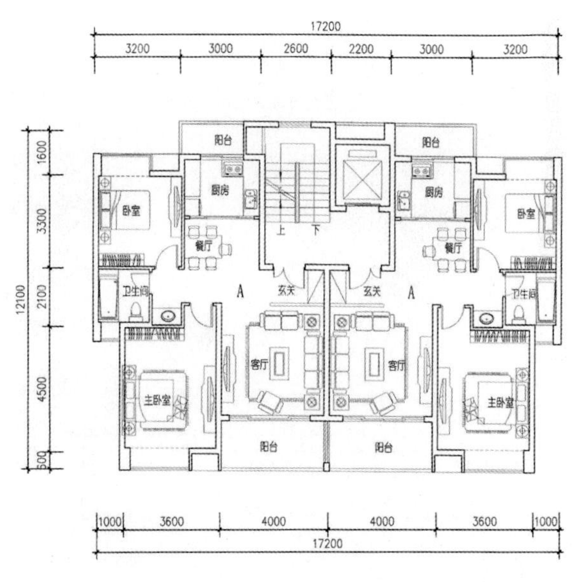

图 2-4-39 A 型两室实用面 77.2/89.7

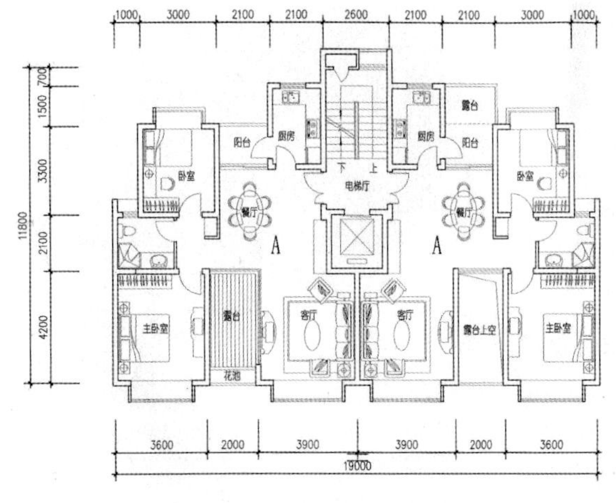

图 2-4-40 A 型两室 76.12/88.23

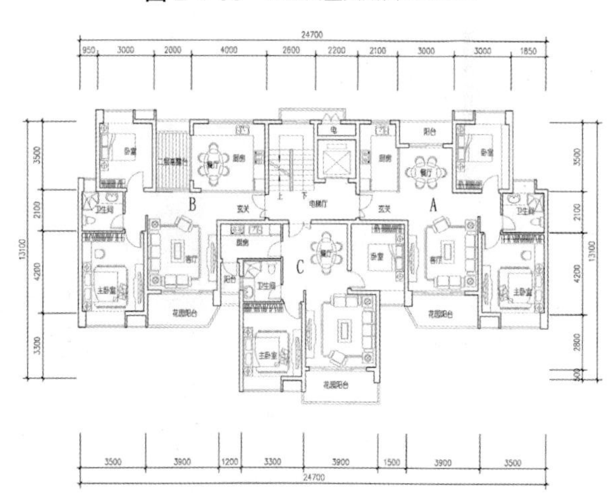

图 2-4-41 A 型两室 78.6/86.7 B 型两室 76.9/88.5 C 型两室 69.6/78.6

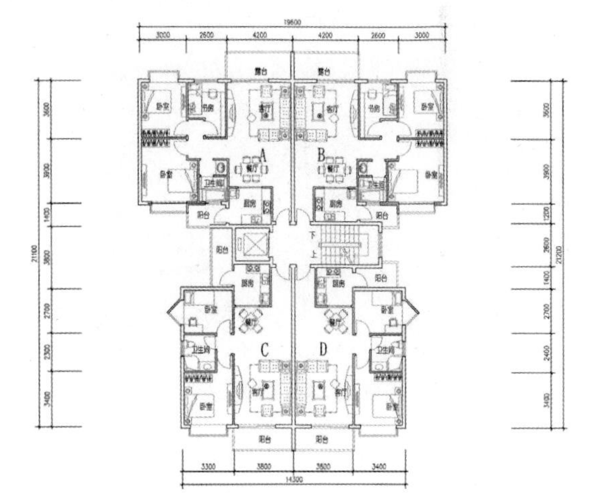

图 2-4-42 A 型两室 83.1/89.4 B 型两室 82.33/88.57

C 型两室 72.85/78.37 D 型两室 71.64/77.07

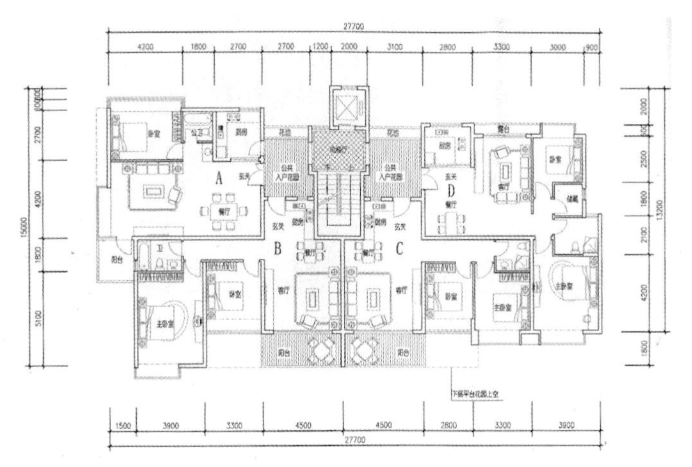

图 2-4-43 A 型一室 64.3/71.8 B 型两室 73.2/81.8

C 型两室 60.9/68.1 D 型一室 75.4/84.3

① 实用面积（m^2）/ 建筑面积（m^2）

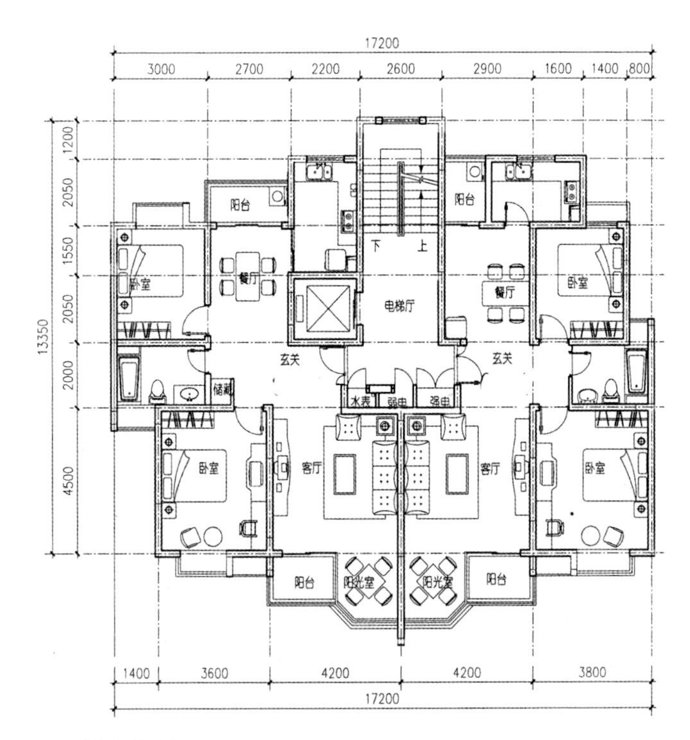

图 2-4-44　左户型两室 88.82/104.78　右户型两室 85.75/100.78

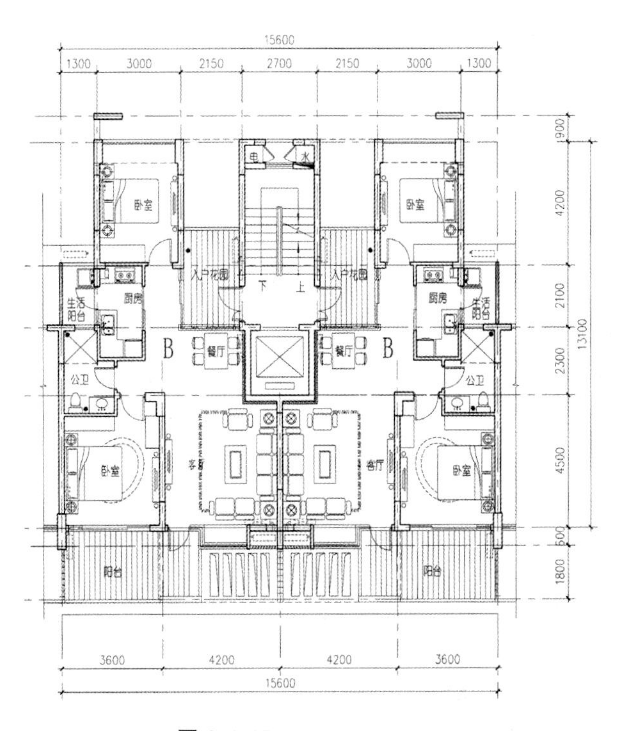

图 2-4-45　B 型两室 78.65/89.65

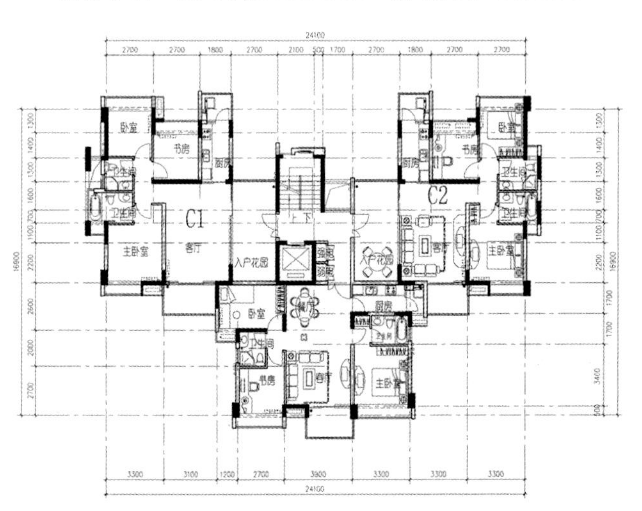

图 2-4-46　C1 型三室 84.03/96.76　C2 型三室 82.44/94.93

C3 型三室 77.87/89.67

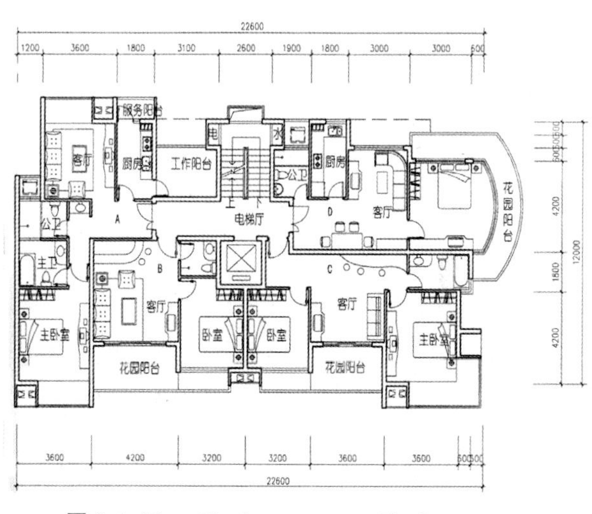

图 2-4-47　A 型一室 63.63/71.75　B 型一室 42.80/48.26

C 型两室 61.14/68.94　D 型一室 51.23/57.77

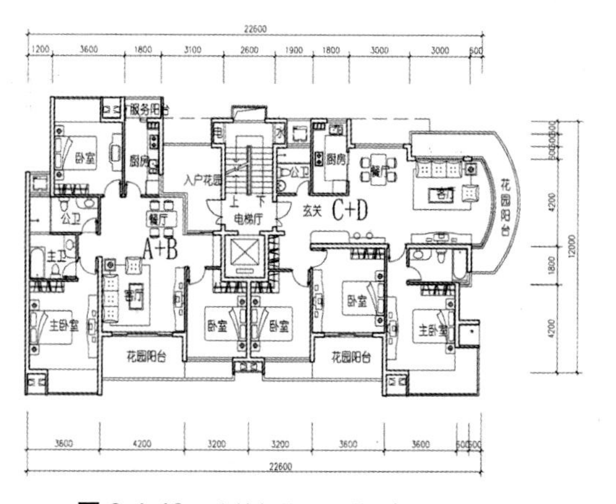

图 2-4-48　合并户型 A+B 型三室 110.3/120.45

C+D 型三室 113.80/124.28

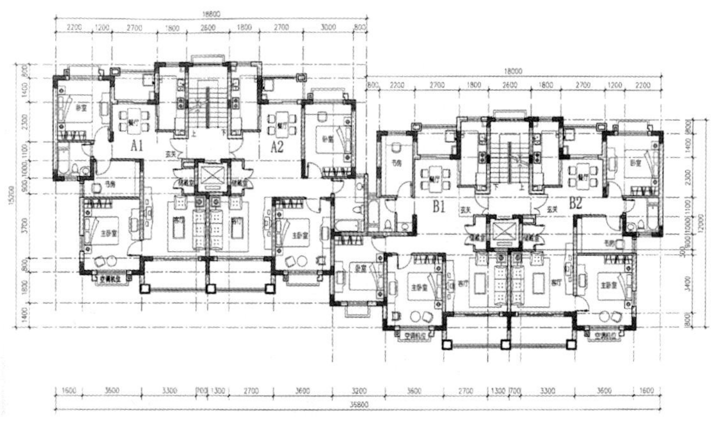

图 2-4-49　A1 型三室 91.06/100.45　B1 型三室 98.39/101.39

A2 型三室 89.67/98.92　B2 型三室 91.06/100.02

（2）18层及18层以下（通常建筑高度不大于54m）的设计实例

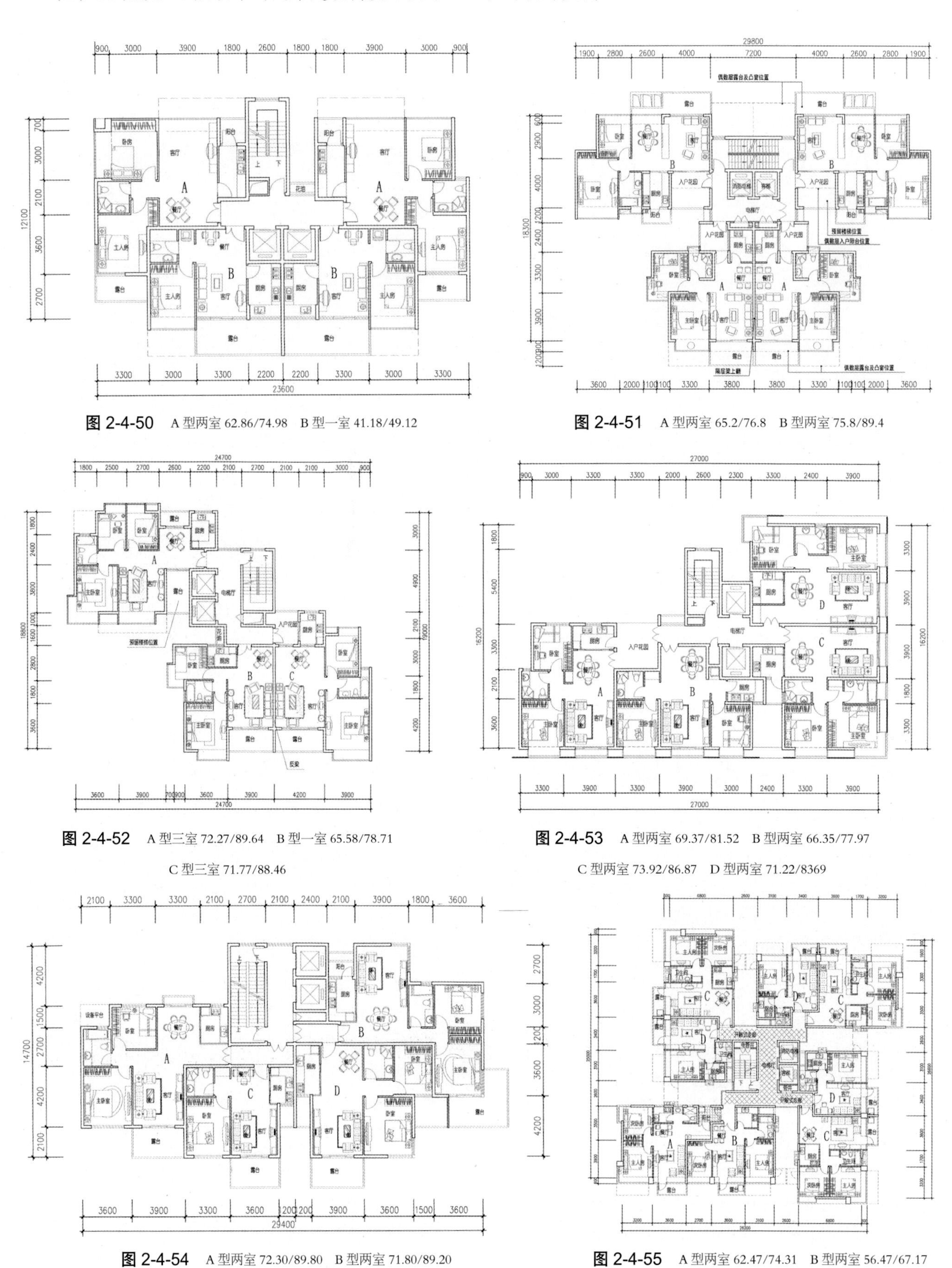

图 2-4-50　A 型两室 62.86/74.98　B 型一室 41.18/49.12

图 2-4-51　A 型两室 65.2/76.8　B 型两室 75.8/89.4

图 2-4-52　A 型三室 72.27/89.64　B 型一室 65.58/78.71

C 型三室 71.77/88.46

图 2-4-53　A 型两室 69.37/81.52　B 型两室 66.35/77.97

C 型两室 73.92/86.87　D 型两室 71.22/8369

图 2-4-54　A 型两室 72.30/89.80　B 型两室 71.80/89.20

C 型一室 46.71/58.95　D 型两室 68.22/86.09

图 2-4-55　A 型两室 62.47/74.31　B 型两室 56.47/67.17

C 型两室 62.18/73.96　D 型一室 40.89/48.64

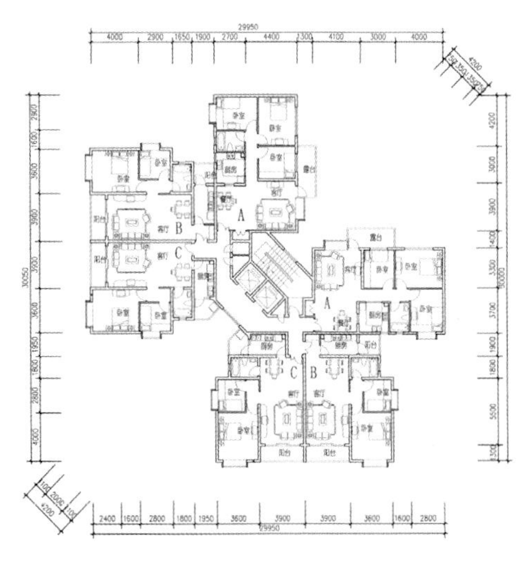

图 2-4-56 A 型三室 79.09/89.17 B 型两室 75.60/85.20 C 型两室 75.80/85.20

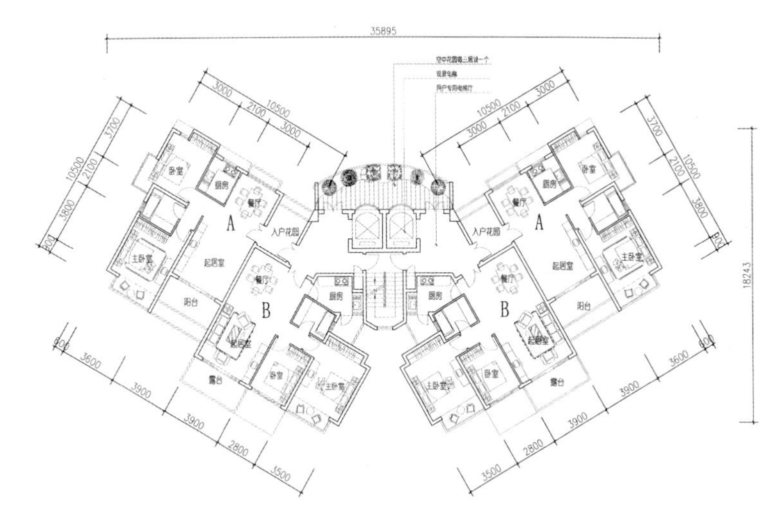

图 2-4-57 A 型两室 72.73/86.03 B 型两室 76.10/89.01

（3）19 层及 19 层以上（通常建筑高度大于 57m）的设计实例

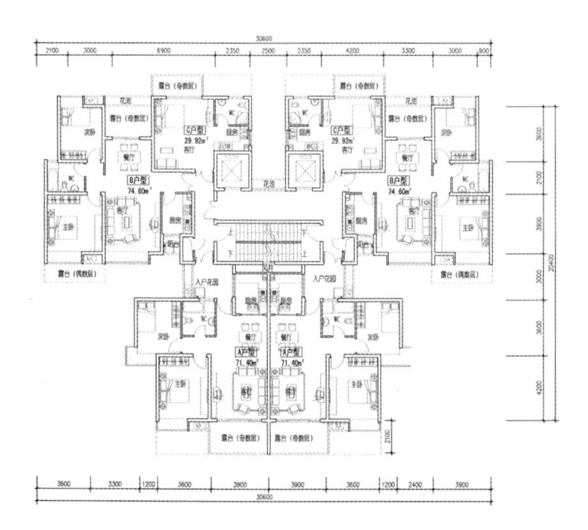

图 2-4-58 A 型两室 71.40/84.30 B 型两室 74.60/80.08 C 型一室 29.92/35.32

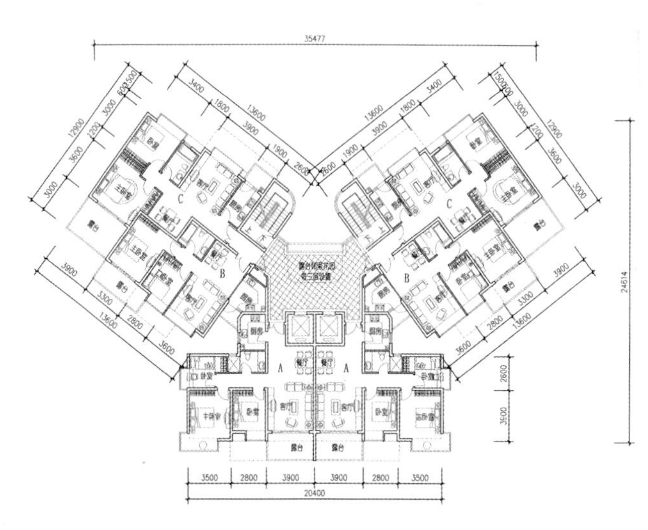

图 2-4-59 A 型两室 77.32/89.30 B 型两室 65.56/75.79 C 型两室 76.00/87.86

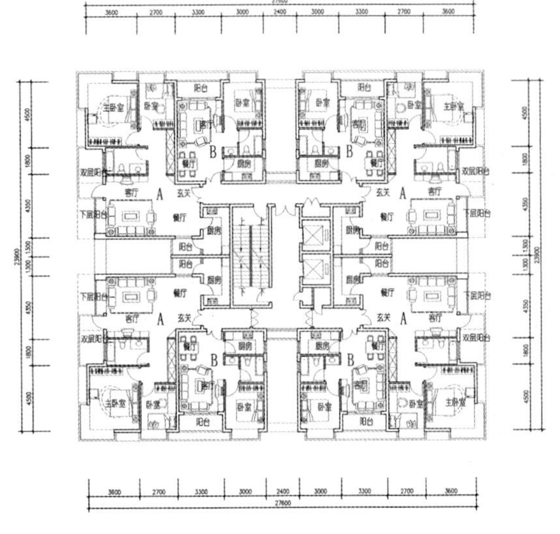

图 2-4-60 A 型两室 75.96/89.60 B 型一室 43.07/50.80

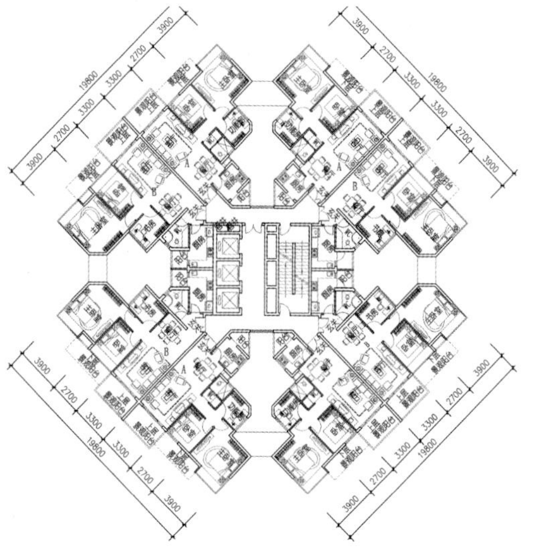

图 2-4-61 A 型三室 70.09/81.44 B 型三室 76.39/88.76

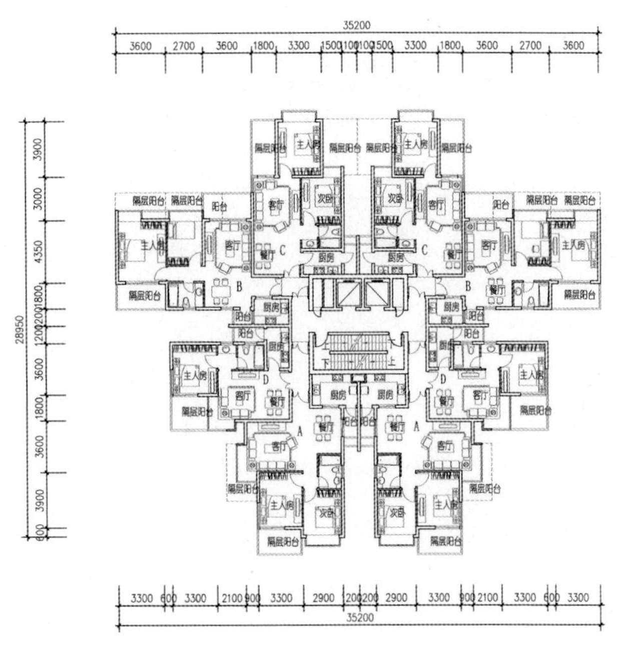

图 2-4-62 A 型两室 68.51/79.18 B 型两室 67.39/77.89
C 型两室 61.95/71.60 D 型一室 45.81/52.94

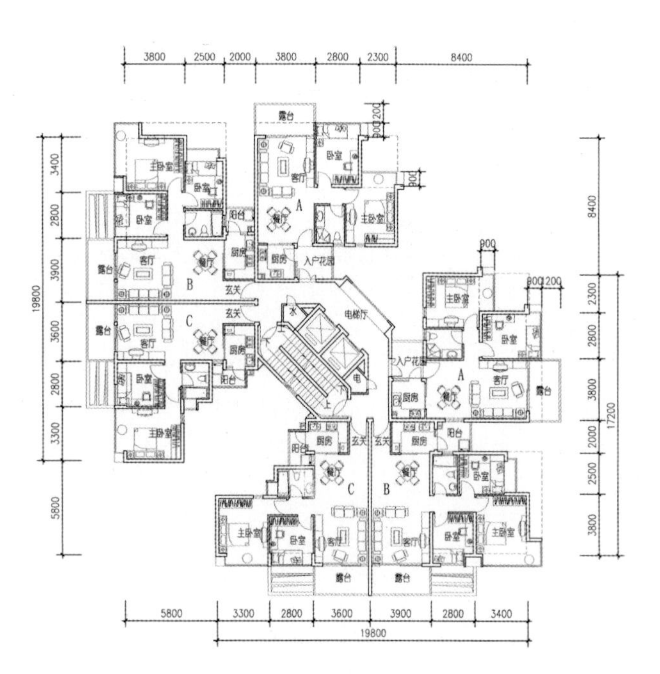

图 2-4-63 A 型两室 62.60/75.88 B 型三室 72.40/87.76
C 型两室 62.30/75.52

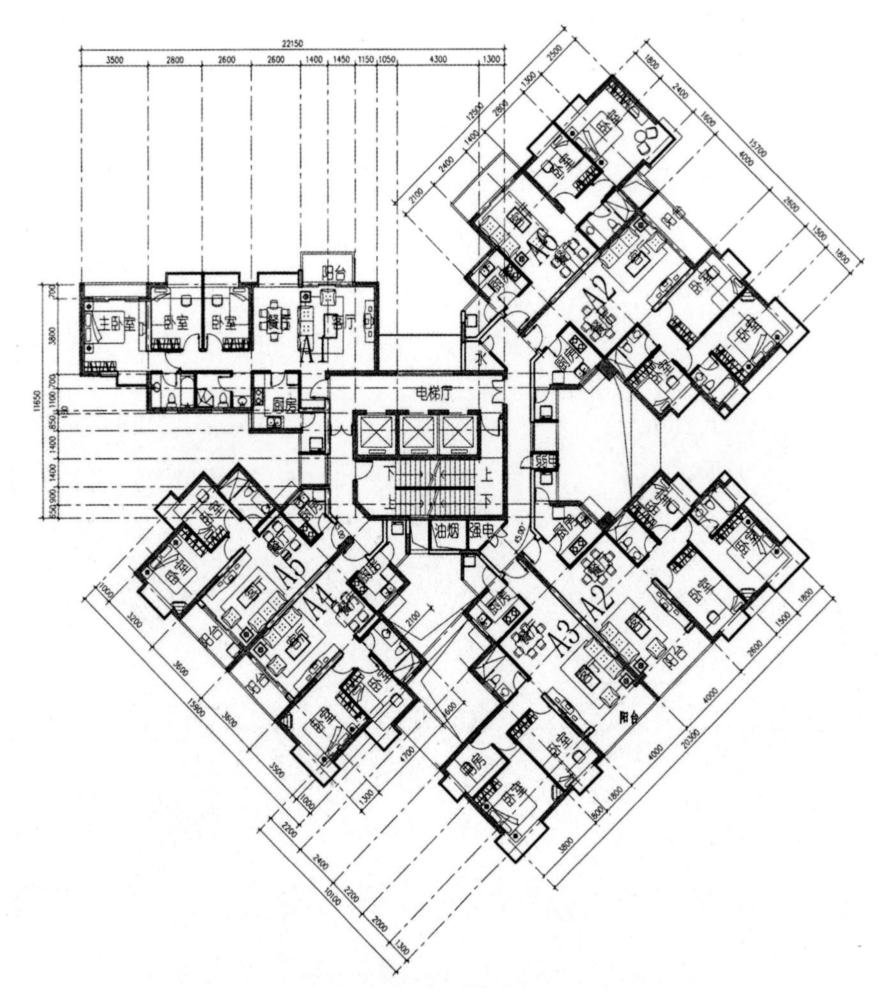

A1 型三室 94.78/112.67，A2 型三室 86.06/102.29，A3 型三室 81.83/97.27，A4 型两室 65.16/65.13，A5 型两室 61.01/72.52，A6 型两室 69.16/82.21

图 2-4-64 每层 7 户小户型实例

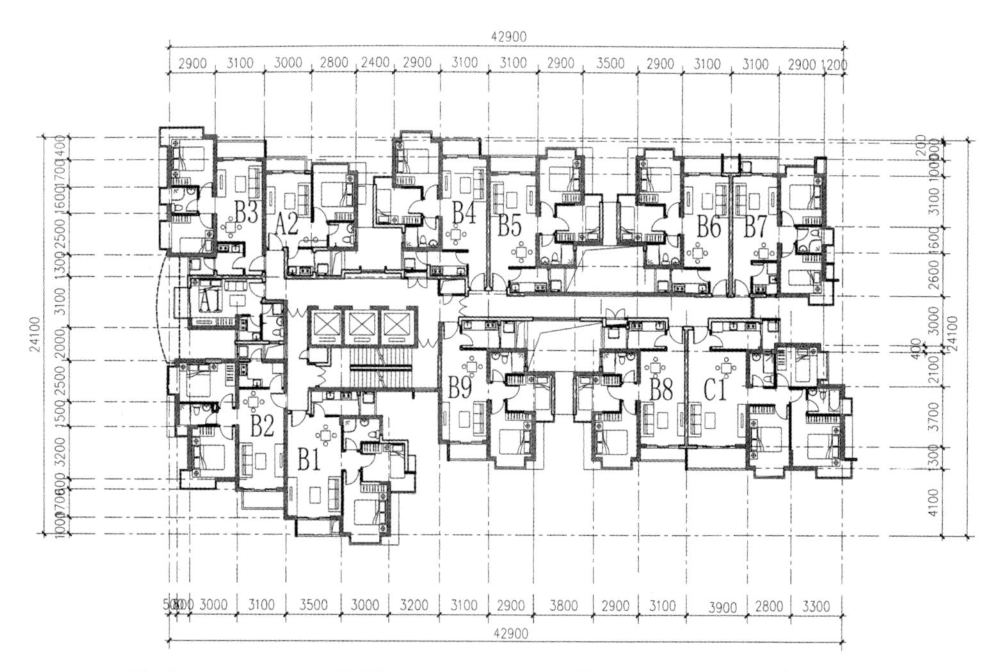

A1 型一室 21.37/25.46，A2 型一室 33.47/40.76，B1 型两室 54.68/65.13，B2 型两室 54.36/64.75，B3 型两室 47.99/57.16，B4 型两室 50.29/60.16，B5 型两室 49.09/58.48，B6 型两室 49.42/59.11，B7 型两室 47.43/56.75，B8 型两室 50.17/59.76，B9 型两室 50.16/59.75，C1 型三室 78.70/93.75

图 2-4-65 每层 12 户小户型实例

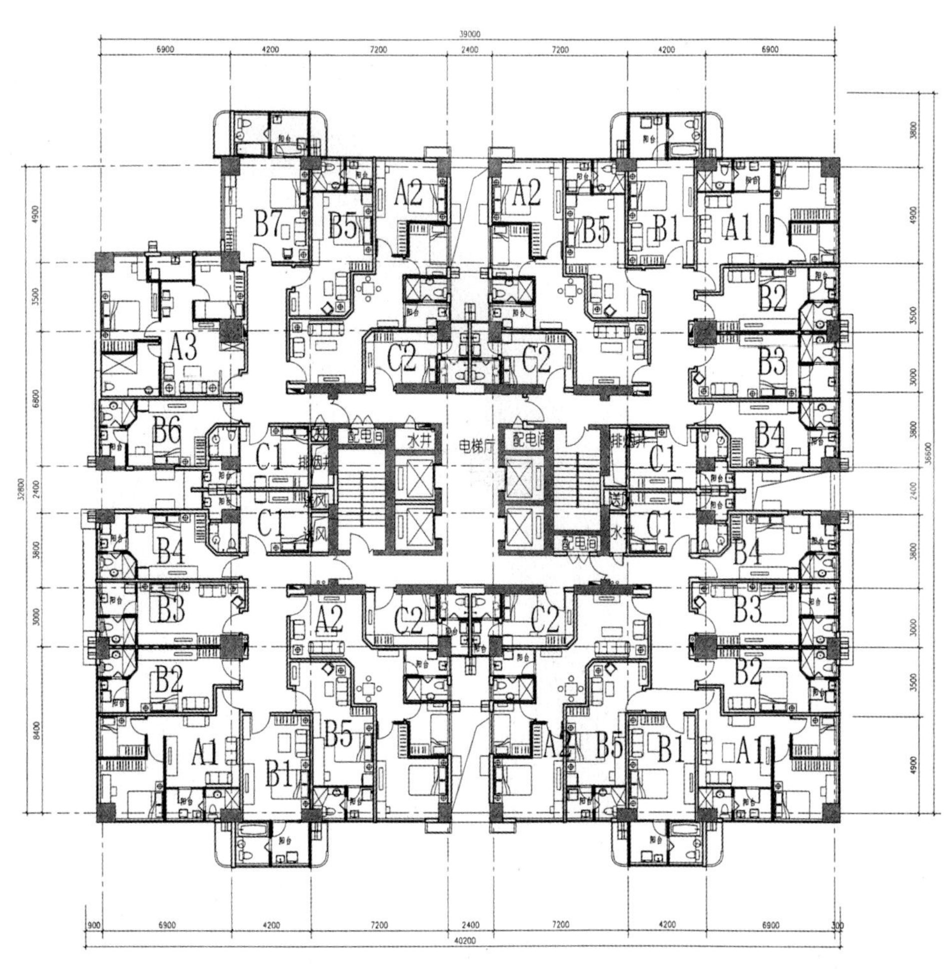

A1 型两室 44.64/55.90，A2 型两室 53.67/67.21，A3 型两室 57.95/72.45，B1 型一室 29.97/37.53，B2 型一室 24.11/30.19，B3 型一室 26.52/33.21，B4 型一室 24.05/30.12，B5 型一室 28.23/35.35，B6 型一室 24.05/30.12，B7 型一室 35.63/44.62，C1 型一室 18.08/22.64，C2 型一室 17.15/21.48

图 2-4-66 每层 32 户小户型实例

五、超高层住宅

中国《民用建筑设计统一规范》规定，建筑高度大于100m的住宅为超高层住宅，在有些国家认为40层以上为超高层住宅。

图 2-5-1 北京中国尊（高528m）

（一）超高层住宅的兴起

在城市规划中，三维的立体城市设计更需要超高层建筑，以获得高低错落的天际线，形成一个丰富多彩的城市面貌。优秀的公司、豪华酒店会选择超高层公共建筑——一个凌驾于城市之上的理想境地，本身就是建造超高层建筑物的初衷。

从1991年竣工的京城大厦（高203m），到正在建设的中国尊（高528m），见证了北京这座国际化大都市的成长，以其独特的魅力展示着中国各方面的实力。北京西起东大桥路、东至西大望路、南起通惠河、北至朝阳路的3.99km^{2}的CBD区域，成为了超高层建筑的沃土，一座座高楼拔地而起，向人们展示这座城市的国际化大格局。

经济的飞速发展，使得地价不断攀升，而超高层建筑所能体现出来的优势，就是通过充分利用有限的土地资源，拓展空间，为人们提供更为舒适和宽广的生活空间。有实力的房地产开发商不惜投入更多的资金，更长的建楼时间，更大的投资风险，选择在稀缺土地上具有价值潜力的位置，设计出大面积、多角度，对城市景观一览无遗的户型，为住户创造一个梦寐以求的生活环境。

深圳第一栋超高层住宅——46层的万科俊园于1999年建成，以特别引人瞩目的161m高度，矗立在繁华的罗湖区爱国路口。

49层的万科金域蓝湾三期和华润幸福里同样高161m，都于2008年建成；42层的珑园高133.4m，在2009年建成；54层的兰亭国际名园高149m，于2010年建成；48层的半岛城邦二期，高度为150m，

深圳珑园

深圳兰亭国际名园

深圳德弘天下

图 2-5-2 深圳兴起超高层住宅

52层的德弘天下,高度为173m,同时于2011年建成。从此，超高层住宅如同雨后春笋般不断涌现，而且还有越来越高的趋势。

在国外,也出现了超高层住宅的大发展。2001年,美国纽约的川普世界大厦(Trump World Tower)建成,是高262.4m的72层住宅，建筑面积为83403m²，每层高3.25m，大楼共提供374个住宅单位。就是这座大厦的主人——特朗普于2017年当选为美国总统。

图2-5-3 纽约川普世界大厦

韩国首尔一大楼广场共三期，7座大楼高度由170m至263.7m，三期G座是最高的一栋，共72层，总高度为263.7m，2003年建成。

俄罗斯莫斯科的凯旋宫（Triumph Palace)，57层住宅高264.1m ，2005年建成。澳大利亚黄金海岸的Q1大厦,78层住宅高275m,连同48m高的塔尖,总高322.5m，以实际高度计，是到2005年为止全球最高的纯住宅大厦。虽然有人认为塔尖应不计入高度内，然而总部设在美国的世界高楼协会（CTBUH）认为大楼高度应包括主体重要部分，这是整栋大厦设计的重要部分，必须计算在内。

2015年全球共有106座高度超过200m的摩天大楼建成，其中亚洲建成81座，中国建成62座，美国仅仅建成2座。世界高层建筑与都市人居学会在年度报告中指出:在中国还有300座高楼正在建设中，报告认为尽管中国的房地产市场从2013年以来增速减缓，但盖楼的势头还在持续。

然而，业内人士对此则表示担忧，认为超高层建筑不是简单地比高度，而是要对投资、技术、管理、市场、环境等方面有综合的评估。随着时间的推移，伴随着城市更新，会有更多的部位需要功能更新、调整和改造，使其增值，更节能环保，更舒适,达到绿色建筑的要求,满足人们不断增长的需求。因此，在高层建筑蓬勃兴起的同时，更需要关注高层建筑与人居环境的协调发展，注重高层建筑的功能优化和市场定位。

（二）超高层住宅的设计实例

1.香港的超高层住宅

世界上许多城市的中心地带，标志性建筑与现代高楼集中在一起，展现这一城市的风貌，而城区的大部分与城郊都是大量的居民别墅与公寓用地。可香港大不一样，高层居住建筑是香港的一大特色。

香港岛四面环海，从一开始就特别珍惜群山与海之间的土地资源，而九龙又是三面被海包围的半岛，受自然条件限制，需要规划建设高楼。20世纪六七十年代，大陆急需解决住房问题，由于资金与材料所限，以大片土地建设五六层的住宅楼。这时的香港东部开发建起了北角城市花园、天后太古城，香港西面开发建起了薄扶林的碧瑶湾，南面开发了香港仔的海怡半岛，而九龙的沙田、荃湾、美孚等地，更大规模的居民区不断涌现和发展，都是十几栋至几十栋的30多层的百米高楼，形成了新市镇，配套上商业与城市服务业，再将这些新市镇以地铁等市政交通网络联系起来。

这一开发方式有效地节约了土地，以集中市政配套来解决更多的住房需求，又成功地保持了绿色山林、蓝色海洋的生态环境。同时，在浅水湾、半山与山顶等地，依山就势建造豪宅与别墅，追求极致的人间天堂居住境地，也将新界一些间隙地块作为别墅用地，以满足多层次的居住需求。

20世纪90年代后，香港又更上一层楼，迎来了超高层住宅的新发展:晓峰阁36层137m(1993年)、雅典居28层123m(1994年)、街峰65层219.8m(2001年)、海名轩68～73层232.6m(2001年)、晓庐73层252.4m(2004年)、君临天下75层255m(2003年)、凯旋门65层231m(2005年)、贝沙湾50层150m(2006年)……

（1）香港东涌

为配合国际机场的建设，在原东涌墟东北填海造地，并在东涌河下游人工改道后平整的土地上建设一个新市镇——东涌，将可容纳25万人。1994年开始建设，分为四期。第一期包括富东邨（东马楼、东埔楼、东盛楼）及裕东苑（向东阁、贺东阁、喜东阁、启东阁、新东阁），供新机场工作的居民入住，并设有东荟城，包括购物中心、酒店及办公等商业发展项目。一期早于1997年1月启用新机场前完成。2010年房屋署还在东涌56区海边兴建了四幢高47～49层的公屋，于2015年完成，可住约1.3万人。第二期为东涌东填海区，已于2001年起陆续完成，主要为私人楼宇用地，现包括映湾园、东堤湾畔、海堤湾畔、蓝天海岸、水蓝天、水蓝·天岸、影岸·红。包括逸东在内的第三、四期正在规划中。

图 2-5-4 香港东涌新市镇

（2）香港君临天下

位于尖沙咀 CBD 核心地段，系港铁东涌线的九龙站上盖工程，拥有观赏维多利亚港的最佳位置。由三栋 75 层的高尚住宅组合而成，南邻柯士甸道西，楼高 255.16m，提供 2～4 室、复式以及特色户型单位，户型面积为 106.7～155.6m²，共有住宅单位 1122 个，总楼面面积为 129000m²。大楼建有 2 层高的会所与 5 层停车场。

大楼追求公建化外立面效果，外墙采用金属铝板，再配以蓝绿色的玻璃与同色外墙砖，同时设有四组“空中花园”，创建了一种带有户外空间的户型，使原本已是弧形的立面更富有趣味性。该项目由巴马丹拿集团设计，于 2003 年建成。

图 2-5-5 香港君临天下

（3）香港屯门新貌

香港新界西北的屯门，是香港的古镇与港湾。新近落成的超高层住宅就傲立于屯门市中心。

2. 深圳万科俊园

地处罗湖区爱国路和文锦路交汇处，原设计为 50 层的办公楼，于 1996 年已完成 3 层地下室和 4 层裙房的结构工程，建设方为适应市场需求而要求改建成以高尚住宅为主的综合楼，即 1～4 层为商业，5～6 层为办公、游泳池与机房，7～10 层为单身公寓，11 层为转换层，12～44 层为住宅，按规范要求在第 11、27、45 和 46 层设避难层。其占地面积为 5466m²，总建筑面积为 78110m²，容积率为 11.0，绿化率为 25%，停车位 313 个。

该楼由深圳市清华苑建筑设计有限公司和北京市建筑设计研究院深圳分院设计。该楼高 46 层，于 1999 年建成，161m 的高度特别引人瞩目，成为了深圳市标志性建筑物之一，获深圳市第九届优秀工程设计三等奖。

图 2-5-6 香港屯门超高层住宅

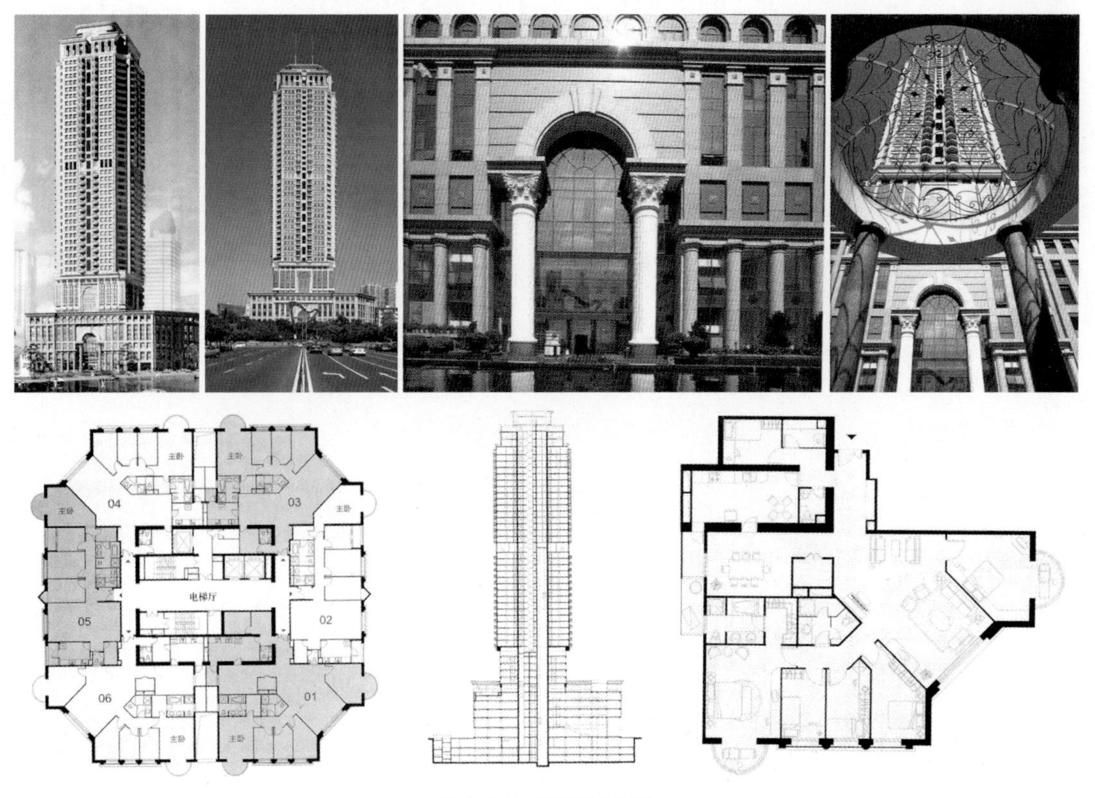

图 2-5-7 深圳万科俊园

3. 北京银泰中心

根据首都规划委员会的规划，长安街两侧建筑限高250m。北京银泰中心中央主楼高249.9m，63层，是长安街上的最高建筑，地上总建筑面积为263998m²，地下总建筑面积为86290m²，位于建国门外大街2号，地处北京中央商务区（CBD）核心地带，北临长安街。其建设与规划，经国务院总理办公会议审批，曾连续多年列为北京市重点建设项目，于2008年3月竣工。

北京银泰中心主楼由北京柏悦酒店、现代公寓柏悦居（Park Hyatt Residences）和专属府邸式公寓柏悦府（Park Hyatt Penthouses）组成，主楼建筑面积（包括商业配套裙房）为119376m²。

主楼的7～33层为现代豪华公寓柏悦居，拥有不同面积（133～240m²）的9种户型公寓216套，建筑面积为39212m²；主楼的中区为柏悦酒店，拥有246套客房，建筑面积为37018m²；酒店总统房的上方主楼50～58层为柏悦府，是面积为549～869m²的专属府邸式公寓，建筑面积为17410m²，仅为44位尊贵业主度身打造，有专属电梯可直达柏悦酒店大堂，专享全面而尊贵的酒店公共服务设施及私人化的柏悦酒店定制管理服务。

两侧对称配置44层186m高的银泰写字楼和人保写字楼，三栋方形高塔呈鼎足之势。东侧的银泰写字楼为超甲级智能化写字楼，面积为75307m²，西侧的人保写字楼面积为76362m²。每栋写字楼配置12部双轿厢客梯，高区和低区各6部，高区梯速为6m/s，低区梯速为3.5m/s。

北京银泰中心的裙房将三幢塔楼连接在一起，其中4层（地上3层、地下1层）为商业配套设施，建筑面积为52199m²，荟萃顶级奢侈品牌旗舰店、会议设施、中西餐饮和健身休闲设施等，是全新概念的高品位商业、休闲、健康、美食及娱乐生活目的地。

图 2-5-8 北京银泰中心

4. 深圳华润幸福里

随着城市化的进程，罗湖区宝安南路西侧出现了全新的城市形态，将居住、办公、购物、娱乐、休憩等设施高度集合成“城市综合体”，产生聚合的效应。幸福里建在其中，拥有得天独厚的城市资源，北邻华润万象城，与君悦酒店和华润中心相邻。

它由3栋49层塔式超高层住宅组成，楼高164.4m，自处繁华闹市，生活方便，却又闹中取静、自成一体，并以优异的建筑质素、难能可贵的居住品质，成为了高端住宅的典范。该项目由中建国际（深圳）设计顾问有限公司设计，主创为庄葵，主要设计人为陈岩、张立、石丽茹。2009年8月竣工。

图 2-5-9 深圳华润幸福里

幸福里占地面积为 14277m²，总建筑面积为 11 万 m²，总共 768 户，容积率为 7.7，绿化率为 35%，停车位 1000 个。其户型有三种：

经济型：90 ~ 95m²，注重在既定面积下的功能需求，体现都市特色和创新感，追求实用。

舒适型：140 ~ 145m²，注重在既定功能下的空间品质，拥有 10m² 的空中花园。

豪华型：180m² 以上，注重在既定功能及空间品质下的优越感，拥有 15m² 的空中内庭园，中、西厨设计并带工人房等。

5. 深圳半岛城邦

位于深圳市南山区蛇口片区，南侧凭借滨海步行长廊与深圳湾口岸紧紧相连，西邻蛇口渔港码头，北侧依托于蛇口山望海公园，项目总用地面积为 299556m²，总建筑面积为 917168m²，将有 2053 户入住，其中已建成的一期用地面积为 53290.6m²，建筑面积为 142968m²，容积率为 3.4，绿化率为 30%，停车位：室内 1437 个 室外 430 个，由法国欧博建筑与城市规划设计公司设计。

半岛城邦系超高层住宅，以其独特的建筑外观成为了城市的地标，现代、简洁而富于变化，以方盒呈现凸窗和阳台，以盒子寓意“城邦”，盒子是城的缩影。设计中借鉴中国传统园林建筑的镂空花窗的手法，以取景方盒面朝时刻变换的海景画面，同时兼具屋檐和遮阳板的功能。

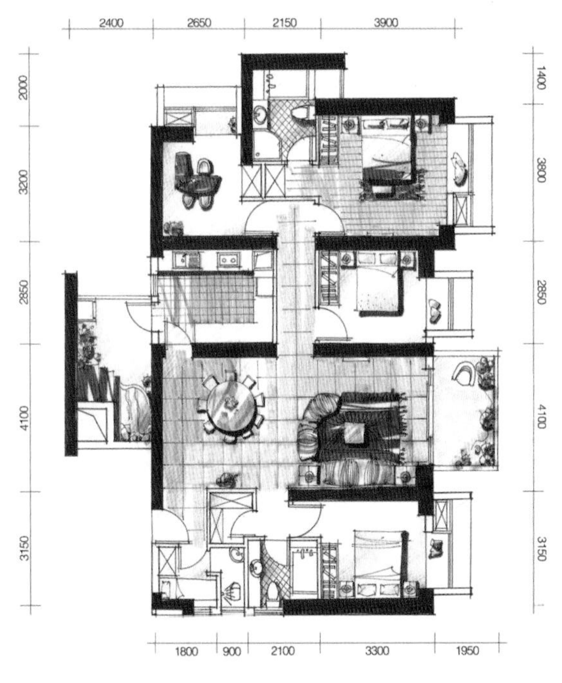

图 2-5-10 深圳半岛城邦

6. 澳门君悦湾

君悦湾坐落在建设中的港珠澳大桥澳门的起始点，位于友谊大道上。这是一个综合发展项目，包括酒店与酒店公寓各 1 栋以及住宅 5 栋，楼高 45 ~ 49 层，整体自然地形成弯曲状，可以全方位欣赏南海海景。建筑底层为 6 层裙房，由地下一层的多功能厅、会所、酒店内的餐厅、商业以及停车场所组成。

建筑外墙采用产自比利时的高级反光玻璃，使整个幕墙呈现出多维视觉效果，与精美的建筑曲线相辅相成。项目总占地面积为 1.39 hm^2，总建筑面积达 23.26 万 m^2，其中供选择的住宅单位逾 600 个，户型面积在 102 ~ 230m^2 之间。该项目由巴马丹拿集团设计，于 2009 年建成，成为澳门现代建筑形象的代表。

7. 北京御金台

御金台高 199.9m，地处东三环北路，北邻京广中心，南接嘉里中心与国贸中心，东与 CCTV 总部大楼互相辉映，共同构筑了北京 CBD 核心区的超高层建筑新景观。御金台是北京财富中心的超高层公寓，其主力户型（300 ~ 450m^2）中，客厅大多被安置在风景、采光最佳的 270° 转角位置，采光面平均在 15m 之上，整体户型采光面更是在 40m 之上，建筑整体带有空中庭院和垂直绿化。按两个核心筒布局的两组高速电梯，使每层住户事实上享受两户一梯。

御金台的建筑方案是香港王董国际集团在德国 GMP 事务所的规划方案上进行深化设计的，公寓采用四叶风车状的全玻璃幕墙设计，整个楼体像是由四个细长方形体块组合而成，显得分外挺拔修长，使这座超高层建筑成为北京 CBD 建筑景观的新亮点。

图 2-5-11 澳门君悦湾

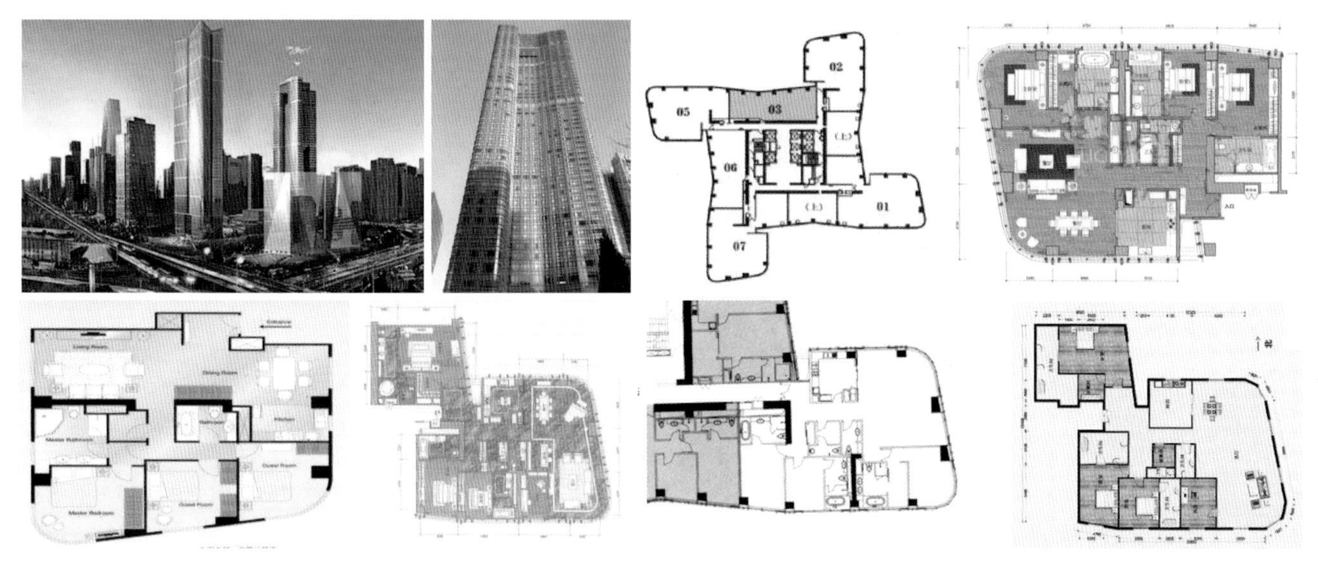

图 2-5-12　北京御金台

8. 成都九龙仓擎天半岛——雍锦汇

这是香港九龙仓集团开发的擎天半岛，位于成都天府门廊核心地带——东大街金融中轴，左邻塔子山公园、沙河生态景观带美景，右揽望江公园。占地面积为 14844m^2，住宅建筑面积为 5937m^2，拥有面积为 240 ~ 280m^2 的户型，共 242 户。

擎天半岛建筑设计实用、时尚，采用金属建筑模板，具有环保、准确度高及手工精细等优点。擎天半岛是香港首个采用“气压式平衡窗”及“气压式平衡露台敞门”的住宅物业，由国际级幕墙设计

图 2-5-13　成都九龙仓擎天半岛——雍锦汇

公司 Heitmann & Associates Inc 设计，通过暗藏于窗框边之风箱，利用大气压力的物理学原理，达到防漏及挡风效果。

9. 深圳海上世界双玺花园

位于深圳南山区蛇口半岛的南端，面临深圳湾，隔海与香港屯门相望，地块西南紧邻海上世界片区，处于中心主题公共空间绿化带中。

本项目由 2 栋 180m 超高层住宅与会所以及 8 栋多层住宅与幼儿园组成，分两期开发。基地呈长方形，总用地面积为 77253.08m²，总建筑面积为 228764.79m²，其中计容积率建筑面积为 190816.82m²，容积率为 2.47，可供 554 户居住，覆盖率为 22%，绿化率为 30%，停车位 1300 个。

本项目的目标客户群体是商界精英及成功人士，追求高品质生活环境，打造顶级的滨海高尚居住区。设计上体现全新的设计理念，区别于传统住宅产品，要求创新、突破、超前，引领一种全新的时尚的生活方式。该项目由深圳市华阳国际工程设计有限公司设计，建筑师为王亚杰、赵雪、杨俊华。

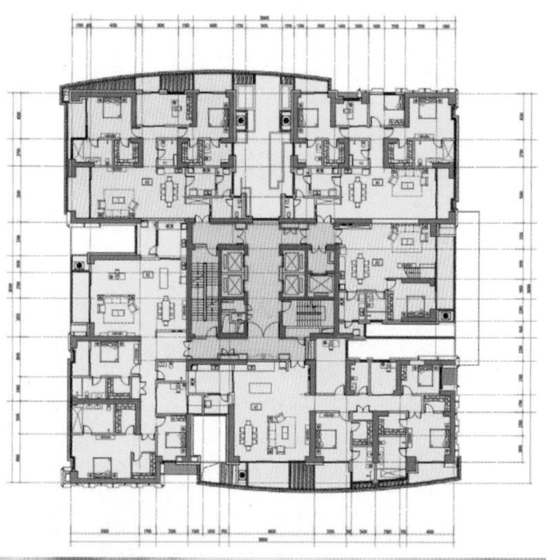

图 2-5-14 深圳海上世界双玺花园

（三）国外超高层住宅的设计实例

1. 阿联酋迪拜的超高层住宅

21 世纪中东经济发展热门地区——海湾地区，向全世界展示着其成功和活力。迪拜作为地区旅游和商业中心，一直是海湾地区新兴城市和经济腾飞的代表，一座座高楼的兴起吸引了全世界的关注，成为了繁荣与发展的象征。

当今世界最高的哈利法塔高 828m，162 层，造价 15 亿美元，其中大厦本身耗资 10 亿美元。除酒店与写字楼外，高端住宅设在 43 ~ 72 层及 76 ~ 108 层，始建于 2004 年，2010 年 1 月 4 日正式落成。塔楼虽位于阿拉伯半岛，却是国际合作的产物，建筑师是阿德里安·史密斯（Adrian Smith）。

21 世纪大楼（21st Century Tower），54 层总高度为 269m，大楼共提供 400 个住宅单位，由 WSAtkins & Partners 设计。21 世纪以来，迪拜已经建成的超高层住宅列表如下。

迪拜超高层住宅　　表 2-5-1

排名	楼名	楼高	楼层数	建成时间	用途
1	BurjKhalifa（哈利法塔）	828.00m	163 层	2010 年	写字楼、酒店、住宅
2	AlmasTower	363.00m	74 层	2008 年	写字楼、酒店、住宅
3	TheIndex	328.00m	80 层	2010 年	写字楼、住宅
4	HHHRTower（哈姆丹殿下大厦）	317.60m	72 层	2010 年	住宅
5	TheAddress	306.00m	63 层	2008 年	酒店、住宅
6	EmiratesCrown	296.00m	63 层	2008 年	住宅
7	SulafaTower	285.00m	75 层	2010 年	住宅
8	MillenniumTower	285.00m	62 层	2006 年	住宅
9	Mag218Tower	275.00m	66 层	2010 年	住宅
10	21stCenturyTower	269.00m	55 层	2003 年	住宅
11	AlKazimTower1	265.00m	53 层	2008 年	写字楼、住宅
12	ChurchillResidency	256.00m	61 层	2010 年	住宅
13	EmiratesMarinaServicedApartments&Spa	254.00m	63 层	2007 年	酒店、住宅
14	ChelseaTower	251.00m	49 层	2005 年	酒店、住宅

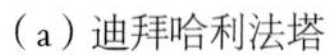
（a）迪拜哈利法塔

（b）Almas Tower

（c）哈姆丹殿下大厦（HHHR Tower）

图 2-5-15　阿联酋的超高层住宅

2. 意大利米兰 Bosco 垂直森林

项目由高 76m 和 112m 的两栋建筑组成，共种植 480 棵大中型树木（9m/6m）、50 棵小树（3m）以及 11000 棵地面覆盖植物和 5000 棵灌木，总共相当于约 15 亩即 10000m² 森林，旨在缓解城市化进程中的环境问题，由意大利 Stefano Boeri 建筑设计室设计。

垂直森林项目提供了约 50000m² 的居住空间，创建了一个自给自足的生态系统。树木种类是根据摆放在建筑立面的位置决定的，这些植物有助于吸收空气中的二氧化碳和灰尘，减少建筑的制热与制冷能耗，帮助降低城市的热岛效应，特别是在夏天。同时这些植物还可以降低城市中的辐射和噪声污染，更重要的是将那些生活在繁华都市中的居民与绿色大自然紧密联系在一起。

图 2-5-16 意大利米兰垂直森林

3. 新加坡天空住宅（Sky Habitat）

该项目位于新加坡碧山 15 街上，著名的滨海湾金沙酒店后面，由两座连接在一起的 38 层塔楼组成，塔楼通过三座桥相连，较低的两座桥为景观人行通道，最上面的桥上设有一个高空泳池，在那里可以饱览整个城市的风景。

两座塔楼的综合体形成了村庄般的住宅集群，占地 11997m^2，建筑面积为 78042m^2，拥有 509 个居住单位。在共用基地上，下沉停车场的上方设置了一系列公共设施，郁郁葱葱的花园作为户外空间，配有室外活动室、游泳池和健身步道等。该项目由著名的以色列裔加拿大籍建筑师萨夫迪（Moshe

Safdie）于 2007 ~ 2014 年设计，这座高层高密度住宅于 2015 年底接近完成。

由于地处热带，为了使空气流通达到最大限度，建筑结构合理化设计，以满足每个建筑单元设置通风和大量开口的要求。此外，各户拥有独立的阳台，有些公寓还拥有单独的屋顶露台和花园，最大限度地与大自然接触的同时降低高密度集中的感觉，将建筑和植物融合在一起，营造舒适的生活体验。

图 2-5-17 新加坡天空住宅

4. 斯里兰卡 CLEARPOINT 住宅

位于繁华的科伦坡市外，该 46 层高的塔楼于 2016 年完成，将成为斯里兰卡首个可持续发展高层建筑。

每户都有外部露台，以提供足够的休闲空间，并可在炎热的夏季用以遮阳，减少空调能源消耗。人工林可以吸收声音和过滤空气，以保护居民不受污染。为了节约用水，设有一个内置的不间断的灌溉水系统，会在淋浴和水槽混合前被收集起来，用于滴灌和浴室冲水。

塔顶太阳能电池板将电源供给公共设施，如公共照明、电梯和废水回收系统。产生的任何多余的能量都将被卖回给电网。回收的固体废物，例如玻璃、纸张和塑料，从每层楼的垃圾房中分离出来，并出售给有关当局。

5. 新加坡阿德摩尔住宅（Ardmore Residence）

近年来，高层住宅的开发已发生变化，不再重复建设相同的楼宇，新生代的住宅大楼追求建筑造型，舒适的空间，优美的花园，现代的设施，坐落于新加坡商业区的阿德摩尔住宅就是一例。

这座 36 层高 135m 的住宅大楼，建筑面积为 17178m^2，各户都有良好的视野。在这个项目中，设计师使用曲线来表达有机和自然的概念，以回应新加坡“花园城市”的理念。建筑八层以上是住宅，其下是公共活动空间，包括花园、屋顶平台和游泳池。

图 2-5-18 斯里兰卡 CLEARPOINT 住宅

图 2-5-19 新加坡阿德摩尔住宅

该项目由UNstudio建筑事务所德国分部设计。设计中主要使用了四种手法来加强其对自然环境的回应：一是由混凝土筑成流畅的曲线边界，构成多样化的纹理和图案以及连贯的建筑外观；二是运用大玻璃窗、飘窗和双层通高的阳台来丰富立面的细部，实现内部良好的采光和视野；三是采用室内景观的概念，利用一个开放的框架与凸起的结构，将室外的自然景观引入室内，达到室内空间室外化的效果；最后是强调首层花园和开敞的室外空间的穿透性和连续性，凸窗、窗台与水平遮阳板等立面元素交织，赋予建筑立面以韵律感，让大楼在固有的自然环境中脱颖而出。

6. 丹麦罗多乌尔“空中村落”

这座高116m的大楼位于通往哥本哈根市中心的Roskildevej主干道旁。大楼平面布置较为灵活，每个单元为60m²的正方体，多个单元体连接起来构成一个整体，其总建筑面积为21688m²，包括公寓3650m²、办公15800m²、酒店2000m²、商业零售970m²以及地下车库、库房13600m²，也可按市场需要进行改造，由ADEPT MVRDV建筑事务所设计[25]。大楼底层比较纤细，这样可为公共广场、零售空间和餐厅创造更多的空间，低层作为办公场所，南侧建造一系列的空中花园，构成独具特色的公寓居住环境。

图2-5-20 丹麦罗多乌尔“空中村落”

7. 新加坡Altez住宅大楼

楼高250m的Altez住宅大楼位于新加坡中央商务区核心腹地。它坐拥靠近滨海湾金沙与圣淘沙的地利优势，步行两分钟即达丹戎巴葛地铁站，经由亚逸拉惹快速公路、东海岸公园大道和中央快速公路，您更能轻易通达新加坡全岛各地，大楼总建筑面积为26502.14m²，占地面积为3036.2m²，由RSP建筑事务所设计，2015年竣工[25]。

Altez楼高62层，拥有280套住宅单位，6种户型，拥有不一样的复式单位与顶层豪宅。Altez配有各种豪华休闲娱乐设施，包括绿意盎然的空中花园、50m长的游泳池、健身房和设在第60层的休闲区，住户可一面俯瞰繁华都市的万家灯火，一面享受在空中用餐的绝妙体验。

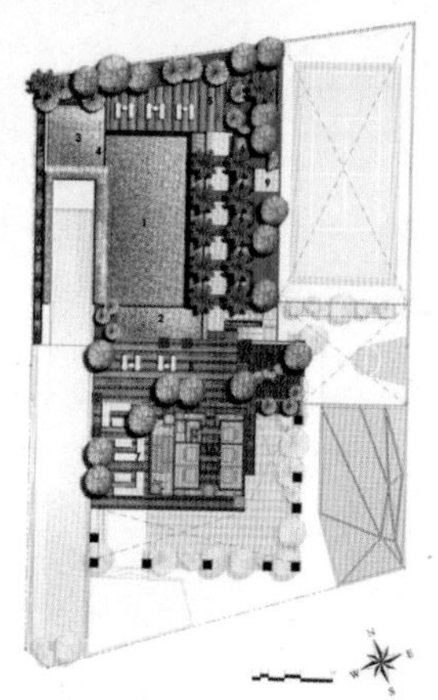

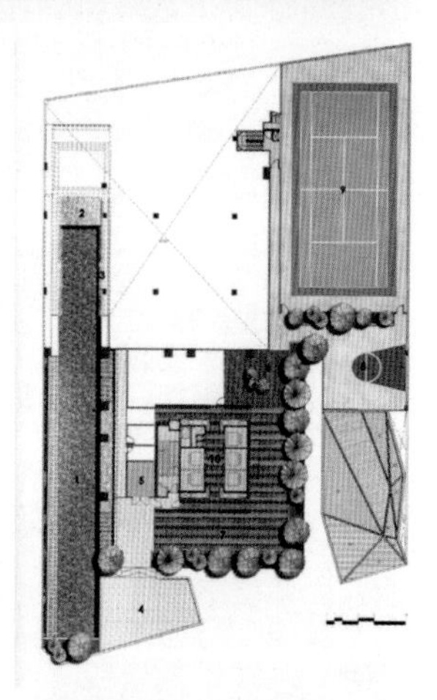

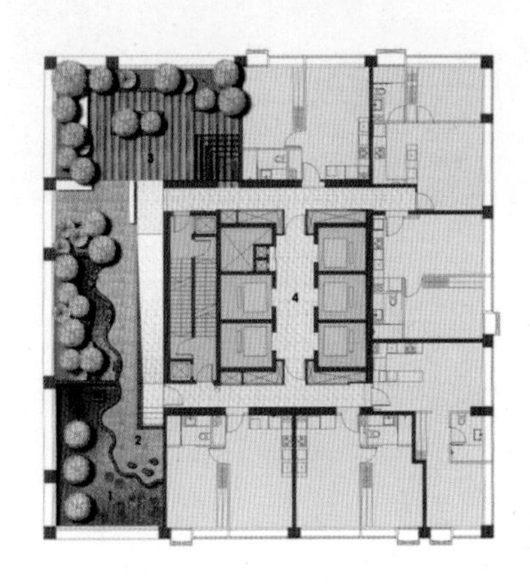

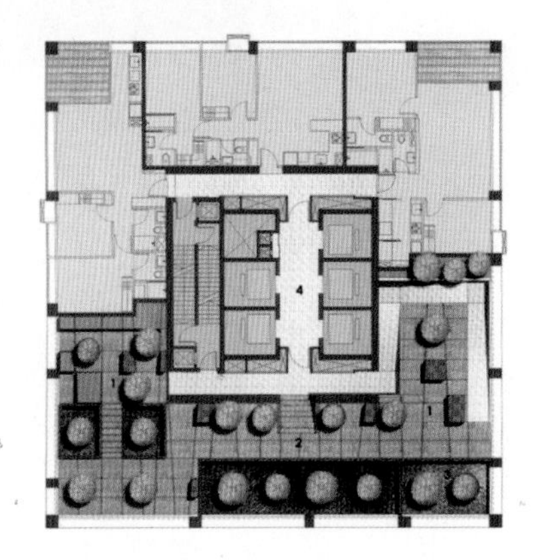

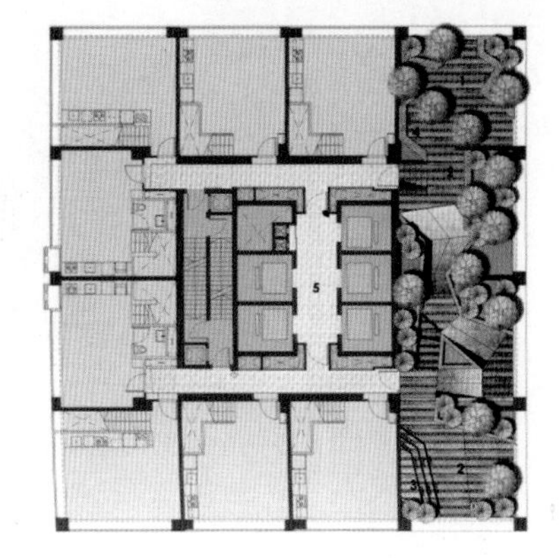

图 2-5-21 新加坡 Altez 住宅大楼

8. 万科纽约曼哈顿中城公寓

这座曼哈顿中城公寓高耸入云，位于纽约东53街100号，与纽约地标利华大厦、西格拉姆大厦为邻，起伏玻璃幕墙与西格拉姆大厦黑古铜色的幕墙形成了鲜明对比。曼哈顿中城公寓距中央公园不到1000m，周边密布12条地铁，交通十分便捷。

这座由中国万科与美国RFR联合开发、中国信达共同投资的公寓大厦，建筑设计由福斯特建筑事务所担当，室内设计由威廉T Georgis担任。大厦200m高，61层仅94套住宅，拥有一房、两房、三房和顶层复式等房型，其户型建筑面积为138～450m^2（套内96～312m^2）。

住房不仅可俯瞰中央公园，一览纽约曼哈顿中城美景，无论家庭成员人数多少，偏好何种生活休闲方式，都可在此找到理想居所。整个户型通透明亮，自然采光充足。

图2-5-22　万科纽约曼哈顿中城公寓（一）

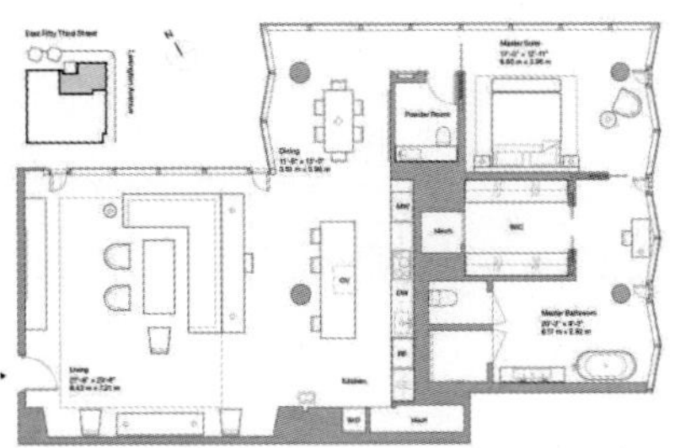

图 2-5-22 万科纽约曼哈顿中城公寓（二）

公寓篇

一、概述

公寓（Apartment）为集合式居所的一种类型，指的是配备一些公共生活设施的居住形态。

公寓在 1929 ~ 1930 年间起源于德国。在国外，建有容积率较高的住所供出租用，称为“公寓”（Apartment），而在城市居住区或近郊则建有许多容积率较低的住所供家庭居住用，并拥有私家花园，以出售为主，称为“别墅”（Villa），因此，在国外人们眼中，真正的住所就只有公寓和别墅之分。

在中国，上海“外滩源”位于黄浦江与苏州河的交汇处，是外滩的起点，该地区拥有最早建成的一批历史建筑，如英国领事馆（1873 年）、安培洋行大楼（1908 年）、益丰洋行大楼（1911 年）、银行公会大楼（1918 年）、青年协会大楼（1924 年）、女青年会大楼（1930 年）等，因为独特的地理位置、深厚的历史人文底蕴，使其成为了名副其实的外滩的源头。1904 年前后，中国最早的公寓——圆明园公寓建成，它位于圆明园路 115 号，由近代上海知名建筑师事务所爱尔德洋行设计。主体为 4 层砖木混合结构，局部有钢筋混凝土框架、清水砖墙、砖雕，整个建筑表现出典型的英国安妮女王风格。

环境优美的瑞金宾馆，位于瑞金二路原法租界内，占地 500 亩，原建为四座公寓，其中三座是英国新古典主义建筑，为英商马立斯·本杰明于 1924 年建造。

上海早期建起的 22 层的百老汇大厦，是一座现代风格的高层公寓大楼，楼高 76.7m，占地面积 $5225m^2$，建筑面积 $24596m^2$，由英资业广地产公司投资，英国建筑师法雷瑞、弗雷泽设计，新仁记等六家营造厂承建，1934 年竣工。因处在百老汇路顶端，故名百老汇大厦，副楼又名“浦江饭店”，是上海现代风格高层建筑的早期代表。大厦原作为公寓使用，主要接待来华的英、美洋行老板及高级职员等，上海沦陷时期，成为日本军、政、外交人员的住所，民国期间，成为“励志社”第七招待所，1949 年由上海市人民政府接管，命名为“上海大厦”，一直是上海市的标志性建筑，现在成为了拥有 262 间客房的浦江饭店。

20 世纪 80 年代，由于改革开放的市场需求，出现了“公寓”，首先在深圳，后来又发展到北京、上海等地，1998 年后获得更大的发展，拥有了更大的市场，但这些公寓绝大部分是作为住宅出售的。

图 3-1-1 上海外滩源圆明园公寓

图 3-1-2 上海原法租界内的重庆公寓和瑞金宾馆

图 3-1-3　上海百老汇大厦及老照片与夜色

中国针对公寓没有统一标准，只是个别城市和地区出台了一些公寓建设管理规定，并且每个城市的法规都不尽相同。一般都这样规定：凡以住宅用途的土地建造的房产为“住宅”，住宅房产使用最高年限按国家规定为70年；凡以非住宅用途的土地建造的房产可为“公寓”，作住宅用途的称为居住型公寓，该房产使用最高年限按用地规定用50年或40年。

公寓分为居住型、经营型和公益型公寓三种，还有一座公寓内出现有两种或以上类型的混合型公寓。 经营型公寓也称为服务公寓，主要包括酒店公寓、商务公寓、专家公寓、创业者公寓等，提供优质服务。公益型公寓包括老年公寓、老人日间看护中心、华侨公寓、青年公寓、学生公寓、军人公寓等。

二、居住型公寓

这是一种以居住为主的公寓，主要特点为：

（1）规划管理要求：居住型公寓的房产使用最高年限，按各用地类别国家规定的使用年限执行。

居住型公寓配套公共服务设施按居住区公共服务设施定额指标安排，并按居住区标准缴纳配套费；而混合型公寓的配套公共服务设施，按居住区公共服务设施定额指标的50%安排，或者按居住区标准的50%缴纳配套费。机动车车位都按照国家规定的住宅配建指标执行。

（2）居住型公寓的设计应满足居住的基本要求，但并不完全执行《住宅设计规范》，在设计审批及工程验收中，有的地方性法规还规定参照公建设计和验收标准执行。例如当受到限制时，设计中容许出现全朝北的户型，也不强求明厨明厕等；居住型、混合型公寓一般设置户式空调，其空调室外机一般不外露，结合建筑墙面作立面设计。

与普通住宅相比，其户型设计有时比较单一，为适应转型需要，可全部或部分改成经营型以应对市场的变化。以小户型居多，目的是吸引更多人花费不多的钱解决住房困难问题，既可居住又可用作投资。

（3）居住型、混合型公寓同普通住宅一样，建筑标准层层高应控制在4.2m（有的地方是3.6m）以内。当标准层层高大于4.2m时，不论层内是否有隔层，建筑面积均按该层水平投影面积的2倍计算。但是非住宅的门厅、大堂、中庭、内廊、采光厅等不计入超高范围。

（4）居住型公寓的房地产权属登记参照住宅有关规定办理，水电、燃气、排污等收费标准同普通住宅一样按民用计算。

（一）公寓大厦（Apartment）

公寓大厦是指可供多户居住的集合式住宅建筑，多数是高楼大厦，有一个出众的建筑形象与体面的出入口，更需要有一个优美的居住环境。

根据市场定位的要求，公寓大厦有一室户、一室半户、二室户、三室户等不同的组合。从功能上来讲，除保证基本居住功能外，更讲究舒适性、设施的完备性和布局的合理性，以适合现代生活的需要。

1. 深圳蛇口花果山大厦

位于南山区蛇口公园路环境优美的四海公园旁，在一块4046m^{2}的基地上建起的两栋24层的联体公寓大厦，三层以上为公寓标准层，只有98m^{2}和78m^{2}两种户型，一、二层为公共配套设施，总建筑面积为29600m^2。它是改革开放后最先出现的公寓大厦，建筑简洁挺拔，色彩典雅，具有强烈的时代气息，

设计效果图（刘瑞芝绘）

图 3-2-1 深圳蛇口花果山大厦（一）[16]

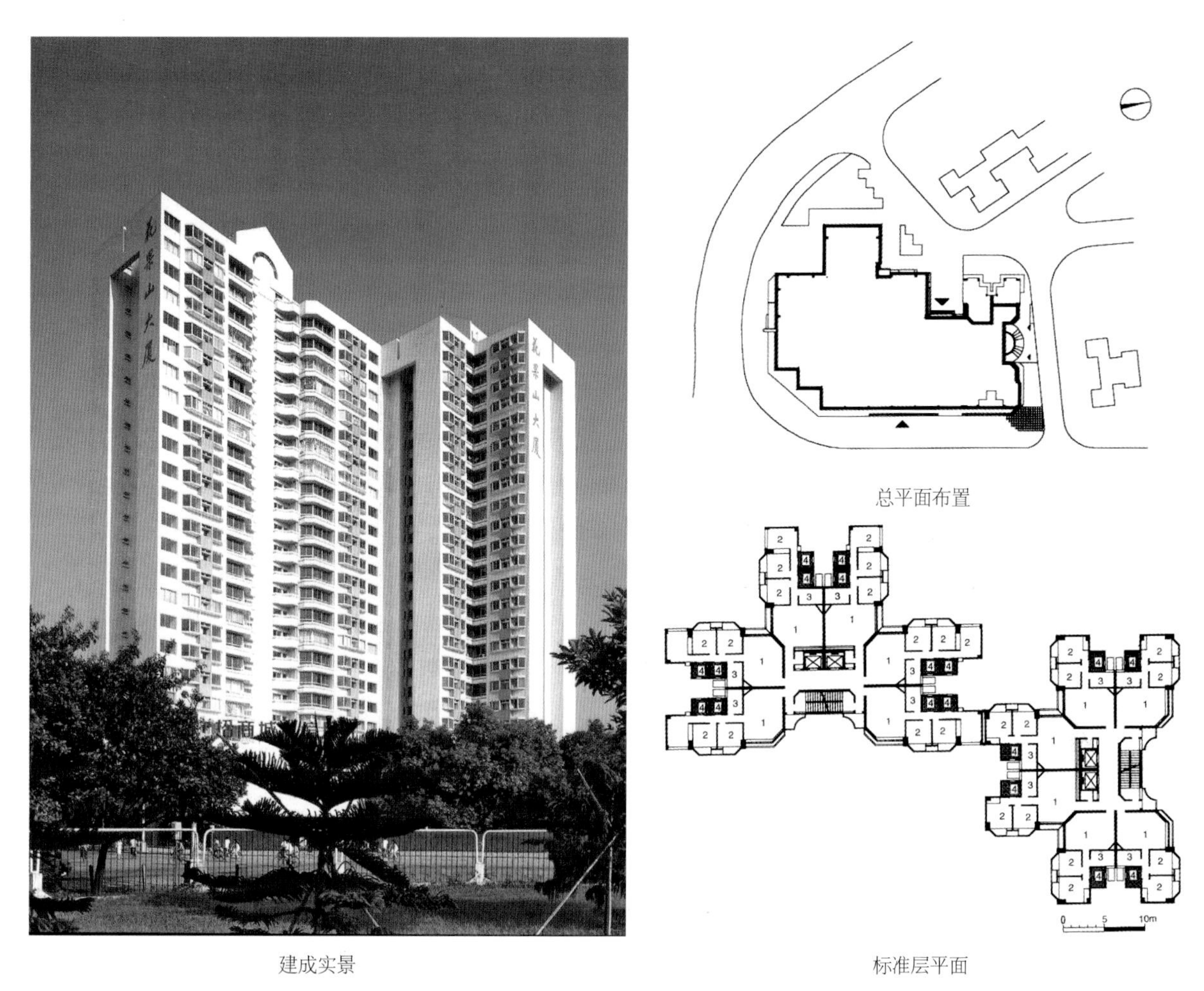

图 3-2-1 深圳蛇口花果山大厦（二）[16]

由华森建筑与工程设计顾问有限公司设计，建筑师为李宗浩、刘长海、沈振清。

2. 深圳海富花园

位于深南东路南侧，四栋 32 层的公寓大厦一字排开，很有气势，形成了一个 976 户的大型现代住区，成为了深南大道上的一道风景线。其用地面积为 7032m^2，总建筑面积为 73400m^2。

建筑设计采用两室户与三室户各半，并不追求豪华高档，而以美观实用为主，室内厅方房正，通风敞亮，生活设施齐全。建筑首层架空为停车场，二层布置两组托儿所与一些管理用房。结合楼前 30m 宽的城市绿化带，其间点缀精巧小品，形成郁郁葱葱的景观环境。该项目由华森建筑与工程设计顾问有限公司设计，建筑师为李宗浩、张孚珮、胡寅元、石唐生。

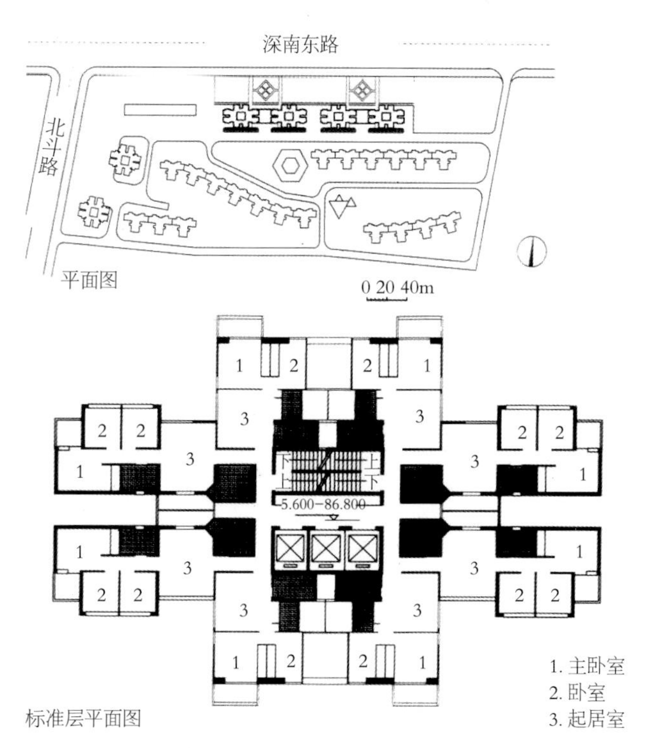

图 3-2-2 深圳海富花园（一）[16]

设计效果图

图 3-2-2 深圳海富花园（二）[16]

3. 北京丽都公寓

位于首都机场路东侧，由三栋 15 层的公寓楼与配套机房组成，局部 17 层，地下 1 层，建筑用地面积为 3000m²，总建筑面积为 35100m²，可提供 180 套居住单位。

本项目设计新颖独特，立面阳角与阳台采取弧形处理，配以灰白相间的色带，形成了一种优美、流畅的风格，尽显宏大气势。该公寓以简洁的外形、合理的平面布局而成为经典之作，由中国建筑设计研究院设计，建筑师为张翼熊、李坚。

标准层平面

图 3-2-3 北京丽都公寓 [16]

4. 深圳华侨城湖滨公寓

位于环境优美的华侨城，利用基地前后清澈的小湖和宽阔的草坪，在总体设计中刻意打破了等高等距的传统，创造出了自身的特色，以一栋 25 ~ 29 层和一栋33层连成一个整体，与一栋独立的35层组合，并由3层高的商业裙房作依托，使立面丰富多彩，建筑与自然环境相协调，并形成了一条优美的天际线。

建筑用地面积为9600m²，总建筑面积为72400m²。单体平面呈蝶形，可提供436套居住单位，户户朝南，面向深圳湾宽阔的海景，同时保证房间的自然通风、采光，营造了不可多得的居住环境。外墙采用五种深浅不同的蓝色和白色马赛克贴面，并在三栋高层公寓墙面上贴出大型图案，以柔和流畅的线条表达湖水的荡漾，与周边自然环境相呼应。公寓由华森建筑与工程设计顾问有限公司设计，建筑师为付秀蓉、余保华、杜真如、朱锦珠。

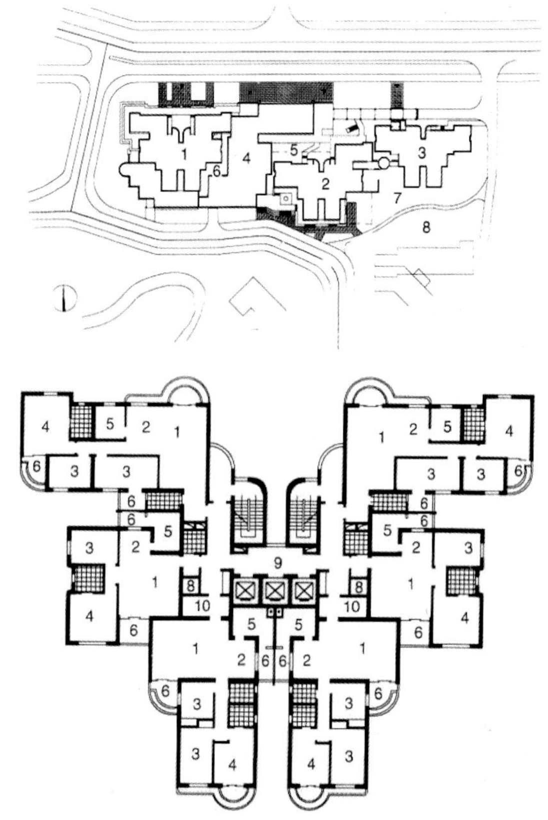

图3-2-4 深圳华侨城湖滨公寓[16]

5. 深圳海上世界伍兹公寓

毗邻深圳蛇口海上世界，由3栋28层高的公寓楼与东侧裙楼组成，占地面积为11319.49m²，建筑面积为47211.4m²，其中公寓面积为30000m²，拥有159套住房、320个停车位。两梯两户，主力户型（175m²）为精装四室两厅的海景房。

公寓楼利用不同模块不同的阳台，与凸窗等元素构成趣味性图案效果，采用金属板、天然石材、陶土板和玻璃幕墙组合的外立面，打造出灯塔般的建筑意境，极具个性化，典雅大气，彰显出高尚的品质。本项目由美国SBA Architects建筑事务所和广东省建筑设计研究院合作设计，建筑师为陈朝阳、邓汉勇、李多赐。

6. 上海老西门新苑职业女性公寓

位于西藏南路，毗邻新天地，一幢闹中取静的29层高端公寓——一个特别定制的职业女性公寓。Lime 388 by Dariel and Arfeuillere 设计公司充分考虑到客户的个性以及服装设计师的职业需求，将基本生活区，包括卧室、厨房、起居室与更衣间，都围绕中心工作区布局，而中心工作区是由圆形玻璃围合而成，点亮了整个空间，也激发了创作的灵感。尤其是卧室，柔和的线条勾画出优雅与浪漫，粉红色的圆形床、弧形的梳妆台和卫生间以及质感柔软的地毯，创造出了主卧时尚又柔美的氛围。

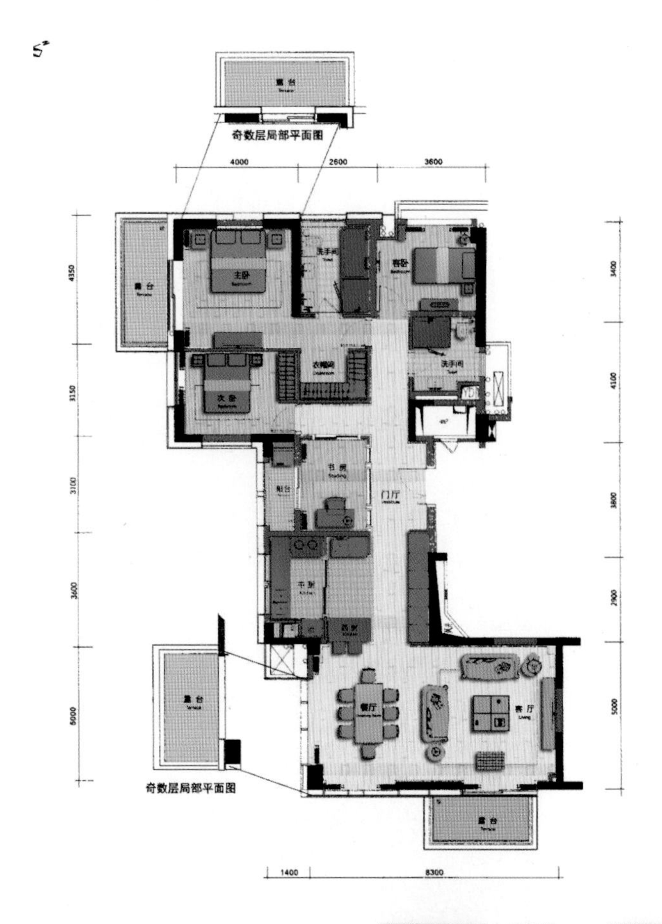

图 3-2-5 深圳海上世界伍兹公寓

（二）商住公寓（SOHO）

商住公寓，顾名思义，就是既能作商务用又可以居住的一种居住型公寓。SOHO 即居家办公，是 Small Office，Home Office 的缩写，

它为中、小公司及居家办公的自由职业者提供了一个可商可住的场所，除了提供居住必需的生活配套设施外，又具备写字楼的功能，拥有商务中心、宽带局域网、会议室、票务中心及充足的车位等商务设施。因此，将商住公寓称为“商务公寓”并不确切，真正的“商务公寓”归属于经营型公寓。

商住公寓是由早期的商住楼发展起来的，现已形成具有较强商务功能的 SOHO，进一步发展，即分割成工作室（Studio）。商住公寓除了自住自用外，还是一种极具投资价值的物业。

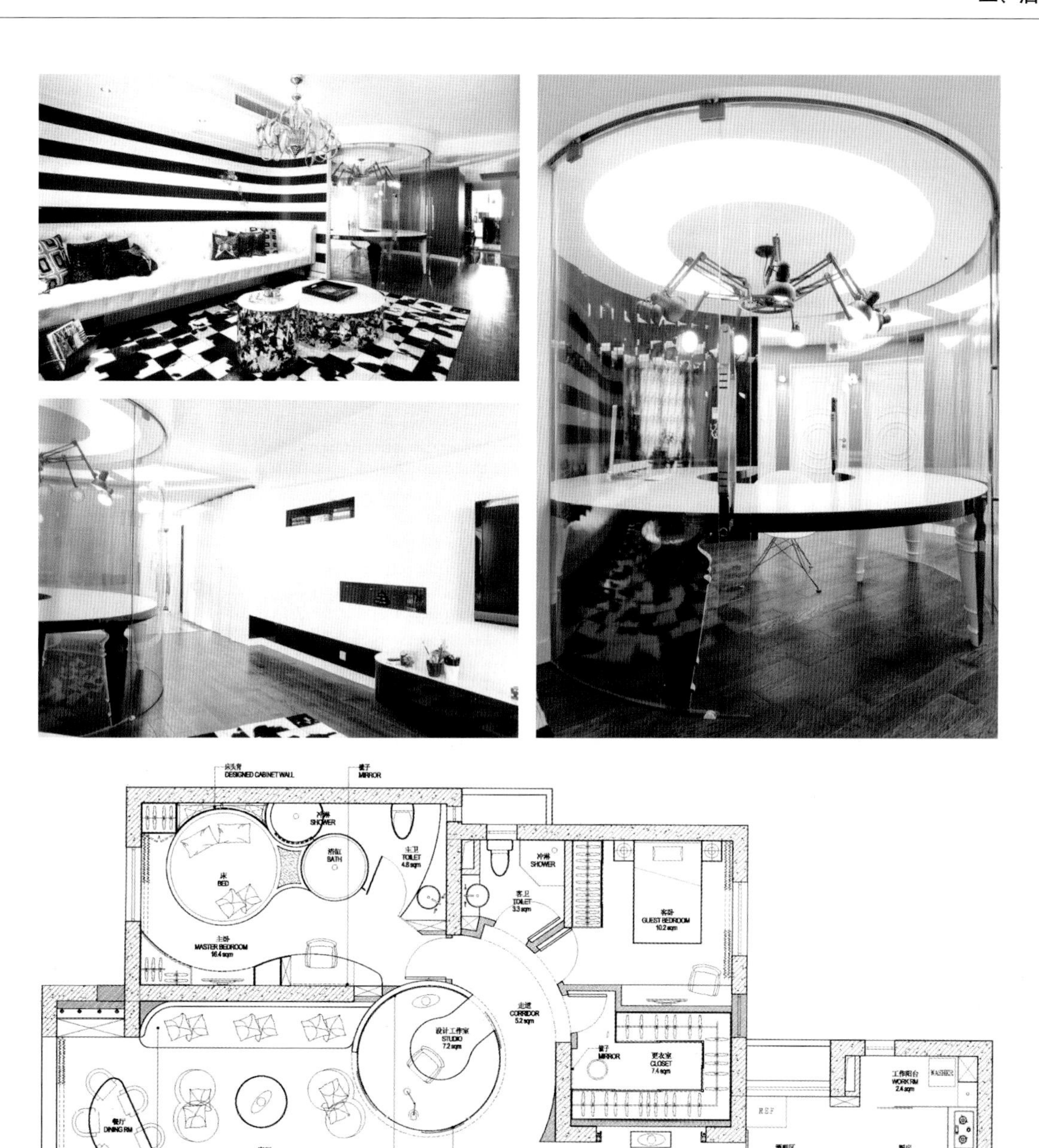

图 3-2-6 上海老西门新苑职业女性公寓 [28]

1. 北京现代城

位于北京市朝阳区八王坟，由中鸿天房地产开发有限公司开发，是SOHO中国的第一个项目。首期由四栋办公、会议、商业及公寓综合楼宇组成，分别高37层、24层、24层、14层，二期由六栋28层公寓和小学、幼儿园等配套设施组成，两期总建筑面积为484481m^2，其中地上面积为385826m^2、地下面积为98656m^2，其容积率为4.88，建筑密度为31.7%，绿化率为25.84%，停车位2483个，其中地下停车位2280个。它由中国建筑设计研究院（原建设部建筑设计院）设计，主创建筑师为崔愷、吴霄红。

当时开发商预见到了中小公司的迅速崛起，对居住和工作空间混合的需求将越来越大，便首次向市场推出“小型办公，居家办公”（SOHO）这一概念，给业主提供了灵活的多功能的空间。该项目2000年建成，为北京市树立起了东部现代建筑的标志，策划营销和建筑设计双双成功，从而引发了SOHO的大发展。

对居住空间的关注是设计住宅的起点，而对形式的追求往往遇到次要地位。在这里，功能成为判定形式的唯一标准。阳台因为环境和销售的原因而变得尴尬，替之以落地凸窗改善了起居空间的景观；视线的干扰和私密性的缺乏使底层单元难以销售，配之以独立的入口花台和私家车库，让人有了住别墅的感觉；顶层的内院让住户可享受到清新的空气和阳光，避免了外向平台因风大和缺乏安全感而难以使用的问题。室外空调机的位置和凝结水的排放是破坏住宅外观的常见问题，为此设计的梁槽和壁柱构成了新的形式语言。建筑色彩的运用并非为了亮丽的外观，而是为人们指明一条回家的路。

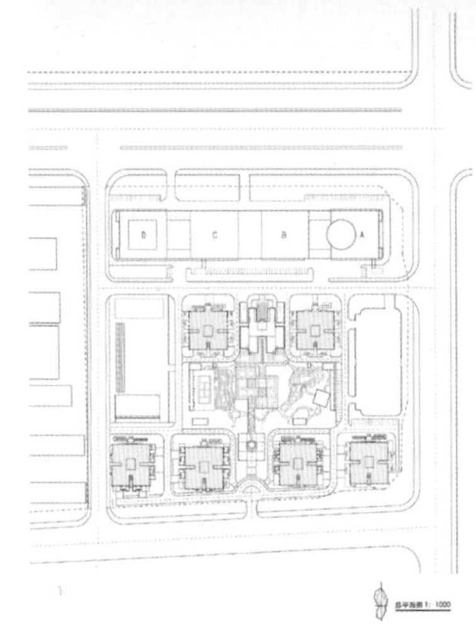

总平面图 1: 1000

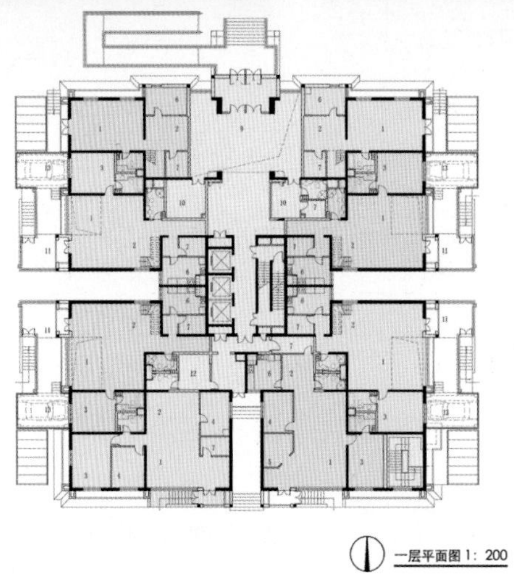

1．起居室
2．餐厅
3．主卧室
4．客卧室
5．书房
6．厨房
7．储藏
8．门厅
9．大堂
10．物业管理
11．私家庭院
12．消防报警室
13．私家车库

一层平面图 1: 200

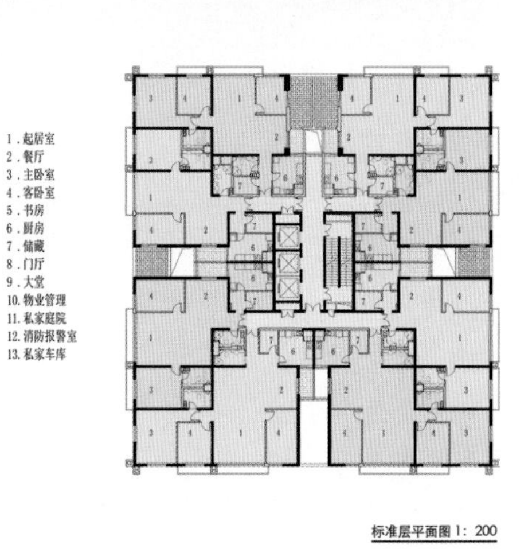

标准层平面图 1: 200

图 3-2-7 北京现代城[16]

2. 深圳东方大厦

位于深圳市罗湖区繁华的商业中心区，占地面积仅 2610m²，要求建出使用面积达 3.33 万 m² 的大厦，而且市规划部门对其建筑高度有所限制。在容积率高达 12.76 的条件下，建筑体形作出不显庞大的设计，增加建筑细部装饰，外墙采用浅驼色面砖铺贴，使得大厦在繁华的城市环境中显得清新简洁、端庄大方。

这是最先建起的商住公寓，大厦地上 26 层、地下 1 层，其中 4 层的裙房用作大堂、商场、酒楼与办公，五层以上为公寓层，可供 288 户使用或居住，由华森建筑与工程设计顾问有限公司设计，主创建筑师为黄建才、张孚珮。

设计方案一效果图（黄建才绘）

建成实景

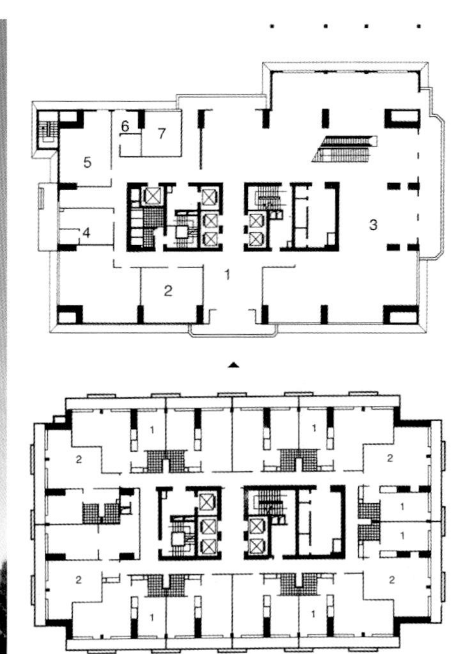

图 3-2-8 深圳东方大厦

3. 北京 SOHO 的大发展

建外 SOHO 位于北京市朝阳区东三环中路，总建筑面积约为 70.5 万 m²，由 20 栋塔楼、4 栋别墅与 16 条小街组成。由山本理显（日本）负责主要设计，他的设计灵感来自于一个名叫休达的摩洛哥城市："我的做法就是把建外 SOHO 做成开放的，把一条条街穿插到建筑中去，打破了北京胡同和四合院的封闭概念。"16 条小街在占地 16.9 万 m² 的建筑群中流动，制造出充满人情味的小街文化，提倡一种北京新生代的居住模式。

银河 SOHO，位于北京市东二环朝阳门桥西南，占地 5 万 m²，总建筑面积为 30.8 万 m²，包含写字楼（16.6 万 m²）与商业（8.6 万 m²），是东二环最大的城市综合体，由扎哈·哈迪德建筑师事务所担纲设计。这座建筑不但营造了流动和有机的内部空间，同时也在东二环上形成了引人注目的新地标建筑。2008 年 5 月获得用地后，2012 年 12 月正式落成并交付使用。

望京 SOHO，位于北京市朝阳区望京街，占地面积为 115392m²，总建筑面积为 521265m²，其中办公面积为 364169m²，由 3 栋高层建筑和 3 栋低层商业组成，最高一栋高度达 200m，也是由扎哈·哈迪德（Zaha Hadid）担纲总设计。2014 年建成后，望京 SOHO 成为人们自首都机场进入市区看到的第一个引人注目的高层地标建筑，成为了"首都第一印象建筑"。

三里屯 SOHO，位于北京市朝阳区南三里屯路西，毗邻加、澳、法、德等 70 多个国家的驻华使馆以及联合国开发计划署等 7 个联合国驻华机构。这一带酒吧街与大使馆相映成趣，造就了三里屯独特的魅力。三里屯 SOHO 由三里屯 Village、世贸百货、盈科中心、雅秀等 5 个商业中心，9 幢不同高度的写字楼和公寓楼组成，是商业、办公、居住综合社区，构筑了一个高人气聚集地。总建筑面积为465356m²，其中办公面积108406m²，商业面积128383m²，住宅面积118375m²。

图 3-2-9　北京建外 SOHO

图 3-2-10　北京望京 SOHO

图 3-2-11　北京银河 SOHO

图 3-2-12　北京三里屯 SOHO

SOHO北京公馆拥有220套公寓，总建筑面积为66618m²，其中商业面积2887m²，住宅面积51437m²，毗邻使馆区，是在京外国人士的主要居住地，位于北京最具国际化特征的燕莎区域，周边汇集了酒店、奢侈品店及写字楼，交通便利，环境高尚，出门即可尽享国际都市的繁华，同时又安全、私密，拥有亮马河等城市稀有景观。

公馆采用健康环保的双层呼吸式玻璃幕墙，营造了舒适的室内空间，楼梯采用钢架结构，提供了强大安全保障，加之精美的室内设计、现代家居布置以及完善的家电设施，构成了令人瞩目的第三代SOHO产品。

4. 上海外滩 SOHO

外滩SOHO地处历史悠久的上海外滩，位于黄浦区中山东二路新开河路口。项目总建筑面积约为19万m²，由4栋60～135m的高层建筑错落排列而成，其经典的天际线设计与昔日外滩的“万国建筑博览群”完美融合，既传承、发扬了外滩著名的新古典主义风格，也彰显了新外滩时尚繁华的商业活力，标志着从老外滩向新外滩的华丽转身。

凭借其独特、优越的区位，浦江两岸开阔、壮观的视野及大规模的中外观光客流，建成后的外滩SOHO将成为地标性的城市综合开发项目，也是一个集办公、商业和娱乐于一体的多元化国际街区，既属于在这里工作和生活的人们，也将接纳数以万计的都市游客。

外滩SOHO由德国GMP建筑事务所设计。该项目由多栋错落排列的高层办公楼和商业裙楼围合而成，巧妙地形成了楼宇中央独特的小型广场。贯穿项目东西的户外步行街一直延伸至外滩，沿街分布着各种不同形态的公共休闲空间，塑造了活泼生动的商业步行街区。设计从狭长的“里弄”、密布的街道网和竖向石材的老建筑中获得灵感，漫步外滩SOHO，能品味出对传统文化及历史建筑的深刻理解与继承，同时也能清晰地感受到极具未来感及前瞻性的“国际化街区”的开放和包容。在中国高层建筑奖评选中，上海外滩SOHO被评选为“中国最佳高层建筑奖”。

图 3-2-13　上海外滩 SOHO

（三）创意园与工作室（Studio）

某些中小型企业，比如创意、设计、信息、咨询、网络、商业艺术、画室、时装、媒体、摄影、音乐、软件开发等新兴行业的企业，被称为“发展中企业”，相对来说，写字楼面积要求不大，空间灵活适用，商住两用。如画家工作室需要楼上有一个画室，舞蹈家工作室要有一个练功室，摄影需要摄影棚。这些公司的规模一般在10人以下，尚未形成强大的经济势力，又迫切需要发展并注重形象。

1. 深圳华侨城创意文化园

地处华侨城东北部，原为东部工业区，占地面积约为15万m²，建筑面积为20万m²。华侨城在有关文化和创意产业的政策指引下，于2004年8月正式启动将旧厂房改造为创意产业工作室，使旧厂房的建筑形态和历史痕迹得以保留，同时又衍生出更有朝气、更有生命力的产业经济。

2006年5月，华侨城创意文化园正式成立，并分为南北两区，吸引了香港著名设计师的工作室、国际青年旅社、设计创意企业、动漫设计基地、传媒演艺公司等约40家机构进驻南区。2007年起，又启动了北区，作为艺术创作的交易、展示平台，成为了融“创意、设计、艺术”于一身的创意产业基地。北区还启动了3000m^2的艺术大众共享平台，聚集了如欧洲著名的家具品牌Vitra、中外人文艺术书市、售卖复古黑胶唱片的音乐书店、世界女性杂志店以及弘扬禅茶之道的岩陶等商家。2011年5月14日，华侨城创意文化园实现整体开园。

图 3-2-14 深圳华侨城创意文化园

2. 上海红墙创意园

一个配有天井的红色长方形建筑，旁边就是高架公路，红色的幕墙正好将建筑内部与喧嚣的高架道路相分离，使其独享自己的一份恬静。幕墙采用铝合金板面，上面所铺的多边形则是运用电脑设计的3D图形拼接样式。次幕墙中融入竹板设计，使里面看起来如同漂浮的雕塑。红墙创意园的设计符合上海这个大都市的气质，鲜亮的色彩不但与大都市的快节奏交相呼应，同时，异构的造型又满足了人们的好奇。项目总建筑面积14300m^2，由3Gatti Architecture Studio设计。

3. 广州TIT艺术工作室

TIT艺术工作室坐落在TIT创意园内，包括10座建筑，面积从200m^2到1000m^2不等，项目总建筑面积为6000m^2。这里曾是一个工厂的边缘地带，与一家中药制药厂毗邻。在中国城市化的快速发展中，一些城市边缘区域被荒废。

通过整合城市资源与资金，振兴这样的边缘区域，发展创意园，从物质空间的角度来说，建筑师正在努力把城市生活带入建筑场地，仔细考虑市民的需要，并探索更多的可能性。

图 3-2-15 上海红墙创意园（一）

图 3-2-15　上海红墙创意园（二）

图 3-2-16　广州 TIT 艺术工作室

（四）国际公寓

近来，一种建筑设计的新概念——“国际公寓”正受到市场越来越多的重视。国际标准化公寓体系，可用于衡量一个住宅产品是否同时满足人们对现代居住与精神生活的要求，它包含三方面内容：

（1）地段选择

世界各国的许多例子都可以见证，越是繁华的都市中心地带（如 CBD），越是高级公寓的理想选址。

（2）空间特点

公寓单元应由客厅、卧室、餐厅与厨房、浴室、阳台分隔组合构成，室内的环境设计和空间以外的景观配合，拥有充裕的光照和通风，形成一个舒适的居住空间。

（3）居住文化

社区环境、景观配置、文化设施、邻里氛围、装修风格、家具配备、物业管理等衍生和创造出现代公寓的居住文化。

1. 深圳东海国际公寓

位于深南大道上的东海国际中心，楼高 308m，建筑面积为 24300m^2。是当今深圳的新地标，由王欧阳（香港）有限公司建筑工程师事务所担纲设计。

2. 上海东晶国际公寓

国际公寓为一个直长的18层建筑，楼高55m，坐北朝南，形成一个长150m、宽16m的建筑墙体，全部采用玻璃幕墙外装，形成简洁的现代主义风格。公寓总户数为502户，每户拥有一个车位，绿化率为40%，容积率为2.3，总建筑面积为7万m^2。

特别之处是：在建筑墙体的中段，开通了南北贯通的观景口，形成了一大五小的空中花园。其中最大的观景口宽20m，高为4层，形成了一个约300m^2的空中花园，在这些空中花园之间，有一条贯通的观景走廊，令人耳目一新。

图 3-2-17　深圳东海国际公寓

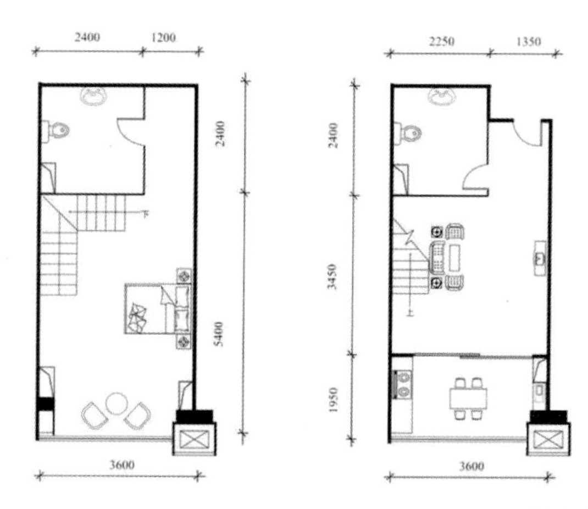

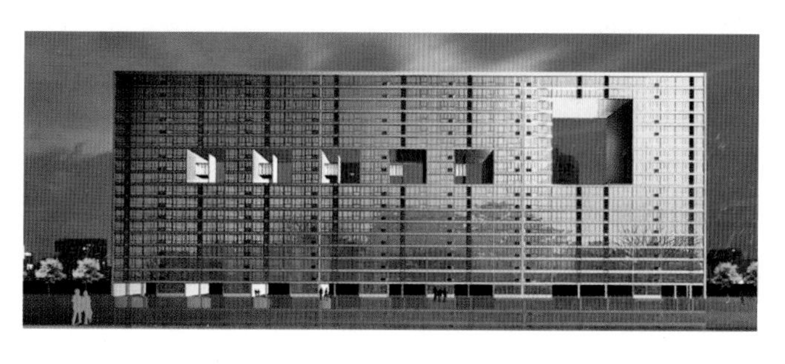

图 3-2-18　上海东晶国际公寓

3. 广州富力天域公寓

富力天域中心为海珠区的地标式综合体，位于江南西路与江南大道交界处，占地面积 1.80 万 m^2，总建筑面积 13 万 m^2，共 40 层。其中裙楼 1 ~ 8 层为海珠城，是大型一站式购物中心，面积约为 6 万 m^2；主楼标准层面积为 1800m^2，规划为甲级写字楼，或应市场需要改作公寓，户型面积为 75 ~ 245m^2，可自由组合；地下 5 层停车场。于 2015 年建成并交付使用。

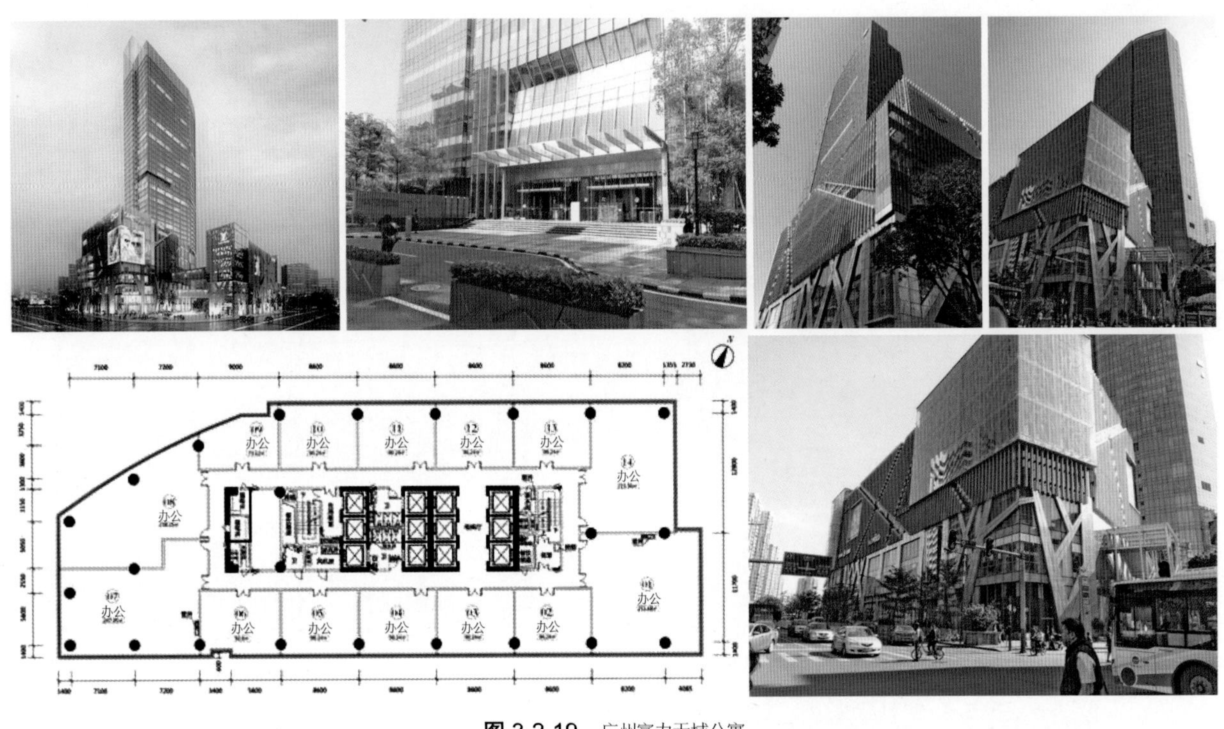

图 3-2-19 广州富力天域公寓

4. 云南大理洱海天域国际公寓

国际公寓位于大理下关镇滨海大道，与大理港仅一路之隔，地处云贵高原，海拔约 1800m，接近北回归线，年均气温为 12.2 ~ 18.9℃。洱海天域目前有国际公寓、大平层和联排、独栋别墅等，其中公寓户型面积约为 79 ~ 89m^2，大平层户型面积约为 220 ~ 250m^2，联排和独栋别墅户型面积约为 226 ~ 410m^2。

图 3-2-20 大理洱海天域国际公寓

（五）国外公寓的设计实例

1. 美国洛杉矶 717 奥林匹克公寓大厦

地处城市中心的体育、娱乐区，是一栋高 26 层的公寓大厦，大厦建筑面积 16678m^2，由 RTKL 国际有限公司设计。

大厦住户拥有私家阳台，可以眺望周边城市景观，享有开放的户外空间。令人称羡的是公寓的 8 层和 26 层配有露天平台、健身区、美食厨房、户外烧烤区以及剧场，同时大厦设置了 700m^2 的零售与商业空间，创造了一个怡人的街区环境。

2. 斯洛文尼亚卢布尔雅那玫瑰花园岛

所处地块拥有优越的自然景观和绿色植被，又邻近城市中心，希望开发出 100 个高品质的带有私家花园的居住单位，使人置身于花园城市之中。

设计理念是由三大“花园岛”组团和一个复式公寓连接形成居住新区。这些“岛”呈六边形，每个居住单位设计成 4 层高，夹在上下楼板之间，通过叠加构成了一栋整体的建筑，并形成了不同形式的花园和户外空间，使各个公寓都能观赏到不同方位的景色，创造出更高的空间品质。整个建筑在不同的方位设有多个出入口，建筑面积为 18000m^2，停车场面积为 8000m^2，由 OFIS 建筑事务所设计。

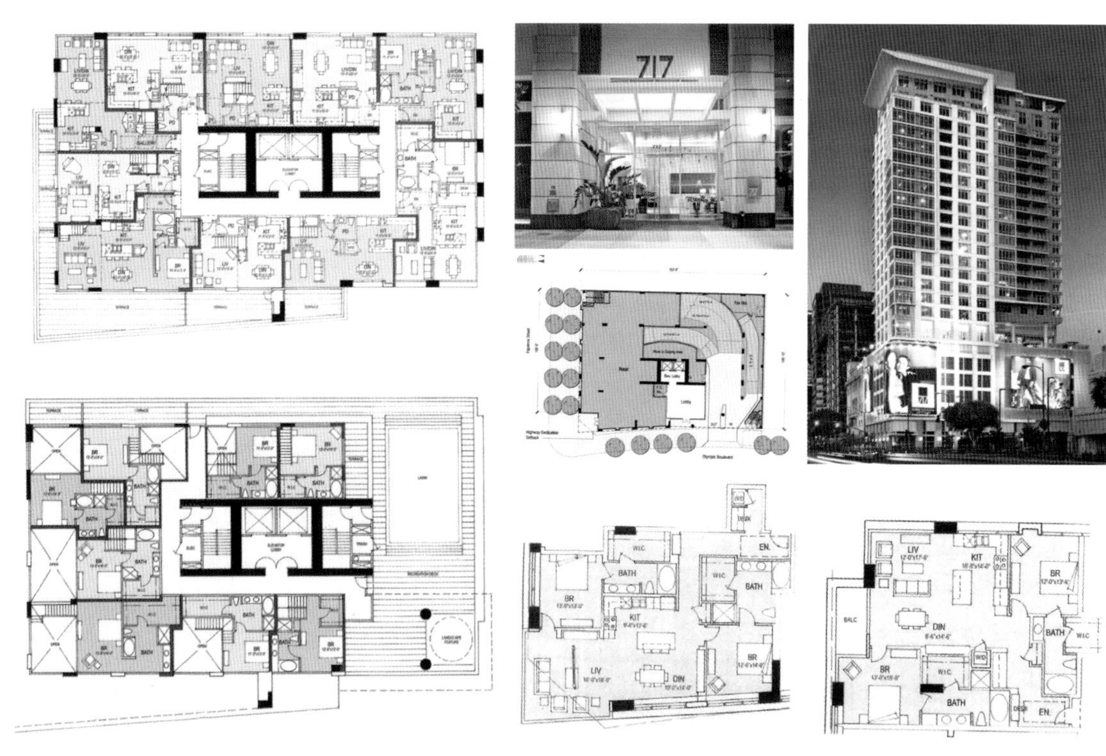

图 3-2-21 美国洛杉矶 717 奥林匹克公寓大厦

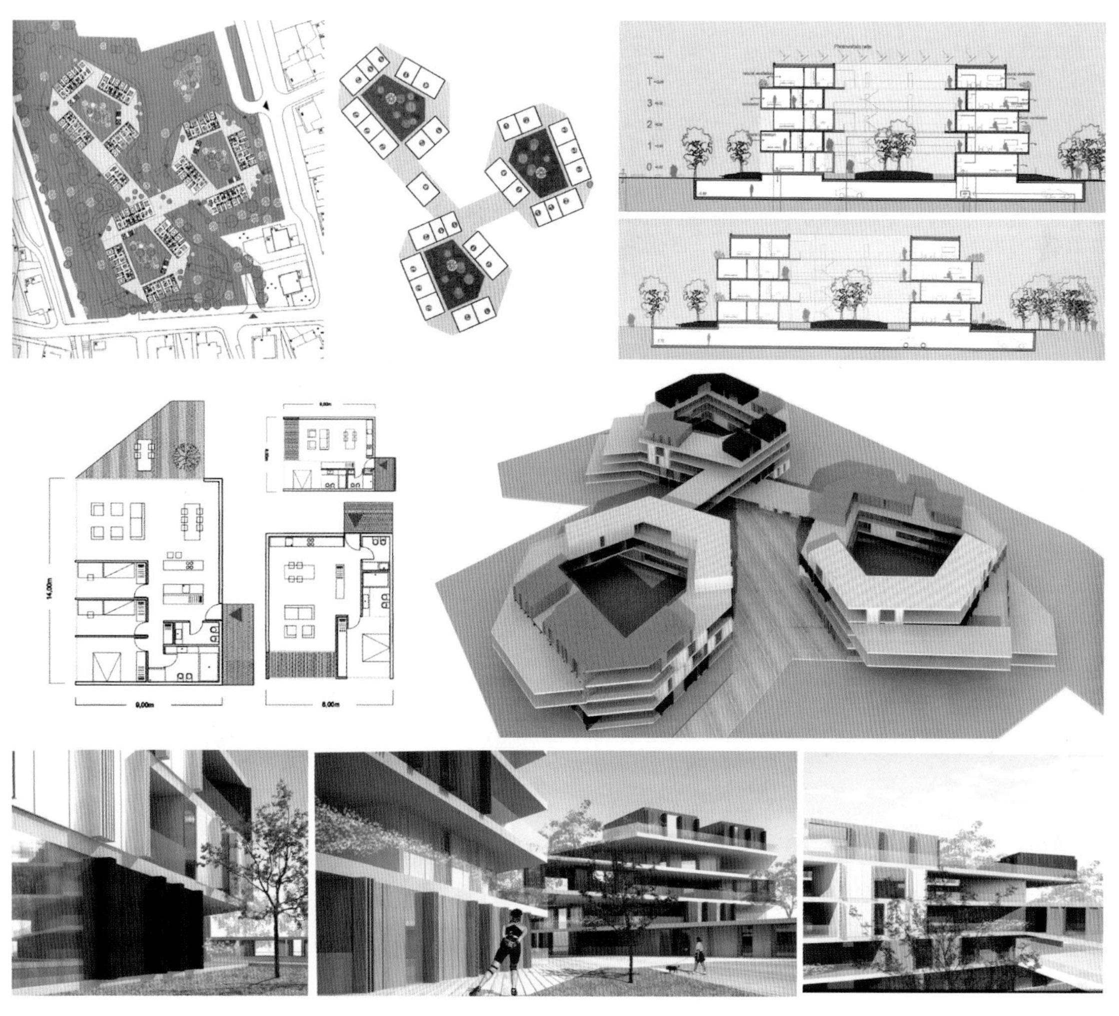

图 3-2-22 斯洛文尼亚卢布尔雅那玫瑰花园岛

3. 德国柏林 JOH3 公寓

在柏林米特商业区毗邻博物馆岛处有一栋独特的公寓，悬挂式薄板的雕刻富有创意，由多个公寓单元与内部庭院组合而成的建筑空间，形成了宽敞的空中花园，可观赏到不同方位的景色，使人获得一个开放的居住体验。

该公寓于 2011 年竣工，有众多的户型可供选择，有联排式公寓、楼顶公寓和独立式公寓，由 J.Mayer H 建筑事务所设计。

图 3-2-23　德国柏林 JOH3 公寓[29]

4. 斯洛文尼亚 Izola 公寓与卢布尔雅那 650 公寓

由 OFIS 建筑事务所设计的 Izola 公寓是一个公共住房项目，拥有一室户到三室户的不同户型，每户都有室外空间，并带有色彩鲜明的阳台，从而形成了建筑立面的特色。

卢布尔雅那 650 公寓是 OFIS 建筑事务所的另一项设计，共有 650 套公寓，以 $30m^2$ 的一室和 $60m^2$ 的一室半户型为主，顶层为 85 ~ $105m^2$ 的二室套房。该项目主要采取模块化、浴室与窗预制化、外立面嵌板等方式，18 个月建成，工程成本控制在 500 欧元 $/m^2$ 以内。

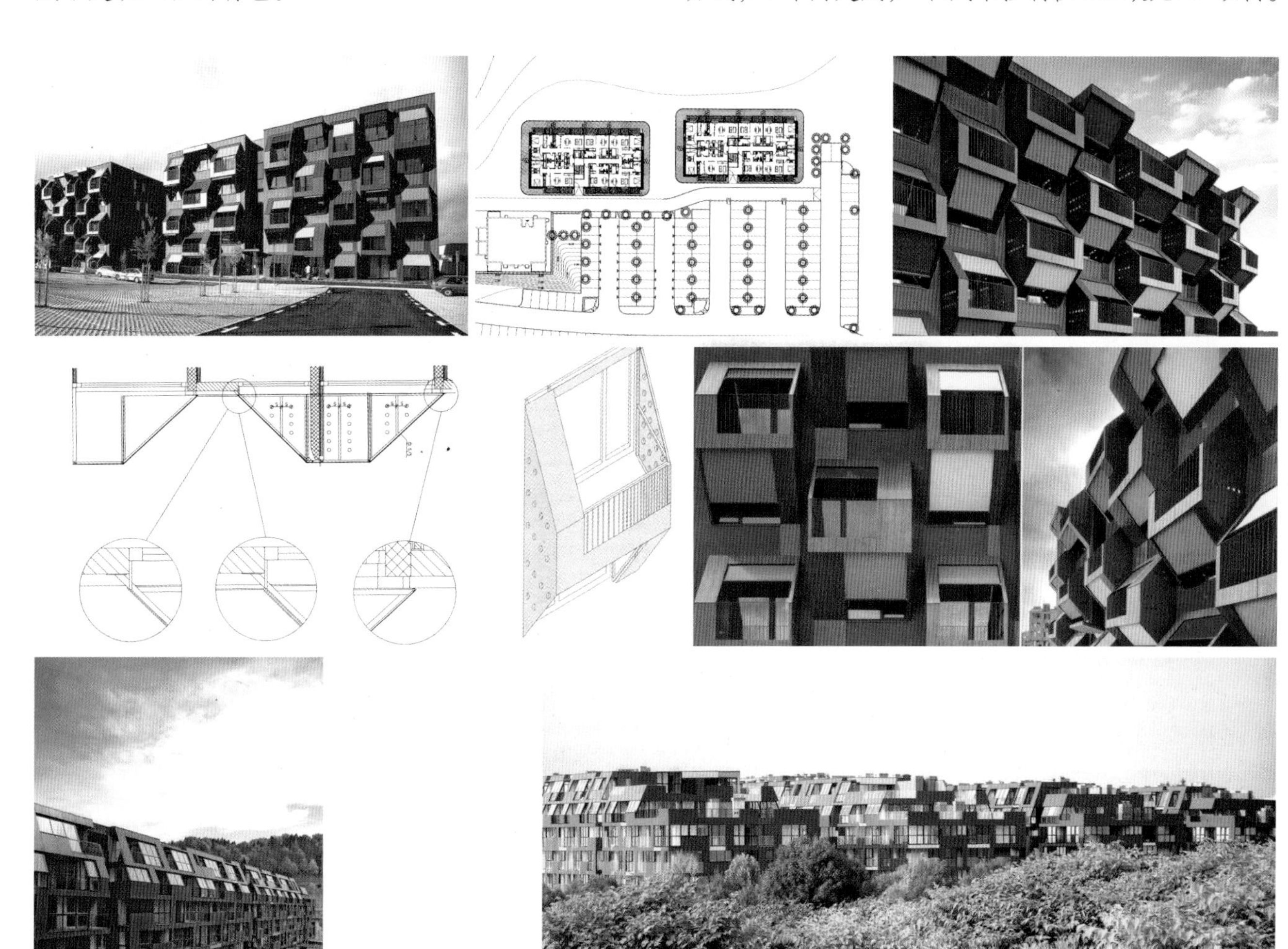

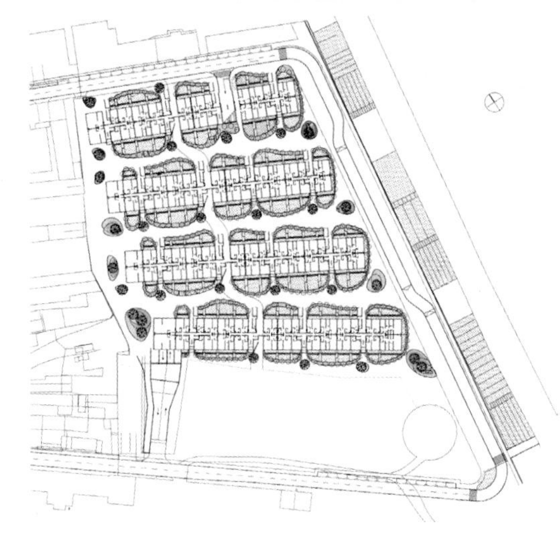

图 3-2-24 斯洛文尼亚 Izola 公寓与卢布尔雅那 650 公寓

5. 丹麦瓦埃勒瓦埃勒海浪公寓

处在Skyttehusbugten海湾与瓦埃勒峡湾的交汇处，特定的地理环境中五个“海浪”脱颖而出，成为了一个雕塑性的城市地标。

海浪公寓高9层，拥有100套公寓单位，其中有些是复式结构，总建筑面积为14000m^2，由Henning Larsen建筑事务所设计。

海浪形的建筑成功地将峡湾、景观与城镇融为一体，清晰的标识中糅合了独具特色的建筑元素。

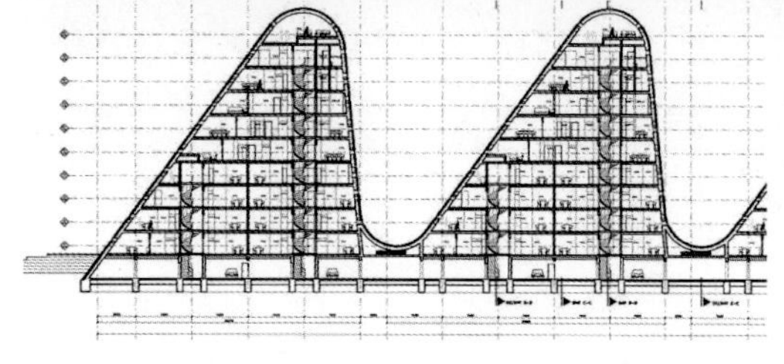

图 3-2-25 丹麦瓦埃勒瓦埃勒海浪公寓

6. 美国得克萨斯州奥斯丁 Monarch 公寓

基于奥斯丁密集的都市化特点，在这块面积为46823m^{2}的土地上，RTKL国际有限公司的设计师试图呈现出一种现代居住理念：强调美学、社交环境及高档设施，力求时尚独特，为居民生活提供便利与品质，享受美食、休闲等现代居住生活的一切。

7. 意大利波代诺内都市湖边公寓

这是波代诺内市的圣乔治都市重建项目，遵循市民还原城市组成部分为主题，以一条小路将湖泊、公园和圣乔治教堂广场“缝合”为一体，创造了一个公共开放空间，教堂与公寓正面对这个空间。

4层高的公寓以湖区为界，强化建筑和景观的内外联系，设有大木窗将湖景引入起居室。建筑采

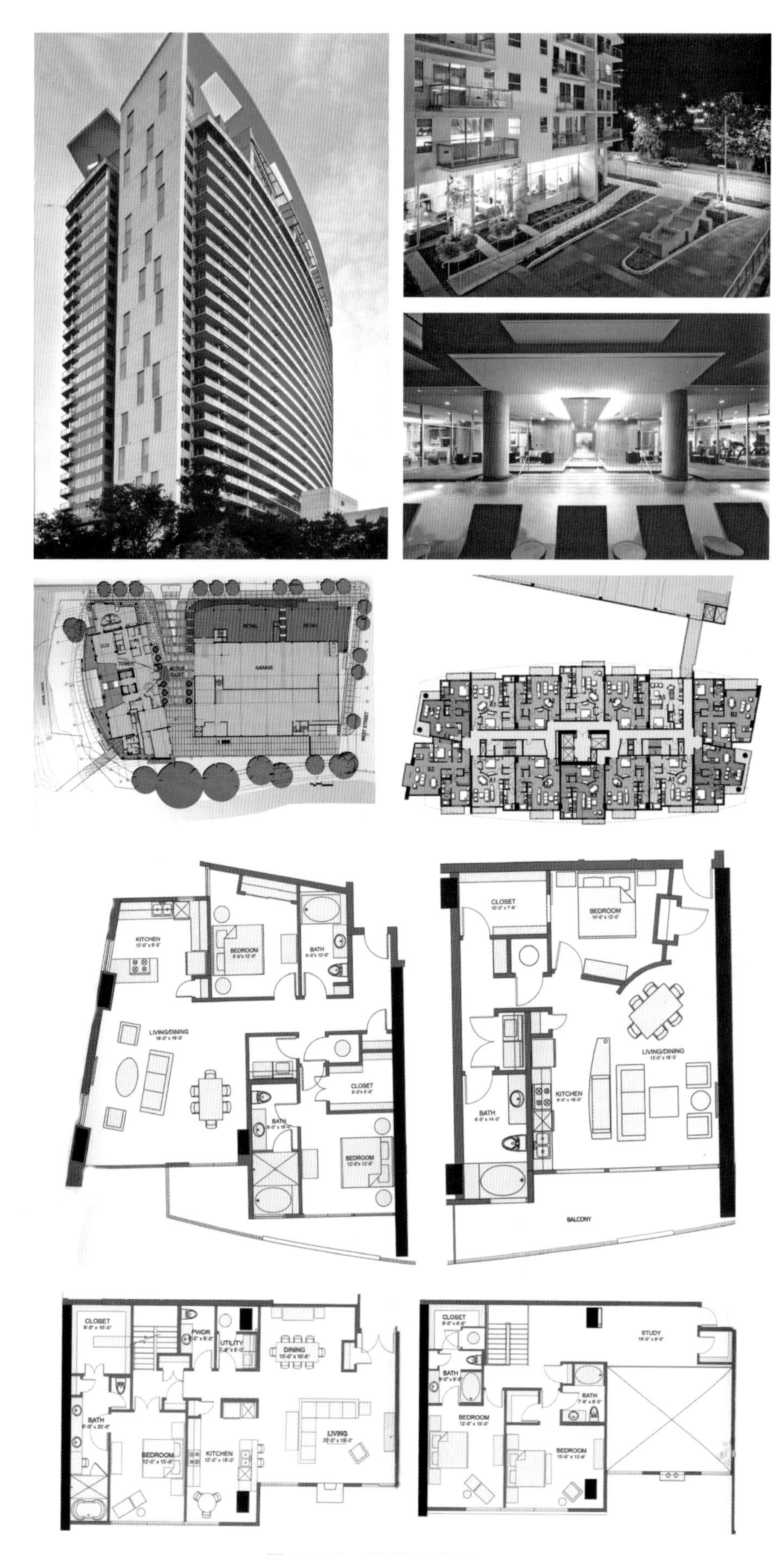

图 3-2-26　美国得州奥斯丁 Monarch

用浅灰色和土黄色涂料与石材作外饰，色彩的细微差异以及建筑的褶皱所产生的光影效果，使湖边公寓的外形更具有张力。该项目基地面积为75000m²，总建筑面积为11000m²，由C+S联合设计所设计。

图 3-2-27　意大利波代诺内都市湖边住宅

8. 伦敦紫杉树小屋

这是为残疾人租户创造的现代住房单元，在英国被称为庇护住宅。这类具有特殊功能的住宅主要关注灵活性和功能性的设计，还需要配合附近的许多不同风格的建筑，最终决定采用“L”形平面布置设计方案。一层有12户，入口设在两翼交汇处2层高的玻璃大厅，楼上的悬挑窗台可让住客享受到自然景观之美。外墙使用红砖和陶瓦片，使建筑融入周围的人文环境。简单的形式和凸出的窗台打破了大体块感，并赋予了现代的感觉。

9. 澳大利亚维多利亚省布伦瑞克宝石公寓

该公寓的基地的正南方是主干道联合大街和停车场，停车场为墨尔本皇家理工大学所有，也用作公共通道，基地与铁路宝石车站之间为公寓提供了宽敞的周边环境。基地面积为8200m²。

具有韵律的堆叠体块构筑了整座建筑，这种雕塑化的风格赋予建筑强烈的动感，反光金属表皮增强了建筑的律动感，光线和阴影的变幻丰富了建筑的质感。该项目为Kavellaris城市设计事务所的设计作品。

这里多列举一些澳大利亚公寓实例。

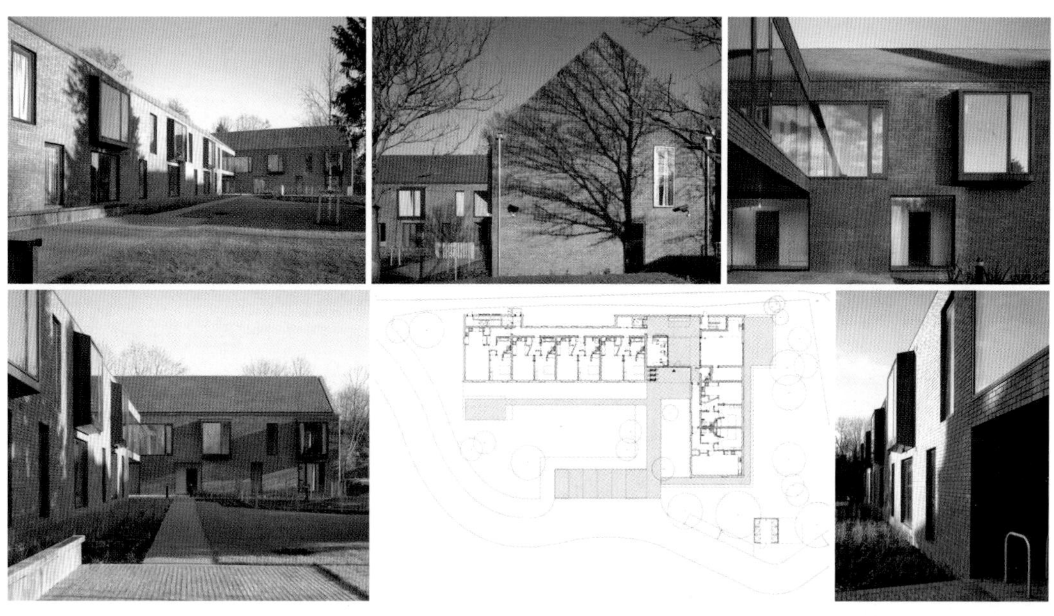

图 3-2-28　伦敦紫杉树小屋

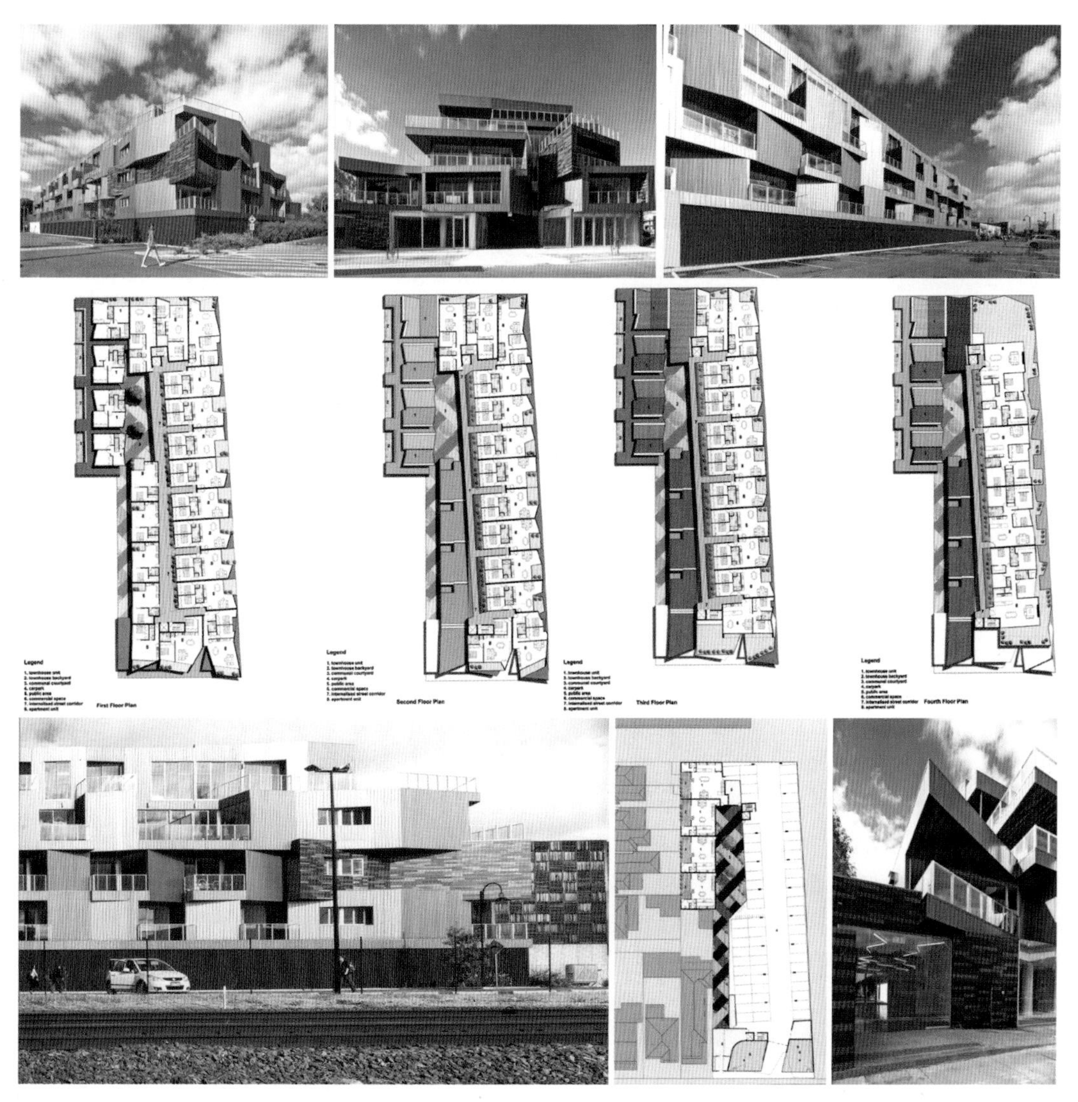

图 3-2-29　澳大利亚维多利亚省布伦瑞克宝石公寓

墨尔本梦想之城公寓

悉尼 Bay Pavilions 公寓

布里斯班 Belise 公寓

墨尔本 Alexander Lombard Tower

墨尔本 Sovereign 公寓

墨尔本温莎区 Windsor 公寓

墨尔本 APT Carlton 公寓

墨尔本 W 公寓

墨尔本皇后域海滨公寓 –Queens Domain

公寓的室内空间效果 1

公寓的室内空间效果 2

公寓的室内空间效果 3

公寓的室内空间效果 4

公寓的室内空间效果 5

图 3-2-30 澳大利亚公寓实例

三、经营型公寓

经营性公寓与居住性公寓不同，主要体现在以下几个方面：

（1）规划管理：经营性公寓的用地类别归属为综合用地，规划用地性质为公共设施用地，使用年限为50年，各项规划指标按照公共设施标准执行，建筑外檐按公建标准控制，建筑外部不得设置阳台，规划间距按公建标准执行，物业管理用房等相应配套服务设施按照相关规定在公寓内部安排，规划配套指标按公建标准执行。

（2）层高控制：经营型公寓建筑标准层层高应控制在5.6m以内。当标准层层高大于5.6m时，不论层内是否有隔层，建筑面积计算值均按该层水平投影面积的2倍计算。但是门厅、大堂、中庭、内廊、采光厅等不计入超高范围。

（3）设计及验收：经营型公寓按照公建设计标准执行，工程竣工验收执行非住宅技术规范。

（4）使用：经营型公寓的房地产权属登记参照非住宅的有关规定办理，水电费等城市费用按商用计算。

1. 深圳招商泰格公寓

公寓楼地上25层、地下2层，建在蛇口大南山半山坡上，占地面积为17247.69m^2，总建筑面积为42469.55m^2，由澳大利亚柏涛（墨尔本）建筑设计公司与深圳城脉建筑设计有限公司于2001年合作设计，2005年建成。

设计中充分利用自然的台地，依山而建，力求取得良好的日照、通风与景观，并保护好原有的地貌和植被，使居住区达到绿色、节能、环保的高舒适、低消耗、低污染物排放的要求。

泰格公寓已通过美国绿色建筑委员会LEED（Leadership in Energy & Environmental Design）银级认证。招商地产因此获得了美国绿色建筑委员会颁发的卓越贡献奖。

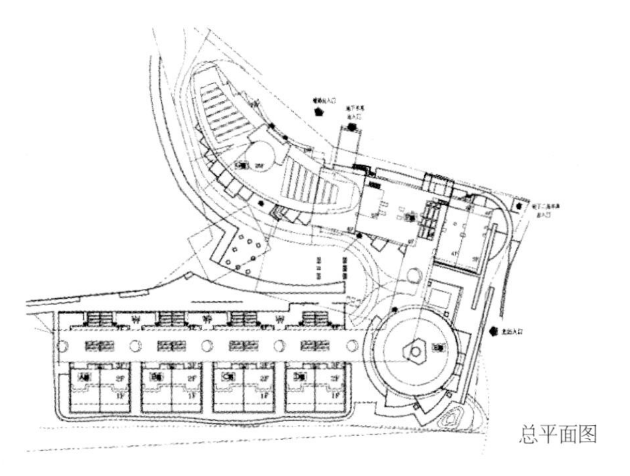

总平面图

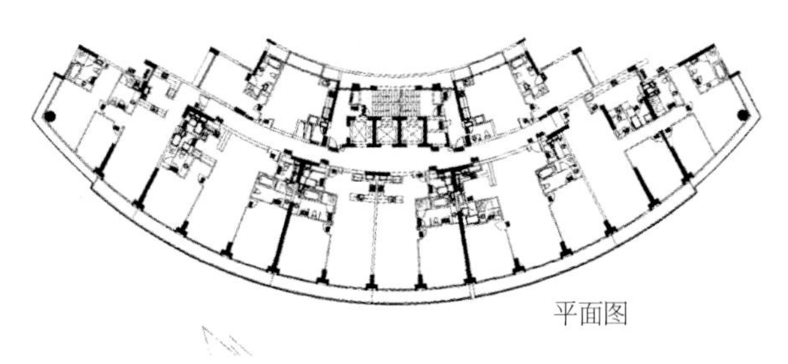

平面图

图3-3-1 深圳招商泰格公寓

2. 美国好莱坞 Formosa 1140 与 Habitat 15 公寓

Formosa 1140 公寓位于西好莱坞中心，建筑面积为 1486m^2，可容纳 11 户，单套住房面积约 140m^2。建筑设计由 LOHA Architects 承担，采用开放式庭院设计，将空间扩大至建筑外部，将普通的开放空间转至建筑外部，所有的住户单元都采用线性设计。不用担心采光和空气流通，因为外层板的运用使得建筑外部循环很好地缓冲了公共空间和内部私人空间，同时穿孔金属板和小开口孔可以使相邻楼层间空气流通。此外，外层红色金属板和内层开窗墙的设计也处理得相当巧妙，若隐若现，构成一种独特的视觉效果。朝西的住户还可通过遮挡设备来保持室内的凉爽。

Habitat 15 公寓是一组联排公寓，5 个 2 层的单元，可从街面进入，而 10 个 3 层的单元则从三层

图 3-3-2 美国好莱坞 Formosa 1140

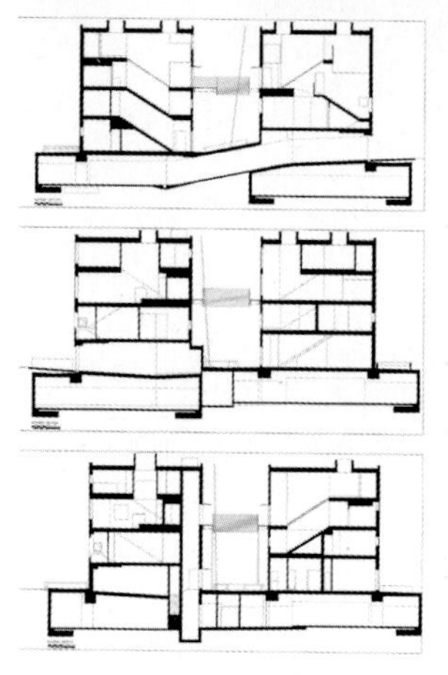

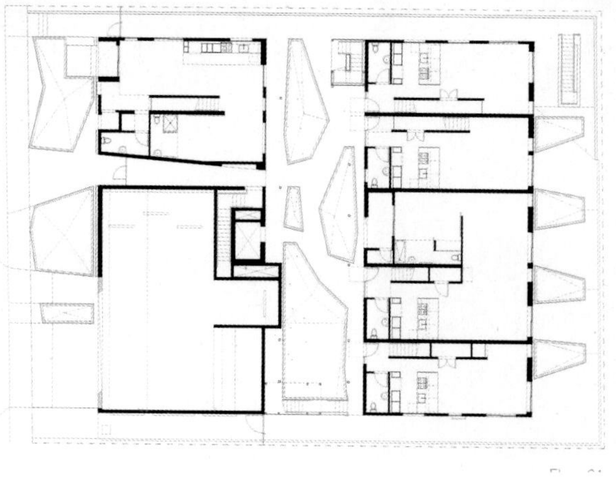

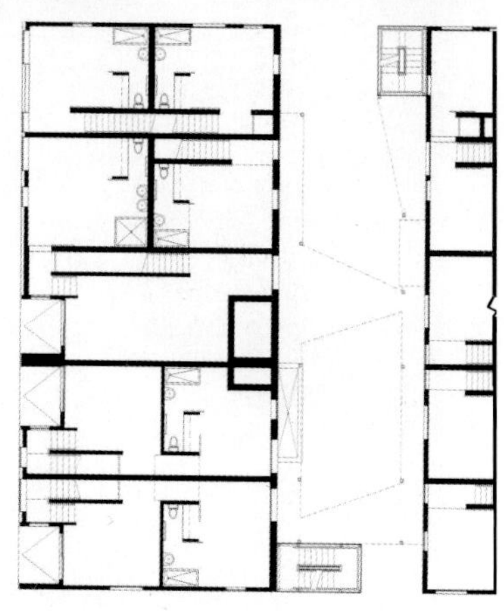

图 3-3-3 美国好莱坞 Habitat 15 公寓

通过楼梯和电梯进入，地下室有37个停车位。设计师的设计策略是两个与街面平行的建筑，在这两者之间是一个经过第一个建筑内部通道即可到达的院落。简单的方盒子形式使项目的内部功能元素能够得到最大限度的分配。

3. 深圳倚天阁度假公寓

盒状公寓建在大梅沙的山坡上，高低错落，依山势而建，创造了建筑与山体景观的完美结合，占地面积为7802.1 m^2，总建筑面积为12418.2 m^2，由深圳埃克斯雅本建筑设计有限公司与深圳清华苑建筑设计有限公司于2002年合作设计，2004年建成。

精装复式公寓均为一室一厅，共163户，户型面积为50 m^2，户户朝南全海景。

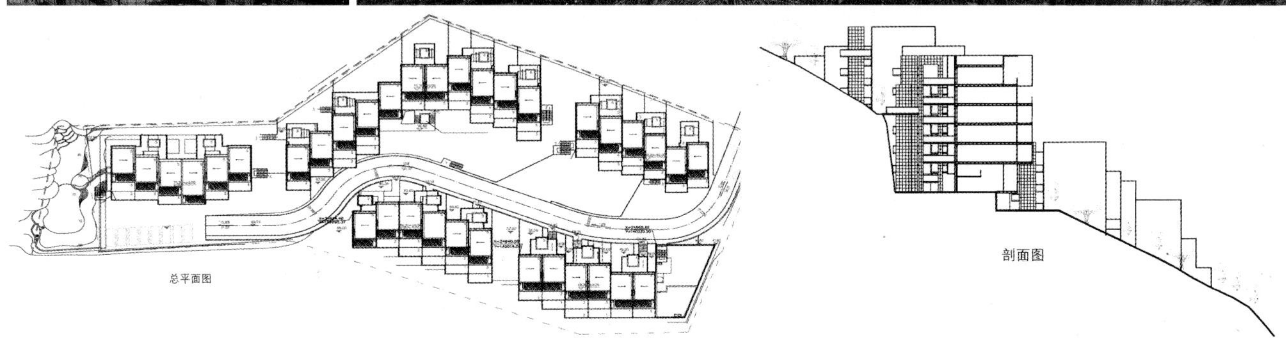

图 3-3-4 深圳倚天阁度假公寓

4. 瑞士苏黎世维迪孔公寓

苏黎世的维迪孔公寓，由5栋多层建筑均衡地布置在地块上。每标准层有四个单位，以满足市场住户的需要。该项目特别注重阳台、廊道与户外景观的交流空间，适合闲居与老人居住。

5. YOU+国际青年公寓

是一个面向青年白领的新品牌公寓。该公寓不接受45岁以上及带孩子的租户，以单身年轻人为主，而且十分安全，堪称现实版的爱情公寓。

选择创业公司集中的产业园或者交通便利的地方，或租用价格较低的整栋楼，对其进行改造出租，针对城市中收入较高的单身青年的生活所需，室内的布置也充分考虑了单身的生活需求。

例如在一个20 m^2 左右的单间中，把床架成一个大吊床，床下作为客厅，人为地加大了使用面积，而且床和客厅处都能看到窗外景色。房间中有卫生间，但是没有厨房，住户可以选择在公共厨房做饭或者在食堂用餐。集中力量精心布置一楼大厅和周围的空间，并安排了健身房、台球室、吧台、书架、游戏机等供住户娱乐，创造一个让青年人爱心集聚的大家庭的氛围。

YOU+国际青年公寓在广州海珠和白云已开业，凭着“挡风遮雨，有爱陪伴”的经营理念，YOU+迅速得到了广大新锐青年的认可。在公寓，住户们相互之间的称呼是“家友”，他们在这里相识、相知、相伴、相助，从朋友到亲人，发生了很多感人肺腑的故事。

图 3-3-5 瑞士苏黎世维迪孔住宅综合楼

图 3-3-6 YOU+ 国际青年公寓

6. 深圳壹字公寓

除了优越的地段，完善的配套，悉心的服务，更多的是提倡一种简约而不一样的生活体验。它是招商蛇口旗下的纯租赁型居住项目，包括“一栈公寓”、“一棠服务公寓”与“一间公寓”三大系列。拎包入住：室内专业设计、品质装修，品牌家私、家电齐全，为住户提供礼宾、安保、维修、咨询、管家、住客活动等服务。

（1）一栈公寓

隐居在南山区大南山脚下，位于向南路与工业八路汇合处，由2栋“花间”、2栋“林下”和7栋“山前”组成。“花间”的标准层平面由8套一室公寓及1套三室公寓组合而成。共提供1600套青年人才公寓，还有两室71m²、三室88m²和四室合住90m²等房型可供选用。

（2）一棠服务公寓

同居在大南山脚下的两栋33层公寓，是经营型服务公寓，拥有多种户型：两室71m²（两室一厅一卫）、豪华两室88m²（两室一厅一卫 一书房）、行政两室93m²（两室一厅一卫一书房）、豪华三室110m²（两室一厅两卫一书房）等。

（3）一间公寓

位于蛇口工业九路沃尔玛东侧，是将原槟榔园33栋7层住宅升级转型，增设了电梯，完善了功能需求，中央休闲广场及地下停车库也焕然一新，升级后共提供1409套高档精装公寓，开拓了旧宅更新的理念，取得了完全不一样的效益。原占地面积为36670.6m²，建筑面积为62478m²，容积率为1.7，2012～2013年间转型完成。

“花间”标层平面

二房公寓

三房公寓

四房公寓

图 3-3-7 深圳一栈公寓

图 3-3-8 深圳一棠服务公寓

图 3-3-9 深圳一间公寓

四、公益型公寓

老年公寓、老人日间看护中心、华侨公寓、青年公寓、学生公寓、军人公寓等都属于公益性公寓，主要服务于社会。

（一）老年公寓

老年公寓是供老年人集中居住，符合老年人体能、心态特征的公寓式老年居所，是公益型养老机构。与普通的全龄化社区不同，它是单一的老年居住区。

养老的社会服务保障体系已经成为老龄化社会面临的严重问题。老人居住到专门的老年公寓，根据老年人的身体健康状态、生活自理程度及社会交往能力，实行集中分级管理，一般分为自理型、陪助型、护理型和疗养型四级，同时配备必要的专业的康复治疗和医疗保健设施。

（1）自理型老年公寓，设有单元式住房，配备房务、餐饮、娱乐等酒店式服务，但不提供医疗设施与护理条件。

（2）陪助型老年公寓，主要服务于半自理型老人，可提供生活陪助、护理和护士保健服务。

（3）护理型老年公寓，主要服务于患有慢性病、残疾的老年人以及老年痴呆症患者，这些老人生活不能自理，需要24小时特别护理。

（4）疗养型老年公寓，主要服务于患有严重疾病，治疗后病情已得到控制的老人，他们需要长时间的康复治疗和调养看护，因此需要配备必要的专业的医疗保健设施。

老年公寓的规划建设，最先同样要经过市场需求调研和项目定位等流程，其选址、规模和标准也要因地制宜，这样才有利于经营管理和持续发展，真正起到社会保障作用。

下面列举国内老年公寓的实例：

1. 上海颐和苑老年公寓

该项目位于金山区朱泾镇，总规划面积约200亩，总投资约12亿。首期投入逾3亿元，建筑面积为34000m²，其中包括4栋养护院，共408个床位，接受需要护理的老人，6栋供能自理的老人入住的公

图 3-4-1　上海颐和苑老年公寓

寓，共392个床位。养老院的老人还可选择两室两厅、一室一厅等，是一家政府扶持的非营利性养老机构，于2015年10月开业。

颐和苑引进丹麦式“幸福养老”的理念，与丹麦著名的养老机构——丹麦制事家园（DDH）合作管理，把传统的居家养老与新兴的机构养老有机结合，以“家”为目标，以“田园”为生活环境，形成高端居家养老的新型模式。同时，与丹麦SoSu护理学校合作，创办金山护理学校，为项目提供定向培养，并与上海市三级甲等医院建立长期协作关系，实现医养结合。养老院入住对象为生活自理的健康老人，养护院入住对象为经过评估的失能老人。社区内部设一个约2500m²的休闲娱乐会所，满足老人餐饮、集会、运动、休闲等活动需求。另设一个约1400m²的健康及医疗会所，为老人提供医疗及康复服务，老人可以用医保卡享受这些基本服务。社区南侧配置了一个占地140亩的生态果园，社区内部设有中央景观花园，还设有六大主题庭院和一个康复花园。

2. 北京东方太阳城国际老年公寓

项目位于京东顺义潮白河畔，是一所绿色的生

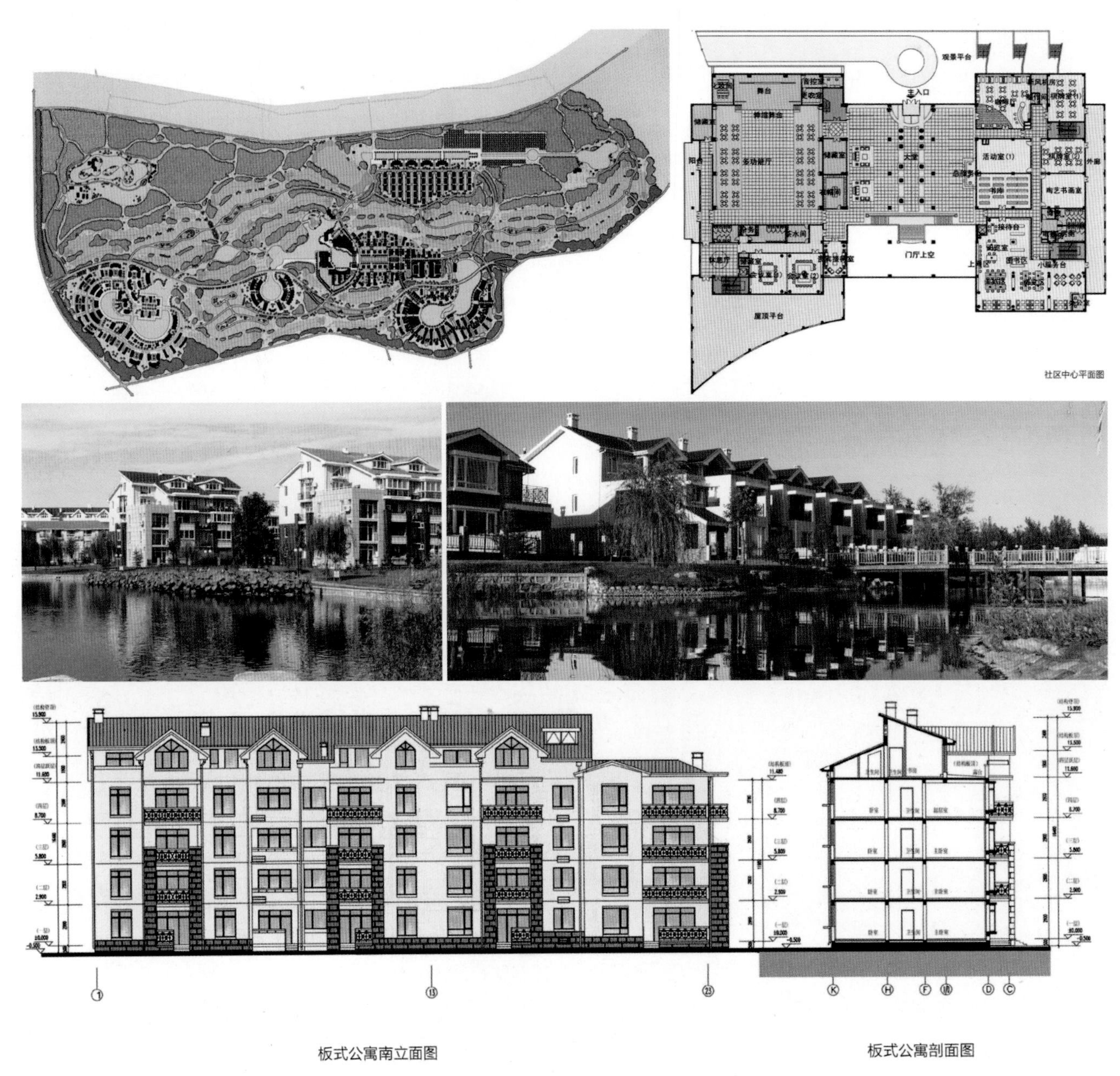

图3-4-2 北京东方太阳城国际老年公寓（一）

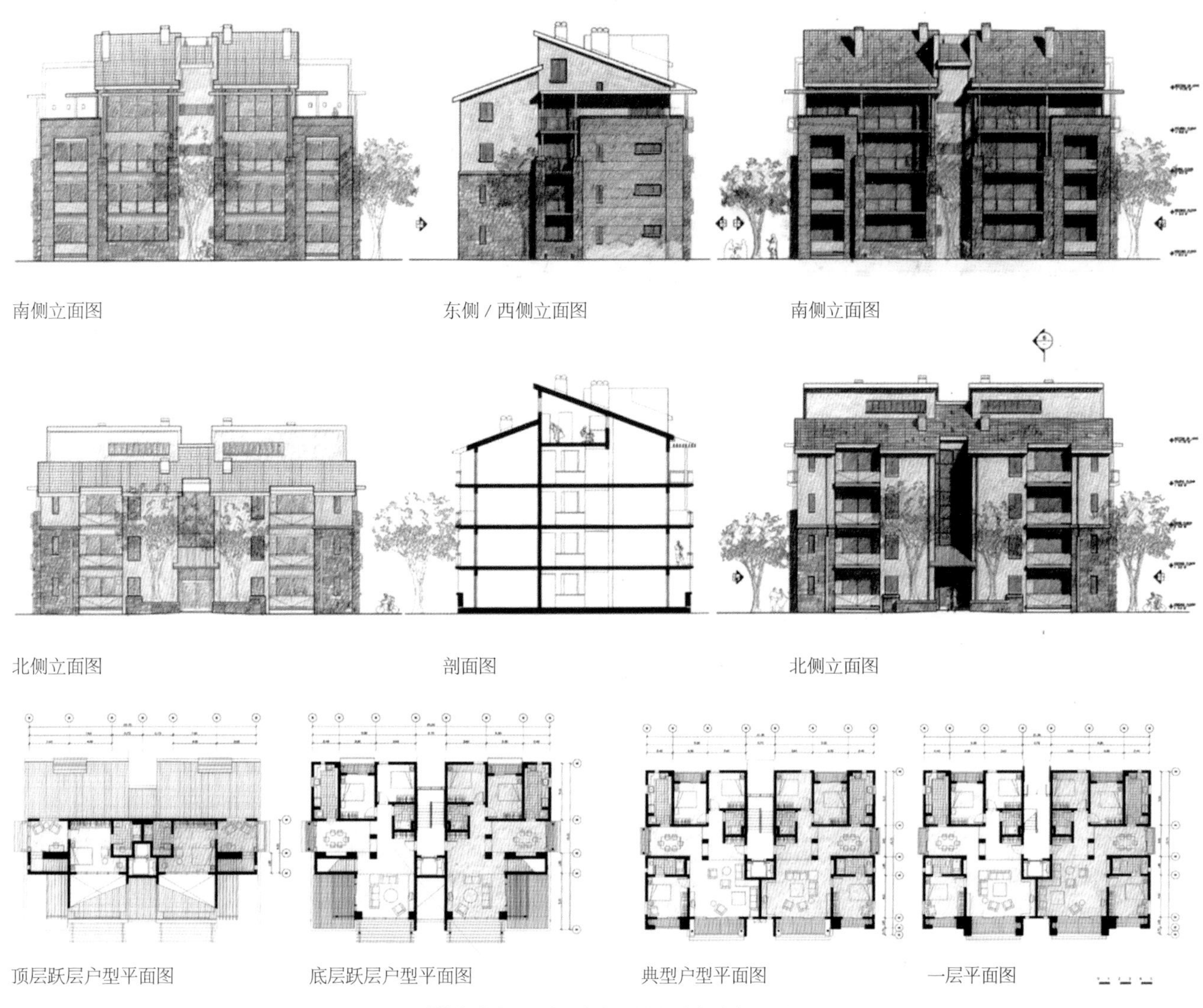

图 3-4-2 北京东方太阳城国际老年公寓（二）

态可持续发展的老年社区，由多层公寓、联排公寓和独栋公寓组成，占地 234 万 m^2，其中建设用地 123 万 m^2，总建筑面积 80 万 m^2，自 2001 年始建以来，一、二期工程已建成，三期正在建设中。

该项目由北京时代维拓建筑设计有限公司与美国 SASAKY 事务所、北京建筑工程学院环境与能源学院合作设计。

3. 江苏省老年公寓

江苏是全国第一个跨入老年社会的省份，省政府投资 4.5 亿元建设省老年公寓，位于南京集庆门大街西段，西临长江，作为一所示范性养老机构，占地 100 亩，总建筑面积为 6 万 m^2，已于 2012 年 9 月建成开放。

它由颐养照料区、餐饮娱乐区、医疗康复区和综合保障区 4 个区域组成，拥有 12 栋老年公寓，楼间有长廊相连，设酒店式服务，总床位 870 个，其中住养床位 678 个，康复治疗床位 192 个。公寓有三种户型——82m^2、112m^2 和豪华户型。它与南京多家大型医院建立了急诊绿色通道，以老年康复为特色的二级康复医院即将建成。

在娱乐休闲区，可以弹琴作画、棋牌乒乓、健身游泳，还有多功能厅可用于联欢、会议、影视；室外有门球场、羽毛球场、健身操场等活动场地。花园绿化面积达 53%，配以园林景观，为老人提供了清新安逸的养老生活环境。

图 3-4-3 江苏省老年公寓

4. 嘉兴保利西塘越

该项目位于西塘古镇东南端——水上瀛洲，三面环水，南邻申杭高速公路，交通十分便利，江南水乡的自然环境成为西塘越一大特色。西塘越是集老年公寓、养老会所、老年康复中心与理疗中心与旅游、医疗等功能于一体的综合养老机构。

一期用地面积为 99720.9m^2，采取环形布局，中部高、周边低，沿岸布置亲水公寓 39 户，毗邻水岸布置合院公寓 36 户，离岸布置联排公寓 77 户，再布置老年公寓 176 户与陪伴老年公寓 48 户。中心地带设主入口与养老会所，同时布置小高层住宅，可住 348 户，并与二期建设及老年康复、理疗中心相连接，总建筑面积为 28.2 万 m^2。

西塘越由上海霍普建筑设计事务所设计，选用海派石库门建筑风格——百年前上海租界中西合壁的建筑形式，吸取现代建筑元素，富含本土文化底蕴，建筑高贵浪漫，深受本地人的喜爱。如今建成的西塘越成了古镇水乡一道新的风景线。

图 3-4-4 嘉兴保利西塘越[29]（一）

图 3-4-4　嘉兴保利西塘越[29]（二）

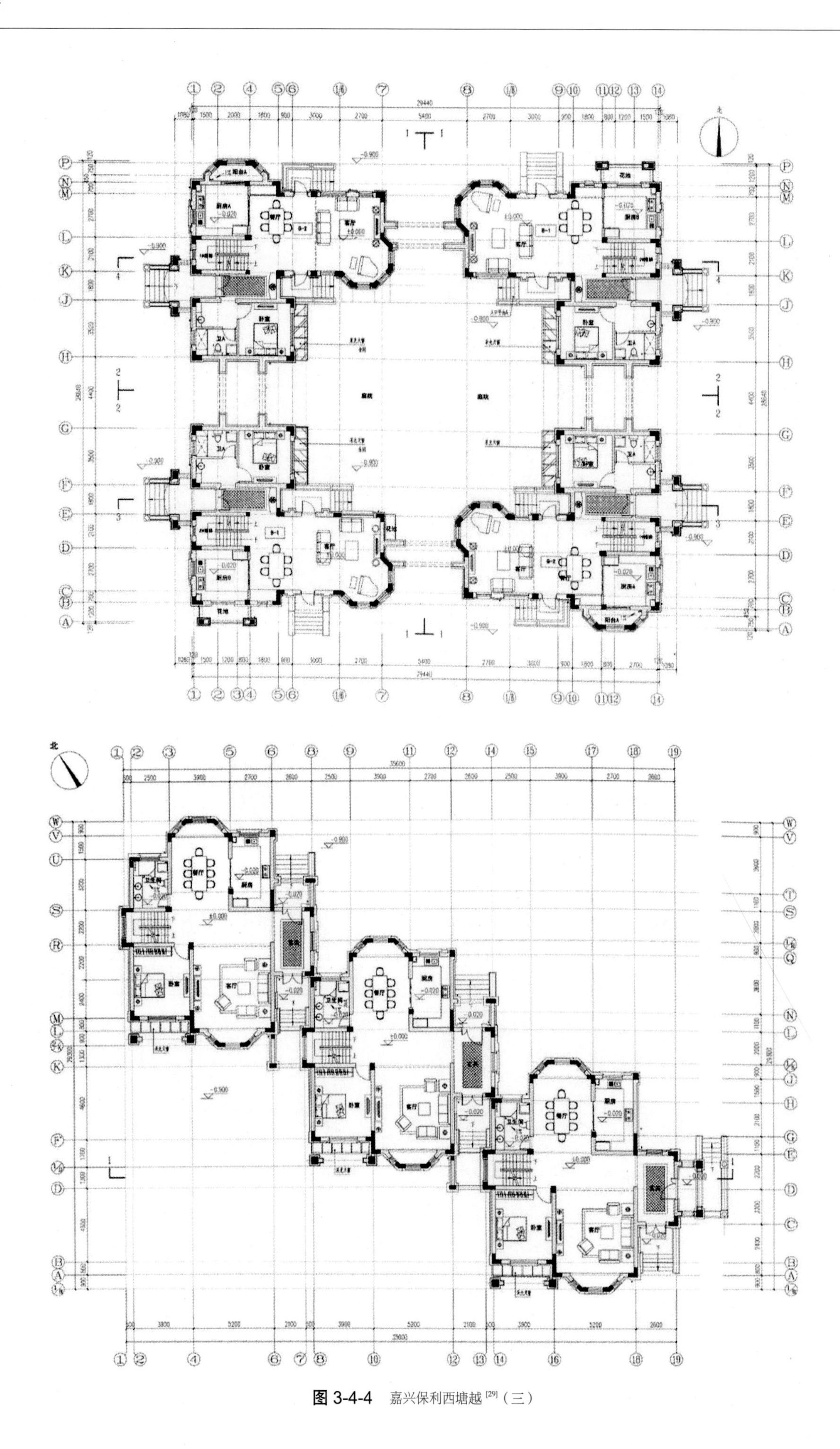

图 3-4-4　嘉兴保利西塘越[29]（三）

5. 北京市第一社会福利院

该项目位于朝阳区华严北里甲2号，是由市政府投资兴建的老年福利事业单位，也是经卫生局批准的首都第一家老年病医院，集医疗、康复、颐养、科研、教学为一体，成立于1987年，其建筑面积为2万多平方米。福利院设有门诊部（逸安园）、阳光大厅、怡康园、颐养院、西小楼、办公楼并于2010年新建了泽兰园、芙蕖园、馨乐园，总床位数达1141个。

作为公益性的养老院，主要接收国家优抚、需要照料的离退休老人、归国华侨以及老年病患者，分别为市级以上的劳模、见义勇为致残者、因公致残者（超过80岁）及失独老人（超过70岁）四种人，且由民政局有关部门审批后方能接收，需排队入住。

福利院分不同的科室，配有医生、护士和护工。入住的老人分为半护理和全护理两种，床位费每月720～3500元不等，护理费用视每位老人的实际情况，按每月950～4800元收取。餐食由院方提供，院内设有文娱、健身、休闲活动场所。

图 3-4-5 北京市第一社会福利院

6. 西藏拉萨城关区社会福利院

该项目位于拉萨的一个小村庄，由政府投资在原址上兴建，清华大学建筑学院周燕珉居住建筑设计研究室援助设计。福利院共有107个房间，可接纳五保老人72人和自费老人72人。其中单人房71间（包括夫妻房），每间15m²，主要服务于公费老人；双人房36间，每间24m²，主要服务于自费老人。占地面积为4206m²，总建筑面积为5395m²，2011年建成开业。

遵照“与村落和谐共生”的设计理念，福利院采用2～3层的院落式布置，借鉴藏式建筑交错层叠的形态，采用大块的白墙、藏红色的门头和石砌的塔体，使建筑融入村落。拉萨的平均海拔高度为3650m，树木生长慢，特别要利用好原有“林卡”（园林），共享当地特色的环境氛围。同时，福利院内的设施向居民开放，主要有诊所、餐饮、浴室、健身设施等，成为村落的有机组成部分。

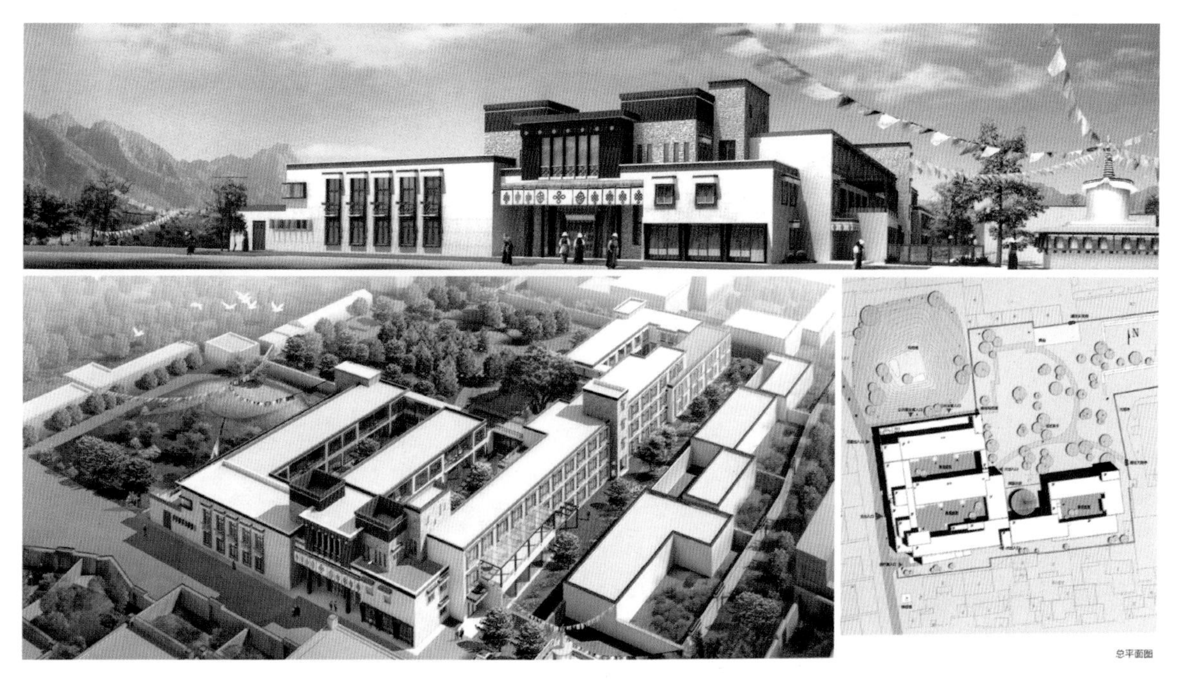

图 3-4-6 西藏拉萨城关区社会福利院（一）

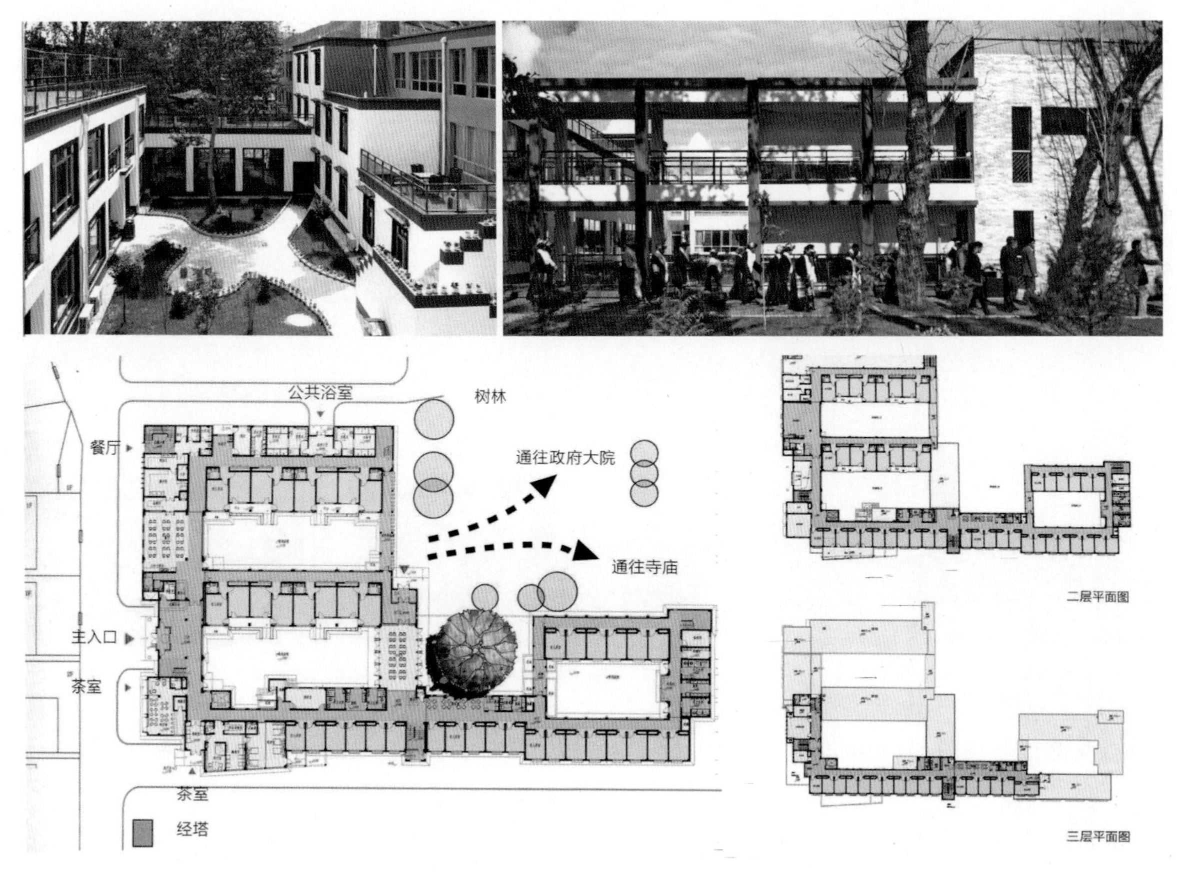

图 3-4-6　西藏拉萨城关区社会福利院（二）

（二）养老保险与养老社区

目前，人寿、泰康等保险企业也相继开发养老社区项目，创造养老商业模式——年轻时投保，退休后住进养老社区。

1. 中国人寿的养老社区

中国人寿应对中国人口老龄化，明确把健康医疗产业投资、健康养老服务和保险结合起来，推行"国寿嘉园"健康养老品牌，建立基于满足客户健康养老需求的保险综合服务体系。中国人寿现已完成北京大兴国寿嘉园·韵境、天津国寿嘉园·乐境、苏州国寿嘉园·雅境、三亚海棠湾国寿嘉园·逸境的建设，并将在深圳等城市布局。

目前，中国人寿已推出"保单＋养老服务"的模式，以《中国人寿养老社区入住资格确认书》作为养老社区与保单对接的载体，对选择入住国寿嘉园的客户在未来的保证入住权、优先入住权、价格优惠权、体验式入住权等方面进行了明确，一揽子解决了客户的养老问题。

天津国寿嘉园·乐境由中国人寿集团投资，是首个医养结合型项目，建筑规划总面积为 127943m^2,包括医养结合养老社区（约 894 个床位）和国际康复中心（约 168 个床位）两大板块，未来可满足千余人入住养老和康复治疗，预计 2019 年正式开业。

图 3-4-7　天津国寿嘉园·乐境

乐境引进了日本木下介护养老行业品牌、国际领先的 TIRR 康复医院，并整合了天津医科大学总医院空港医院、空港国际生物医学康复治疗中心等。

2. 北京泰康之家的养老社区

北京泰康之家·燕园位于北京市昌平新城，周边有丰富的旅游、休闲度假、运动娱乐和购物资源，如蟒山国家森林公园、十三陵水库、小汤山温泉等。总建筑面积约为 31 万 m^2，总投资约 54 亿元，共能容纳约 3000 户居民入住，于 2015 年 6 月开园试运营。

图 3-4-8 北京泰康之家·燕园

燕园是泰康开发的第一个养老社区，引入国际领先的 CCRC 养老模式，并配备了专业康复医院和养老照护专业设备，是可供独立生活的老人以及需要不同程度的专业养老照护服务的老人长期居住的大型综合高端医养社区。燕园是中国首家获得 LEED 金级认证的险资投资养老社区。

上海泰康之家·申园地处上海西南的松江新城，毗邻国家旅游度假区佘山，是一座天然氧吧。社区总投资 42 亿元，总占地面积 9 万 m^2，建筑面积 22 万 m^2，会所面积为 1.1 万 m^2，可容纳居民 2200 户。由享誉全球的约翰·波特曼建筑设计事务所负责全程设计，秉承“在地安养、持续关爱、人文关怀”的先进理念，为居民营造一个有活力的、温馨的家园，于 2016 年 7 月开园。

图 3-4-9 上海泰康之家·申园

申园在选址时，参照美国社区的选址原则：离子女和自己的家近，自然环境好，周边配套完善。社区引入国际领先的 CCRC 养老模式、“1+N”的全方位服务模式，并配备了专业康复医院和养老照护专业设备，是一个可供独立生活、不同程度的协助生活、记忆障碍和需专业照护服务的老人长期居住的大型综合高端医养社区。

除此之外，泰康还在全国布局养老社区，如广州粤园、三亚海棠湾度假村、苏州吴园、成都蜀园、武汉楚园、杭州大清谷等。

图 3-4-10 泰康之家·申园

图 3-4-11 泰康之家·楚园

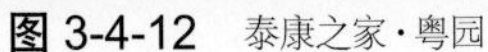

图 3-4-12　泰康之家·粤园

图 3-4-13　泰康之家·蜀园

3. 香港安老院

也被称为“安老中心”、“护老之家”，与内地不同，香港大部分安老院都坐落在住户相对集中的繁华地段。由于香港住房紧张的原因，大多数安老院基本上就是一幢住宅楼中的一部分。

香港安老院主要职能不是“养”，而是突出“护”，着重身心健康护理服务，所以也被称为“护老院”。以设有 180 个床位的安老院为例，一般需要配备 30 多名专业护理人员，包括专职护士、保健员和护理员，实行 24 小时专业护理，还要专聘注册医生，每周对安老院的老人进行巡视。老人的亲属可以随时或预约前来探望。

安老院里有一应俱全的配套设施，比如公共卫生间、洗浴间、餐厅、开水房和治疗室等，供老人活动的场所还有简易的运动器械、大屏幕彩电、麻将桌等。档次高一些的安老院还有花园，供老人们休闲散步。

香港安老院主要有四种性质：一是受政府资助，二是自负盈亏，三是私营，四是合约。安老院的收费标准一般依据软硬件设置以及老人的身体状况而定，生活能够自理的老人只需交纳食宿费和一般护理费，如果需要特殊照料，会根据程度的不同收取更多的费用，并按照老人入住后的健康状况及其改变，确定和调整照顾的级别和相应的收费标准。

安老院的服务宗旨是“以爱心服务长者”，体现“老有所属”的精神，以家庭式的温暖、医院式的护理，满足长者生理、心理、社交等方面的需求，使老人享受到周到的护理、医疗、膳宿，保持身心健康，安享晚年。每家安老院还会根据自己的特点制定出操作性极强的护理计划和服务细则。根据香港特别行政区统计处《香港人口推算》报告，未来香港老年人口将接近总人口数量的 30%，面对香港社会人口老龄化的趋势，香港特区政府正联合社会团体，努力为香港的长者提供多种社会服务及福利，以确保老年人能各取所需，安享晚年。

4. 澳门养老服务独具特色

澳门是全球生育率最低的地区之一，同时澳门人均预期寿命为 84.51 岁，排名世界第四。随着澳门步入老龄化社会，特区政府秉承“以人为本”的施政理念，提出“家庭照顾，原居安老；积极参与，跃动耆年”的长者工作原则，推出了多项养老措施及政策，如现金分享计划、医疗券计划、经济房屋政策、公务人员公积金制度、中央储蓄制度以及强制性与任意性之双层式社会保障制度等，着力构建具有澳门特色的养老服务体系。

澳门并没有政府公立的安老院舍，而是采取“民办公助”的形式支持社团、宗教机构及私人开办安老机构，来满足不断增长的社会需求。目前共有安老院舍 19 家，其中接受政府资助的 9 家，非受资助的 10 家。安老院要加入社工局的统一评估和分配轮候，并有部分床位要留给因经济困难而免费入住的老人。据了解，2014 年，受社会工作局定期资助的长者服务设施名额共有 4600 多个，资助金额 1.74 亿澳门元。

作为澳门第一家护理安老院，母亲会护理安老院，接受政府资助，建有1200多平方米的屋舍及主要设施。母亲会是一家具有50多年历史的非营利性慈善组织，目前开设了3家托儿所，安老院和护理安老院各一家，还有一家为55岁以上老人提供活动场所的耆康中心。

目前澳门有5家老人中心，是由街坊总会、工联总会、明爱等社团兴办的，为体弱及缺乏家人照顾的人士提供包括送膳、家居清洁、洗澡、购物、护理复康等服务，让长者在得到适当护理服务的同时，可继续留在熟悉的小区中，与家人或亲友共聚，保持身心健康。此外，还有长者日间中心12家和以长者康乐活动为主的颐康中心23家。

现在澳门的养老金制度主要由社会保障基金管理的社会保险制度及非强制性中央公积金制度以及社会工作局提供的经济援助和敬老金组成。敬老金是所有年满65岁的澳门永久性居民人人有份，不需供款或收入审查。现在，养老金的金额为每月3350元。特区政府还为长者提供公立医院免费的预防保健、一般护理和专门护理门诊及住院服务；由社区医疗外展队为有需要的老年病患者提供家居医疗及护理等服务。由澳门社工局提供支持的“平安通”呼援服务中心，为独居长者、年迈夫妇以及其他有需要人士提供24小时长者服务热线。

（三）老年中心

20世纪70～80年代，在战争年代立下功勋的老干部纷纷离休、退休，为了安置好老一辈的退休生活，例如老干部比较集中的湖南在长沙市蓉园旁、湖北在武汉市的东湖畔兴建了老干部活动中心，一些省市相继兴建或改扩建成一定规模的老干部活动场所。随着时间的推移，现在已成为社会化的老年中心，为老年人提供活动场所和生活服务，成为了完善的社会保障系统的重要组成。

湖南省老干部活动中心是1984年作者主持设计的，以南山楼（建筑面积为5386m^2）作为活动场所，500个沙发座的金秋堂（建筑面积为2572m^2）供联欢、会议、电影、小型慰问演出用，还设有256间客房的东海楼（建筑面积为6564m^2）、流芳餐厅（建筑面积为1372m^2）以及配套设备员工用房等，总建筑面

图 3-4-14 湖南省老干部活动中心

积达 20732m²。

以“爱晚”为主题的这组建筑围绕湖面布置，融民族与现代建筑风格为一体，融建筑与园林为一处。南山楼内的中庭借来“爱晚亭”作壁亭，“武陵园”一景作假山，以书画、盆景、古瓷、金鱼四个展廊为过渡，连接起琴、棋、书、画、健身、乒乓、阅览、饮、浴等 15 个活动室；还设有当时新潮的录像室和保龄球馆，健身房内设有按摩床椅、联合健身器、跑步机等健身器械。室内外活动设施结合内外庭园穿插布置，充分考虑了老人的审美观、爱好和身体特点。活动楼可同时接纳 1500 多人。

（四）老人日间看护中心

当今，老年日间护理中心成为社会公众的关注点。尤其是经济房住宅区，若能做好居家养老的日间看护，有娱有乐，安排好午餐，则可让奔波于工作的子女放心、安心。

现在很多住宅区设立了老人日间护理中心，还有许多住宅区创造条件开办护理中心，拥有一种强烈的社会责任感，例如深圳市南山区花果山社区老年人日间照料中心。

以下将列举一些国外老人日间护理中心的实例。

图 3-4-15 深圳市南山区花果山社区老年人日间照料中心

1. 葡萄牙奥埃拉斯老人公寓及日间护理中心

市区靠近山谷的高处是一片低收入家庭的经济房住宅区，而低处则是各种公寓的聚居地，日间护理中心位于其间，与这些社会性建筑有着密切的联系，试图以其特殊的色彩、材质和纹理，赋予一种强烈的社会责任感。

这座高 4 层的公寓分成前后排，建筑面积为 5000m²，在上下互通的走道两侧布置 60 套住房，并提供多个交流空间，实现了楼层间的竖向通透性。

底层以玻璃围合作为大型公共活动场地，外围花园也成为了社交区，是公共活动空间的延伸，使老年中心成为了社会公众的关注点。该项目由 CVODArquitectos 设计公司设计，精确的成本控制使得建筑在功能、经济和美学上取得了积极的平衡。

2. 奥地利多恩比恩老人看护中心

该中心是在原址上扩建而成，拥有花园般的景观，可接待 108 名老人，设计面积为 7316m²。

3. 西班牙胡安阿尔卡萨姐妹老年公寓

由姐妹老年人慈善机构开发管理，位于雷阿尔城的开阔地带。这是一块在某种程度上有点贫瘠和怪异的地方，它那广阔的土地被葡萄园与橄榄园分成网格状。

这座巨大的 4 层建筑，面积达 1.5 万 m²，可接纳 150 名老人。它采用独特的锈红色外表，是通过将铁红色颜料和硝酸盐掺入外墙涂料中来实现的。这种颜色在视觉上把建筑和砂岩联系起来，而这个古老的城市就是建在砂岩上的，现在又赋予了建筑易识别性和独特的性格。

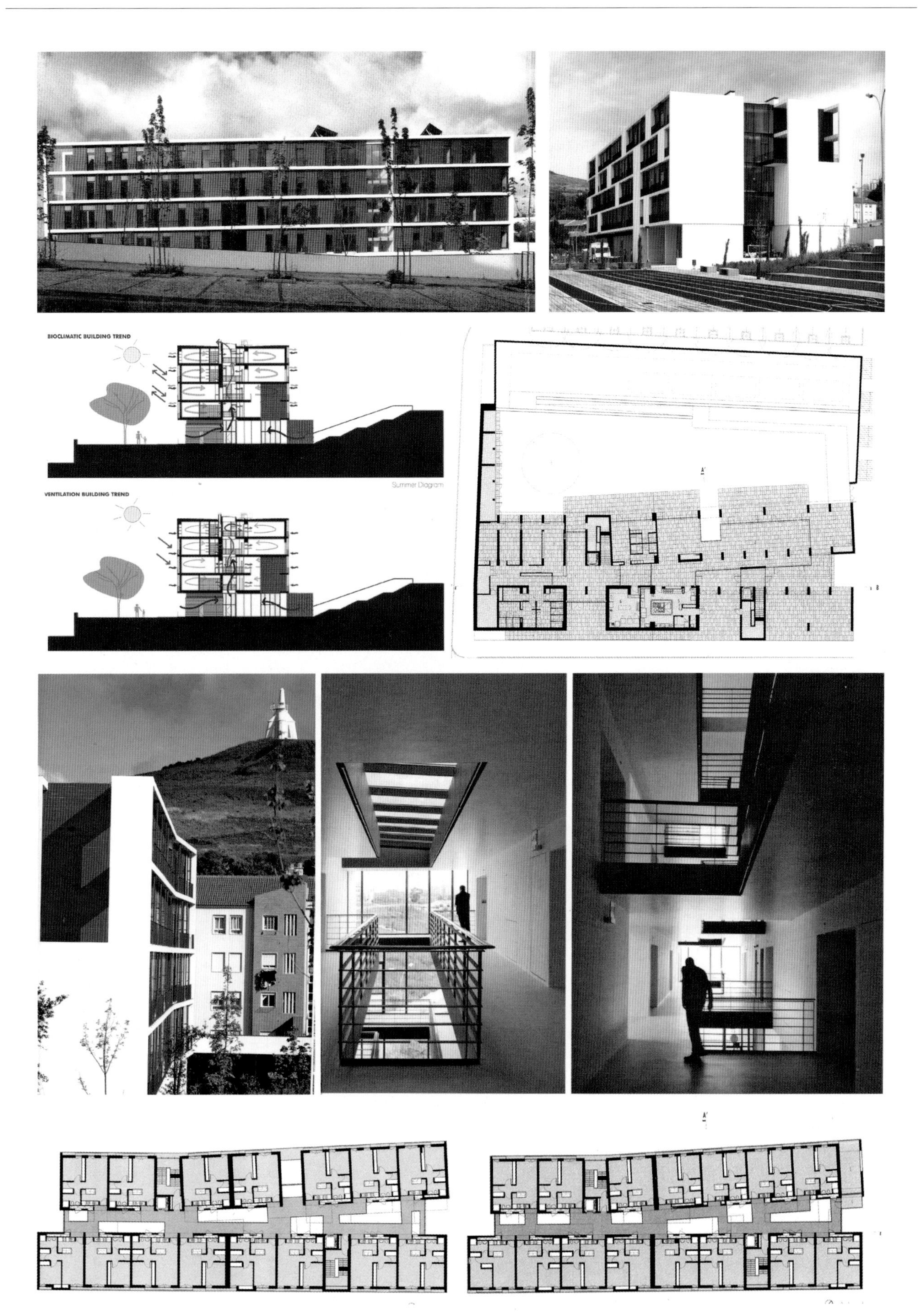

图 3-4-16 葡萄牙老人公寓及日间护理中心

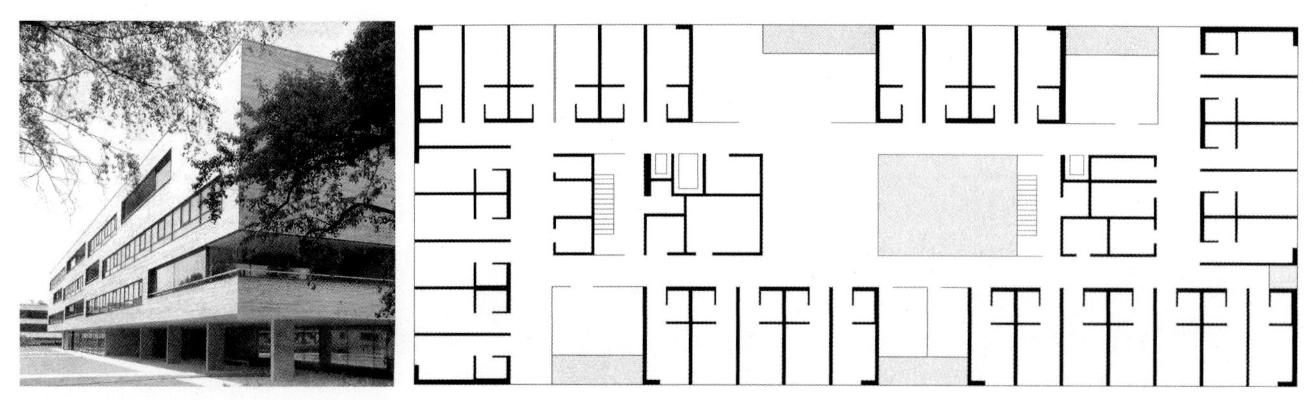

图 3-4-17 奥地利多恩比恩老人看护中心

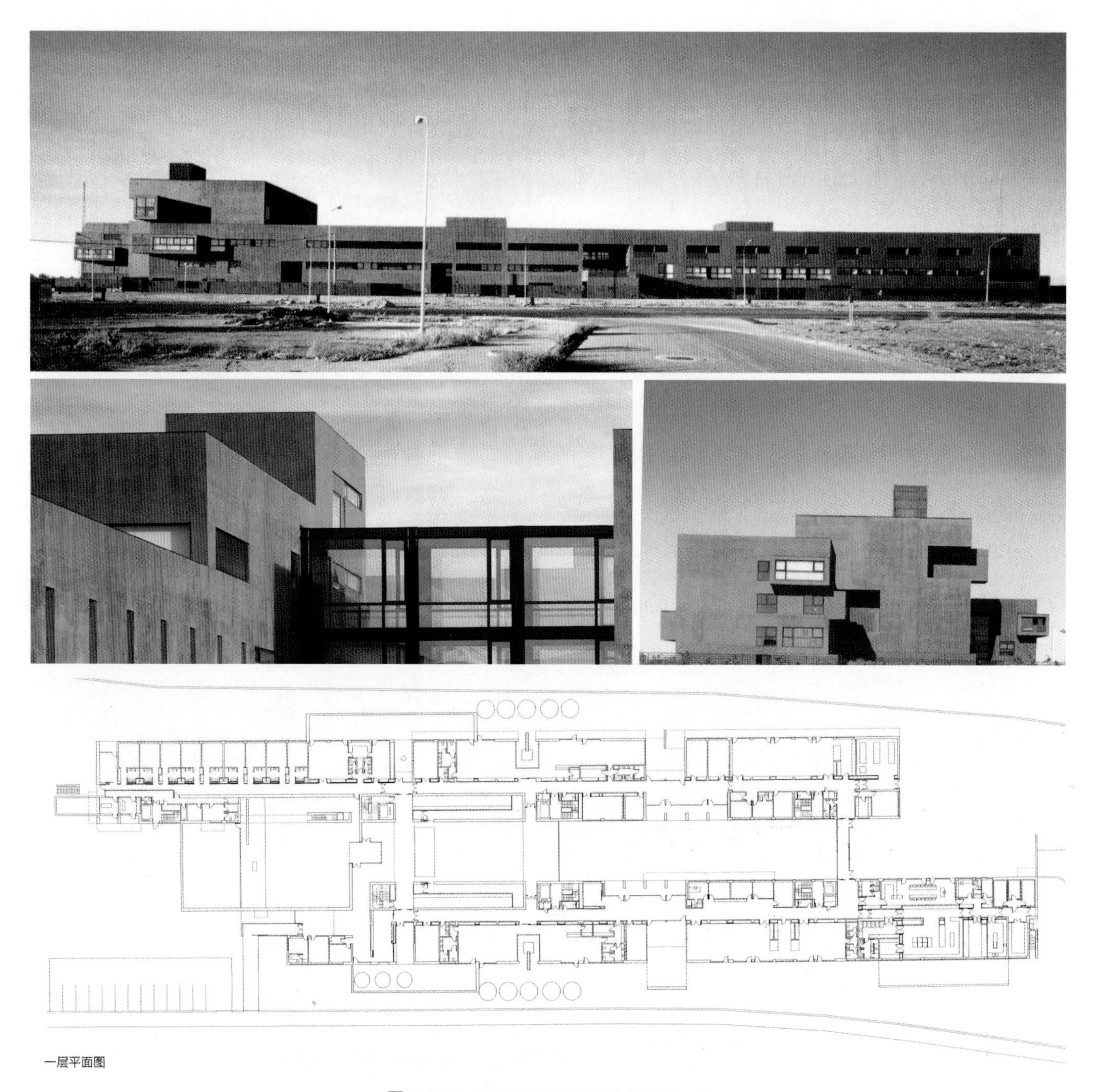

图 3-4-18 西班牙阿尔卡萨姐妹老年公寓（一）

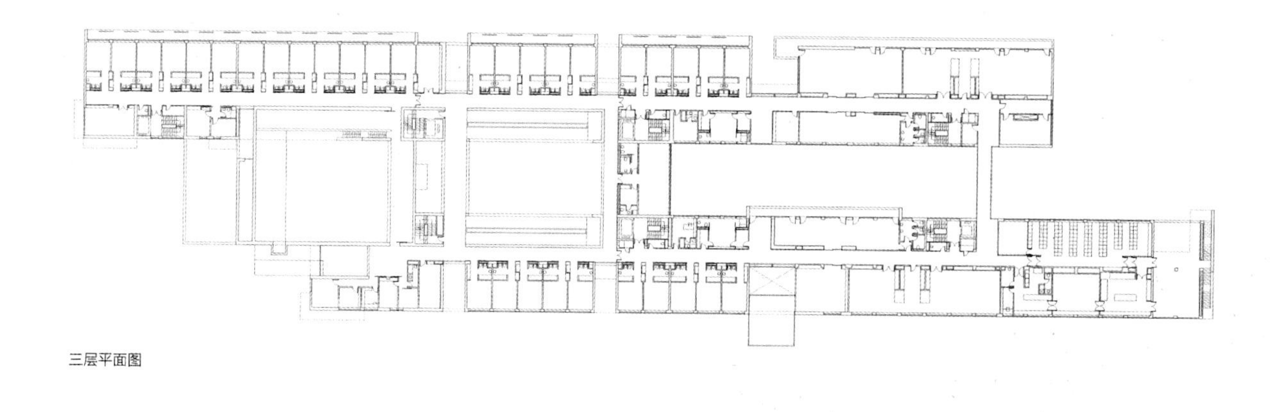

三层平面图

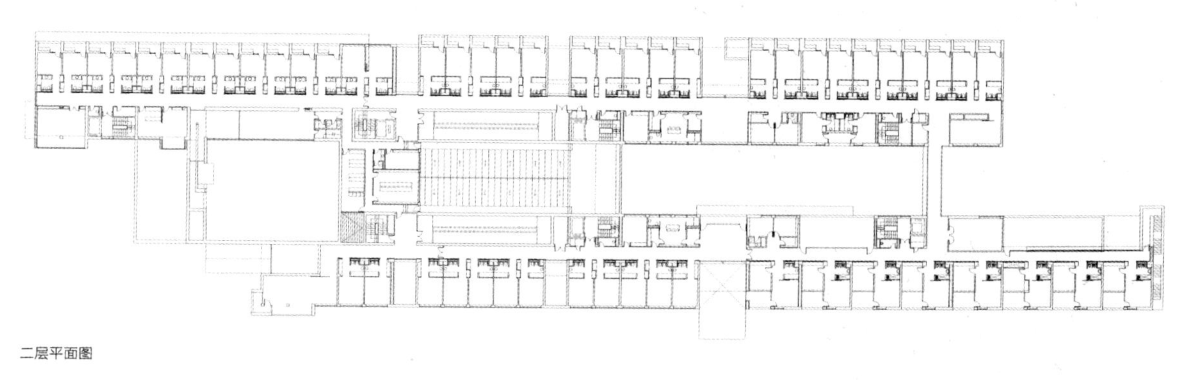

二层平面图

图 3-4-18 西班牙阿尔卡萨姐妹老年公寓（二）

4. 卢森堡永林斯特 CIPA 住宅及看护中心

由卢森堡红十字协会发起，在拉姆大街处，兴建一座老年人综合服务中心（CIPA），为 100 名智力衰退人士提供服务。维特利 & 维特利建筑事务所与吉姆·克莱门斯建筑事务所赢得了这项设计，设计使用面积为 8889m^2，于 2004 年建成。

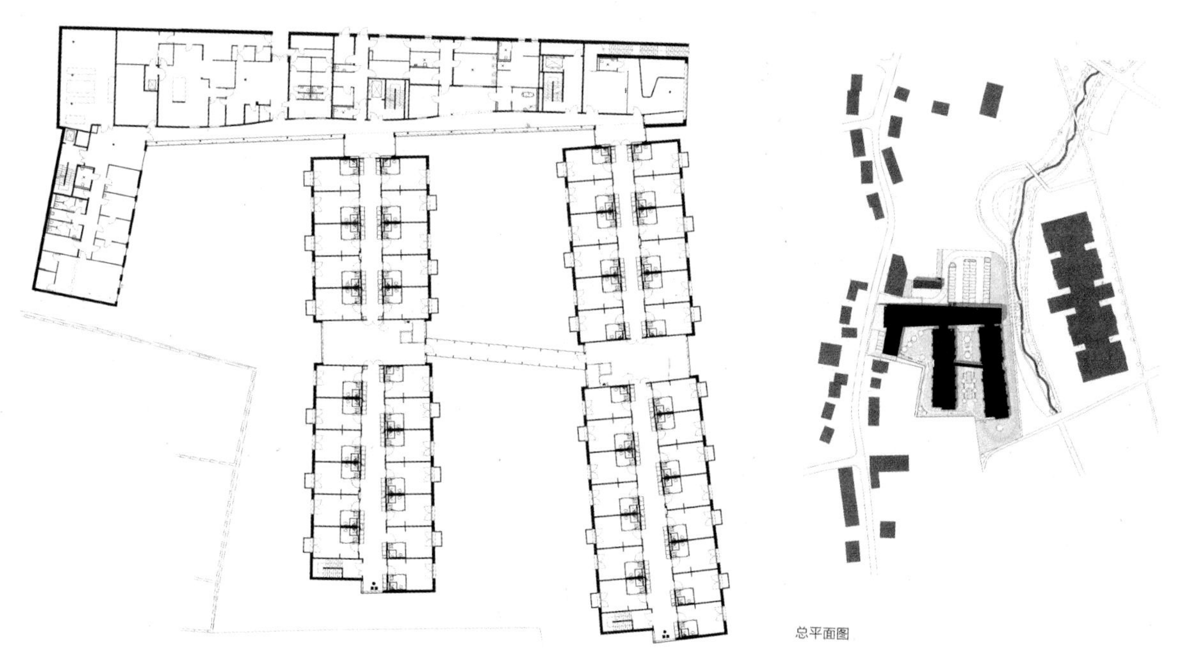

总平面图

图 3-4-19 卢森堡永林斯特 CIPA 住宅及看护中心

5. 法国勒克勒佐日间看护中心

这是一家地区性日间看护中心，引入了疗养花园的理念，将建筑植入景观宜人的环境中，形成户外活动的园地，培养智力衰退等患者的认知能力，让其享受自然，观赏芳香植物，放松而快乐地生活。这一小型看护中心建筑面积为350m²，于2006年建成。

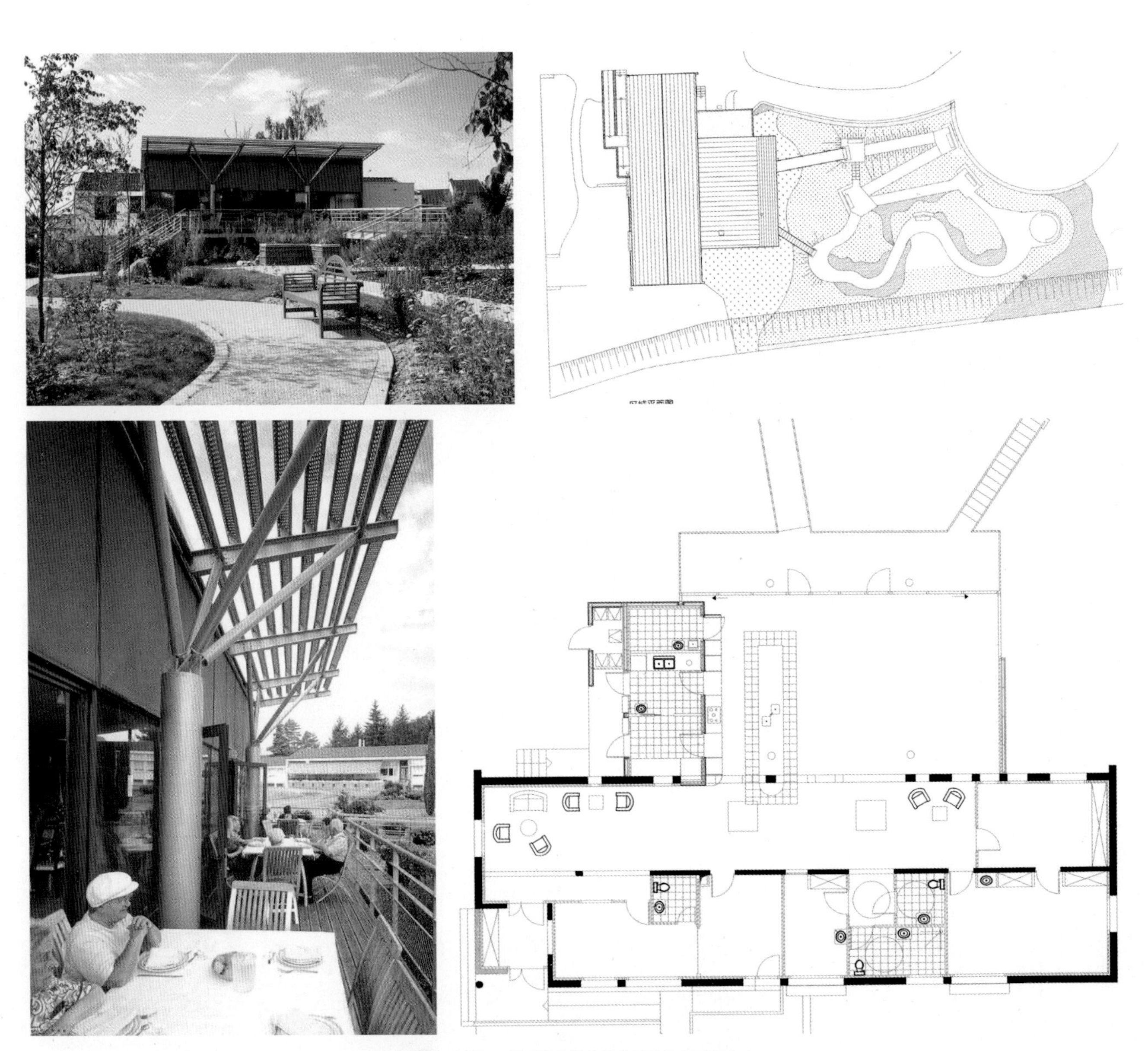

图 3-4-20　法国勒克勒佐带花园的日间看护中心

6. 德国法兰克福克罗恩斯特顿公寓

位于莱茵河港口边上，建筑面积为8289m²，于2006年建成。

7. 挪威奥斯陆佩加德塔尔纳森公寓及活动中心

3层弧形建筑，设有26间公寓，每间使用面积约为56m²，内部设施齐全，适于残疾人士居住，能满足生活能自理的老人的需要。其中有8间提供更多的设备，如厨房内设有带升降机的工作台和橱柜；另有2间带有工人房的普通公寓，以适应不同的需要。

在弧形建筑的端头是公共区域，除出入口外，还设有办公接待处、餐厅、健身房与活动室，并与室外花园相连通。本项目由克瓦纳建筑事务所设计。

8. 德国汉堡埃尔伯宫老年看护所

在汉堡，人们习惯居住在水边，沿河通往白沙岛的艾尔普休塞大街曾是欧洲最美的街道。新世纪即将来临之际，在这里一间历史悠久的啤酒厂旧址上，由德国养老基金公司开发建设了老年居住看护所，建有7栋4层高长条形住宅，拥有167间老年

图 3-4-21　德国法兰克福克罗恩斯特顿公寓

图 3-4-22　挪威奥斯陆佩加德塔尔纳森公寓及活动中心

图 3-4-23　德国汉堡埃尔伯宫老年看护所（一）

人公寓、40套看护住宅、20间日托房，还新建了3栋四边阳台环绕的现代风格公寓，其户型面积为50～80m²，宽敞而明亮。总建筑规模达21347m²，养护中心面积为1147m²。

这里专为智力衰退人士提供日光房，是面积为100m²的木头与玻璃建筑，以温室的形式建在阳台上。还建有630m²的康复中心，住客可在没有人协助的情况下游泳，将建筑内的扶手与紧急呼叫按钮整合到内部设计中，让住户有足够的安全感。

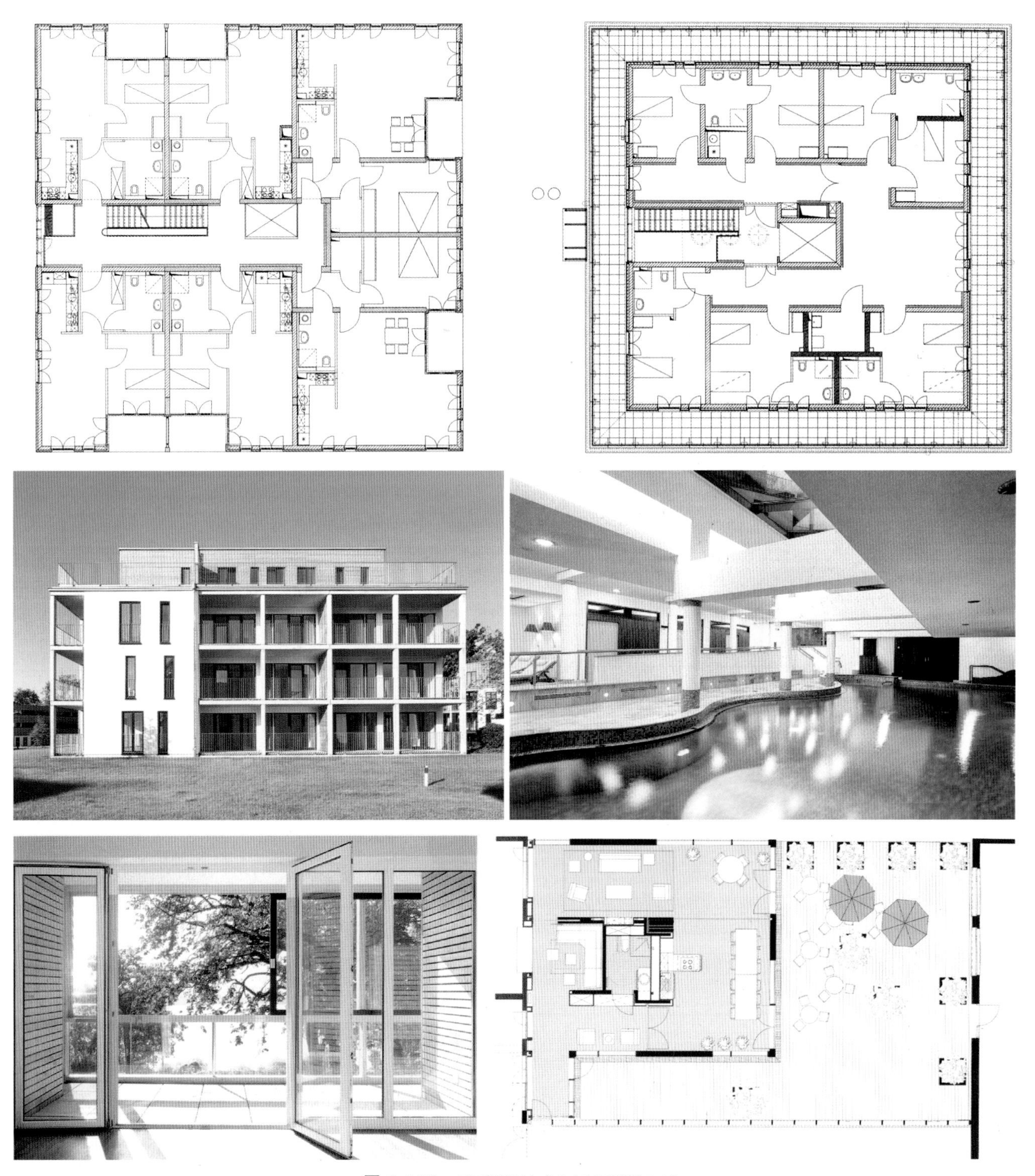

图3-4-23 德国汉堡埃尔伯宫老年看护所（二）

（五）国外老年公寓实例

1. 美国凤凰城“太阳城”养老社区

位于亚利桑那州西北，这里本来是一片半沙漠的棉田，自1961年开始建设，经历了20年的发展历程，建成了世界著名的养老社区。太阳城占地$37.8km^2$，住有27584户，其中出售20829户、出租2605户，拥有16万居民，人口密度为1019.4人/km^2，曾有三位美国总统退休后在此居住。

在美国，人们不把老年人称作夕阳，而是叫做太阳。据美国顶级养老机构LifeCare的长期跟踪发现，现代养老社区的居民平均寿命延长了8～10岁，医疗保健支出平均减少了约30%。

图3-4-24 美国凤凰城“太阳城”养老社区

太阳城选址于阳光明媚的凤凰城郊区，全年日照312天，有700亩宽阔的水面，还拥有1200亩的高尔夫球场，所以又被称为“高尔夫爱好者的天堂”。太阳城陆续开发了5个娱乐中心，周边有Lake Pleasant地区公园，White Tanks地区公园以及亚利桑那原始人生活历史博物馆。

太阳城为养老社区，小区内实现无障碍设计，其中包括无障碍步行道、无障碍防滑坡道、低按键与高插座设置等。社区住宅以低层建筑为主，社区内强调空间导向性，对方位感、交通的安全性、道路的可达性均作了细致的安排，实施严格的人车分流。在这里，体现的是一种生活，一种不孤独、不依赖、充实、健康的老年生活。

这里的居民必须是55岁以上的老人，18岁以下的陪同人士一年内居住时间不能超过30天。社区内有适应不同老人需要的多种居住组团，社区生活积极、活跃，让人们能够建立密切的联系和交流。

2. 美国旧金山阿姆斯特朗老年公寓

位于旧金山贝维尤区，毗邻新Muni线铁路站，高4层，底层为社区商场，反映出了以交通为导向开发住宅的发展趋势。该项目为美国住房和城市发展部（HUD）2024号项目，设计与建造均以LEED金奖为标准，旨在为老年居民提供和谐健康的住所，配备光电池等设备，为公寓提供太阳能发电和热水，以满足未来城市发展的需要。

户型以工作室和单卧套房为主，配有小庭院。庭院同时作为雨水花园，结合城市雨水与污水处理系统，为城市节约能源。楼下商业配备齐全。该地历史上是非洲裔人聚居地，建筑外墙的色彩选用非洲传统纺织品的明亮、鲜艳的颜色，如同加纳的抗腊面料一样，与外部的门窗形成特别的组合。而内向的墙面则用较为柔和的颜色，选自马里棉布的土色系。

3. 荷兰WoZoCo老年公寓

WoZoCo老年公寓处于阿姆斯特丹的西部，是荷兰政府为照顾独居老人而建的低成本公共居住区。随着人口密度的快速增长，面临公共绿地减少的威胁，城市市区开始失去其最可贵的品质，于是计划将一个100户集合公寓建在市郊的一个带形地段上。根据老年人家庭的居住背景，这座公寓要为其住户提供高水准的独立性。

由荷兰MVRDV建筑设计事务所设计，其建筑面积为$7500m^2$，是一座悬挑式建筑，色彩缤纷的玻璃露台向外伸展，俏皮而梦幻，使整座公寓别具一格。设计灵感源于空间不足，设计师索性大胆外延，取得了惊人的视觉效果。

4. 美国马萨诸塞州戴德姆“新桥”老年社区

这座高4层的公寓分成前后排，建筑面积为$5000m^2$，在上下互通的走道两侧布置60套住房。

5. 西班牙卡塞雷斯省疗养中心

该中心位于埃斯特雷马杜拉区北部的Banos demontemayor小镇上，周边环绕着群山及栗子林、橡树林，公寓建筑面积为$3652.6m^2$，拥有39间房72

图 3-4-25 美国旧金山阿姆斯特朗老年公寓

图 3-4-26　荷兰 WoZoCo 老年公寓

图 3-4-27　美国马萨诸塞州戴德姆"新桥"老年社区（一）

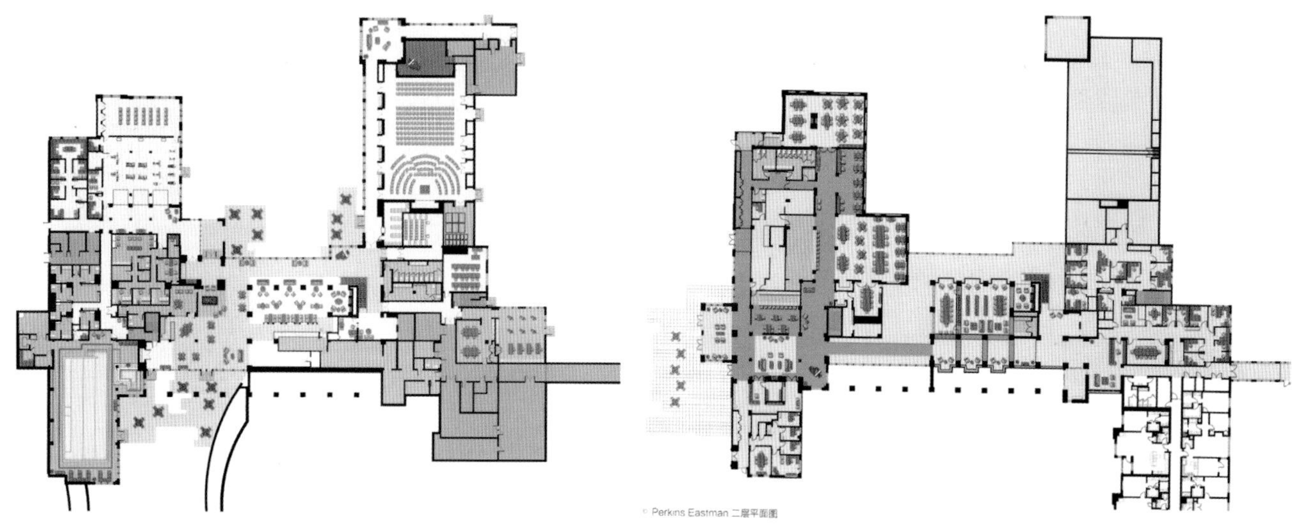

图 3-4-27 美国马萨诸塞州戴德姆"新桥"老年社区（二）

个床位，由 GEA 建筑事务所设计。设计师试图用比较分散的体块模式来寻求平衡的过渡，实现建筑与周边环境的和谐一致，卧室视野开阔，走廊朝向群山，阳光可以透入室内，如有必要可设遮挡。周围一些小型建筑为餐屋、健身房、护理室等，而另一侧为休息区。

6. 美国弗吉尼亚州列辛顿市的退休人士新区

该社区建在蓝脊山脚下，占地 34.4 万 m^2，总体布局最大限度地利用山地和溪谷的自然景观，立足于绿色园区的设计理念，让每一居住单元都能有良好的视野景观。该区还在有些起伏的地形处设置无障碍通行小道，践行"散步有利健康"的理念。

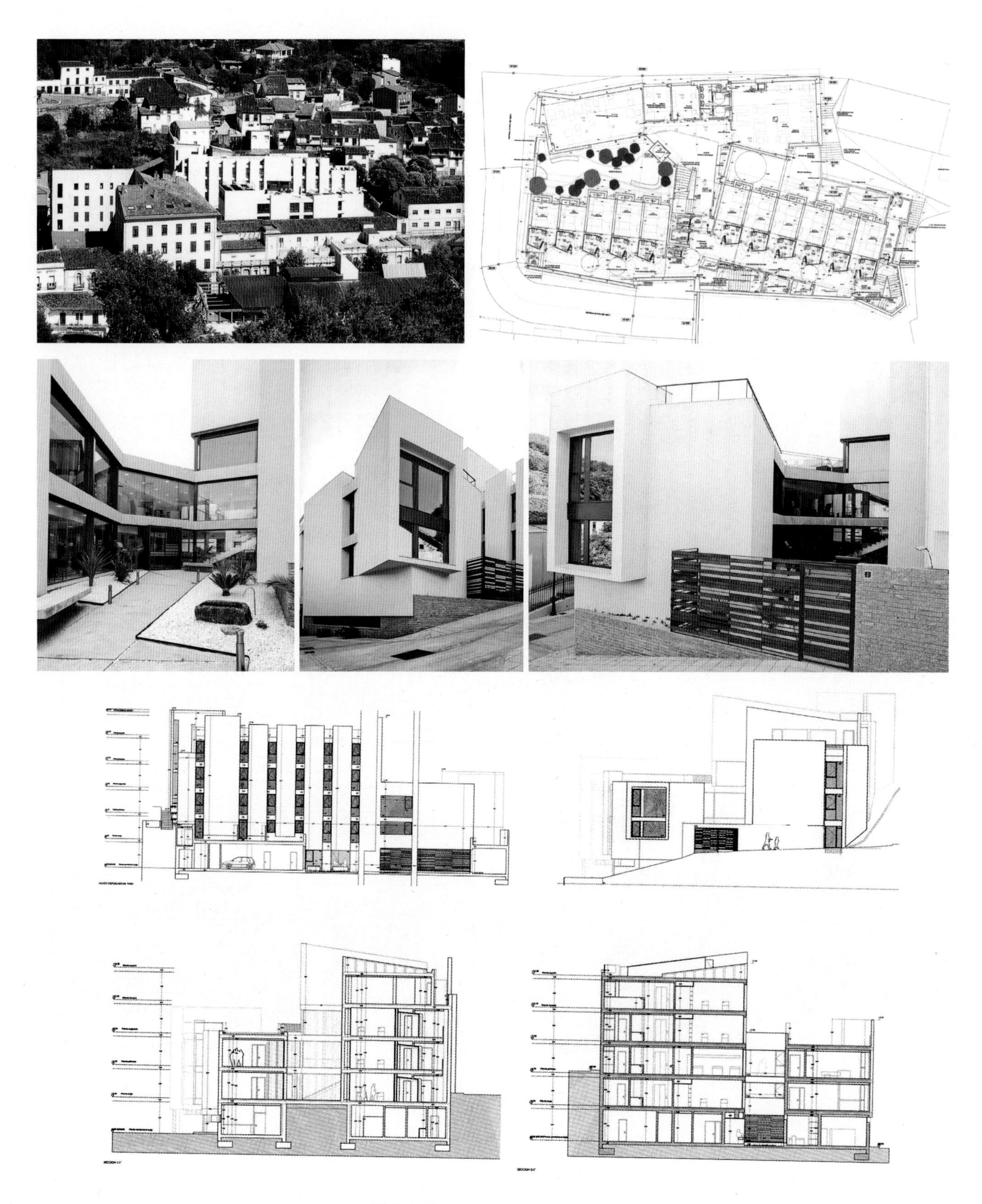

图 3-4-28　西班牙卡塞雷斯省疗养中心

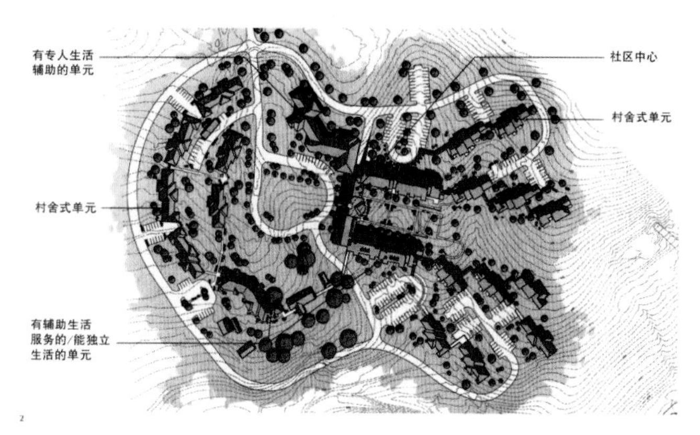

图 3-4-29 美国弗吉尼亚州列辛顿市的退休人士新区

7. 美国那扎雷斯家园

位于肯塔基州路易斯维尔，为了适应老龄社会需要，对原有的 118 个床位的养老院进行翻新和扩建，赋予项目全新的形象与特色，平面布置舒展又有功能联系。家园设有专人护理的老人房 50 间，特别护理的老年痴呆症患者房间 48 间以及专业护理的床位 70 个，还配备有公共活动空间与一个 200 座的小教堂，并改善了服务设施，提供了更有助于养老治疗的美好环境，凸显独特的社会使命感。

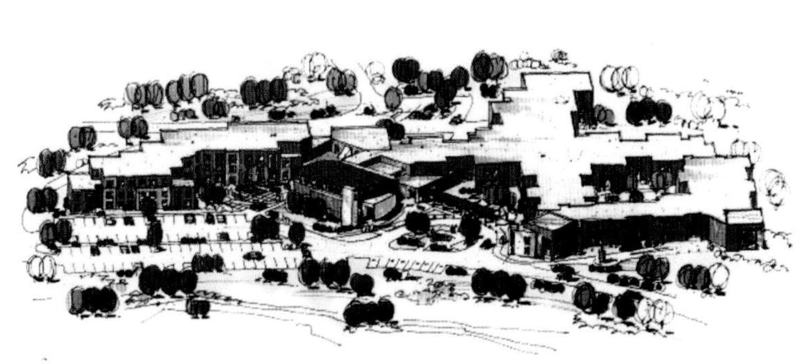

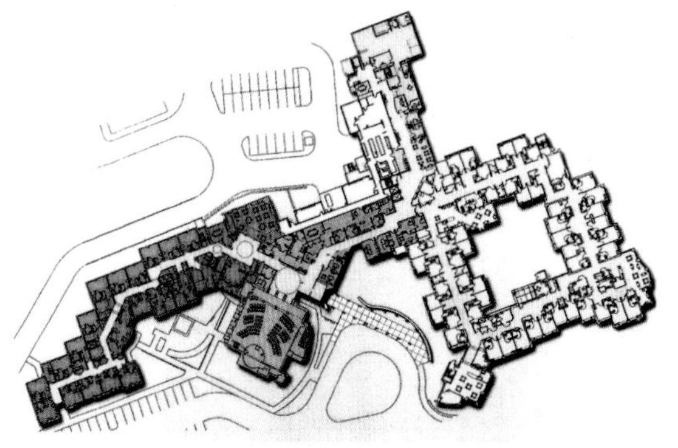

图 3-4-30 美国那扎雷斯家园

8. 德国纽伦堡智力衰退人士康复中心

这是一家医疗服务与专业看护相结合的机构，可接待智力衰退老人 96 名以及日间看护老人 12 名。

建筑分三个单元布置，并以最短的走廊相连，建筑面积为 $3513m^2$。每个单元有 12 套房，其中带卫生间的一室户 8 套、合用卫生间的二室户 2 套，组成一个“住客群”，就像一个大家庭，相聚在公共空间，合用餐厅、活动区与阳台。该项目由费德森建筑事务所设计。

9. 德国巴伐利亚州赫斯巴赫市老年公寓

位于德国赫斯巴赫市新开发区，毗邻施佩萨尔特山，环境较好，适宜居住。热爱大自然，喜欢散步和登山的人们都喜欢来这里郊游。

它是一家中端出租型老年公寓，共 3 层，可供 100 个老人居住。其中 80 套单人间，每套 $23m^2$，10 套双人间，每套 $31m^2$。在首层还有 27 个床位，专门为患有老年痴呆症的老人设计，并配有较好的照料和护理服务。截至 2010 年 9 月，仅一年的时间，入住率已经达到 76%。

在建筑设计上，大量采用了暖色，并且有良好的采光功能。除了在首层有一个大露台和餐馆外，二层、三层的公寓都有阳台和无障碍通道。另外，这个老年公寓中还配有美发沙龙、诊疗室、公共活动区域。每套公寓中，老人可以根据自己的喜好，携带自己的家具，还可以养宠物。

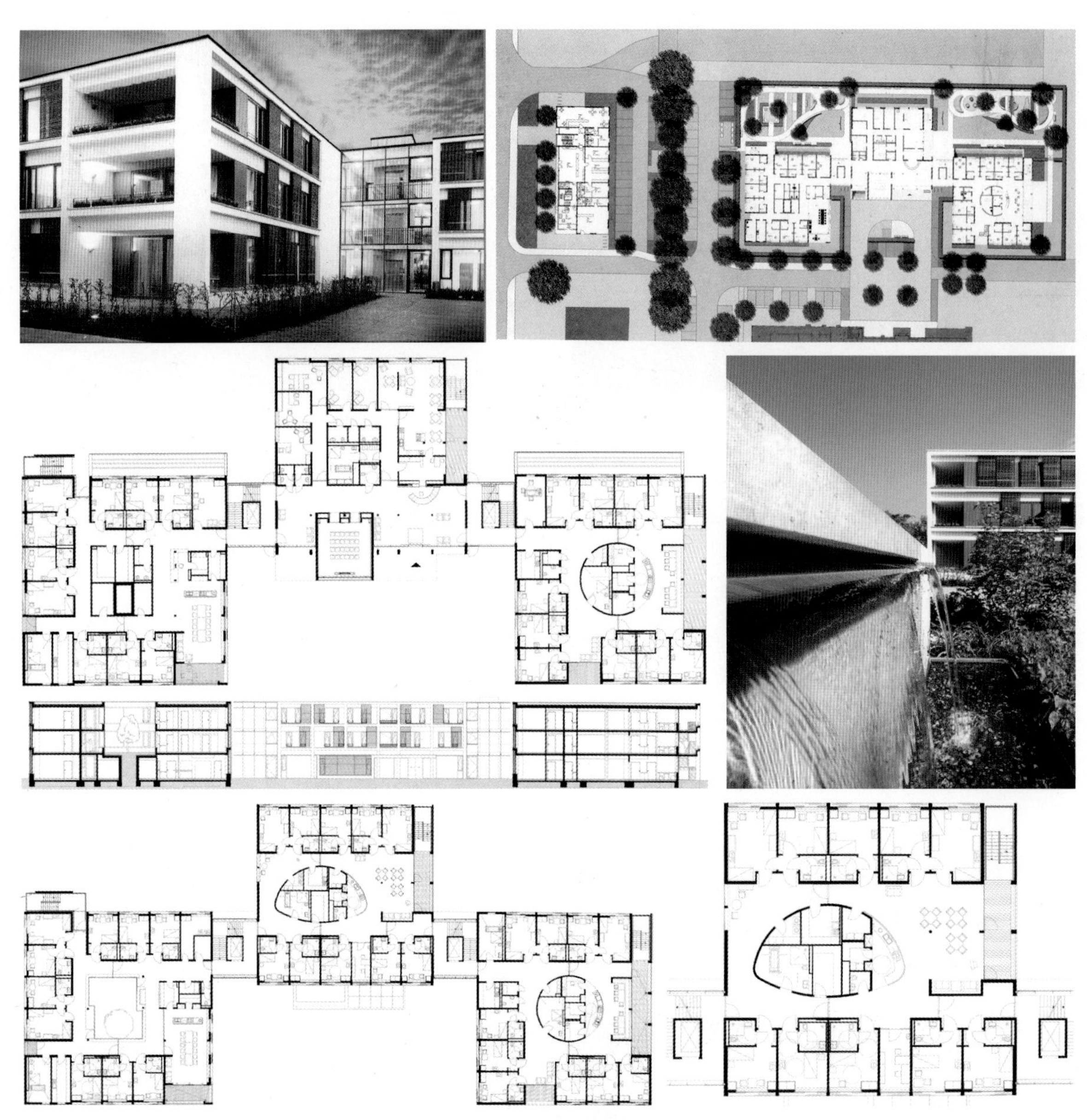

图 3-4-31　德国纽伦堡智力衰退人士康复中心

平面图

图 3-4-32　德国巴伐利亚州赫斯巴赫市老年公寓

（六）学生公寓

在中国，大多数高等学校、中等专科学校都有优越的居住条件，让学生入住集体宿舍，同时配套提供食堂与餐厅、健身房与体育场等设施。校方会安排外国留学生、博士生等入住学生公寓。

在国外，多数高等学校也有学生宿舍，但散住在社会上的学生公寓里的学生比较多，有的公寓靠近学校，也有比较远的公寓，乘地铁、巴士来学校也是常有的事。这里列出一些国外学生公寓的实例：

1. 巴黎学生公寓

巴黎的拉夏贝尔区域是个旧铁路货场的再发展项目，位于第18郡的菲利吉拉德和伯吉尔的一角，原有许多不同类型的建筑：旧的住宅楼、工厂、车间等，一些生活服务与文化体育设施正在兴建。公寓占地面积为3950m^2，拥有143个单位。由LAN建筑事务所设计，设计理念是力图满足城市居民对私密环境与舒适安逸生活的追求。

公寓由三栋6层建筑组成，其间一块15m×15m的绿地是个宽敞的院子，光线从南面建筑的夹缝中照进来，延展了空间，使之成为了小区的“绿肺”，底层还留有窄巷，是通往各住所的通道。公寓符合人居与环境的VHEP标准，利用太阳能发电，同时提供高性能的通风和供暖设施，混凝土结构外采用12cm厚的矿棉砖、木包层和双层玻璃作保温隔热，形成高品质的居住环境。

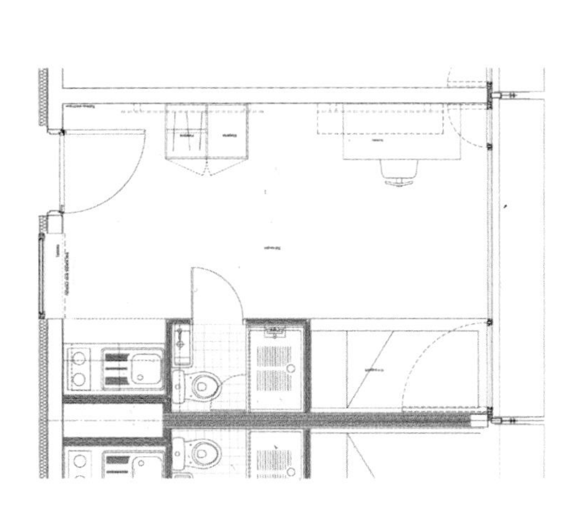

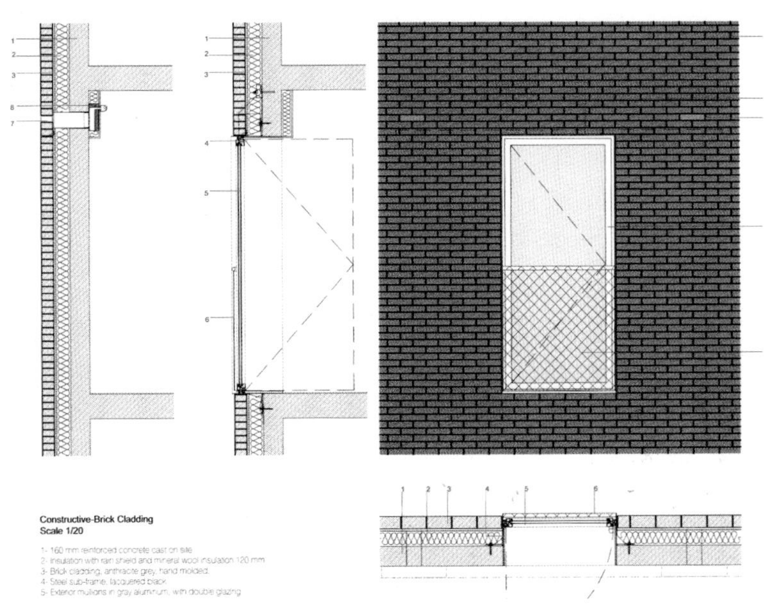

图3-4-33　巴黎学生公寓（一）

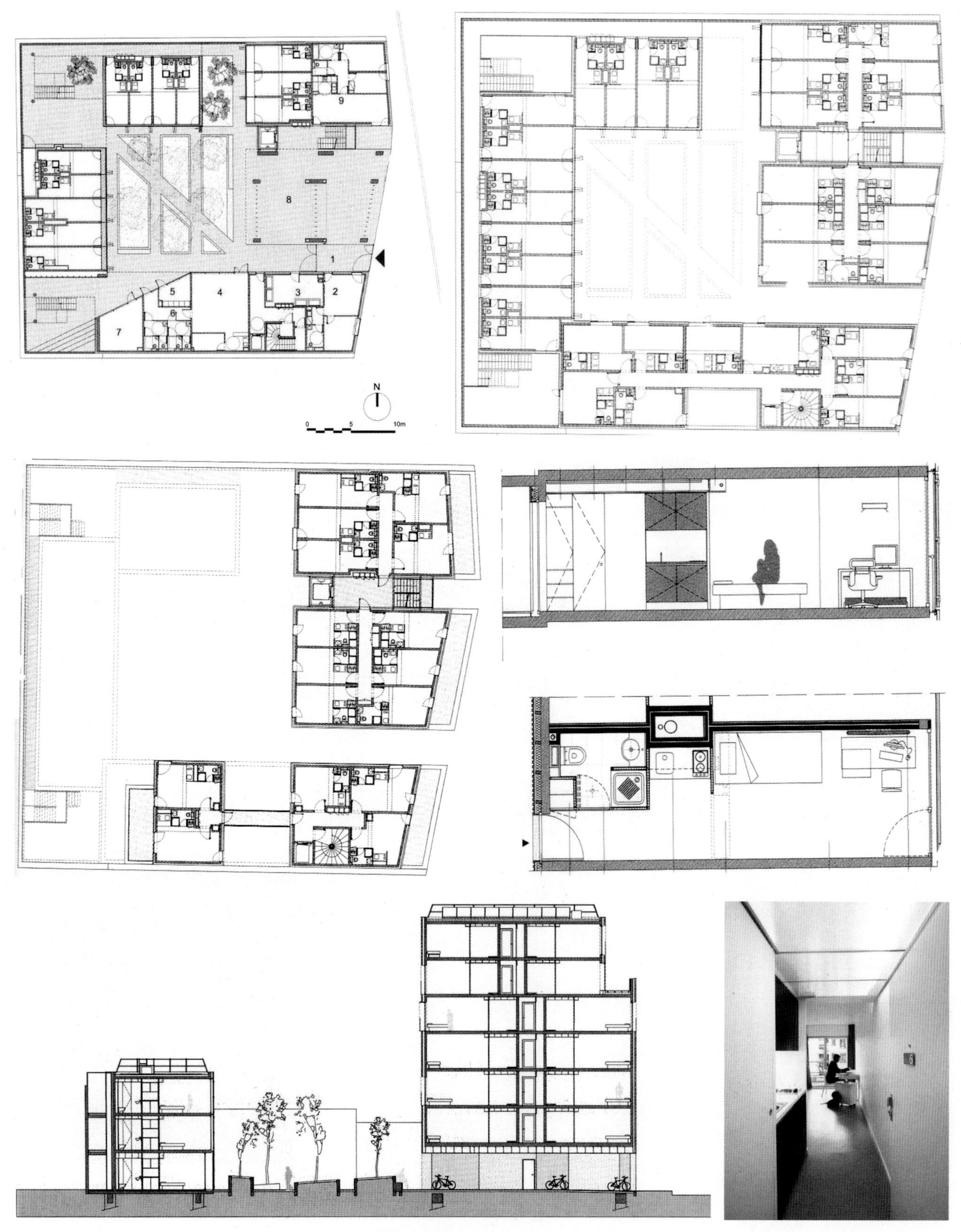

图 3-4-33　巴黎学生公寓（二）

2. 以色列海法市 Zielony 研究生村

坐落在以色列科技学院的出入口附近，占地面积为 22000m²，拥有 215 个单位，每个单位有 2 ~ 4 个房间，并设有公共活动中心和幼儿园，也为居住在村外的研究生提供服务，由 Schwartz Besnosoff 建筑事务所设计。

3. 英国克兰菲尔德大学学生公寓

该大学的前身是英国皇家航空学院，是欧洲唯一拥有机场的公立大学，坐落在剑桥与牛津名校之间，是所极负盛名的国际性大学。它有三大校区，均能为学生和学生配偶与子女提供住宿，确保 25% 的海外学生，在英国有个愉快的生活环境，并设有医疗中心，为子女照料设施。为学生提供住宿选择有 Mitchell Hall（单人标间与套房）、Stringfellow Hall（单人套房）、Lanchester Hall（单人标间与套房）、Chilver Hall（高级套房）、Sharecl houses（超大标间和超小标间）以及 Fedden house（公寓）。

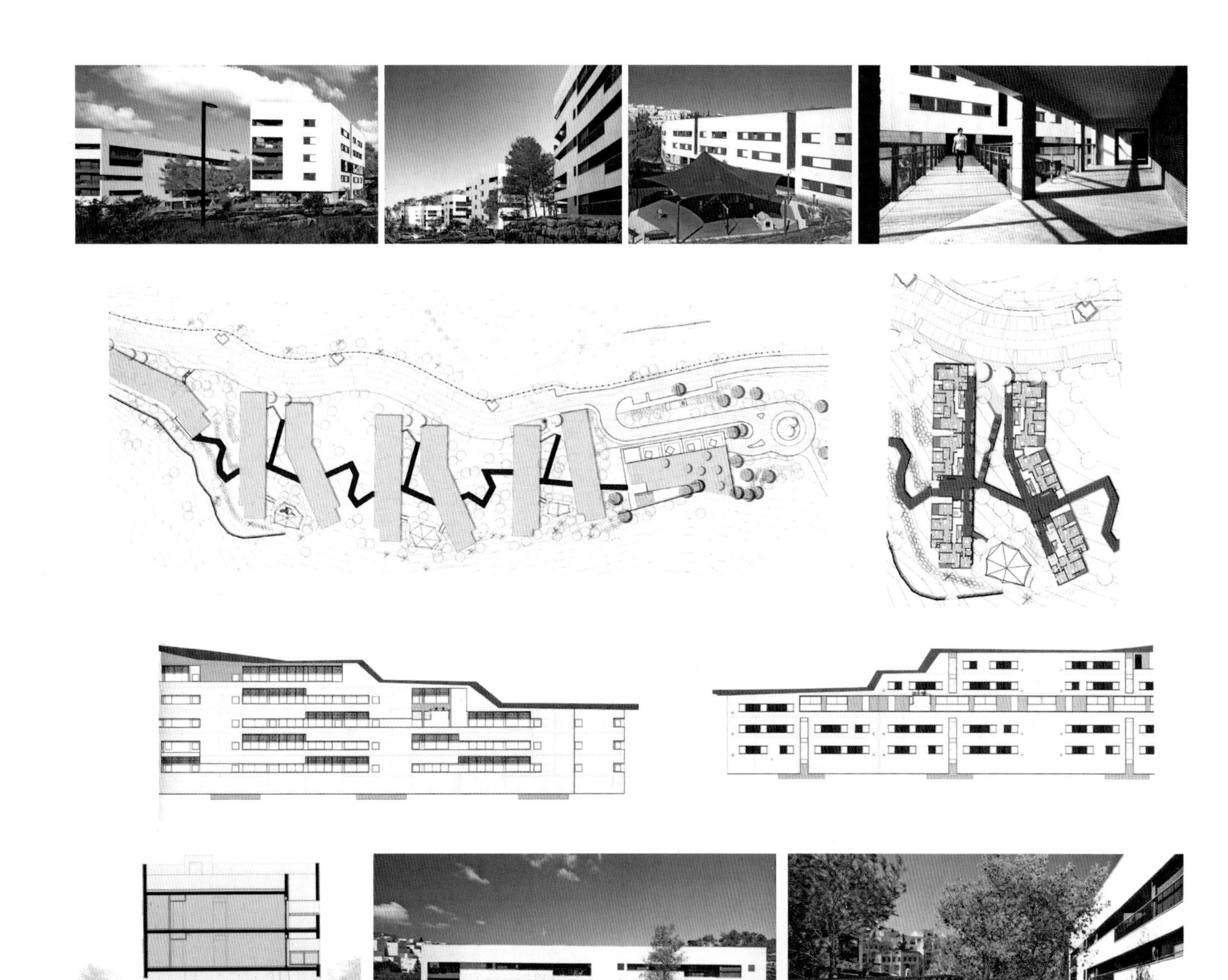

图 3-4-34 以色列海法市 Zielony 研究生村

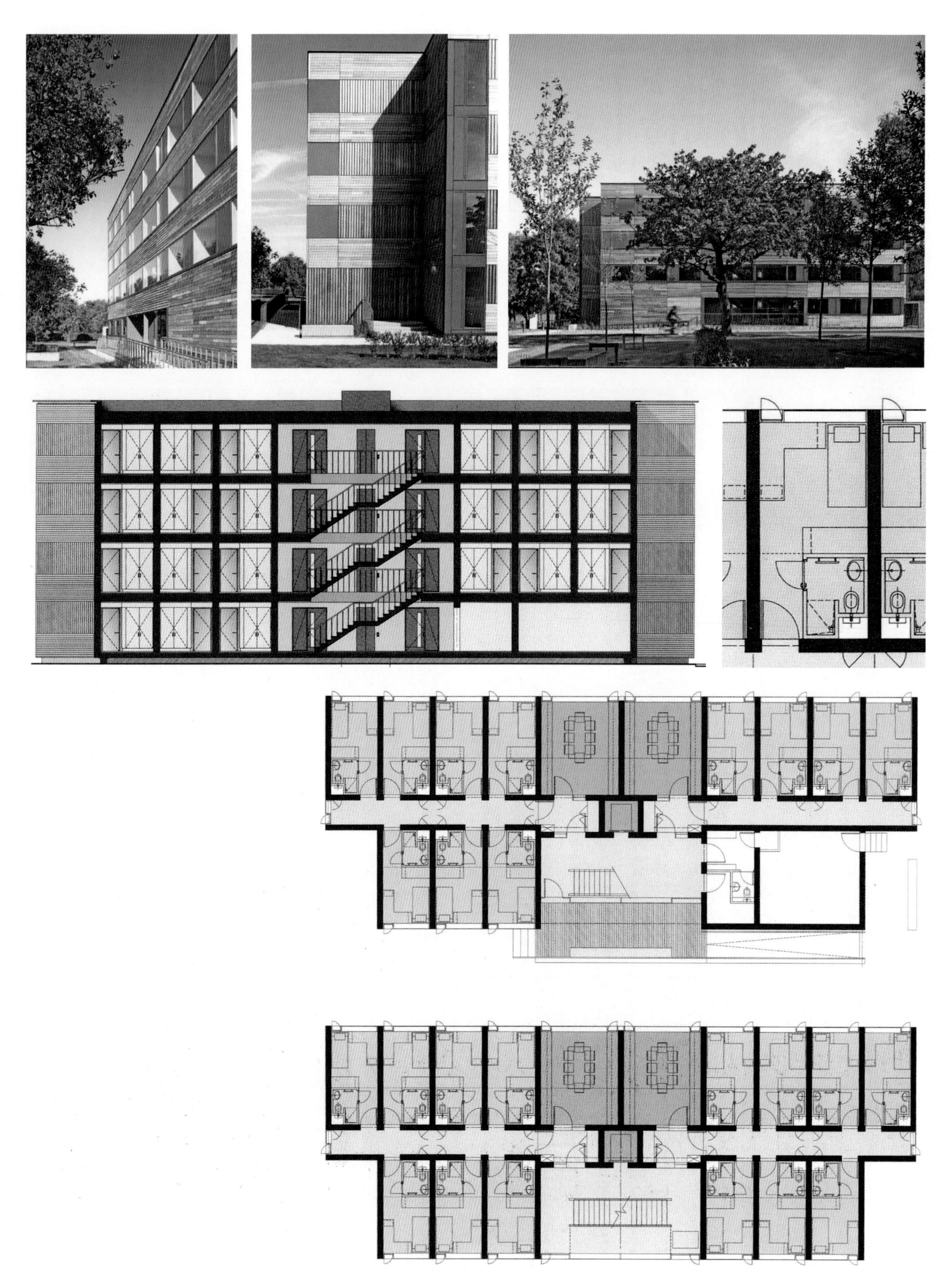

图 3-4-35　英国克兰菲尔德大学学生公寓

4. 学生公寓的实例

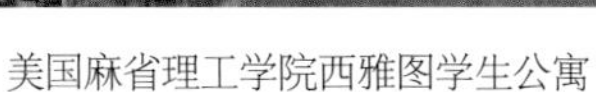

美国麻省理工学院西雅图学生公寓

法国巴黎 11 区学生公寓

墨尔本 George 名校公寓

法国波尔多 DOX 学生公寓

荷兰阿姆斯特丹 Zuiderzeeweg 学生公寓

美国华盛顿大学西校区学生公寓

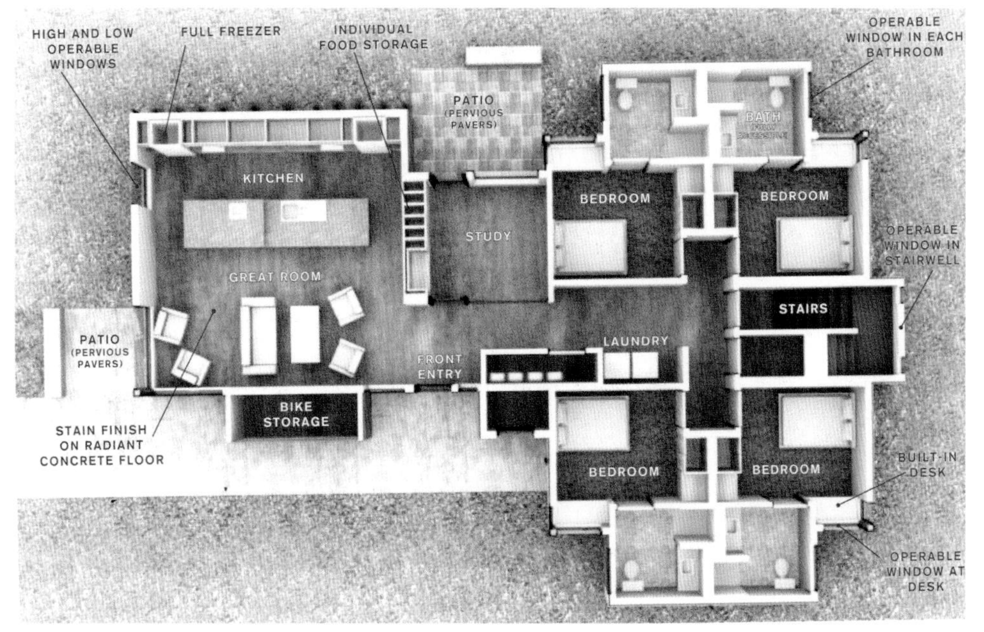

美国华盛顿州肯莫尔巴斯帝尔大学学生公寓

美国华盛顿州肯莫尔巴斯帝尔大学学生公寓

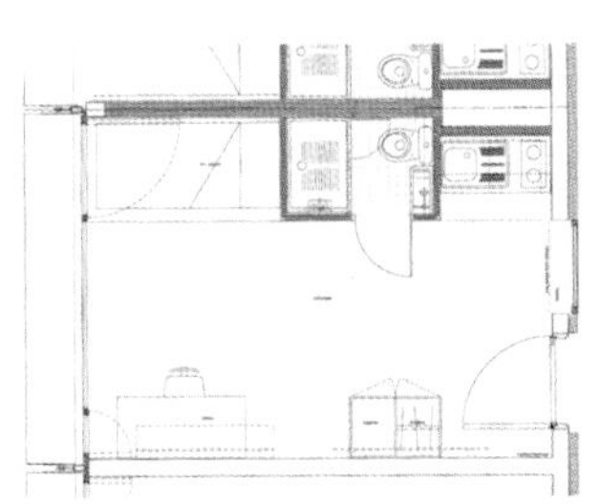

法国巴黎 11 区学生公寓

图 3-4-36 学生公寓的实例

别墅篇

一、概述

有些独立式居所被称为别墅。普遍认为这些居所除“居住”的基本功能以外，更主要的是生活品质及享用环境，是居住建筑的顶级形式。按照《民用建筑设计术语标准》GB/T 50504-2009中的定义，“别墅”(villa)一般指带有私家花园的低层独立式住宅。

别墅也是家庭居所，但是在中国古代别墅被称为别业、别馆。所谓“别”，也就是第二的意思，简而言之，是第二居所。从帝王的行宫、官吏的府邸，到财主、乡绅的庄园，文人、富商的宅院，都是不同的别墅形态。例如清代帝王的行宫——北京颐和园和承德避暑山庄以及西晋洛阳大富翁石崇的金谷园、唐代诗人王维的蓝田辋川别业、明代书法家米万钟的北京勺园等都是中国早期的别墅形态。

图 4-1-2 承德避暑山庄

图 4-1-3 北京勺园

图 4-1-1 北京颐和园

19世纪中期，欧美企业家、开发商自首先开埠的上海走进中国。在上海租界里，他们采用西方的建筑形式和新的工程技术、新型建筑材料建造花园洋房与别墅，以符合自己的生活方式。曾显赫一时的哈同花园(即爱俪园)最为著名。

在国外，从中世纪的城堡到近代的庄园，直到20世纪，真正满足人们现代生活的别墅才开始涌现。众所周知的最具特色的现代别墅——赖特设计的流

图 4-1-4 上海老别墅

水别墅、勒·柯布西耶设计的萨伏伊别墅等开创了现代住宅的新纪元。

在欧美，别墅的概念很清晰："位于郊外，具备独立花园和优美的自然景观的两层以上独立住所。"它就是位于远郊用于休闲度假的第二居所，它强调山水景观、自然环境，不同于实际的城市生活状况，因此第一居所称为 house，第二居所称为 villa。

在中国，"villa" 翻译为别墅，被认为是一种与环境、景观紧密相关的终极住所，并非一定在郊外，只要拥有优越的环境景观，可享受美好的温馨生活氛围即可。另外，现代家庭多选择在环境优越的地方建造或购买房产，或是市区住房面积不大，工作之余住到远郊地区的第二居所享受生活的乐趣。所以别墅不一定是度假休息用的第二居所，也许是梦寐以求的理想家园。

（a）法国布尔日雅克库厄尔府邸（1442 ~ 1453 年）

（b）英国奥克威尔士庄园（1450 年）

（c）意大利托雷奇亚拉城堡（1460 年）

（d）法国拿破仑沃利拿庄园（1800 年）

（e）伦敦哥特风格的红屋（1860 年）

（f）英国洛特岛新港瓦茨谢曼别墅（1876 年）

（g）美国新泽西州奥兰奇别墅（1880 年）

（h）英国洛特岛新港不列格斯府邸（1895 年）

（i）英国赫特福德夏果园别墅（1900 年）

（j）苏格兰海伦斯堡风山别墅（1903 年）

（k）赖特设计的美国芝加哥罗比别墅（1909 年）

（l）勒·柯布西耶 1928 年设计的巴黎萨伏伊别墅

图 4-1-5 国外最具时代特征的别墅

二、别墅的建筑形式

别墅的建筑形式有独立别墅、双拼别墅、联排别墅、叠加别墅、空中别墅和山坡别墅等。

（一）独立别墅（Detached House）

即独门独院，拥有宽敞的起居、活动场地，有独立的居住空间，室外有私家花园，房屋四周都有面积不等的绿地或院落。这一类型的别墅私密性强，市场价格高，尤其是大户豪宅型独立别墅，是居住建筑的终极形式，可以实现高档的室内装饰，享用奢华的生活环境。

（a）深圳万科 17 英里

（b）深圳招商半山海景别墅

（c）挪威亚尔斯泰兹 G 别墅

（d）英国皇家别墅

（e）温哥华邓丽君别墅

（f）上海绿谷别墅

（g）美国华盛顿州西雅图的豪宅

（h）深圳万科第五园

（i）临安青山湖中基半岛

图 4-2-1 生活终极形式的独立别墅（一）

（j）美国密西西比州牛津镇威廉·福克纳故居

（k）深圳东部侨城别墅

（l）云南红塔盛世舒苑

（m）珀斯 Applecross 独立别墅

（n）俄罗斯现代别墅

（o）桂林丽景 5 号公馆

（p）英国皇家建筑师协会（RIBA）公布 2014 获奖项目 1

（q）墨尔本 Upper Poinr 别墅

（r）英国皇家建筑师协会（RIBA）公布 2014 获奖项目 2

图 4-2-1 生活终极形式的独立别墅（二）

1. 独立别墅的面积

独立别墅占地面积一般取决于土地环境资源，大到一个庄园，甚至整个农场、植物园就只有一栋园主别墅，小到建筑周边仅仅留有与相邻建筑的间距，或者精心布置一个小型私家花园。这样的别墅占地面积以 1 亩（即 666.67m^2）为宜，至少不低于 250 ～ 300m^2。

因此，独立别墅按建筑面积可分为：

（1）小户型：建筑面积 250m^2 以下；

（2）中户型：建筑面积 250 ～ 500m^2；

（3）大户型：建筑面积 500 ～ 750m^2；

（4）特大户型：建筑面积 750 ～ 1000m^2；

（5）豪华型：建筑面积 1000m^2 以上。

2. 独立别墅总体布置

根据基地状况和总体规划，在地块范围内，独立别墅可以居中布置或偏中布置、靠边布置、围合布置或半围合布置，以求得与周围建筑和环境的融合，形成和谐共生的生活空间。

独立别墅多采用方正平面，根据基地状况居中或偏中布置，这样的庭院划分有主有次，一般朝向好、景观好的区域为家庭主要户外活动场地，可布置主花园、游泳池、儿童游乐园和露天咖啡座等，而其他区域作为后花园，可种植树木等。基地大时还可以布置果园、花房等种植区（图 4-2-2b）。基地不太大时，小型别墅往往采用一字形平面单边布置。通常建筑坐北朝南，让南侧庭院开阔，使更多的房间拥有良好的景观视线。在边角地块时，还可以采用“L”形平面半围合布置，同样也是为了获得良好的景观视线（图 4-2-2c、图 4-2-2d）。

大户型豪华别墅，平面较大时，采用什么平面形式并不重要，重要的是让平面功能布局能更好地整合建筑与环境的关系，相互穿插渗透，自由舒展，形成更加美好的生活空间（图 4-2-2a）。

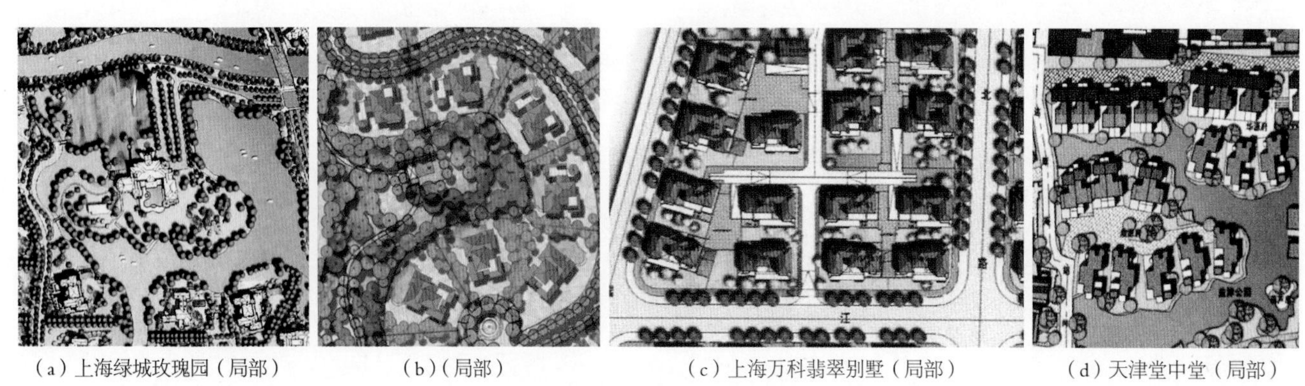

（a）上海绿城玫瑰园（局部）（b）（局部）（c）上海万科翡翠别墅（局部）（d）天津堂中堂（局部）

图 4-2-2 独立别墅的总体布置实例

3. 独立别墅平面布置

当今独立别墅平面布置和建筑形式越来越多样化，设计越来越个性化。独立别墅有单层、二层、三层甚至四层的，多数设计成二层、三层，正是这种不确定性使得设计有更多的突破及创意的空间。

（a1）三层别墅一层平面（129.14/277.71m²）（a2）三层别墅二层平面（77.55m²）（a3）三层别墅三层平面（71.02m²）

（b1）二层别墅一层平面（b2）二层别墅二层平面（c1）四层别墅一层平面

图 4-2-3 独立别墅的平面布置实例（一）

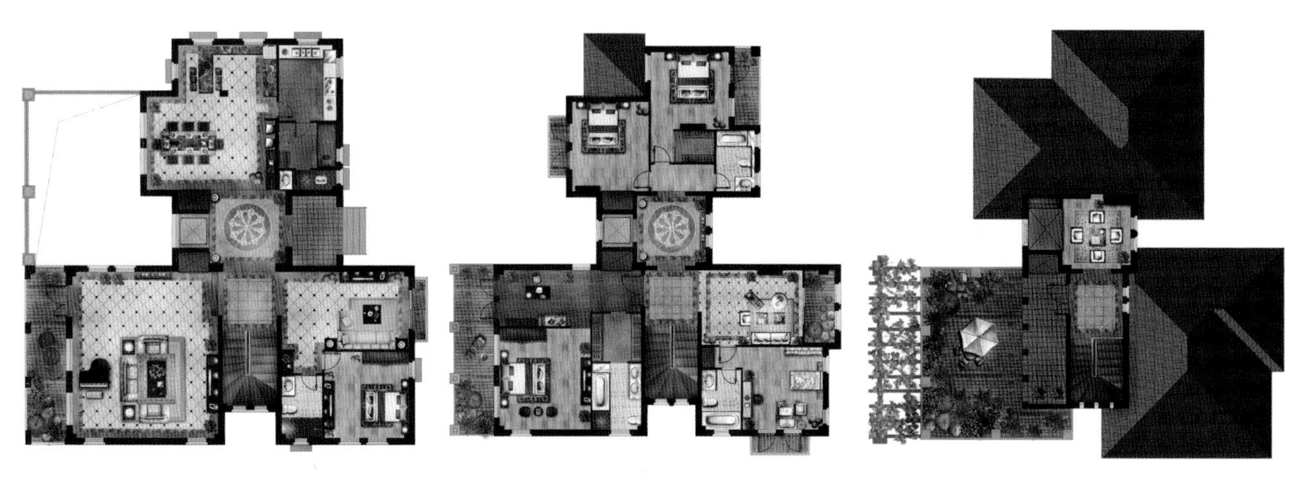

（c2）四层别墅二层平面　（c3）四层别墅三层平面　（c4）四层别墅四层平面

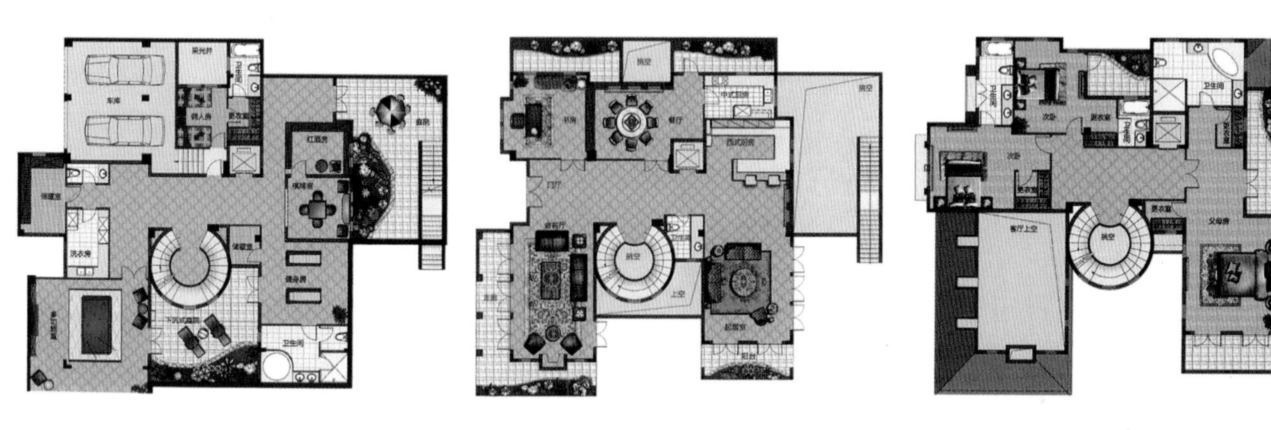

（d1）四层别墅一层平面　（d2）四层别墅二层平面　（d3）四层别墅三层平面

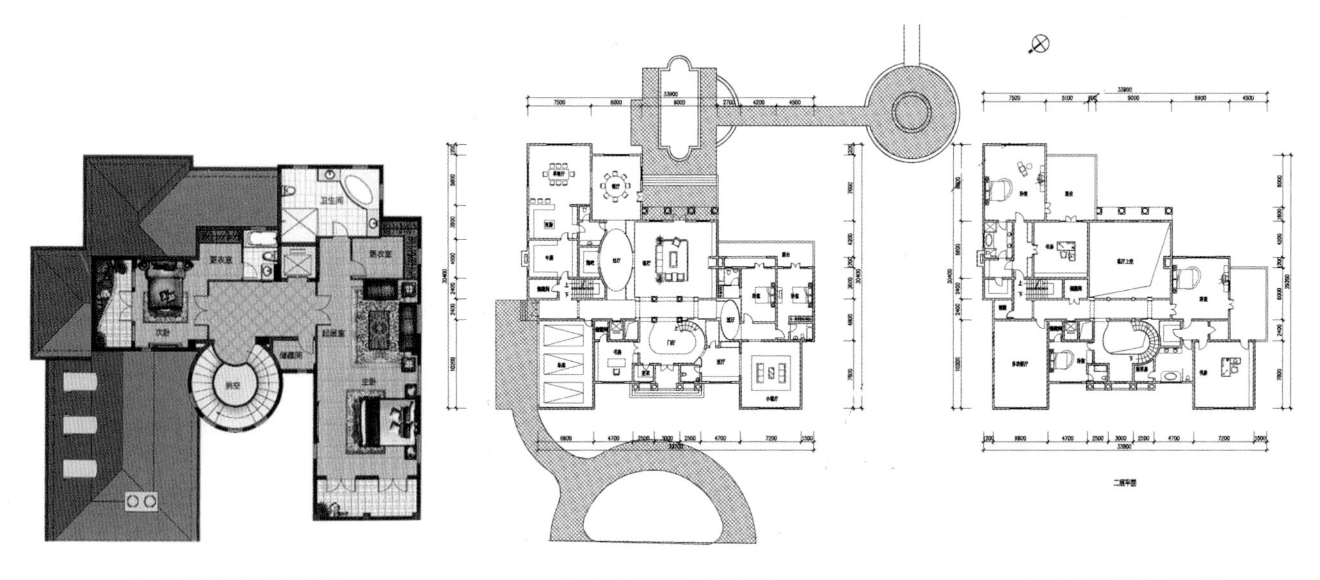

（d4）四层别墅四层平面　（e1）豪华别墅一层平面　（e2）豪华别墅二层平面

图 4-2-3　独立别墅的平面布置实例（二）

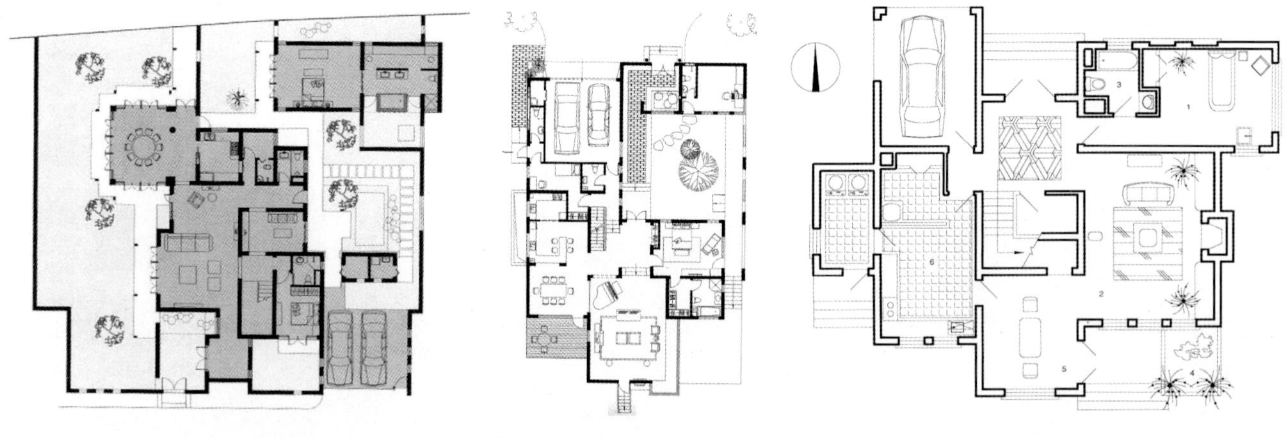

（a）黄山 1 号公馆别墅一层平面　（b）北京香山清琴山庄别墅一层平面　（c）上海绿谷别墅一层平面

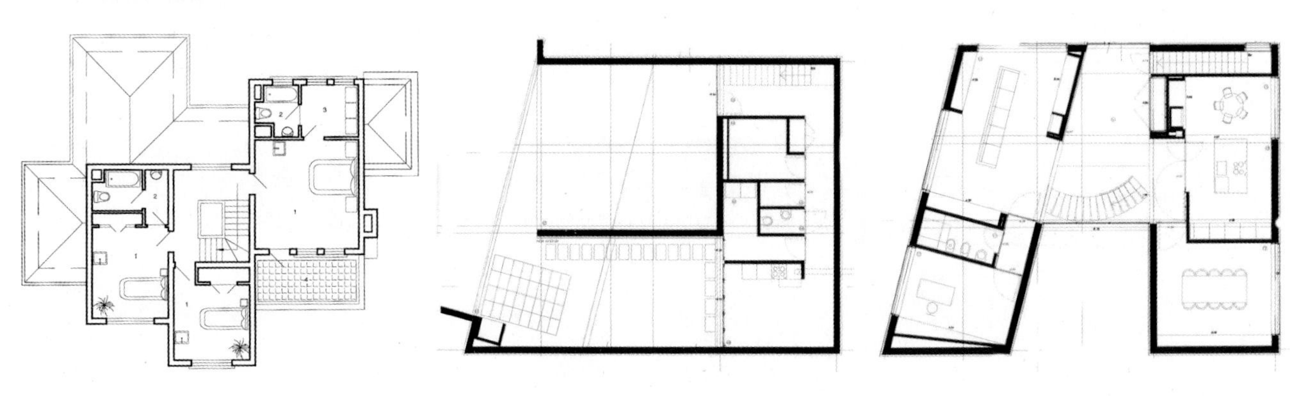

（d）上海绿谷别墅二层平面　（e）葡萄牙瓜达 Chao das Giestas 别墅地面层　（f）葡萄牙瓜达 Chao das Giestas 别墅一层平面

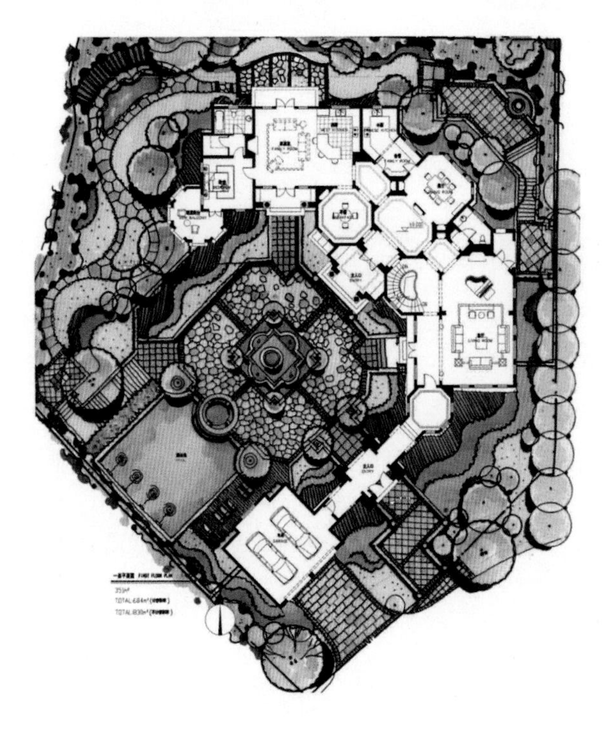

（g）临安青山湖中基半岛 1

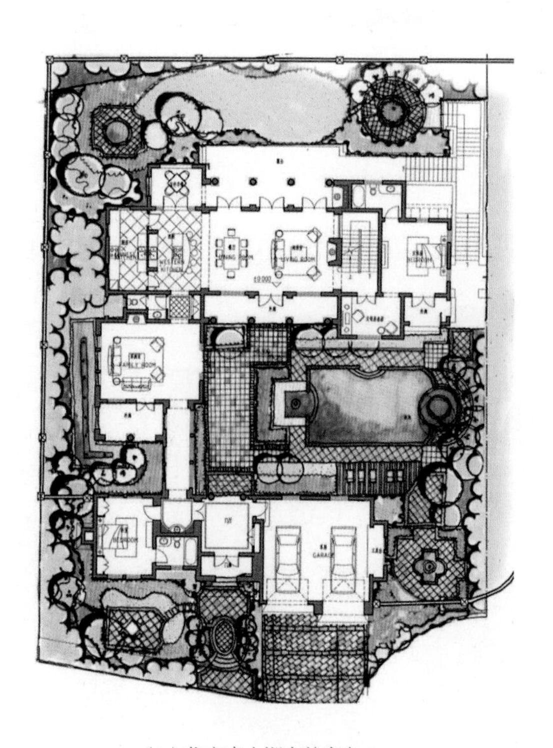

（h）临安青山湖中基半岛 2

图 4-2-4　独立别墅的平面布置实例

（二）双拼别墅（Semi-detached House）

由两个别墅单元拼连组成的单栋别墅。双拼别墅的住户三面采光，外侧的居室通常会有两个以上的采光面，一般来说，别墅的生活品质及享用环境的观景等基本功能都能得到保证。这一类型的别墅降低了住区密度，提高了容积率，拥有了更宽阔的室外空间、更丰富的建筑形态。

图 4-2-5　双拼别墅实例

1. 双拼别墅总体布置

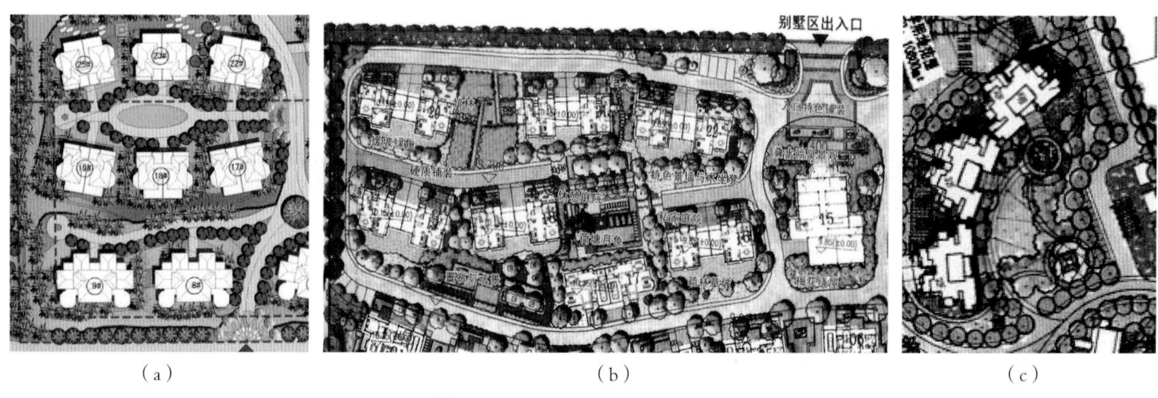

（a）　（b）　（c）

图 4-2-6　双拼别墅的总体布置实例

2. 双拼别墅平面布置

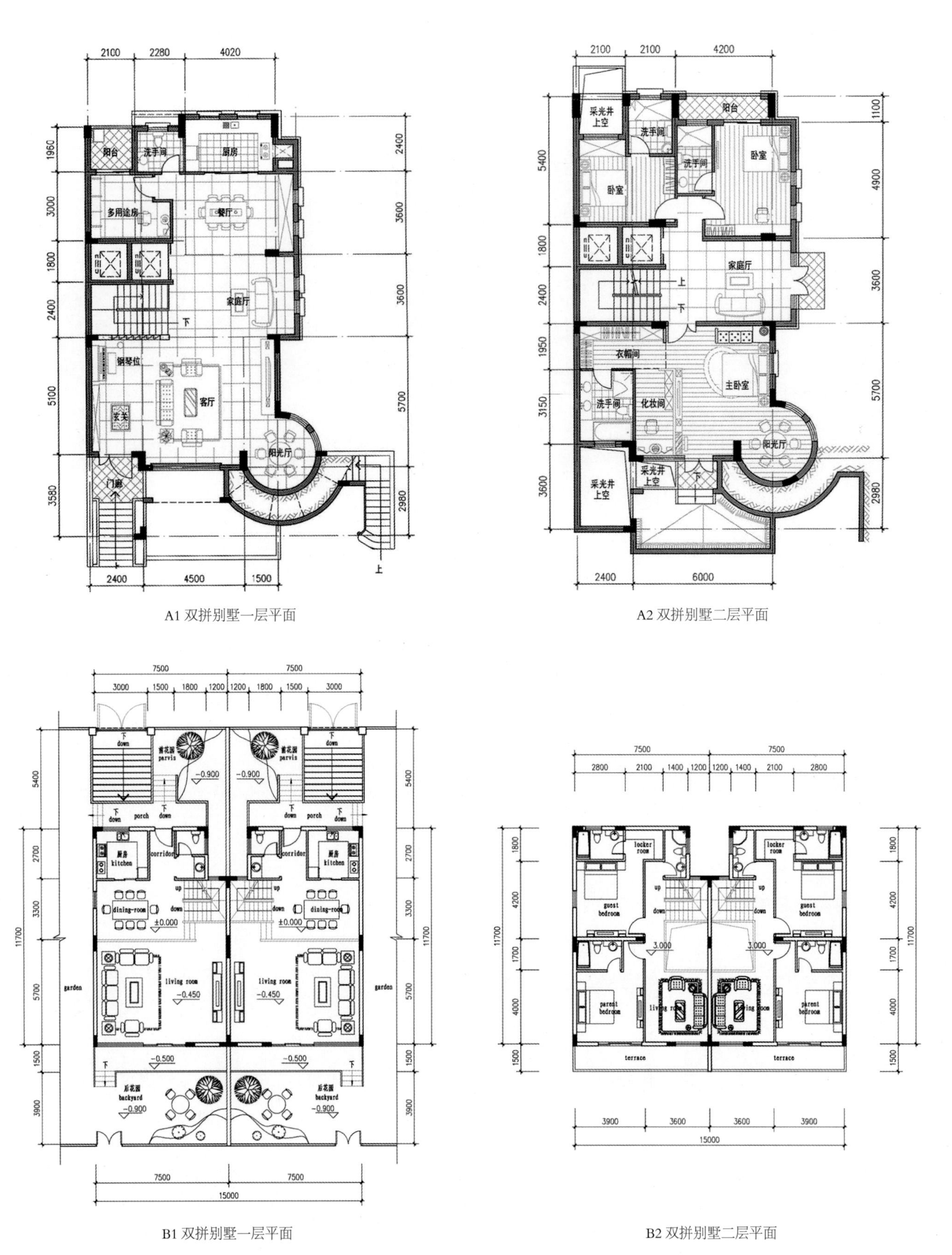

A1 双拼别墅一层平面

A2 双拼别墅二层平面

B1 双拼别墅一层平面

B2 双拼别墅二层平面

图 4-2-7 双拼别墅平面布置实例（一）

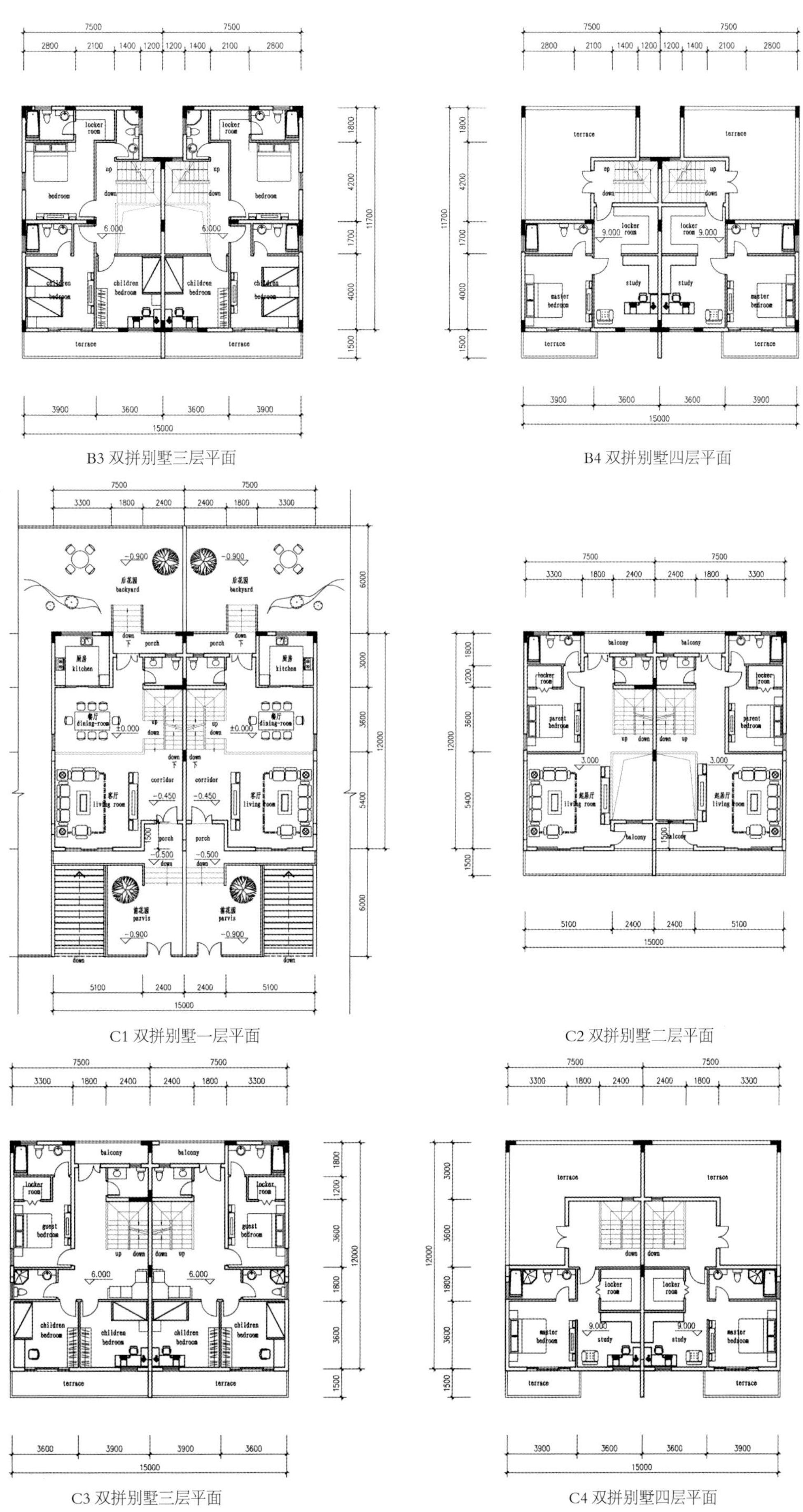

B3 双拼别墅三层平面

B4 双拼别墅四层平面

C1 双拼别墅一层平面

C2 双拼别墅二层平面

C3 双拼别墅三层平面

C4 双拼别墅四层平面

图 4-2-7 双拼别墅平面布置实例（二）

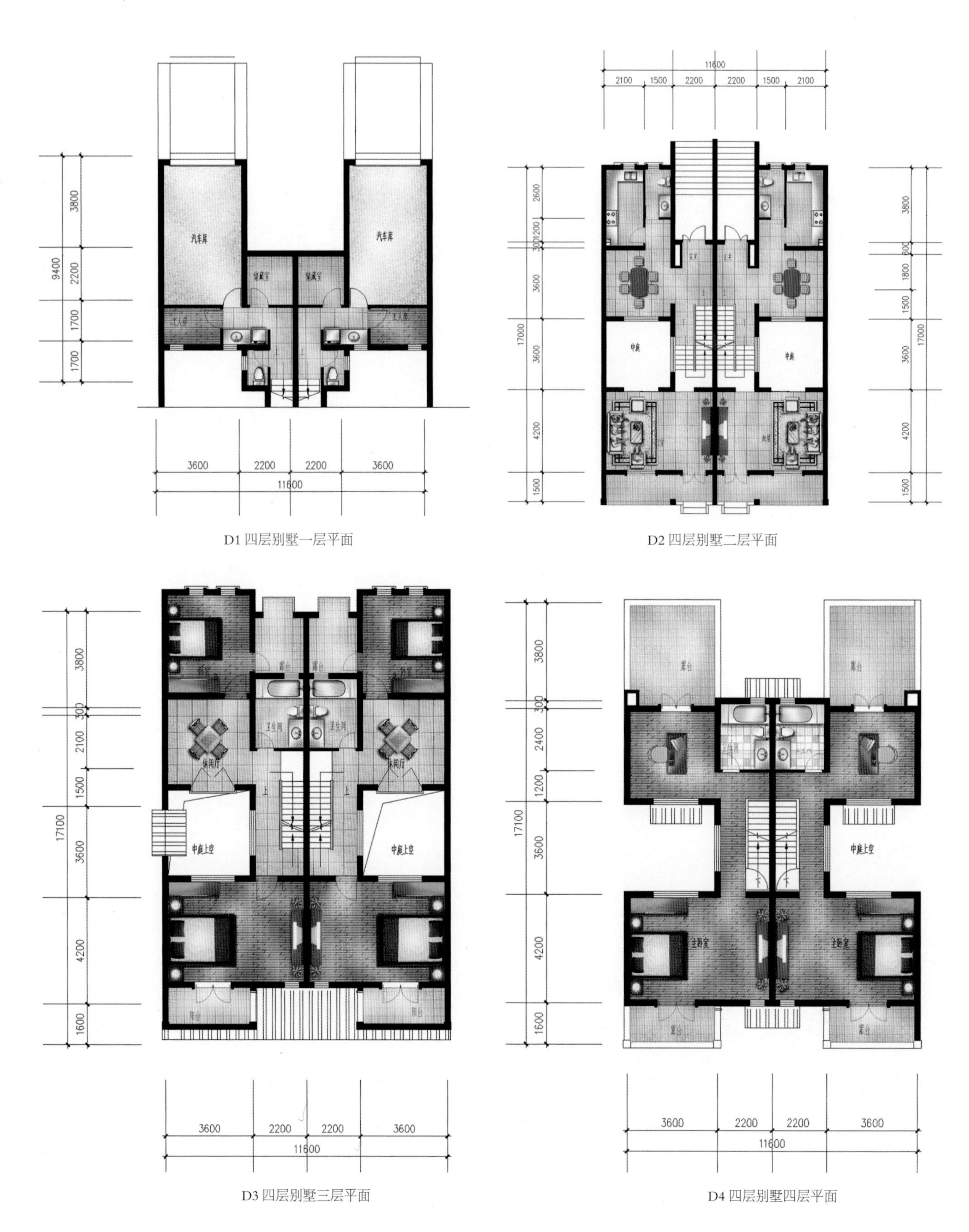

D1 四层别墅一层平面

D2 四层别墅二层平面

D3 四层别墅三层平面

D4 四层别墅四层平面

图 4-2-7 双拼别墅平面布置实例（三）

（三）联排别墅（Townhouse）

19世纪40～50年代发源于英国新城镇时期，当今已普及全球。联排别墅是由三个或以上的别墅单元拼联组合而成，中间单元共用分户墙，采用统一的平面设计、门窗和外墙装饰以形成一栋完整的建筑，甚至形成通长的街景建筑。在整个联排别墅区中，有时会出现两个单元拼联的组合，实际上是双拼别墅，但是由于采用统一的联排形式与元素，所以统称为联排别墅。

这种别墅的住户具有独立的门户，拥有自家的庭院、自家的车库，有时还有自用的地下室。一般每户建筑面积为150～300m²，由于采用联排形式，相对占地较少，容积率有所提高，因此，联排别墅是一种经济型别墅。

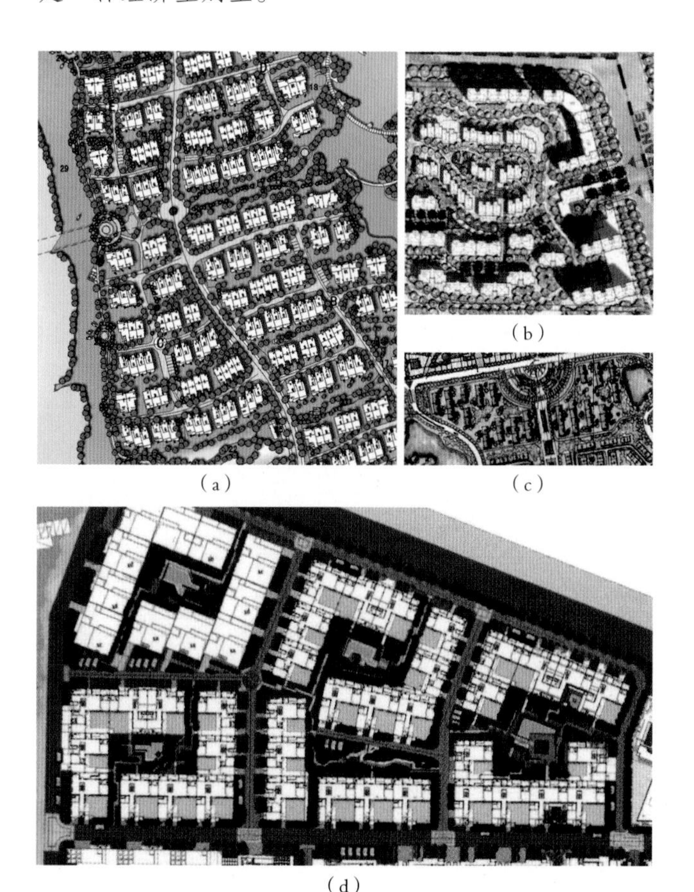

图4-2-8 联排别墅的总体布置实例

联排别墅分为北入口联排别墅和南入口联排别墅两大类，处在东西走向区内道路的两侧。

（1）北入口联排别墅：主要特点是坐北朝南，正面设门廊为入户大门，私家车沿区内道路直接驶进停车库。一层主要为家庭活动层，南侧布置客厅、户外花园、餐厅和厨房，中间布置楼梯间、公共卫生间和其他辅助房间，北侧为车库；二层为家庭厅和带卫生间的卧室，三层为主卧室、书房、卫生间和露台，有时结合坡屋顶构筑阁楼，营造更有情趣的生活空间。

（2）南入口联排别墅：主要特点是正面朝南，私家车沿区内道路直接驶进停车库，同时结合户外楼梯，拾级而上步入入户大门；二层为家庭活动层，布置客厅、餐厅和厨房，有时布置一间客房或父母房；三层为家庭厅和带卫生间的卧室；四层为主卧室、书房、卫生间和露台，同样可以结合坡屋顶构筑阁楼，营造更有情趣的生活空间。一层除车库外，还可用作洗衣房、工人房与库房，或按照主人意愿安排为健身房、娱乐房等。

面宽是联排别墅品质的决定因素。面宽加大，建筑面积就会增加，居住空间也会有所扩大，舒适度就也随之有所提高。面宽最小可做到5700mm，这个面宽尺寸可分隔成：4200mm（客厅）+1500mm（工作间）、3900mm（餐厅）+1800mm（厨房）、3600mm（卧室）+2100mm（书房）、3000mm（卧室）+2700mm（卧室）等（图4-2-9）。

面宽一般选用6000mm、6600mm、6900mm、7200mm，当面宽达到7500mm以上，可分隔成5100mm（客厅）+2400mm（书房）、4500mm（餐厅）+3000mm（客房）、3900mm（卧室）+3600mm（卧室）等，布置就比较灵活，内部空间也随之有更多的变化，相对就舒适多了。

联排别墅的端户型多一个外墙面，如图3-2-9实例中的D、G、H型为端户型，建筑山墙面可用作外窗、观景露台、凹槽和构架等，以增加室内外空间的变化，G、H型还降低一层来实现建筑体块的变化，进一步提高建筑的品质。

早期的联排别墅只是前后有花园，后吸收中国传统四合院、江南民居中庭的意念，在联排别墅中设置中庭，不仅增加了两三个采光通风的外墙面，而且有了自家的一方蓝天，带来了别墅内部多重院落的生活气息。由于设置中庭，加大进深，可增加房间数和建筑面积，使生活品质获得提升，因此，设置中庭是提高联排别墅品质的重大创意。图3-2-10所示为中庭式联排别墅实例，平面7700×22800，户型面积329.63m²。

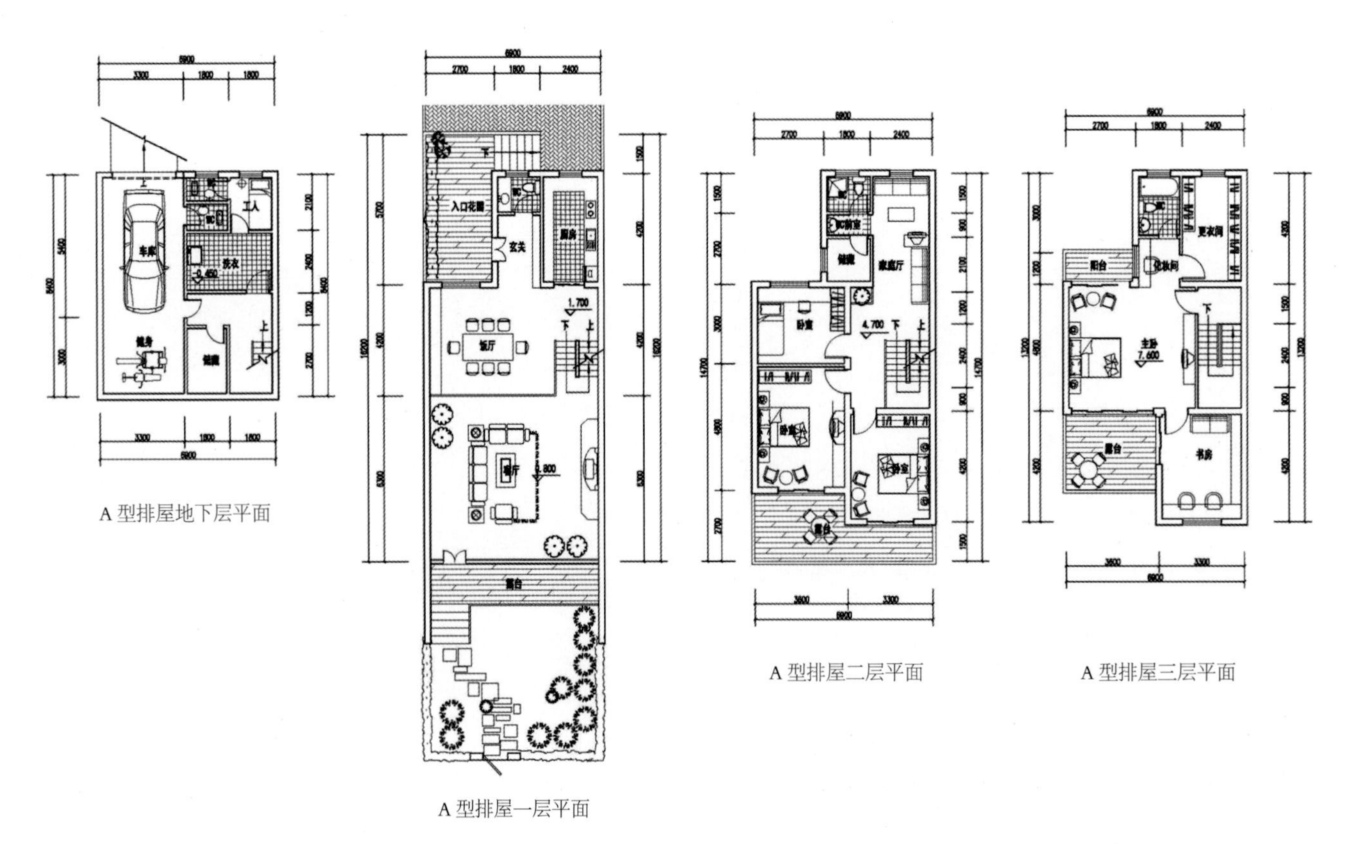

A 型排屋地下层平面

A 型排屋一层平面

A 型排屋二层平面

A 型排屋三层平面

A 型（北入口、单车位、开间 6900、户型面积 242.24m²）

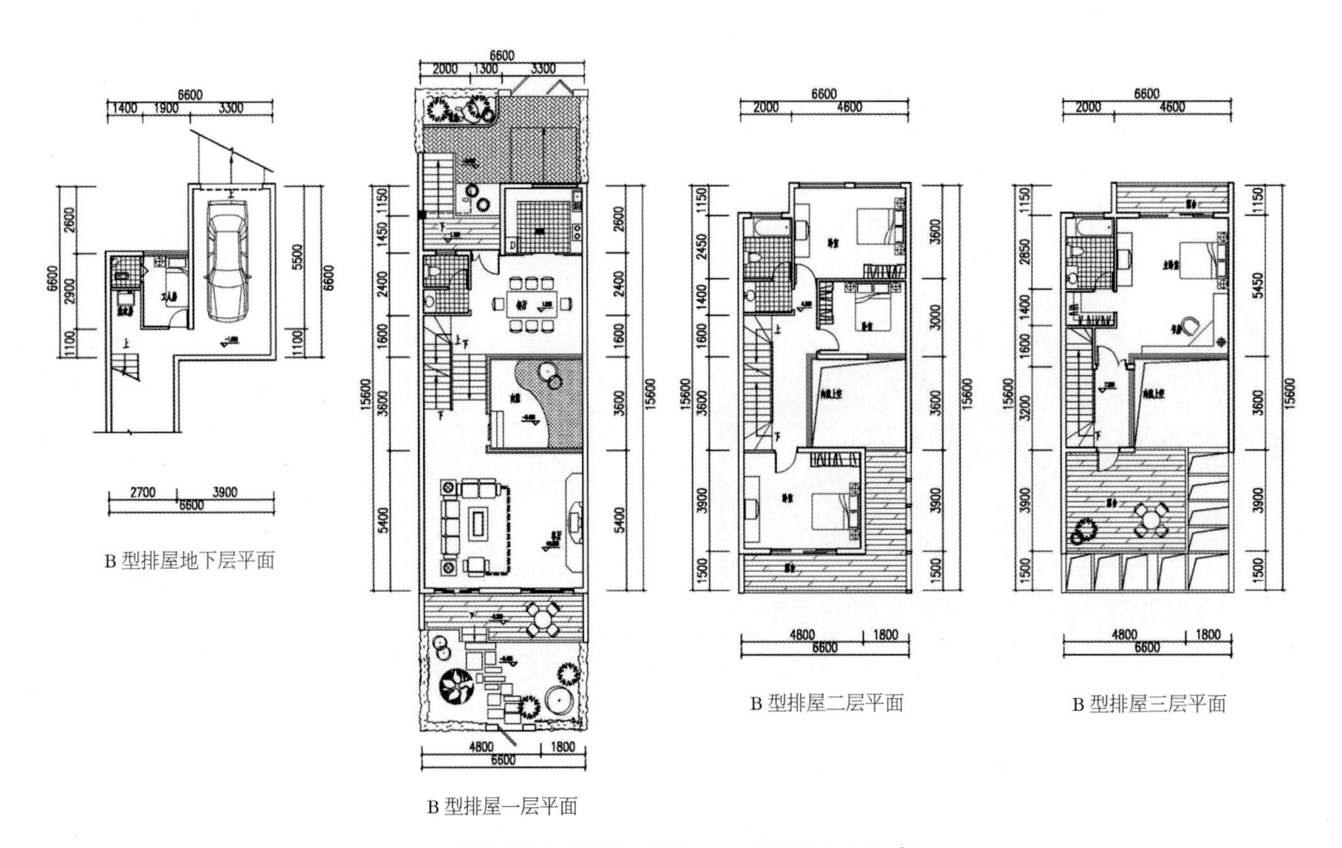

B 型排屋地下层平面

B 型排屋一层平面

B 型排屋二层平面

B 型排屋三层平面

B1 型（北入口、单车位、开间 6600、户型面积 230.91m²）

图 4-2-9 联排别墅平面布置实例（一）

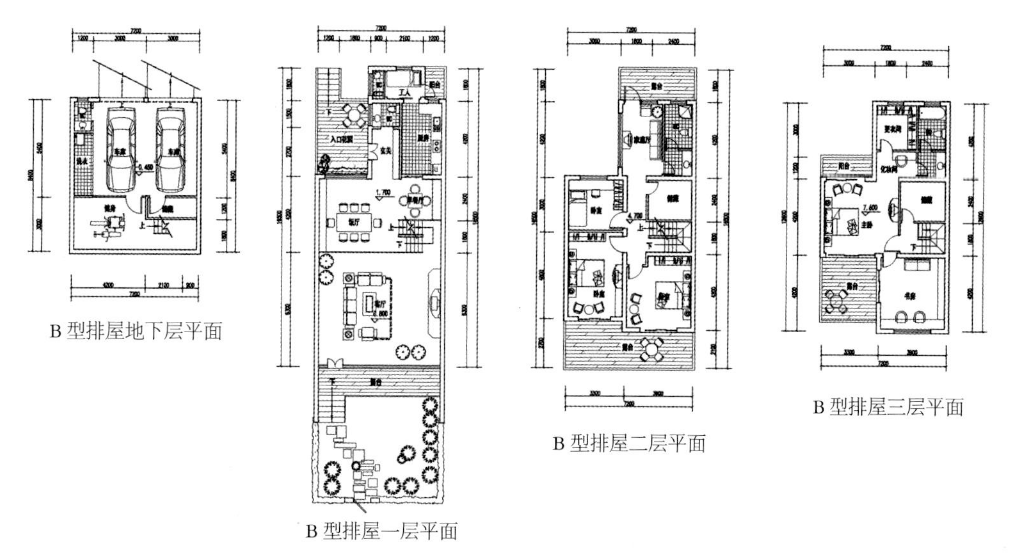

B 型排屋地下层平面

B 型排屋一层平面

B 型排屋二层平面

B 型排屋三层平面

B2 型（北入口、双车位、开间 7200、户型面积 249.55m^2）

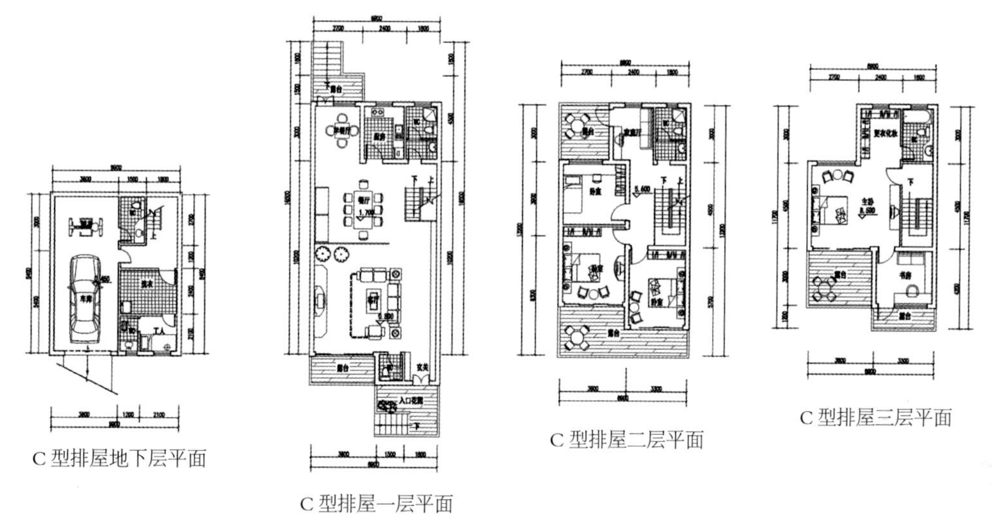

C 型排屋地下层平面

C 型排屋一层平面

C 型排屋二层平面

C 型排屋三层平面

C 型（南入口、单车位、开间 6900、户型面积 235.23m^2）

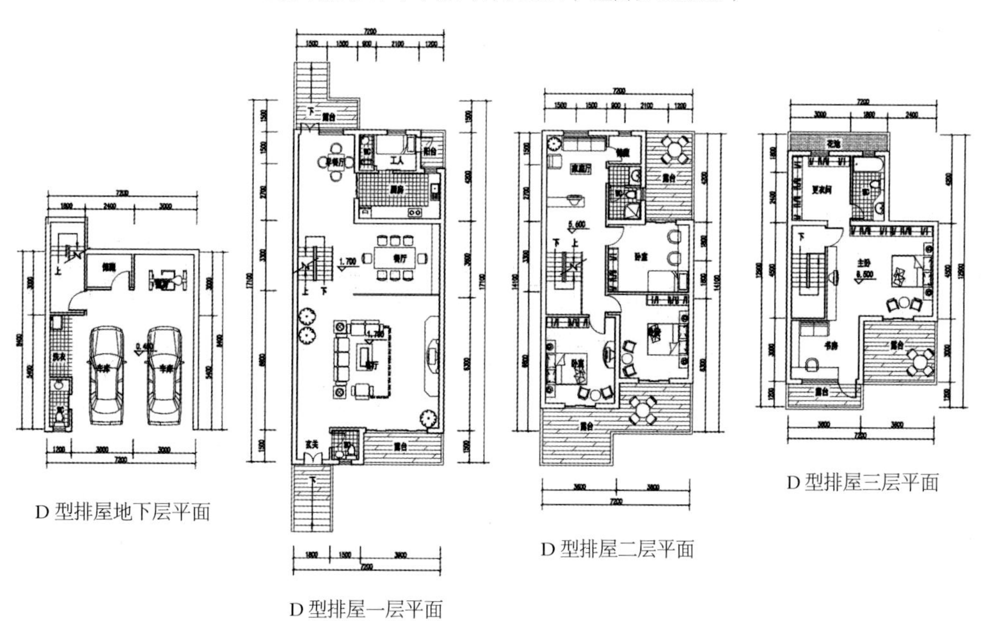

D 型排屋地下层平面

D 型排屋一层平面

D 型排屋二层平面

D 型排屋三层平面

D 型（南入口、端户型、双车位、开间 7200、户型面积 260.12m^2）

图 4-2-9 联排别墅平面布置实例（二）

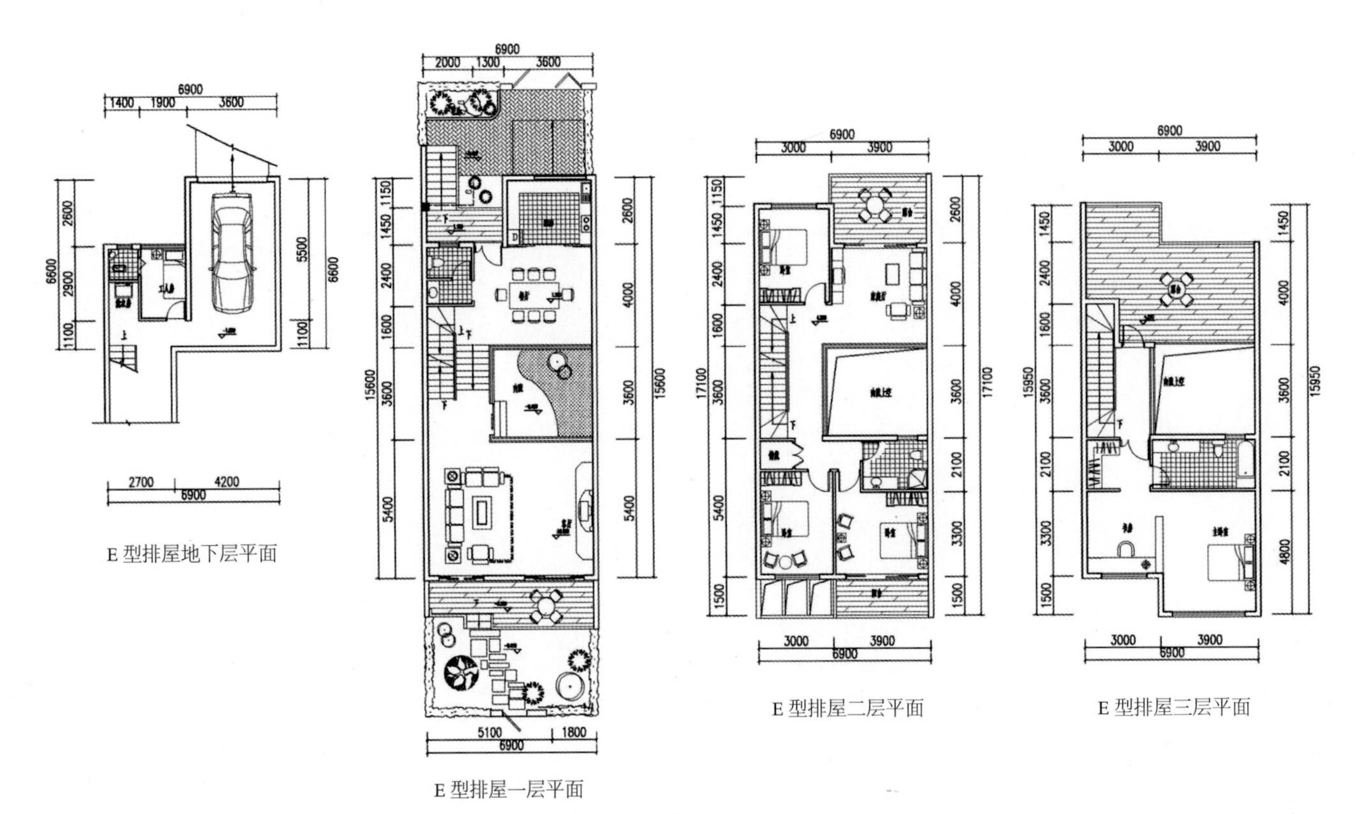

E 型排屋地下层平面

E 型排屋一层平面

E 型排屋二层平面

E 型排屋三层平面

E 型（北入口、单车位、开间 6900、户型面积 240.86m²）

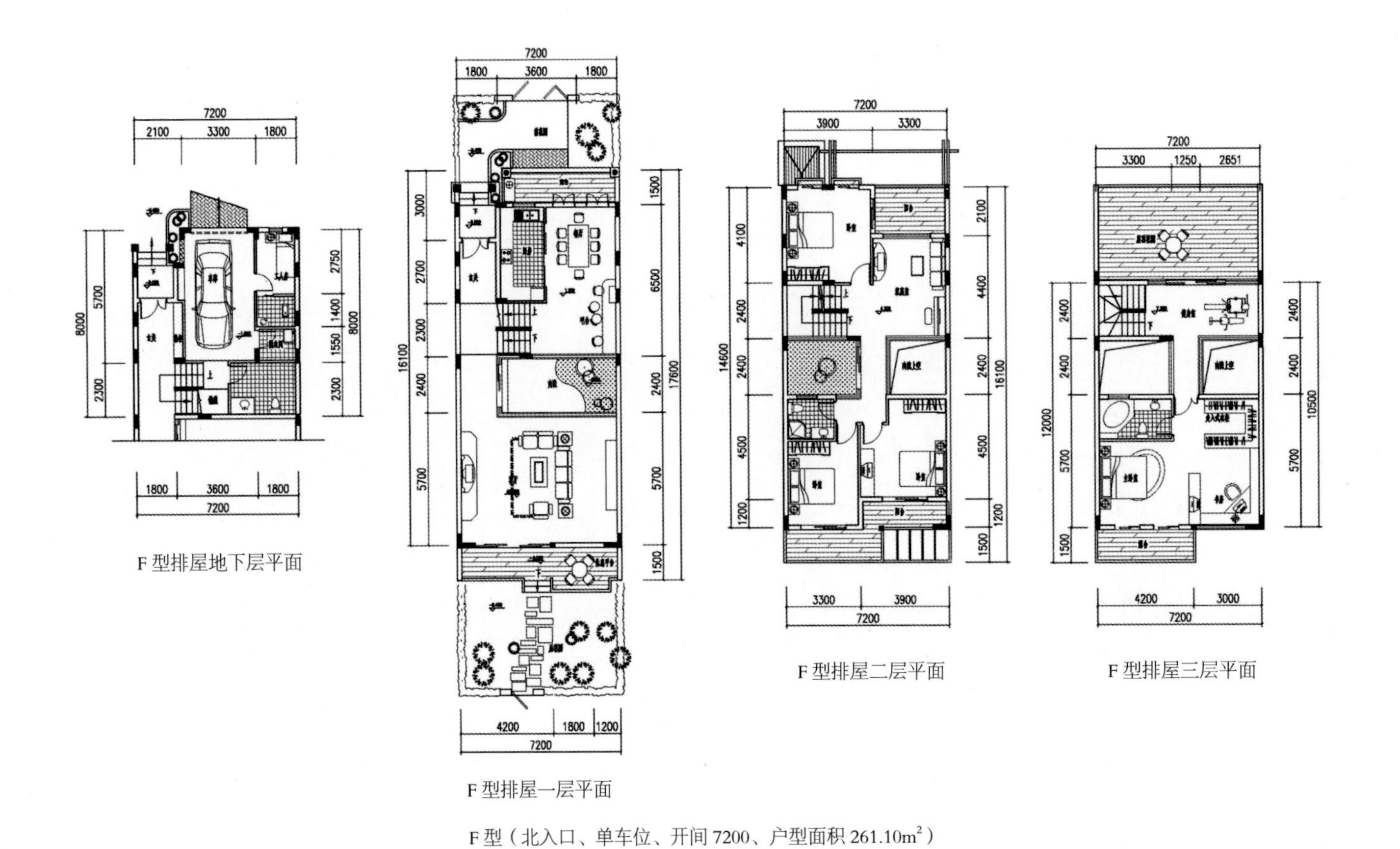

F 型排屋地下层平面

F 型排屋一层平面

F 型排屋二层平面

F 型排屋三层平面

F 型（北入口、单车位、开间 7200、户型面积 261.10m²）

图 4-2-9 联排别墅平面布置实例（三）

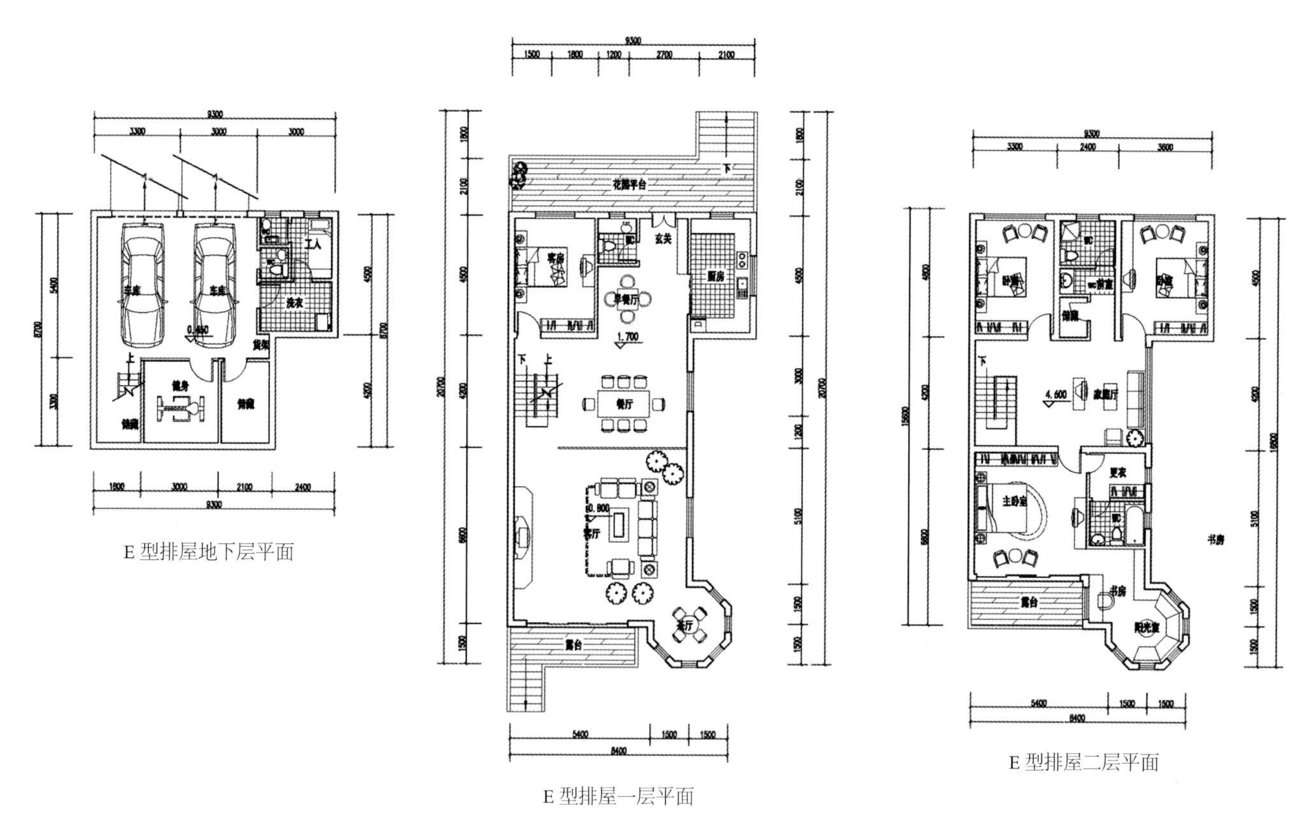

G 型（北入口、端户型、双车位、开间 8400/9300、户型面积 266.79m²）

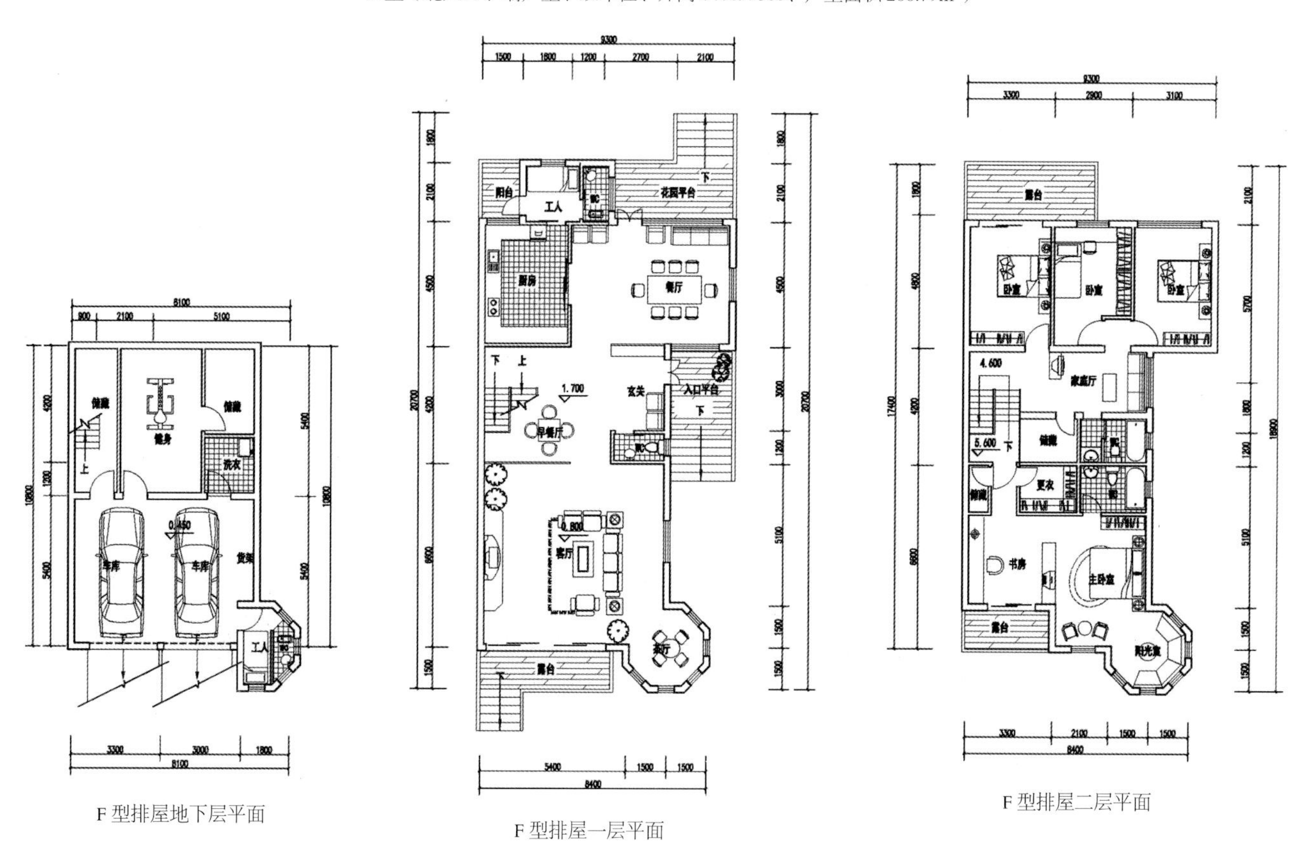

H 型（南入口、端户型、双车位、开间 8400/9300、户型面积 276.51m²）

图 4-2-9 联排别墅平面布置实例（四）

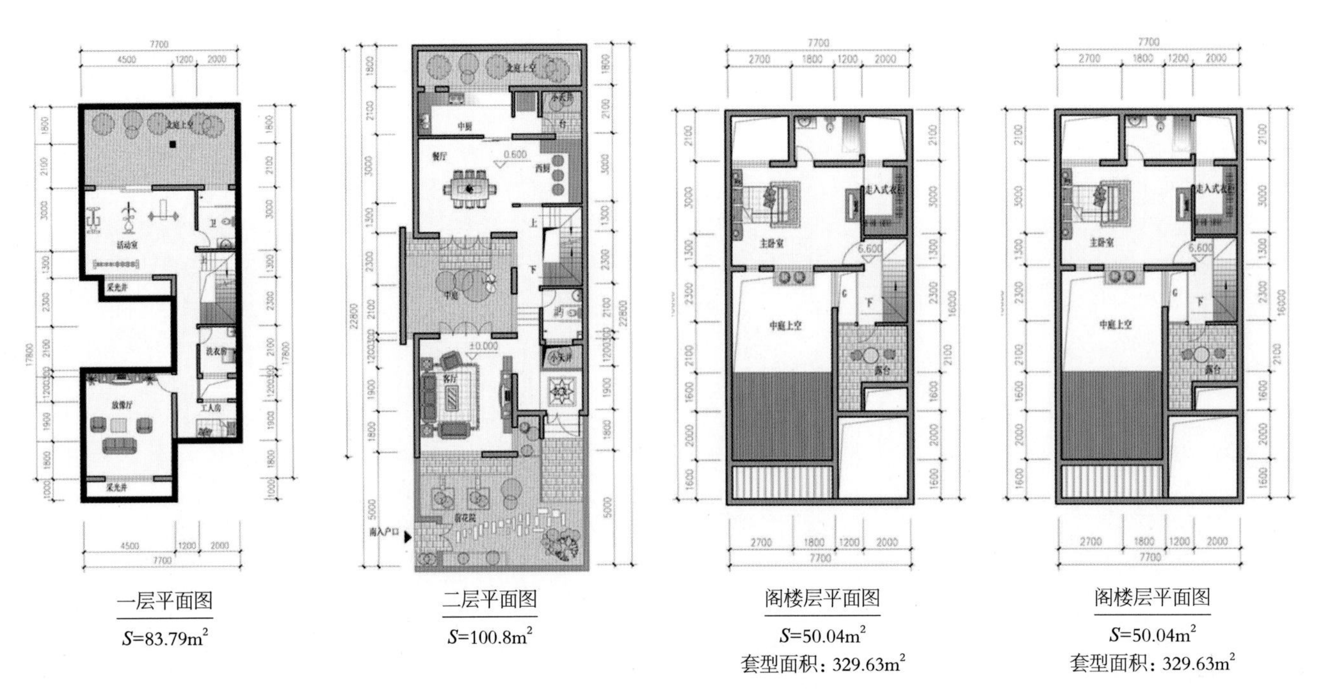

图 4-2-10 中庭式联排别墅平面布置实例

这里列举几处高品质的现代居所——新加坡 306m² 中庭式联排别墅实例（图 4-2-11）[20] 以及澳大利亚联排别墅实例（图 4-2-12）。

（四）叠加别墅（Overlay villa）

Townhouse 是平面联排，而叠加别墅是竖向的叠拼，由多个别墅单元上下叠加组合而成，两个别墅单元叠加组合成四至五层，简称为“双叠”，三个单元叠加组合成六至七层，简称为“三叠”。

从建筑形式上说，叠加别墅类似于公寓，只不过是别墅的延伸。与联排别墅相比，它有良好的观景高度，尤其是在优越的自然环境中，能最大限度地满足人们眺望的需求，同时使整个住区的立面造型可以更丰富。

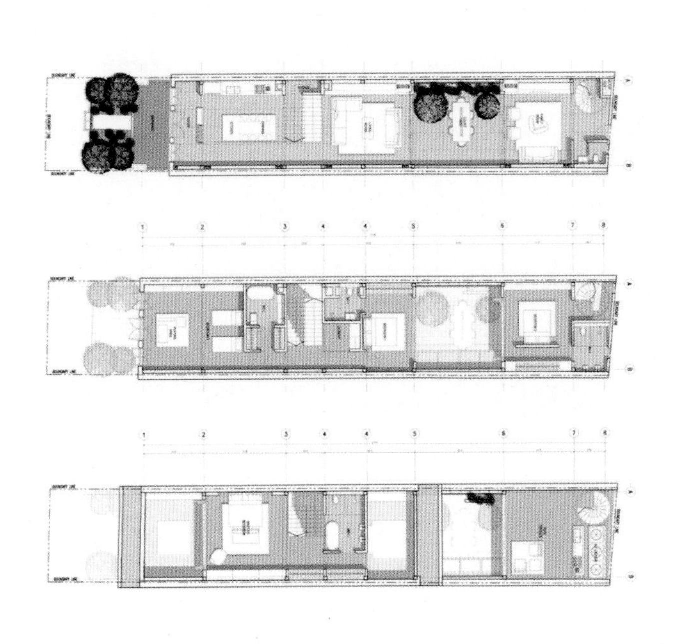

（a）

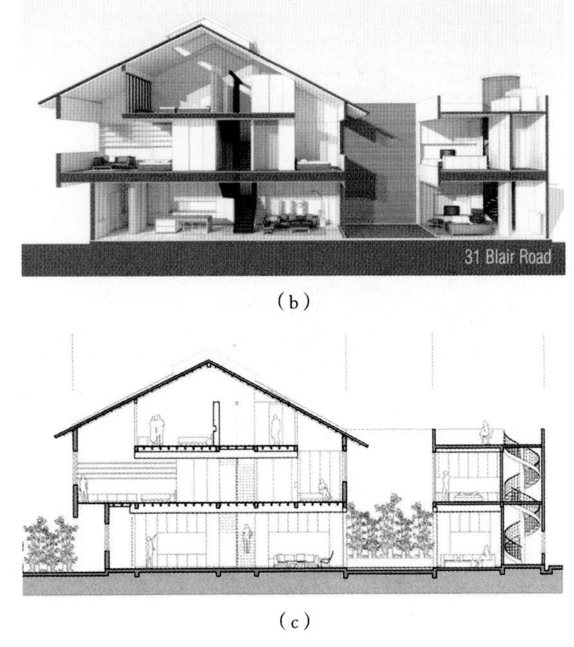

（b）

（c）

图 4-2-11 新加坡中庭式联排别墅实例（一）[28]

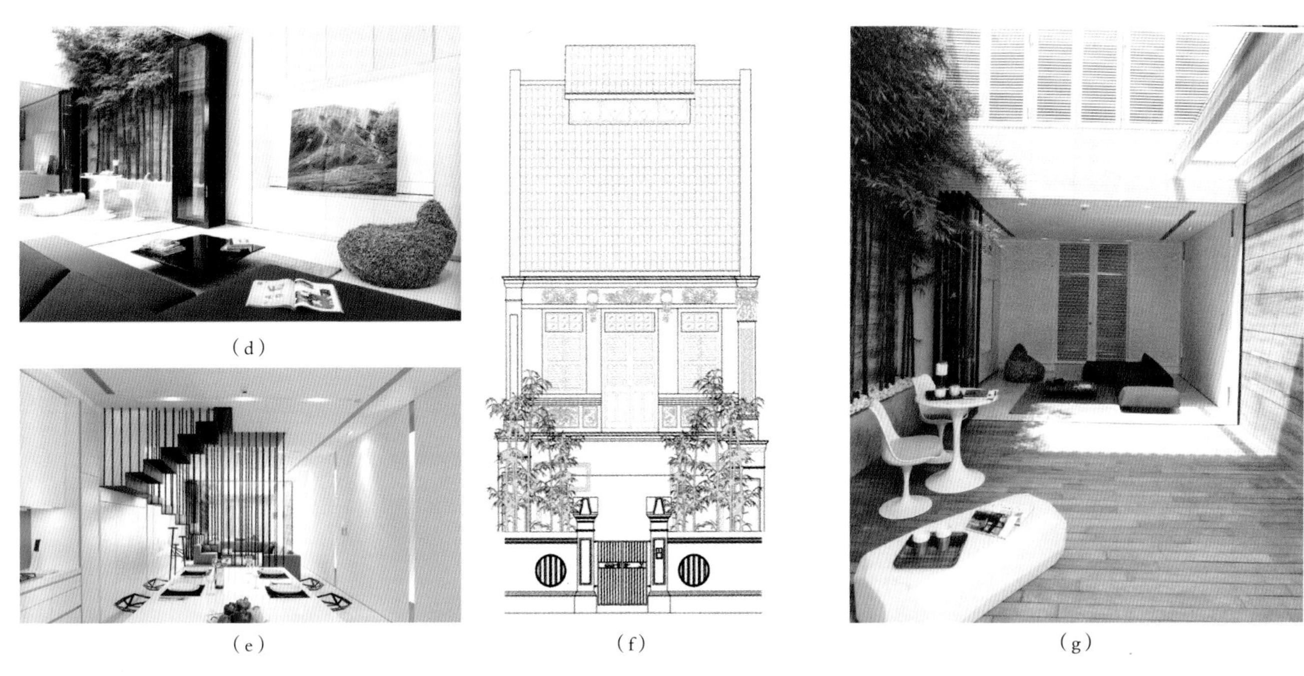

（d）　（e）　（f）　（g）

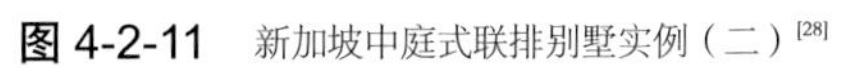

图 4-2-11　新加坡中庭式联排别墅实例（二）[28]

（a）墨尔本 Vally Park 联排别墅

（b）墨尔本 Sixty6 联排别墅

（c）墨尔本 Waterford Valley 联排别墅

图 4-2-12　澳大利亚联排别墅实例

（a）

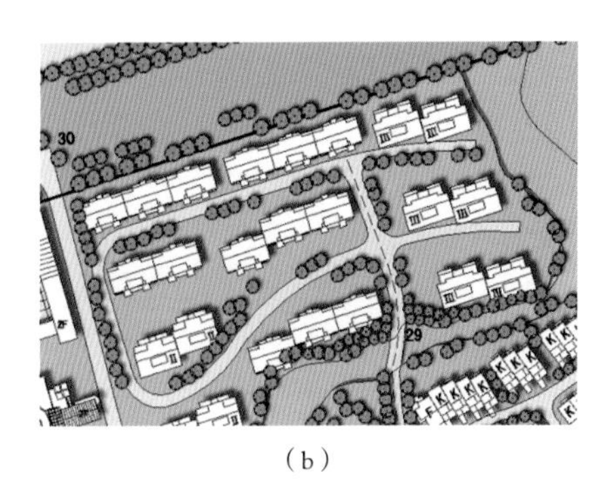

（b）

图 4-2-13　叠加别墅的总体布置实例

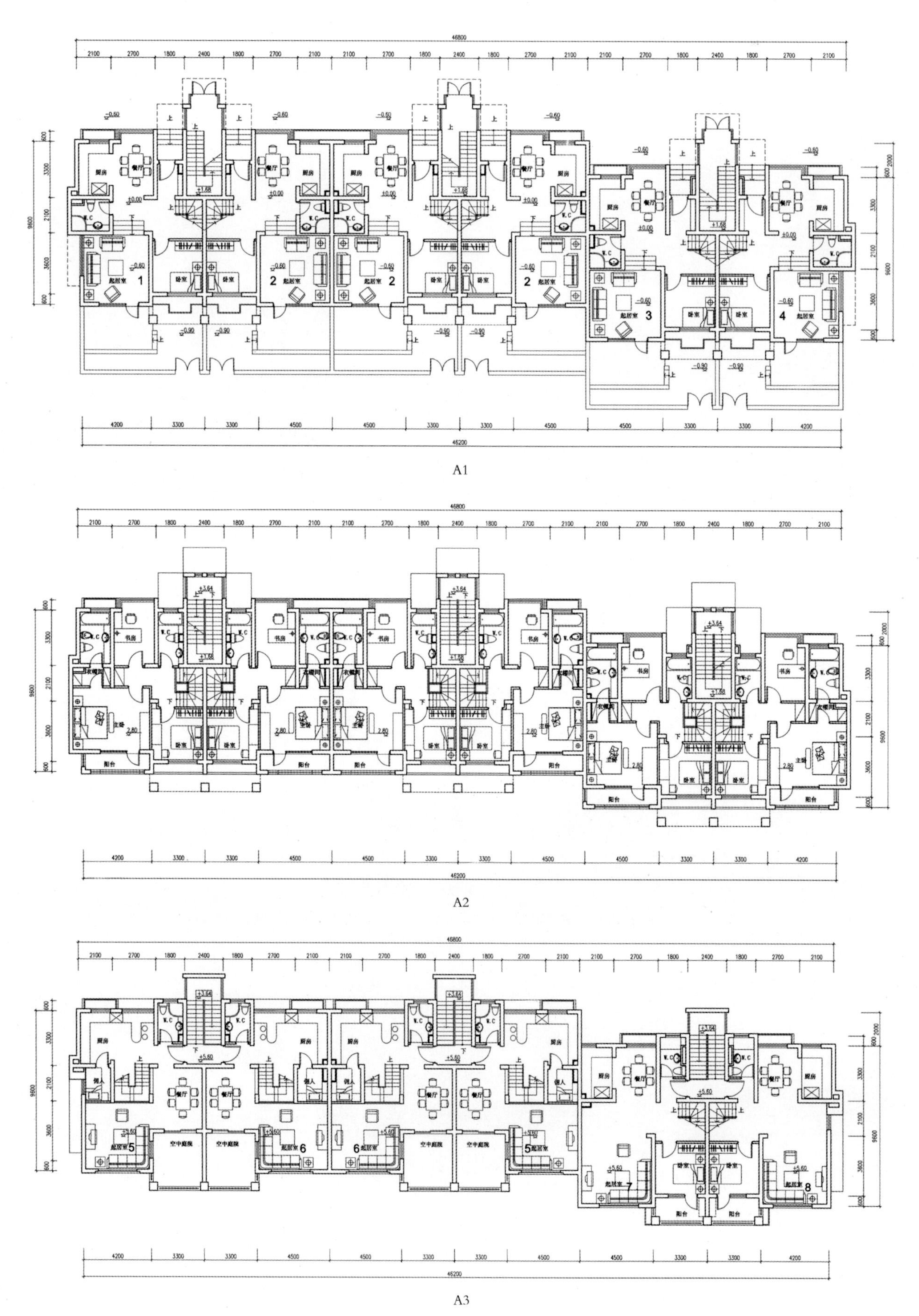

A1

A2

A3

图 4-2-14 叠加别墅的平面布置实例（一）

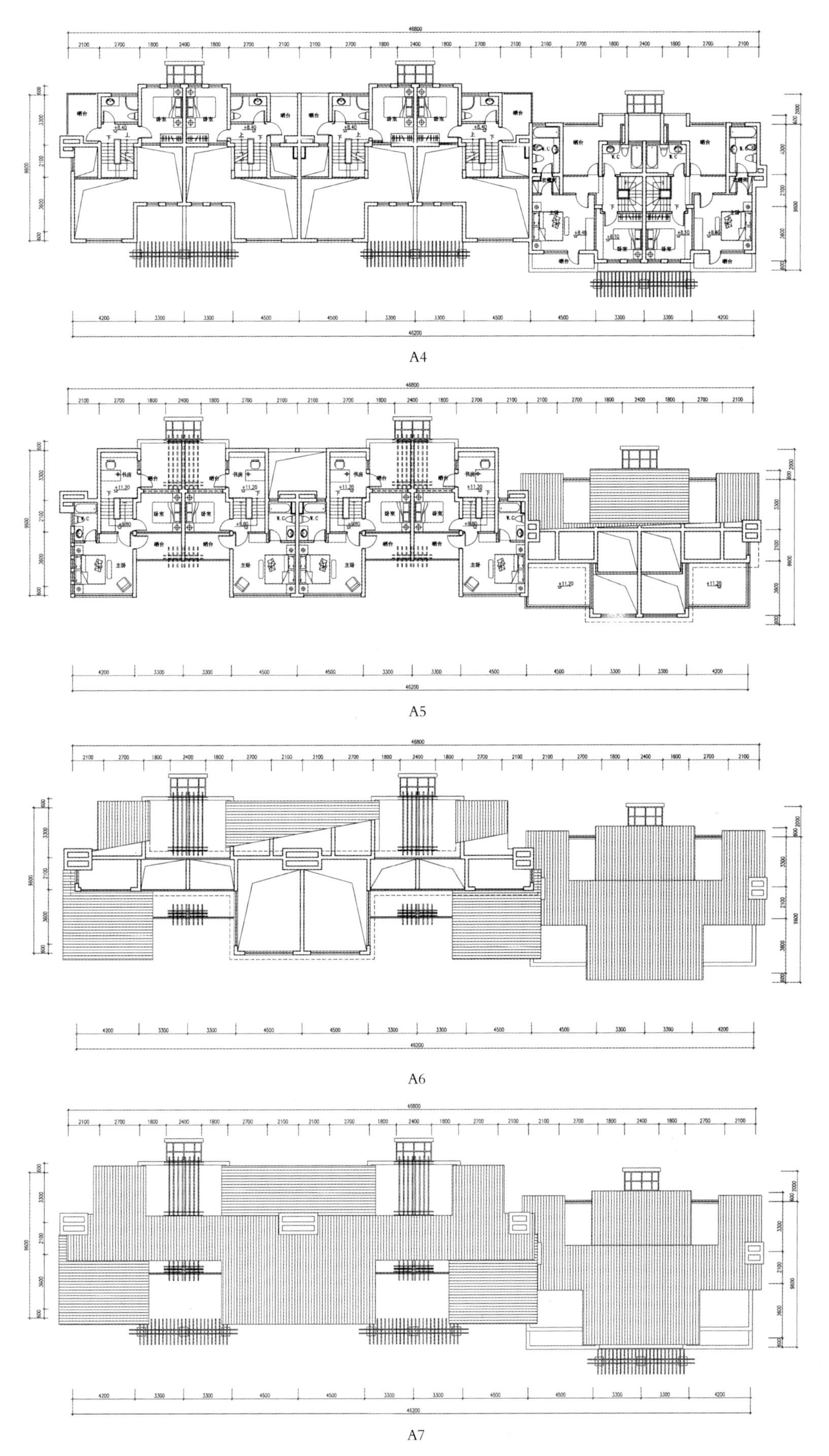

A4

A5

A6

A7

图 4-2-14　叠加别墅的平面布置实例（二）

（五）空中别墅（Penthouse）

空中别墅源于美国，原指建在公寓或高层建筑顶层的大型复式或跃层住宅，被称之为“空中阁楼”，具有别墅形态，基本符合别墅全景观的要求。

实际上，空中别墅是将叠加别墅进一步延伸，由更多个别墅单元叠加组合而成，就建筑形式来说，从多层延伸到了高层建筑的范围。更重要的是，各家拥有私家花园，拥有高品质的居住空间，有更好的观景高度，享用不一样的生活环境。

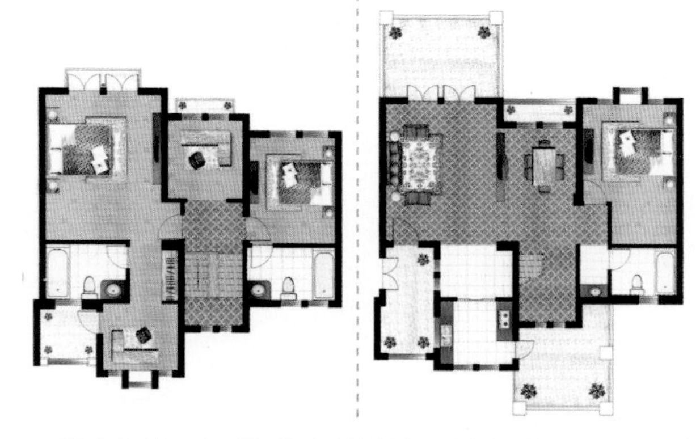

图 4-2-15 空中别墅的平面布置实例一（户型面积 202 ~ 206.6m²）

深圳懿德轩是位于深圳市侨香路与深云路交接处的一栋空中别墅，坐北朝南，布置在地块北角的显著位置，与联排别墅构成一个现代风格的住区。它通过种植大树与周边隔离，形成一条下沉式中央景观带，为住户提供良好的绿化环境（图 4-2-16）。

鸟瞰图

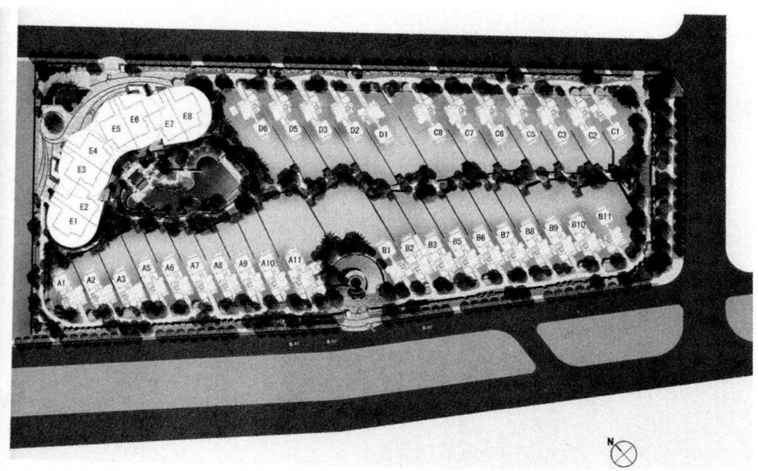

总平面图

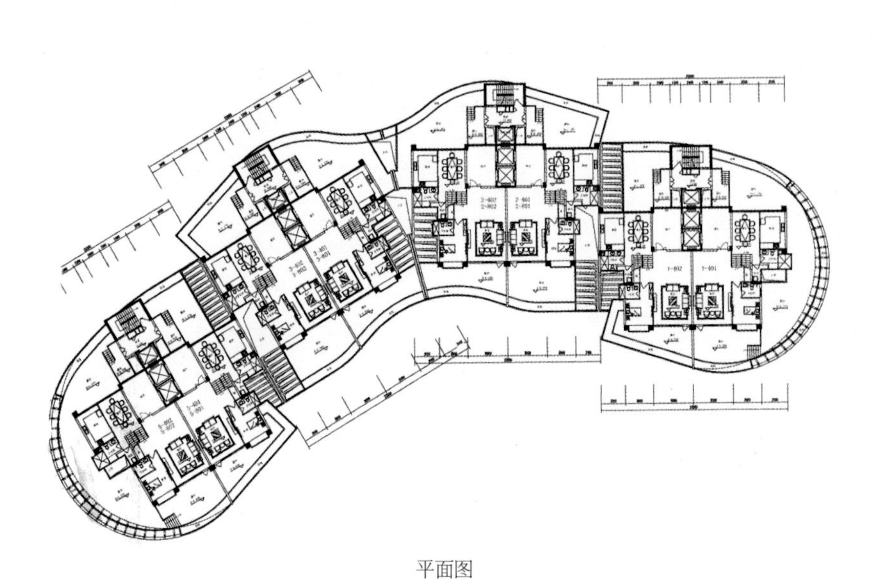

平面图

剖面图

图 4-2-16 空中别墅实例——深圳懿德轩（一）

图 4-2-16 空中别墅实例——深圳懿德轩（二）

该空中别墅由5层复式住宅叠加组合而成，每户都有各自的南北大露台，构成了别墅的空间效果，同时以优美的弧形护栏形成了独具特色的整体形象。项目占地30000m²，总建筑面积为19500m²，容积率为0.65，绿化率为30%，由新加坡迈博（MAPA）公司承担建筑与景观设计。

（六）山坡别墅（Hillside villa）

当别墅建在坡地上时，结合平坦（0% ~ 3%）、缓坡（3% ~ 5%）、小坡（5% ~ 10%）、中坡（10% ~ 25%）和陡坡（25% ~ 50%）的不同地形因势而建，既可提高基地利用的科学性，又节约土地，保护环境，使别墅与总体环境有机结合，产生良好的整体效益。

依山坡建造的别墅，入口通常设在底层，也可以设在顶层或者中间层，配合总体布置和道路系统，可以选择南入口或北入口。依照山坡的坡度，山坡别墅有如下四种形式：

（1）两排别墅的地面标高相差3 ~ 4m左右时，采取两排别墅地面相差1层的设计，两排别墅分别设计成北入口与南入口，共用同一条道路（图4-2-17），或者两排别墅设计成同一方向出入口，各走自家的道路，这时道路与管线的建设成本要高些。

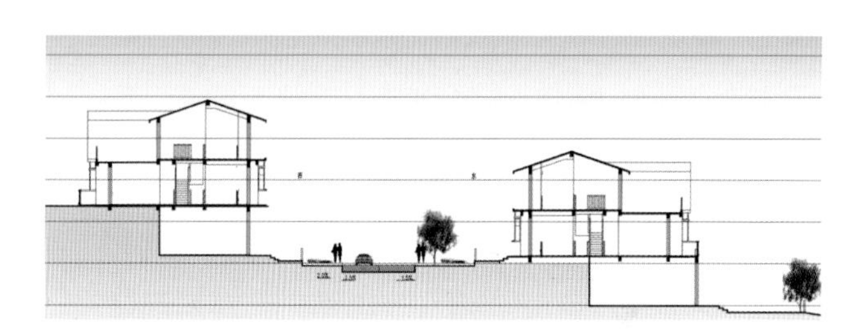

图 4-2-17 山坡别墅形式一

（2）两排别墅的地面标高相差6 ~ 7m左右时，采取两排别墅地面相差2层的设计，别墅的地面与道路管线连接根据现场地形确定（图4-2-18）。

图 4-2-18 山坡别墅形式二

（3）两排别墅的地面标高相差9 ~ 10m左右时，采取两排别墅地面相差3层的设计，这时别墅出入口与道路管线连接都要专项设计。尤其是边坡处的别墅，其平面与剖面设计更要结合地形标高，反映出独特的空间情趣和室内外的融合（图 4-2-19）。

（4）对于急坡（50% ~ 100%）区域，一般认为在该处不宜建造别墅，保持自然风貌。但是在基地地质条件许可的前提下，就势建成悬岩上的别墅，也可获得巧夺天工的视觉效果。

图 4-2-20 所示为秘鲁阿尔瓦雷斯海滨别墅的实例，它坐落在米斯特罗河岸，高于海平面约 50m 的峭壁上。别墅的会客与起居区设在入口处，有两层高的空间，其上设两层男孩房，其下有三层，分别为父母房与女孩房，而游泳池与娱乐设施安置在底层和海景露台上。设计很好地处理了平面与空间的关系，并以不同的涂色区分层次，创造了一个大家庭的现代生活环境。

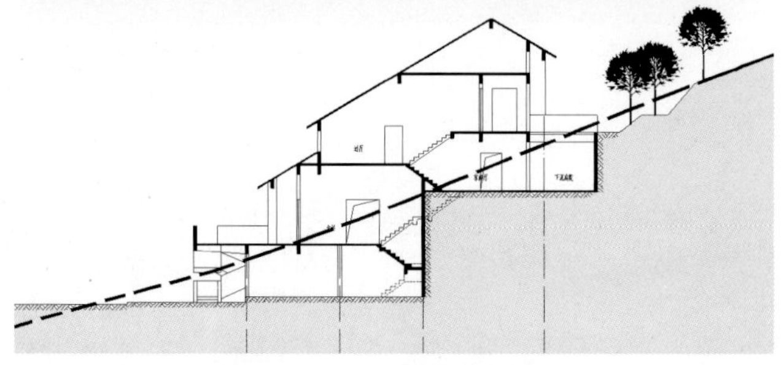

图 4-2-19 山坡别墅型式三

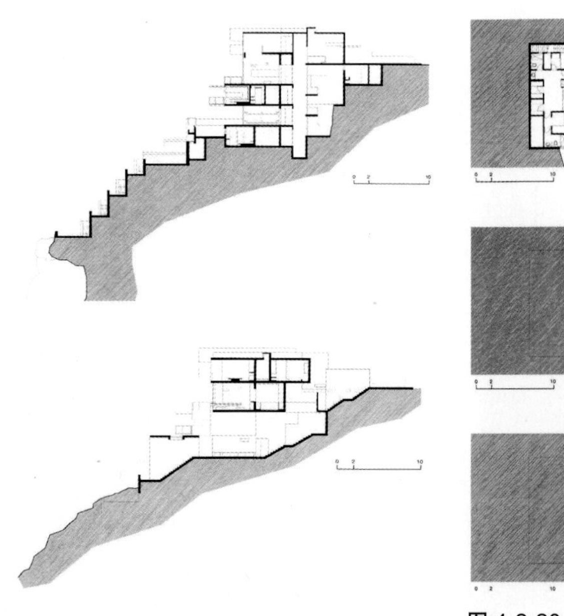

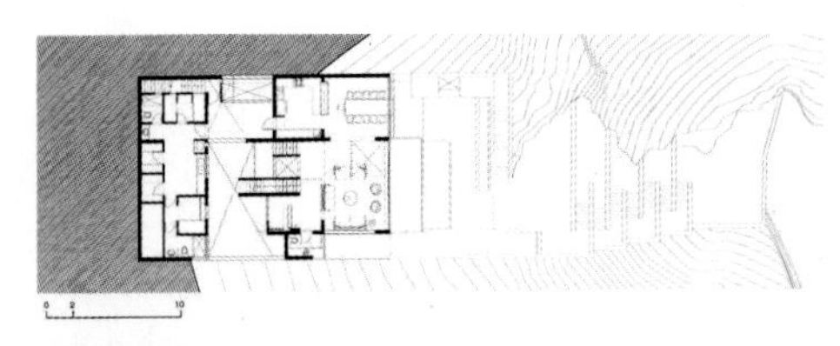

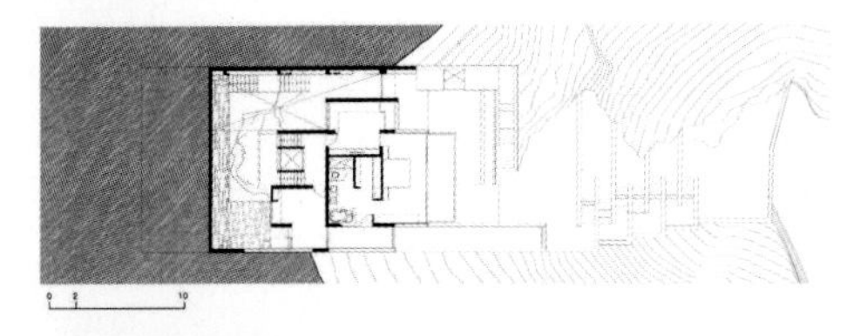

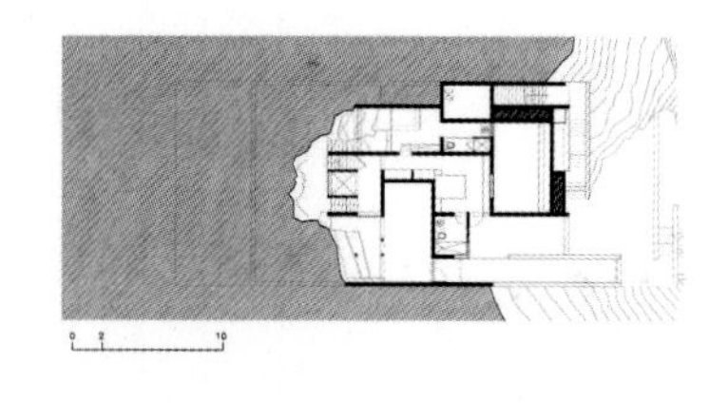

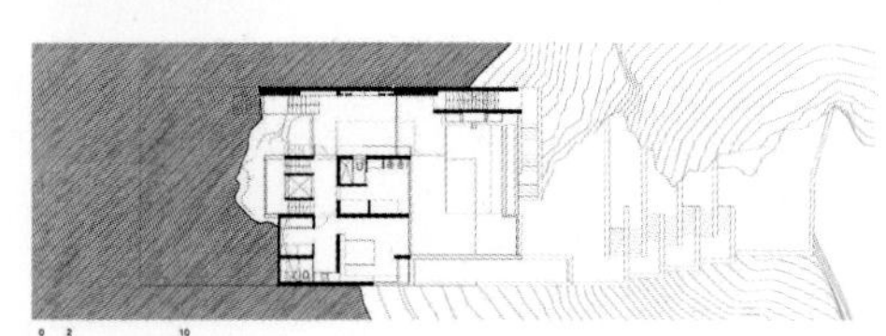

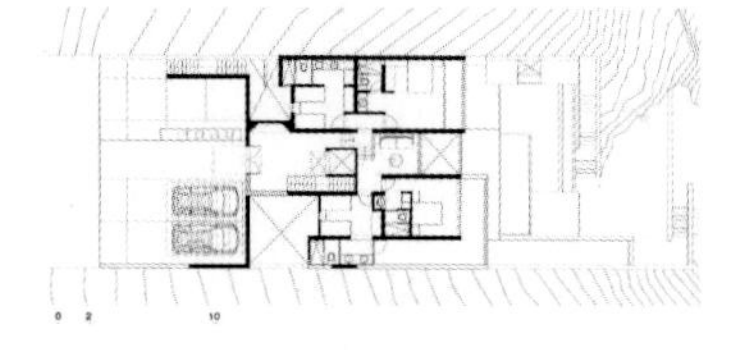

图 4-2-20 秘鲁阿尔瓦雷斯海滨别墅实例 [28]

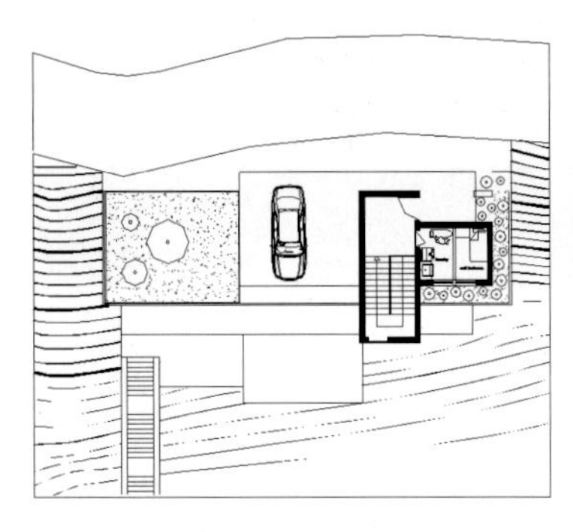

A1 顶层入口层

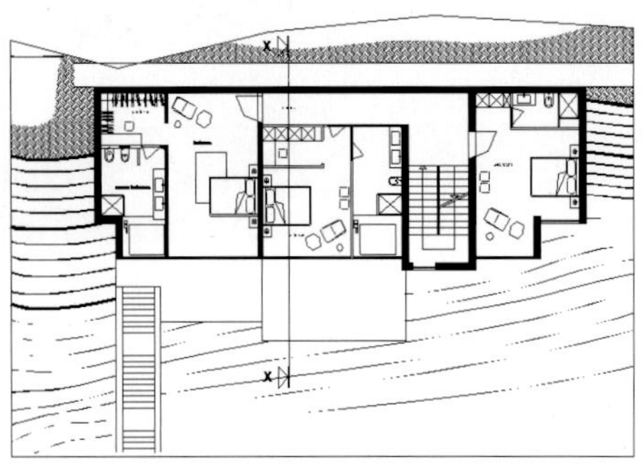

A2 中间层住房层平面

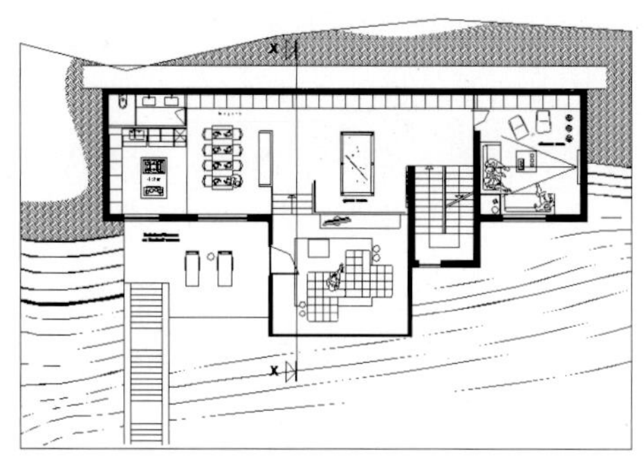

A3 底层起居层平面

图 4-2-21 山坡别墅的平面布置（一）

B1 底层入口层　B2 一层起居层平面　B3 二层住房层平面　B4 三层住房层平面

C1 底层入口层　C2 住房层平面

图 4-2-21　山坡别墅的平面布置（二）

三、别墅区的规划设计

（一）规划设计要点

别墅区规划应将建筑与景观设计紧密融合，进行人性化设计，从总体布置、道路景观、节点景观、绿化景观四个层面，提升别墅区的品质和空间素质，为居民提供居住的新享受。

别墅区应充分利用山地地貌、起伏的坡地、森林地带、古树果木等生态条件，创造独具特色的别墅环境，使人们获得不一样的感受。

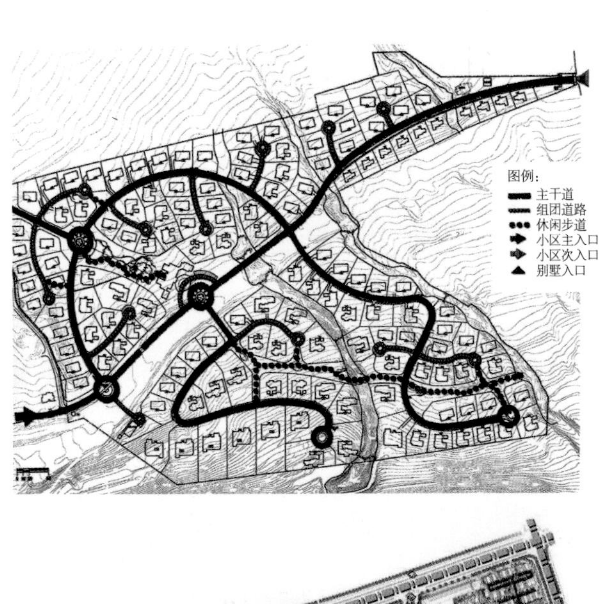

图 4-3-1 别墅区交通系统网规划图实例

别墅区规划设计，首先从交通系统入手，经济合理地布置道路网，确定别墅区的主、次出入口与区级主干道，构建出自然又淳朴的人居环境，方便出行，又满足消防与交通等规范要求。

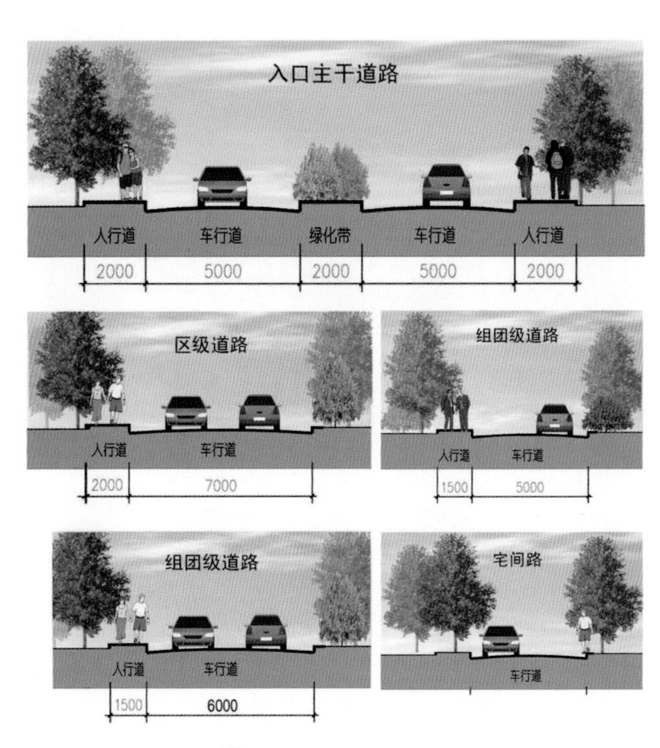

图 4-3-2 别墅区道路类型

（二）规划设计实例

1. 中山翠林兰溪园

位于 105 国道大涌路口，占地 58411.52m^2，别墅区充分利用森林地带、起伏的坡地、天然泉水汇集的湖泊以及 968 棵古树等原生态资源，在古树旁、天然湖滨，布置别墅组团，嵌入森林地带。

项目由 300m^2 的独栋别墅、230m^2 的双拼别墅、192m^2 与 170m^2 的联排别墅、80m^2 的公寓和 2000m^2 的商业会所组成，拥有 506 户，总建筑面积达 52785.47m^2，覆盖率为 28%，容积率为 1.0，绿化率为 42%，由华森建筑与工程设计顾问有限公司设计。

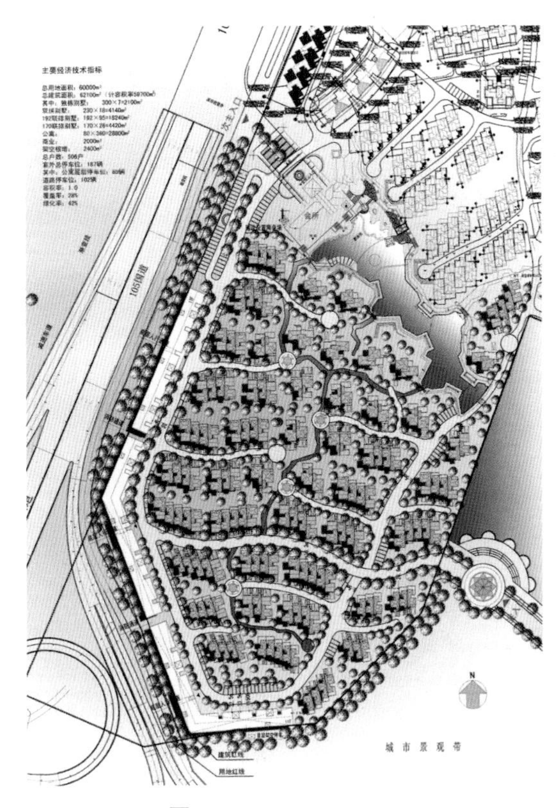

图 4-3-3　中山翠林兰溪园

2. 广州招商金山谷

项目位于番禺金山大道，占地 833000m²，地块中央布置低密度别墅，两端建有高层住宅，总建筑面积为 946000m²，容积率为 1.135，由城脉建筑设计（深圳）有限公司设计。

图 4-3-4　广州招商金山谷

3. 南京世贸边城

项目位于南京边城镇仓山湖景区，三面环山，中央湖水碧波荡漾，占地 1533333m²。

该项目规划建设成低密度别墅小镇，结合地形与地貌的特点，以道路和景观为双骨架，划分为五个组团，户型面积为 208 ~ 350m²，由美国 JBZ 建筑与规划设计事务所和泛华工程有限公司南京分公司合作设计。

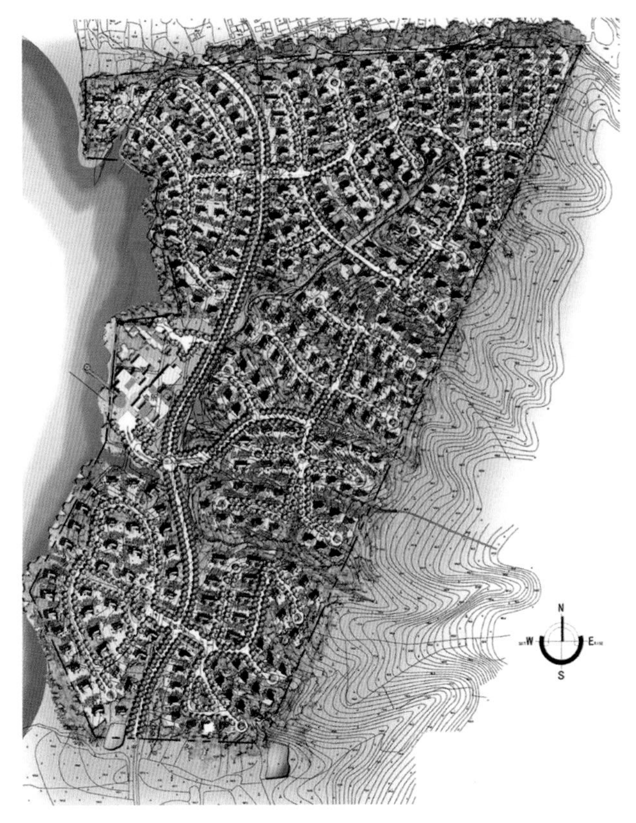

图 4-3-5　南京世贸边城

4. 黄山德懋堂度假徽居

散落在黄山市丰乐湖滨，享受着得天独厚的自然风光。建筑设计中沿用传统徽居的枕山、临水、粉墙、黛瓦的建筑特点，形成与现代相结合别墅群落，结合环境布置临水居、半山居、茗香居、听竹居四种各具特色的户型，总建筑面积为 67000m²。

单体建筑的入口处采用传统的徽派门楼，两面侧墙也采用传统风格的实墙小窗，但主要观景采光面应用大玻璃窗，改变了传统徽居的封闭感。建筑规划设计由北京天地都市建筑设计有限公司负责。

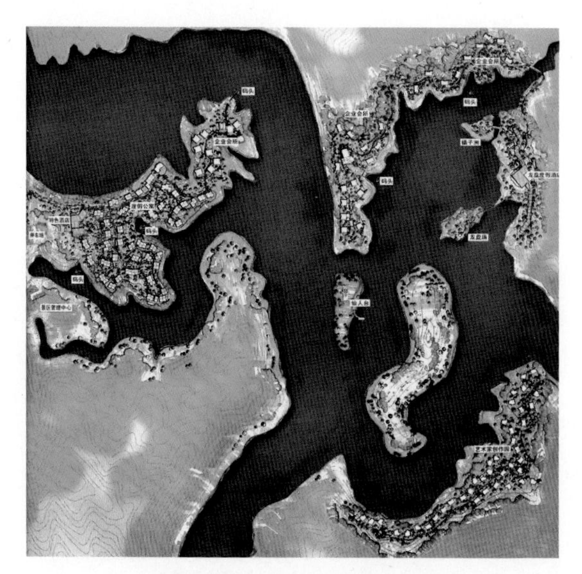

图 4-3-6　黄山德懋堂度假徽居

5. 从化高尔夫别墅

位于从化温泉镇，东邻 105 国道，南面为温泉高尔夫球场，西面是茂密的原生态丛林，西北流淌着流溪河，地块内沟涧纵横，呈高地形态。

占地 152667m²，总建筑面积为 120963m²，容积率为 1.34，建筑密度为 22%，绿地率为 42.92%，总户数 359 户，停车位 665 个，由深圳筑博工程有限公司设计。

图 4-3-7　从化高尔夫别墅

6. 上海绿城玫瑰园

项目地处闵行区马桥镇，总体设想来自于 20 世纪二三十年代的上海老洋房，高墙、铁栏、大树与灌木的街区景象，以水系、湖泊、原有植被构成私密领地的印象，和谐的建筑与庭院景观以及极富装饰意味的细部构成了一个完美的现代住区。该项目占地 803333m²，总建筑面积为 22 万 m²，容积率为 0.275，绿化率为 65%。

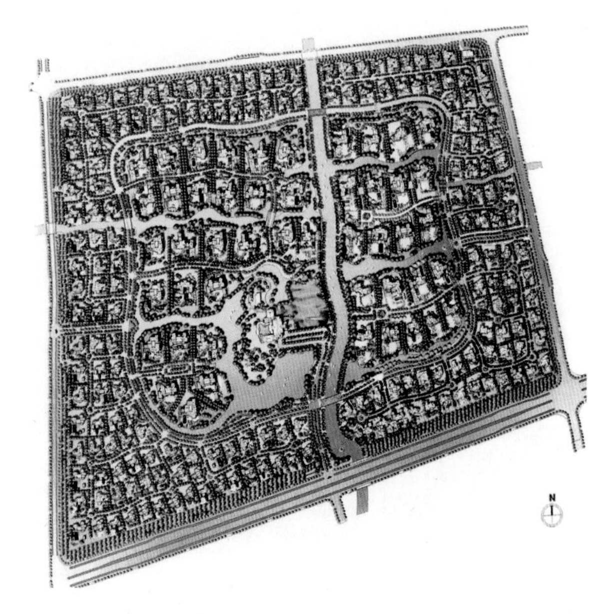

图 4-3-8　上海绿城玫瑰园

7. 深圳东部华侨城别墅天麓一区

项目依托东部华侨城主题公园，将建筑空间与景观整合做到极致，营造出了不一样的山海大宅，以开放与简雅的理念，挖掘这块土地的高贵与精髓，使设计更加适合现代人的生活方式。

天麓一区占地 82899.18m²，总建筑面积为 8270m²，容积率为 0.1，户型面积为 241 ~ 730m²，共 20 栋，由华森建筑与工程设计顾问有限公司设计。

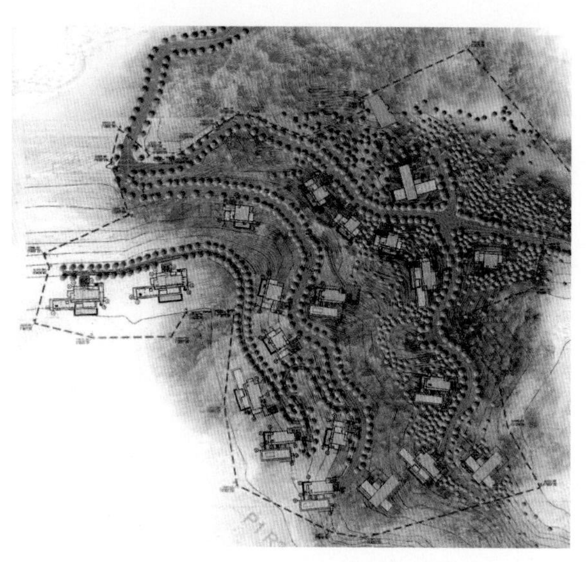

图 4-3-9　深圳东部华侨城天麓一区

8. 广州圣普多岛岸别墅

位于花都芙蓉嶂AAAA度假区内，背靠王子山森林公园，三面临芙蓉嶂水库，是一块群山环绕的半岛状的宝地，占地20万m^2，总建筑面积为14万m^2，容积率为0.46，绿化率为50%，由天作建筑规划设计咨询有限公司设计。

项目充分利用地形，沿等高线错落布置独栋别墅，共5个组团200多栋，沿路安排联排别墅13栋，由于高差大，独栋别墅全部为山坡式，一、二层均可出入，各户都有良好的自然景观，是该项目最大的特点。

9. 武汉湖滨丽水别墅

作者曾在武汉东西湖畔设计一个现代居住区，拥有700m的湖岸线与优越的自然景观资源，以双拼别墅、193.33～242.10m^2的联排别墅和空中别墅组成的纯别墅居住区，共居住332户，总用地面积为80000m^2，总建筑面积达66550m^2。

由于沿北面一侧集中布置7栋11+1层的空中别墅，获得了全湖景住房154套（占46%），建筑面积为27030m^2，使容积率达到0.828。

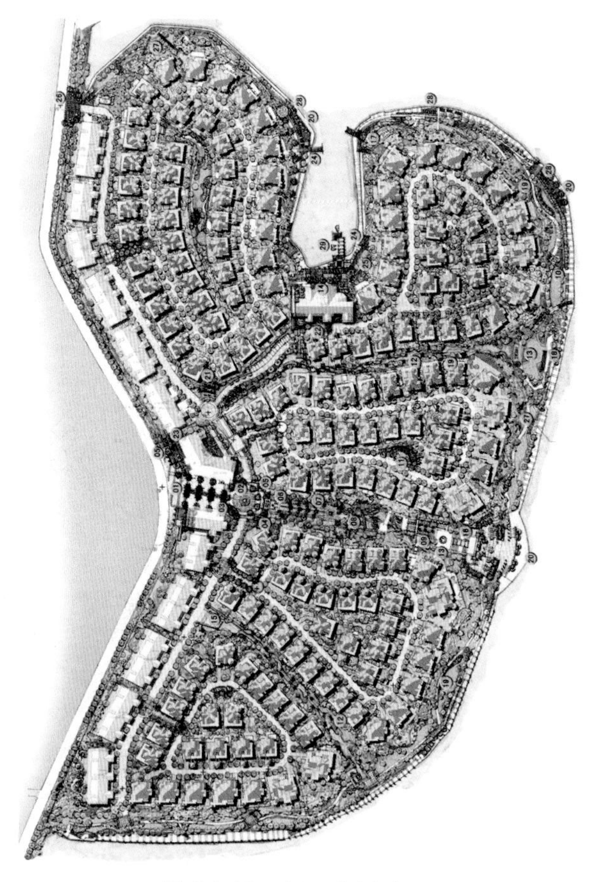

图4-3-10 广州圣普多岛岸别墅

图4-3-11 武汉湖滨丽水别墅

四、别墅的建筑风格

（一）中式建筑风格

1. 传统中式风格

传统的北方民居以四合院为代表。坐落在北京胡同里的四合院，成排的大树汇成一片绿荫，朱门灰墙沿路排开，完整地体现了昔日时光里胡同人家的生活。在城市发展中，这些大隐于市的四合院成了最珍贵的瑰宝。经过修复、精心配置与重新彩绘等，力求恢复宅院曾经承载过的文脉气质，重新拾起传统老北京的古韵风月。图 4-4-1 所示是一座朱门铜环、雕梁画栋的两进四合院别墅的新建实例。

室内设计风格因地制宜，高架古床，雕花太师椅，绣着龙凤图案的锦缎被褥，加上字画、古董以及精心搜集来的民俗工艺品，处处透出中国风味，古色古香中有别样的旖旎风情。或者采用全新的、时尚的室内设计，在四合院的天空下享受现代别墅的生活方式，也是对传统居住意境的体验。

2. 新中式风格

新中式建筑风格继承了中国唐宋、明清时期建

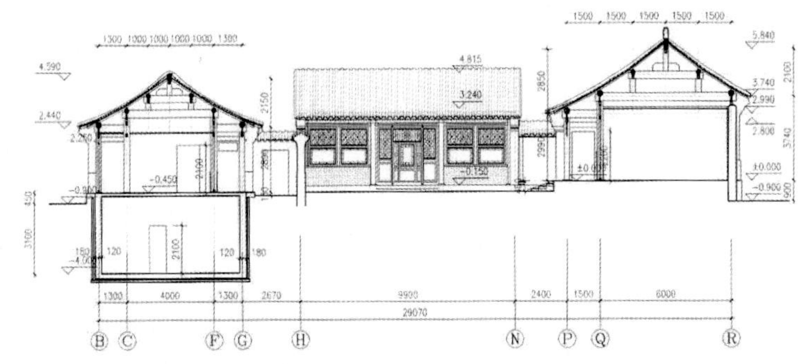

图 4-4-1 北京禄米仓 34 号四合院别墅

图 4-4-2 新中式建筑风格

筑文化的精华，也是现代生活、文化与价值观的集中体现，表达了东方文化中对精神境界的追求，特别是整体建筑形象和本地自然景色相融合，如同中国水墨画，清丽淡雅，诗意油然而生。

（二）欧式建筑风格

1. 欧洲古典建筑风格

欧洲古典风格起源于古希腊神庙建筑和古罗马建筑，其雄伟的古典柱廊与经典的柱头成为了建筑艺术的精品，朴实的质感、匀称的比例、突出的个性令世人赞美。经文艺复兴运动和 19 世纪新古典主义运动的完善，它已发展成完整的建筑理论，成为西方建筑文化的精华。

（1）古希腊建筑（Greek Architecture）

古代希腊是欧洲文化的发源地，古希腊建筑是欧洲建筑的先驱，古希腊的发展时期大致为公元前 8 ~ 前 1 世纪，即到希腊被罗马帝国兼并为止。

图 4-4-3　希腊雅典卫城帕提农神庙

1）公元前 8 ~ 前 6 世纪为古风时期，古希腊建筑逐步形成了相对稳定的形式，创造了端庄秀雅的爱奥尼柱式以及雄健有力的多立克柱式，并且这两种古典柱式都有了系统的做法。古典柱式体系是古希腊人在建筑艺术上的创造。

2）公元前 5 ~ 前 4 世纪为古典时期，是古希腊的繁荣兴盛时期，建造了卫城、神庙、露天剧场、柱廊等建筑珍品，雅典卫城建筑群和该卫城中的帕提农神庙为其典范。古典时期还形成一种新的柱式——科林斯柱式。

3）公元前 4 世纪后期到公元前 1 世纪是古希腊的后期，马其顿王亚历山大远征，把古希腊文化传播到西亚和北非，这一时期称为希腊化时期。古希腊建筑风格向东方扩展，同时受到当地原有建筑风格的影响，形成了不同的地方特点。

古希腊建筑的结构属梁柱体系，早期主要建筑都用石料，限于材料性能，石梁跨度一般是 4 ~ 5m，最大不过 7 ~ 8m。石柱以鼓状砌块垒叠而成，砌块之间有榫卯或金属销子连接。墙体也用石砌块垒成，砌块平整精细，砌缝严密，不用胶粘材料。虽然古希腊建筑形式变化较少，内部空间简单，但后世都从古希腊建筑中得到借鉴。

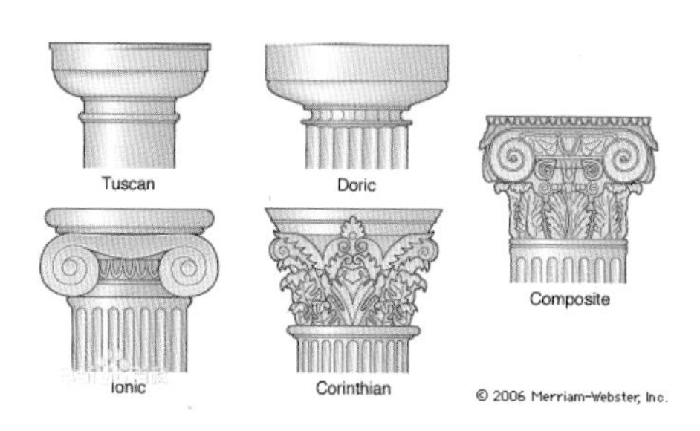

图 4-4-4　古典柱式体系

塔司干（Tuscan）、多立克（Doric）、爱奥尼（Ianic）、科林斯（Corinthian）、混合式（Composite）

古希腊建筑的主要特征是：屋顶为低坡度的山墙或四坡顶，在三角形屋檐下及正门廊的屋顶下有宽长的上楣带；古典式门廊顶通常是平的，由若干根圆形或方形的立柱形成的柱廊，有的与屋檐等高，有的低于屋檐；正大门上有横向装饰条，与精制的大门装饰融于一体。

（2）古罗马建筑（Roman Architecture）

古罗马建筑是建筑艺术宝库中的一颗明珠，它承载了古希腊文明中的建筑风格，凸显地中海特色，同时又是古希腊建筑的发展。到公元 1 世纪罗马帝国建立时，罗马城已成为与东方长安城齐名的世界性城市。其城市基础设施建设已经相对完善，城市逐步向艺术化方向发展。古罗马建筑以厚实的砖石墙、半圆形拱券、逐层挑出的门框装饰和交叉拱顶结构为主要特点，并与其雕塑艺术大相径庭，以建筑的对称、宏伟而闻名世界。

古罗马建筑的主要特征是：正立面有一个最显眼的三角形屋顶或三角屋脊以及与屋脊等高的古典门廊，由四根方形基础的圆柱和一个正山墙（三角楣）组成；正门的上方有一个半圆形或半椭圆形的气窗，通常以中心轴对称布置五个窗户。

（3）哥特式建筑（Gothic Architecture）又译作歌德式建筑，源于 1140 年的法国，因此也被称作“法国式”，在中世纪中期盛行于欧洲，一直持续至 16 世纪。哥特式建筑主要用于教堂，最负盛名的有意大利米兰大教堂、德国科隆大教堂、俄罗斯圣母大教堂、英国威斯敏斯特大教堂、法国巴黎圣母院以及凯旋门等。

哥特式建筑的特点是尖塔高耸、尖形拱门、大窗户及绘有圣经故事的花窗玻璃，以卓越的建筑技艺表现了神秘、哀婉、崇高的强烈情感，利用尖肋拱顶、飞扶壁、修长的束柱，营造出轻盈修长的飞天感。直升的线条、雄伟的外观和教堂内空阔的空间，常结合镶着彩色玻璃的长窗，使教堂内产生一种浓厚的宗教气氛，对后世其他艺术形式均产生了重大影响。

（4）意大利文艺复兴建筑（Italy Renaissance Architecture）

文艺复兴建筑是欧洲建筑史上辉煌的一页。15世纪起源于意大利佛罗伦萨，15 ~ 19世纪传遍欧洲各个地区，并形成了带有各自特点的各国建筑风格。

文艺复兴建筑，有时也包括巴洛克建筑和古典主义建筑，在理论上以文艺复兴思潮为基础，在造型上排斥象征神权至上的哥特建筑风格，提倡复兴古罗马时期的建筑形式，特别是古典柱式比例、半圆形拱券、以穹隆为中心的建筑形体等，例如意大利佛罗伦萨美第奇府邸、维琴察圆厅别墅和法国枫丹白露宫等。

图 4-4-5 意大利维琴察圆厅别墅（1552年）

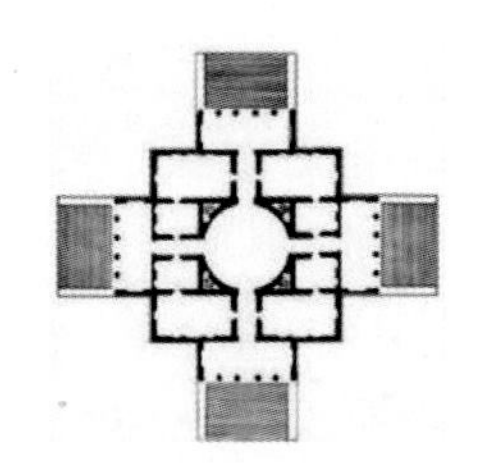

图 4-4-6 维琴察圆厅别墅平面图

意大利维琴察圆厅别墅是一座贵族府邸，建于1552年，为文艺复兴晚期典型建筑。平面呈正方形，采用对称手法，以中央圆厅为中心向四边辐射，四面都有门廊，正中为高出四周屋顶的穹顶，由安德烈·帕拉第奥设计（图 4-4-7）。

图 4-4-7 意大利佛罗伦萨美第奇官邸（1460年）

（5）维多利亚式建筑（Victorian Architecture）

自拿破仑扩张主义破灭开始（1840年），历经维多利亚女王统治，到1914年爆发第一次世界大战时到达到顶峰，反映出了工业革命期间广大中产阶层日益增加的需求。

这半个世纪，是欧洲古典主义向新古典主义的过渡阶段，各地出现了不完全一样的维多利亚建筑形式：法国城堡维多利亚式、意大利维多利亚式、维多利亚哥特式、维多利亚伊丽莎白式、维多利亚风格复合式、维多利亚东湖式、维多利亚安妮女王式、维多利亚罗马式、木瓦屋顶别墅式、维多利亚殖民地式及维多利亚爱德华式等，统称为维多利亚式建筑。其主要特征是：三角形山墙、房顶高耸、屋檐凸出、轴轮状或扇形斗栱，有的还有角楼、带门廊柱的阳台及鲜艳华丽的装饰。

2. 欧洲新古典建筑风格

（1）英式风格

1）乔治式风格

它是意大利文艺复兴风格传入英国后派生出来的，秉承了古典主义对称与和谐的原则，稳重、大气，采用对称布局的平面和丰富装饰的细部。从大约1700年到乔治三世时期，在英国及其殖民地国家中流行了整个18世纪。

其主要特征为：平面布局、立面造型以古典柱式为构图基础，经典的“三段式”立面，强调轴线对称，注重比例，突出中心与规划的几何形体，追求端庄与宏伟的统一和稳定；强调门廊的装饰性，廊檐下有长方形雕花图案，屋檐下也有长方形图案排列，屋檐上有齿饰；通常窗户以中央对称上下成对布置5列，门窗檐口采用饰带。

典型平面是从前门进入中央大厅，由漂亮的楼梯引向相对应的二层大厅。在门厅的两边，布置一两间房间作为客厅、餐厅，楼上是卧室，壁炉、烟囱布置在墙的端头，四坡顶（有时带老虎窗）比两坡顶更为常见。厨房和佣人房布置在两翼或正规平面的附属部分。

2）安妮女王风格

产生于19世纪中叶维多利亚时期，正是大英帝国鼎盛时期，它对原有建筑样式进行了整理与完善，增加了现代的装饰元素，运用新的建筑材料，对多种风格进行融合和优化，除大气恢宏的建筑立面外，常伴有精致的塔楼、封闭式花园露台等，增强了建筑的美学效果，成为英国维多利亚时期建筑风格的代表。

安妮女王风格作为一种优秀的建筑形态，以其高贵华丽的建筑外观及精致奢华的细部装饰，反映了英国绅士生活方式的提升，成为了尊贵身份的象征。随着大英帝国在世界确立霸主地位，安妮女王风格对欧、亚、美等主要国家的影响日渐深远。1847年，第一栋美国安妮女王风格的花园别墅于罗德岛问世（图4-4-8），随后普及美国，“安妮女王风格”成了一个美丽的建筑概念。

图4-4-8 英国建筑风格及英式别墅

在中国尚有保存完好的安妮女王风格建筑，为外廊式联体住宅——张家宅，位于上海市北京西路（当时的爱文义路）700～782号，古朴的三层清水红砖墙建筑沿石门二路（当时的卡德路）向西排开，虽经历了百年风霜，开放的列柱空间与建筑细部仍显现出精致高贵的建筑品格（图4-4-9）。

英国安妮女王风格的张家宅历史照片，门前正在铺设有轨电车轨道（1907年）

图4-4-9 中国现存的英国安妮女王风格建筑

3）都铎风格（Tudor Style）

它是中世纪向文艺复兴过渡时期的风格，出现在英国都铎王朝时期，因而得名“都铎风格”。

这种风格最显著的特征是：陡峭的侧山墙与另外一个或多个正立面陡峭的山墙屋顶正交，有极富装饰性的木屋架高大的砖烟囱、拱形门廊、高而狭长的窗，并把玻璃窗分成若干组。通常采用红砖建造，砌体灰缝很厚，柱式用的不多，腰线、券脚、过梁、压顶、窗台等则用灰白色的石头，而且处理得相当随意。内部采用不露梁的顶棚，以降低天花高度，满足外部形式的需要，有时也采用拉毛水泥墙面、木墙面等。

图 4-4-10 英国都铎风格建筑

（2）法式风格

1）法国第二帝国风格（French Second Empire）

第二帝国是路易－拿破仑·波拿巴家族在法国建立的君主制政权（1852 ~ 1870 年）。法国第二帝国风格它源于拿破仑三世统治时期巴黎的建筑风格。其建筑特征：高大而突出的楔形屋顶——孟莎顶（Mansard），其侧面顶（有平面和曲面两种）配有若干老虎窗，创造了许多居住空间，楔形屋顶的上下两边楣口都有像小台阶一样的装饰长条；屋檐的装饰与意大利风格相似。

法国风格的枫丹白露宫

法式别墅

法式别墅

法式别墅

图 4-4-11 法国风格的枫丹白露宫及法式别墅

2）法国学院派风格（French Beaux Architecture）

立面常显对称，外观装饰追求豪华，正面有一个气势十足的门廊，雕花装饰精细，墙体由石材砌筑。

3）法国折中式风格（French Eclectic）

第一次世界大战后，法国学院派风格作了一些简化，开始出现折中主义风格。其特征是：装饰较简单，三角形屋顶高而陡，有时也有山墙，砖墙结构或外墙涂层有时用外装饰手法，窗边仅有一些石条装饰。

（3）意大利风格

意大利不但拥有正宗的古希腊罗马的传统古典风格，同时也是现代设计最具活力的地方。

拜占庭式建筑风格　公元 395 年，以基督教为国教的罗马帝国分裂成东西两个帝国。史称东罗马帝国为拜占庭帝国，其统治延续到 15 世纪。东罗马帝国的版图以巴尔干半岛为中心，包括小亚细亚、地中海东岸和北非和中东地区等。拜占庭帝国以古罗马的贵族生活方式和文化为基础。由于贸易往来，使之融合了东方阿拉伯、伊斯兰的文化色彩，形成独自的拜占庭艺术。

图 4-4-12 圣索菲亚大教堂

拜占庭式建筑特点是十字架横向与竖向长度差异较小，其交点上堂基呈长方形，中央部分房顶由一巨大圆形穹窿和前后各一个半圆形穹窿组合而成，圣索菲亚大教堂是典型拜占庭式建筑。

巴洛克建筑风格 是17～18世纪在意大利文艺复兴建筑风格基础上发展起来的。“巴洛克”的原意是奇异古怪，古典主义者用它来称呼这种被认为是离经叛道的建筑风格。其特点是外形自由，追求动态、富丽的装饰和雕刻，炫耀财富，大量使用贵重的材料，喜好强烈的色彩，常用穿插的曲面和椭圆形空间。这种风格在反对僵化的古典形式，追求自由奔放的格调和表达世俗情趣等方面起了重要作用，对城市广场、园林艺术以至文学艺术部门都发生影响，在第一次世界大战前夕很快盛行起来。

意大利文艺复兴晚期的罗马耶稣会教堂，是由著名建筑师维尼奥拉设计的，被称之为巴洛克建筑的代表作。

“巴洛克”的原意是畸形的珍珠，古典主义者用它来称呼这种被认为是离经叛道的建筑风格。这种风格在反对僵化的古典形式，追求自由奔放的格调和表达世俗情趣等方面起了重要作用，对城市广场、园林艺术以至文学艺术都产生了影响，在第一次世界大战前夕很快盛行起来。

意大利文艺复兴晚期的罗马耶稣会教堂，是由著名建筑师维尼奥拉设计的，被称之为巴洛克建筑的代表作。

罗马耶稣会教堂

巴洛克风格建筑

巴洛克风格建筑在中国

巴洛克风格建筑

图4-4-13 巴洛克建筑风格

（4）地中海风格

地中海建筑泛指北岸一线的欧洲建筑，特别是西班牙、葡萄牙、法国、意大利、希腊南部沿海地区的建筑。这些国家拥有古老的人文沉淀，浓郁的地域特色，拥有相同的建筑语言、符号和元素，形成了独特的地中海建筑风格。而南岸一线的埃及、利比亚、摩洛哥、突尼斯等北非地区则完全不同，受到阿拉伯式建筑风格的影响。

地中海建筑继承了希腊、罗马古典建筑美学传统，建筑色彩鲜明，细节处理细腻精巧，又贴近自然脉动，庭院、廊道、圆拱和镂空是地中海建筑的主要元素，地面选用当地色彩的地砖，广泛运用螺旋形铸铁窗花饰及弧形栏杆，绝不过度修饰，自然材质融于装饰之中。

（三）现代建筑风格

20世纪60年代欧美西方国家兴起“新建筑运动”，运用新材料、新技术，建造适应现代生活的建筑，经密斯·凡德罗、柯布西耶和格罗皮乌斯等一代建筑大师的开拓，后来又经过几代人的努力，逐步发展成了一种比较流行的现代风格。

现代风格追求时尚与潮流，非常注重居室空间的布局与使用功能的完美结合。现代主义也称功能主义，是工业社会的产物，其最早的代表是建于德国魏玛的包豪斯学校。其主题是：要创造一个能使艺术家接受的现代生产最省力的环境——机械的环境。这种技术美学的思想是20世纪室内装饰最大的革命。

现代风格别墅一般有现代和当代之分，1900～1940年之间的归属为现代风格，1940年以后的为当代风格。现代风格有两个发展方向：一个称为“工艺运动”，派生出两种风格，即草原风格和工匠风格。另一个称为“机器运动”，派生出现代风格与国际风格，国际风格一直延续至今。

图 4-4-14 地中海建筑风格

1．“工艺运动”派生出的两种风格

（1）草原风格（Prairie）

约 1900 ~ 1917 年，赖特等一群建筑师在美国中西部建造了一系列低矮的住宅，其风格被称为“草原风格”。 该风格是在美国殖民复兴风格的四坡屋顶式基础上发展起来的，具有简洁的形体，直线方角，内部空间流动而功能分区很明确，并力求新颖，彻底摆脱折中主义的套路，布局上强调与大自然结合，使建筑与周围环境融为一体，以满足对现代生活的需求与对建筑艺术的创新。其特征是：底层往往有一层厚实的门廊与主体建筑连接，门廊由方柱支撑，平坦的大坡屋顶向四周延伸，外墙细部装饰条水平排列，突出水平窗的伸展。

图 4-4-15 现代建筑风格——草原风格

（2）工匠风格（Craftsman）

由加利福尼亚的格林兄弟于 1909 年开始推广，是美国殖民复兴风格 Shorgun 式与辛格风格以及草原风格三者的整合。由于设计与施工较自由，外形独具魅力，在美国很快流行起来。

图 4-4-16 现代建筑风格——工匠风格

它有四种形态：正立面山墙、正交山墙屋顶、侧山墙屋顶和四坡顶。其特征为：低坡度的山墙，有时开有老虎窗；屋檐作悬臂伸展，横梁外露，山墙下的纵梁外露；全断面或部分门廊由立方支柱支撑，支撑常与屋顶底部支柱合二为一，并延伸到地面。

2．“机器运动”派生出的两种风格

（1）现代风格（Modernistic）

即现代主义风格，现代主义也称功能主义，是工业社会的产物，起源于包豪斯（Bauhaus）学派，提倡突破传统，创造革新，重视功能和空间组织，多采用几何结构，注重发挥结构本身的形式美，造型简洁，反对多余装饰，崇尚合理的构成工艺，尊重材料的特性，讲究材料自身的质地和色彩的配置效果，强调设计与工业生产的联系，是一种现代简约主义时尚风格。

其个性化特征为：

1）色彩跳跃：在现代风格的家居空间，大量运用高纯度色彩，大胆而灵活。

2）简洁与实用：由于线条简单、装饰元素少，现代风格家居需要完美的软装配合，才能显示出美感。

3）多功能与不对称构图：现代风格家居空间重视功能和空间组织，注意发挥结构构成本身的形式

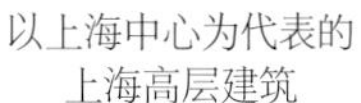
以上海中心为代表的上海高层建筑

香港汇丰银行大厦

巴黎蓬皮杜国家艺术与文化中心

北京国家体育场

图 4-4-17 现代建筑风格——现代风格

美，造型简洁，反对多余装饰，崇尚合理的构成工艺，尊重材料的性能，讲究材料自身的质地和色彩的配置效果，发展了非传统的以功能布局为依据的不对称的构图手法。

现代风格还产生出了高技派、风格派、白色派、简约主义和装饰艺术等派系：

1）高技派

或称重技派，注重“高度工业技术”的表现，具有明显的特征：首先是喜欢使用最新的材料作为建筑与室内装饰的主要材料；其次是结构或机械组织的外露，如把室内水管、风管暴露在外，或使用透明的、裸露机械零件的家用电器；在功能上强调现代居室的视听功能或自动化设施，家用电器为主要陈设，构件节点精致、细巧，室内艺术品均为抽象艺术风格。高技派的典型实例为法国巴黎蓬皮杜国家艺术与文化中心、香港汇丰银行大厦等。

2）风格派

起始于 20 世纪 20 年代的荷兰，以画家蒙德里安（P. Mondrian）等为代表的艺术流派，严格地说，它是立体主义画派的一个分支，认为艺术应消除与任何自然物体的联系，只有点、线、面等最小视觉元素和原色是真正具有普遍意义的永恒艺术主题。其室内设计的代表人物是木工出身的里特维尔德，他将风格派的思想充分表达在家具、艺术品陈设等各个方面，风格派的出现使包豪斯的艺术思潮发生了转折，它所创造的绝对抽象的视觉语言及其代表人物的设计作品对于现代艺术、现代建筑和室内设计产生了极其重要的影响。风格派认为：“把生活环境抽象化，这对人们的生活就是一种真实。”

3）白色派

作品以白色为主，具有一种超凡脱俗的气派和明显的非天然效果，被称为美国当代建筑中的“阳春白雪”，以埃森曼（Peter Eisenman）、格雷夫斯（Michael Graves）、格瓦斯梅（Charles Gwathmeg）、海杜克（John Hedjuk）和迈耶（Richard Meier）——纽约五人组为代表。他们的设计思想和理论原则深受风格派和柯布西耶的影响，对纯净的建筑空间、体量和阳光下的立体主义构图、光影变化十分偏爱，故又被称为早期现代主义建筑的复兴主义。

4）简约主义

也称作极简主义或微模主义，20 世纪 60 年代所兴起的一个艺术派系，又可称为“Minimal Art”，作为对抽象表现主义的反对而走向极致，以最原始的物体自身或形式展示出来，意图消弭作者借着作品对观者意识的压迫性，开放作品自身在艺术概念上的意象空间，让观者自主参与对作品的建构，最终成为作品在不特定限制下的作者。

5）装饰艺术

是一种重装饰的艺术风格，同时影响了建筑设计的风格，来源于 1925 年在巴黎举行的世界博览会及国际装饰艺术与现代工艺博览会，直到 1960 年经再评估才被广泛使用。但是该派系并不统一，常被各式各样的因素影响，还起了很多名字。

（2）国际风格（International Style）

出自 1932 年出版的菲利普·约翰逊所著的《国际风格》，指的是 20 世纪 20 ~ 30 年代遍及欧美的住宅样式，其特征是以长方体为基本构成要素，形体不一定对称，具有光洁的表面，平坡屋顶不带屋檐，门窗上去掉多余的装饰以及宽敞的室内空间，是一种不因袭历史传统的理性主义建筑。在技术上，广泛采用悬臂梁结构，在材料上，广泛使用玻璃幕墙、钢材与钢筋混凝土，从而形成了建筑外观特有的轻盈感。

在法西斯势力的压迫下，很多欧洲的现代主义设计大师来到美国，将现代主义与美国本土社会状况相结合，极力对建筑材料和技术进行深刻的探索，提倡功能主义，使建筑在结构框架的支撑下可以任意组合以达到功能上的满足，用大片玻璃代替墙体形成玻璃幕墙，逐步形成了国际风格。到 20 世纪 60 ~ 70 年代，这种风格已广泛应用，影响了世界各国的建筑。代表作品有格罗皮乌斯设计的包豪斯校舍、柯布西耶的萨伏伊别墅、密斯·凡德罗的杜根哈特别墅及 Duggan Morris Architects 建筑事务所的小树林别墅等。

密斯·凡·德·罗的杜根哈特别墅

Duggan Morris Architects 建筑事务所的小树林别墅

图 4-4-18 现代建筑风格——国际风格

国际风格继承或夸张了密斯·凡德罗的“少就是多”的思想，反对繁琐的装饰，以达到一种单纯的审美感受。经历了 30 年的国际主义垄断时期，世界建筑日趋相同，地方特色、民族特色逐渐消退，建筑和城市面貌日渐呆板单调，往日具有人情味的建筑形式逐步被国际风格取代，到 70 年代，渐渐失去了生机蓬勃的魅力，日益走上形式主义的道路，国际风格近乎终结。

3. 当代风格（Contemporary）

1940 年以后也有两种趋势，即创新与发展。建筑师们采用新材料、新施工方法，灵活而自由地创造出各种造型的别墅，如当代风格和棚屋风格等；另一方面，建筑师们同样采用新材料及新工艺，并融入传统的元素，让这些别墅明显带有 19 世纪的痕迹，但又是全新当代的手法，如美国最传统的牧场风格以及新殖民风格等。

它有两个分支：平顶和平坦屋顶特征，那是受到国际风格和草原风格的影响而形成的。其特征是：屋顶平坦；建筑柱梁外露；立面简洁；窗户造型比较奇特。

（1）棚屋风格（Shed）

主要体现在屋顶的变化情趣上，整个屋顶分割成若干不同朝向的斜面屋顶，墙面上有水平、垂直或对角线的细长木条排列，有时屋顶还装有太阳能板。其特征是：斜面与山墙相交；墙面上的木条与砖墙混合；窗户自由开启；屋檐光滑不外伸。

图 4-4-19 当代建筑风格——棚屋风格

（2）小型传统风格（Minimal Traditional）

这种风格是都铎风格的简化形式，但也有山墙与大烟囱，外装饰比较单一，在经济萧条的年代比较流行，这种风格多用于木结构别墅以及两层的砖石结构等，以后逐步为牧场风格所替代。

（3）牧场风格

20 世纪 30 年代由美国加利福尼亚的建筑师首先推出，流行于 40 年代，盛行于 60 年代，直到今日。这类别墅通常只有一层，平面为“L”形，有时屋顶由若干外露的柱子支撑，后花园很大，是家庭的主要户外活动场地。牧场风格多少带有点草原风格的痕迹。

在 20 世纪 50 年代，这种牧场风格得到了更大的发展和提升，不再只建一层，通常将起居与公共活动部分布置在一层，而把卧室、书房布置在楼上，但不一定是整个一层，这样分层布置的方式，使得别墅有了安静区和非安静区之分，但是其基本特征依旧和牧场风格相似。

（四）后现代建筑风格

“后现代建筑”自1980年开始萌芽，亦称“后现代派”，是指现代以后的各流派建筑的总称，它包含了多种风格的建筑。通常认为现代主义只重视功能、技术和经济的影响，忽视和切断了新建筑和传统建筑的联系，同各民族、各地区的建筑文化不能协调，破坏了原有的建筑环境。美国建筑师斯特恩提出后现代主义建筑有三个特征：采用装饰；具有象征性或隐喻性；与现有环境融合。比较典型的有美国奥柏林学院爱伦美术馆扩建部分（1976年）、美国波特兰市政大楼（1982年）、美国电话电报大楼（1984年）、母亲住宅（文丘里）等。

后现代主义有一种对现代主义纯理性的逆反心理，强调建筑及室内设计应具有历史的延续性，但又不拘泥于传统的逻辑思维方式，探索创新造型手法，讲究人情味，常在室内设置夸张、变形的柱式和断裂的拱券，或把古典构件的抽象形式以新的手法组合在一起，即采用非传统的混合、叠加、错位、裂变等手法和象征、隐喻等手段，以期创造一种融感性与理性、传统与现代于一体的建筑和室内环境。对后现代风格不能仅仅以所看到的视觉形象来评价，我们需要依据设计思想来分析。后现代风格的代表人物有P·约翰逊、R·文丘里、M·格雷夫斯等。

20世纪80年代晚期出现了一个后现代建筑思潮，就是把整体破碎化（解构），设想通过对外观的处理，通过非线性或非几何学的设计，来形成建筑结构和外廓的变形与移位。

解构主义是对现代主义正统原则和标准进行批判地继承，运用现代主义的语汇，颠倒、重构各种既有的关系，从逻辑上否定传统的基本原则（美学、力学、功能），由此产生新的意义。用分解的观念，强调打碎、叠加、重组，重视个体部件本身，反对总体统一而创造出支离破碎和不确定感。视觉外观产生的各种解构“样式”以刺激不可预测性和可控的混乱为特征。

图 4-4-20 当代建筑风格——牧场风格

美国洛杉矶迪士尼音乐厅

法国拉·维莱特公园

图 4-4-22 后现代建筑风格——解构主义

母亲住宅

后现代建筑风格别墅 1

后现代建筑风格别墅 2

图 4-4-21 后现代建筑风格

（五）新现代建筑风格

从当代的建筑发展来看，自从向现代主义挑战以来，设计上有两条并行的发展方向，一条是后现代主义的探索，另外一条是依然坚持现代主义的传统，对现代主义的重新研究和发展，被称为“新现代主义”。

新现代主义设计以“纽约五人组”为中心，另外还包括贝聿铭、西萨·佩里、保尔·鲁道夫和爱德华·巴恩斯等。他们的设计已经不是简单的现代主义的重复，而是在现代主义基础上的发展。其中，贝聿铭设计的华盛顿国家艺术博物馆东厅（1968～1978年）、中国香港的中国银行大厦（1982～1989年）、得克萨斯州达拉斯的莫顿·迈耶逊交响乐中心（1981～1989年）和法国罗佛尔宫前的“水晶金字塔”（1989年）等都是典型的代表作品。这些作品没有繁琐的装饰，从结构上和细节上都遵循了现代主义的功能主义、理性主义基本原则，并赋予历史的、文明象征性的含义。又如西萨·佩里的洛杉矶太平洋设计中心（1953～1987年），基本上是现代主义的玻璃幕墙结构，但是采用了绿色和蓝色的玻璃，使简单的功能主义建筑具有了特殊的色彩而表达出现代特征。

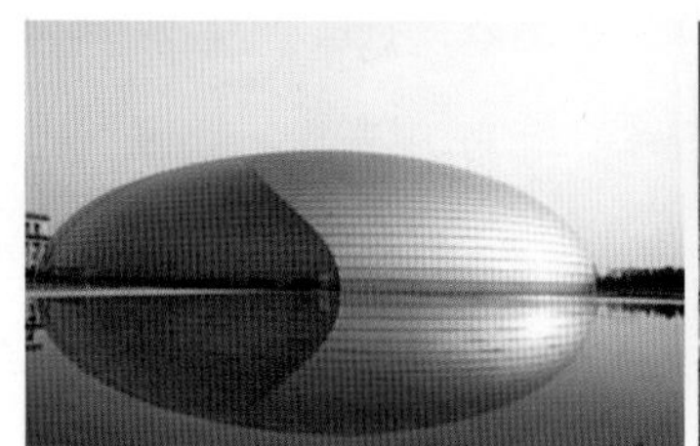
中国国家大剧院

法国卢浮宫前的“水晶金字塔”

洛杉矶太平洋设计中心

华盛顿国家艺术博物馆东厅

图 4-4-23 新现代建筑风格

现代设计一百多年的发展，为我们创造了一个崭新的世界。新现代主义是后现代风格之后的一个回归，恢复了现代主义设计和国际主义设计的一些理性的、功能性的特征，具有它特有的清新。现代主义的发展已经非常成熟，因为风格单一而被后现代主义否定和修正，然而，它的合理内涵是难以完全否定和推翻的，因此，新现代主义建筑正方兴未艾。

（六）现代别墅集锦

当今世界各国别墅建筑风格早已打破地域和国家界限，而且许多别墅设计在突出一种风格的同时，还兼有其他风格的特征，称之为复合风格。

图 4-4-24 新中式建筑风格

图 4-4-25 北美建筑风格

图 4-4-26　欧陆建筑风格

英国皇家建筑师协会（RIBA）公布的 2014 年获奖项目

葡萄牙瓜达 Chao das Giestas 别墅

挪威埃格尔松小镇

匈牙利 Hideg 住宅

图 4-4-27 现代建筑风格别墅

五、别墅的设计实例

（一）国外别墅的设计实例

1. 流水别墅（考夫曼别墅）

位于美国宾夕法尼亚州西南的阿巴拉契亚山脉脚下，匹兹堡市郊熊溪河畔。别墅主人为匹兹堡百货公司老板考夫曼，故被称为考夫曼别墅。别墅共3层，面积约380m^2，以二层（主入口层）的起居室为中心，两层巨大的平台高低错落，一层平台向左右延伸，二层平台向前方挑出，几片高耸的片石墙交错着插在平台之间，很有力度。别墅外形强调块体组合，使建筑带有明显的雕塑感。溪水由平台下怡然流出，建筑与溪水、山石、树木等巧妙融合在一起。

流水别墅是赖特的现代建筑的杰作之一，是与大自然巧妙融合的不朽之作。室内空间自由延伸，相互穿插；内外空间互相交融，浑然一体。流水别墅在空间的处理、体量的组合及与环境的结合上被称之为典范，对有机建筑理论作了确切的诠释，在现代建筑历史上占有重要地位。1991年，赖特被美国建筑师协会称为“有史以来最伟大的美国建筑师”。

赖特的考夫曼别墅剖面

图 4-5-1 赖特的考夫曼别墅图[4]

2. 德国 Dupli 别墅

位于路德维希堡附近，在不大的建筑基地范围内，开辟了位于双层区域之间的半公共空间，建筑外墙体现出了观景的需要，看起来随意的开窗带来

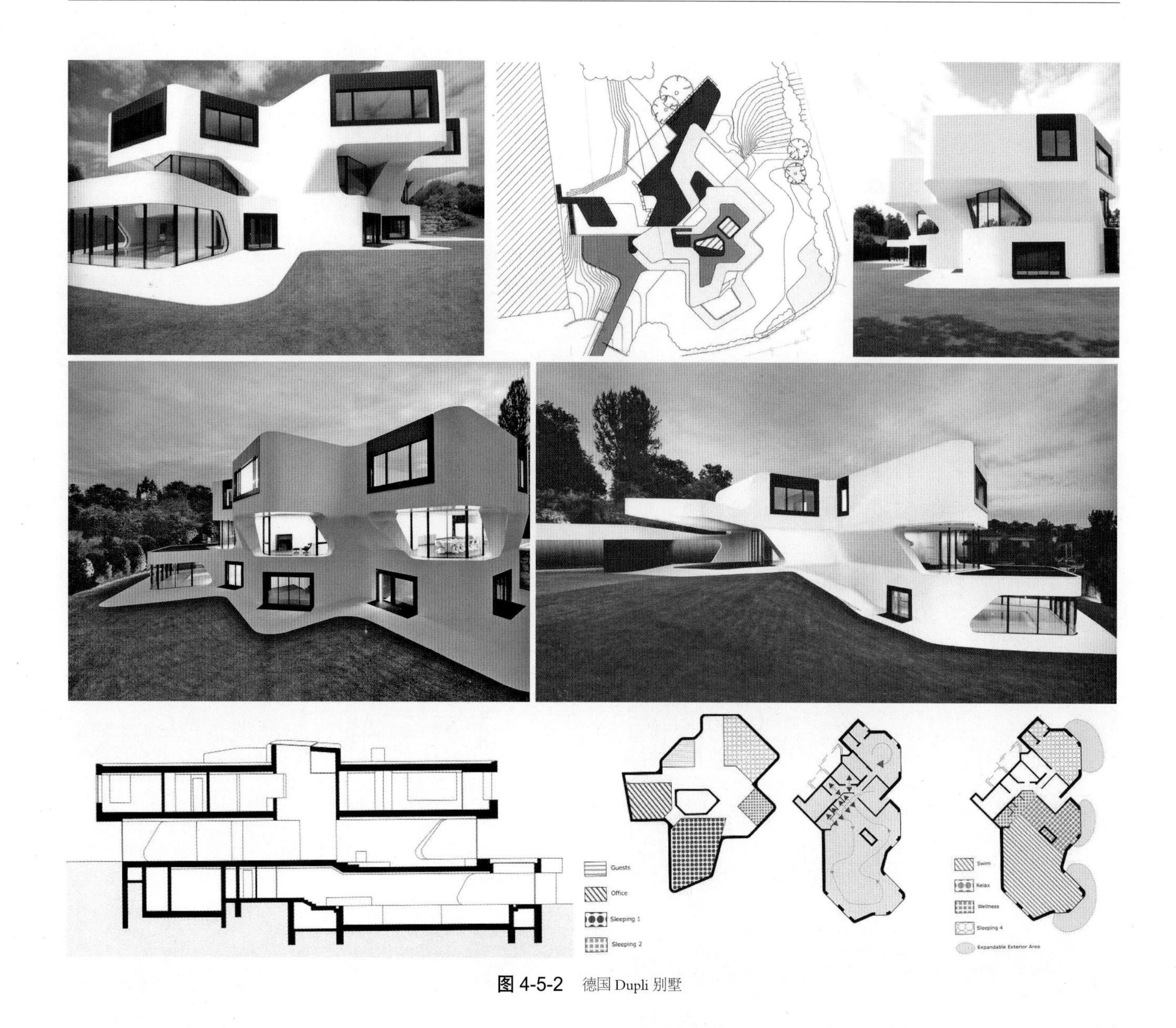

图 4-5-2 德国 Dupli 别墅

了全新的效果，创造了良好的视角，实现室内外空间的沟通。该项目基地 6900m²，占地 569m²，建筑面积 1190m²，由 J.Mayer H. 建筑事务所设计。

3. 挪威卑尔根市 HC 别墅

将一个老宅重建成一个全新的住所，而基地面积只有 60m²，为了节省建造成本还要保留原有的地基。Saunders 建筑事务所接受了这一挑战，满足了主人的要求，为这对夫妇和三个孩子提供了充足的生活空间。

别墅具有 3 层的构造空间，内部布置以开敞式为主，创造了优越的空间感和采光效果，可透过大窗户极目眺望湖泊美景，而儿童房布置在一层，与花园相通。建筑简洁的外形、喷涂了黑白着色剂的木材装饰面体现出了形式与功能的完美结合，外观效果和居住体验方面都给人以良好的空间感。

4. 葡萄牙卡塔克索别墅

位于卡塔克索旧城区一块狭长地块（8m×40m）上，新建的现代住所建筑面积达 350m²。CVDB 建筑事务所的设计师采用大片玻璃幕墙，使阳光照射到室内的每一个角落，使房屋各个区域都充满生机，强调室内空间与中心庭院和花园的联系，使人可享受内、外部环境所带来的生活趣味。一层主要是白色基调的实体，二层设有起居室、卧室以及儿童娱乐区。自入口起通过长长的轴向流线，到达起居室，再进入花园，将音乐室围合，最后折回到起居室与餐厅，整个流线为家庭生活带来方便。

图 4-5-3 挪威卑尔根市 HC 别墅

图 4-5-4 葡萄牙卡塔克索别墅

5. 波兰克拉科夫砾石房

这所房子位于克拉科夫风景宜人的乌拉地区森林中的两山之间，就地取材，采用当地的砾石，而且将砾石的天然形状作为建筑构造的参照物，以此形成一种独特的建筑形态。

它能容纳三个家庭，建筑设计采用不同的外装来区分各个住户，每套住户都具有独特的空间格局和视野。建筑底层尚有规律性，楼层随着高度、外形的不同而有所变化，形成一个弯曲的船形。别墅占地面积为600m²，由 nsMoon 建筑事务所设计。

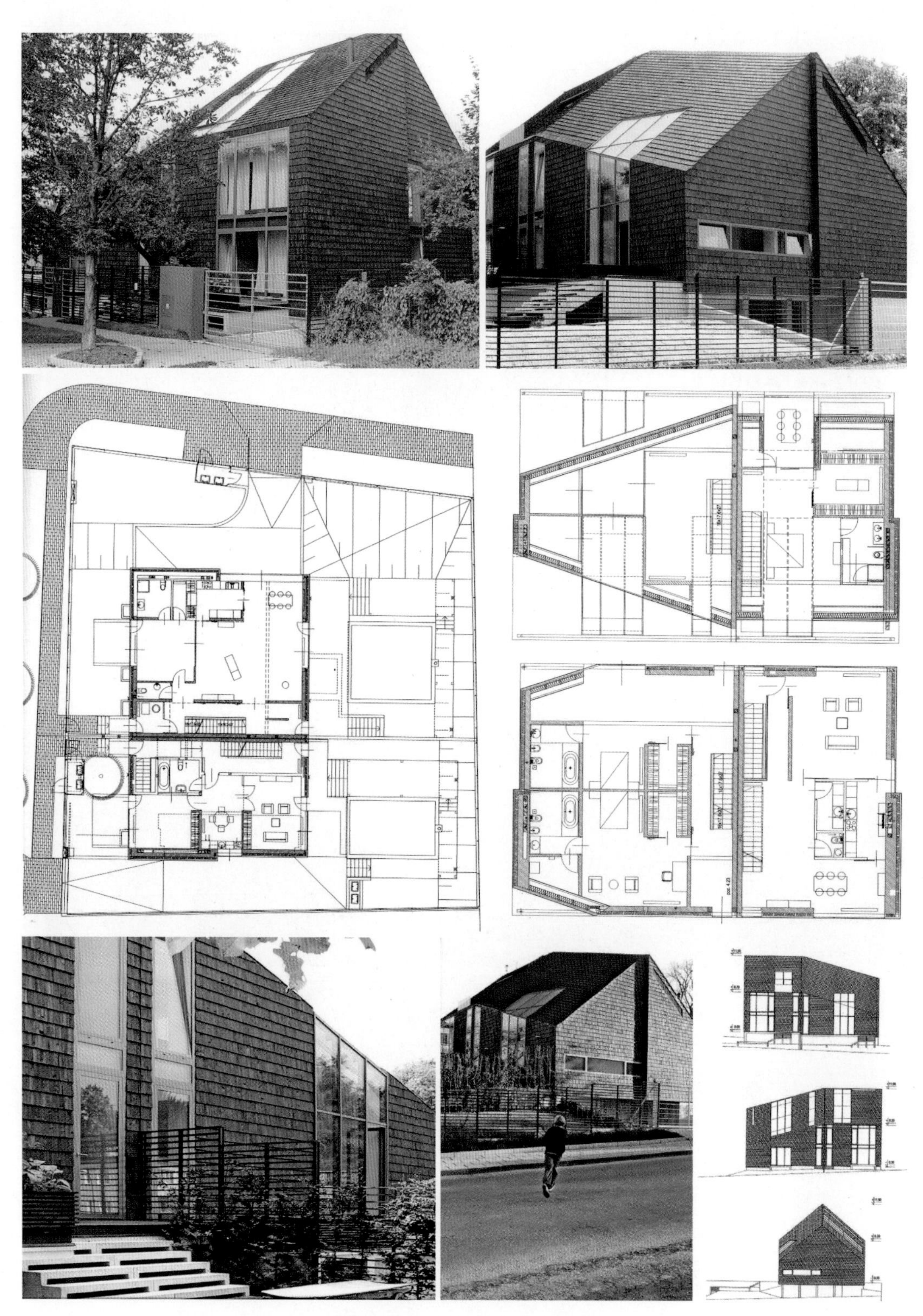

图 4-5-5　波兰克拉科夫砾石房

6. 德国 Alexander Brenner 的别墅作品

从 20 世纪 90 年代开始，德国建筑师 Alexander Brenner 在斯图加特组建他的工作室，一边在一所大学任客座教授，一边从事建筑创作。他的设计不只是通过体块组成的空间，并以简约的风格影响到建筑内部设计，绽放出建筑细部之美。

他设计的住宅大门一定是组合在主入口的墙面上，视觉上凸显入口又隐藏进入的门；建筑外墙的分隔缝不只是材料的分割，其实还隐藏着车库的开启口；一面墙没有一个拉手，在墙面的分割处设计的线条就是每一个柜门的拉手。室内墙面延续这种风格每一个线条，都有实际的用处。主卧室的投影仪和幕布藏在天花板和床头板里，卧室秒变家庭影院。

图 4-5-6 德国 Alexander Brenner 的别墅作品

7. 克罗地亚萨格勒布 J2 别墅

由 LHD 建筑事务所设计。别墅处在萨格勒布城的绿色生态住宅区内，基地两侧分别为街道和高楼，设计采用“L”形封闭布置，以避开街道和高楼的干扰。同时将主要房间朝向内院的后花园，形成了一个充满温情的生活空间，完全对外开放，还设有游泳池，成为了丰富多彩的现代家庭生活场地。别墅占地面积为 687m²，建筑面积为 396m²。

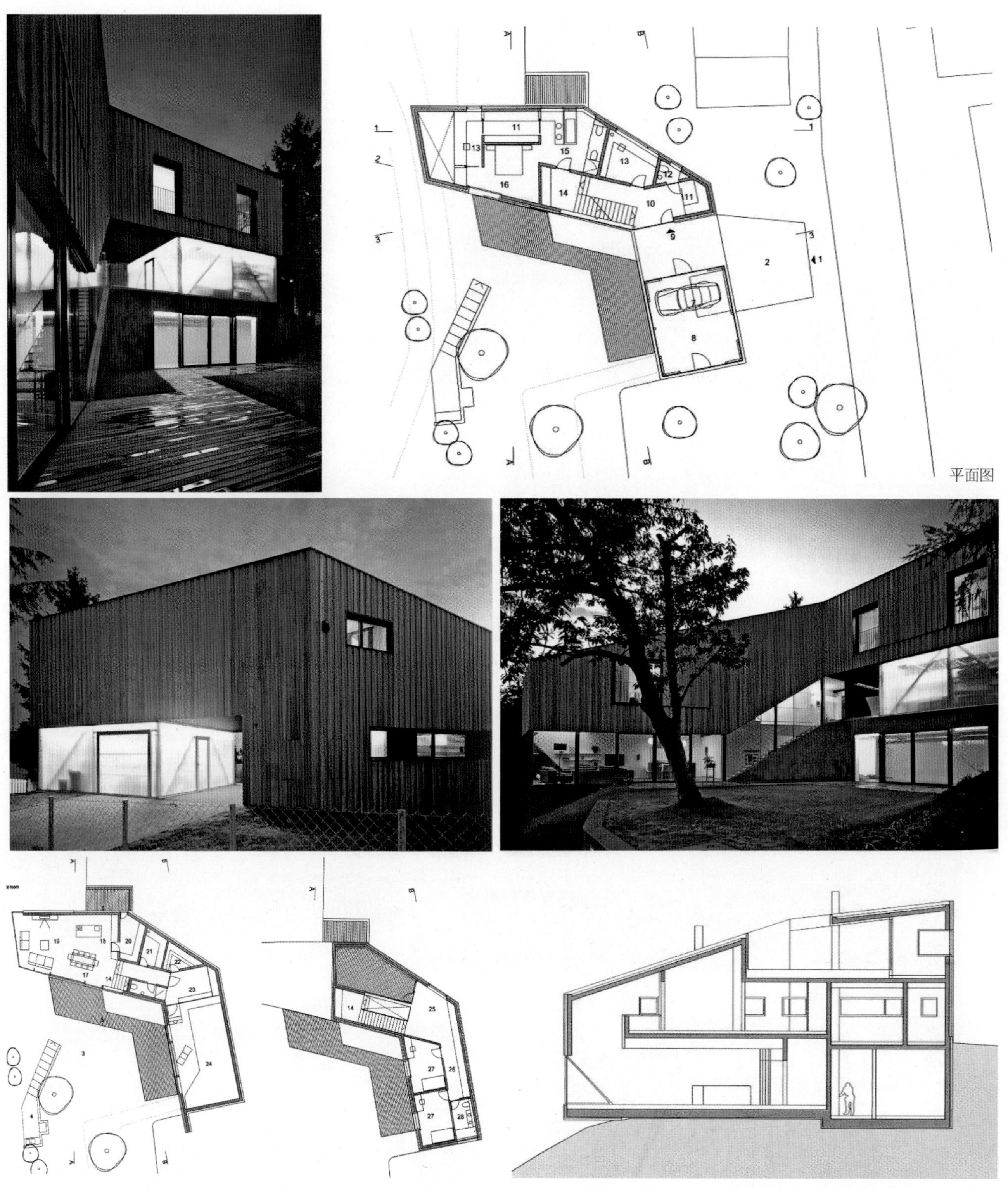

图 4-5-7 克罗地亚萨格勒布 J2 别墅

8. 日本静冈加号别墅

别墅处在伊豆山山腰，由两个长方体垂直交叉组合而成，犹如“加号”固定在山脊上，朝南的一端指向太平洋，而朝西的一端伸向橡树林和白桦树林，隐藏在森林的绿荫深处。较低的长方体内部为卧室，浴室半露于山间地面，较高的长方体为客厅，餐厅与厨房处在山脊旁，从露台和房间里都可以观赏到广阔的海天一色。

该项目由日本富士山建筑事务所设计，基地面积为 988.58m^2，建筑面积为 380.44m^2。迎合这块自然地貌设计成一栋抽象的建筑，相对独立，简洁光滑的建筑外表呈现出镜面光泽，与周围的环境相得益彰。在这里，抽象与自然融为一体，这是一种抽象的自然。

图 4-5-8　日本静冈加号别墅

9. 美国威斯康星州雷辛 OS 别墅

位于老市中心区密歇根湖畔，由 Johnsen Schmaling 建筑事务所设计。这是一栋简约的矩形建筑，通过大块玻璃加强了室内外空间的联系，还创造了一些户外空间、开放式的庭院以及高层露台，多处都可以看到美不胜收的湖泊风景。

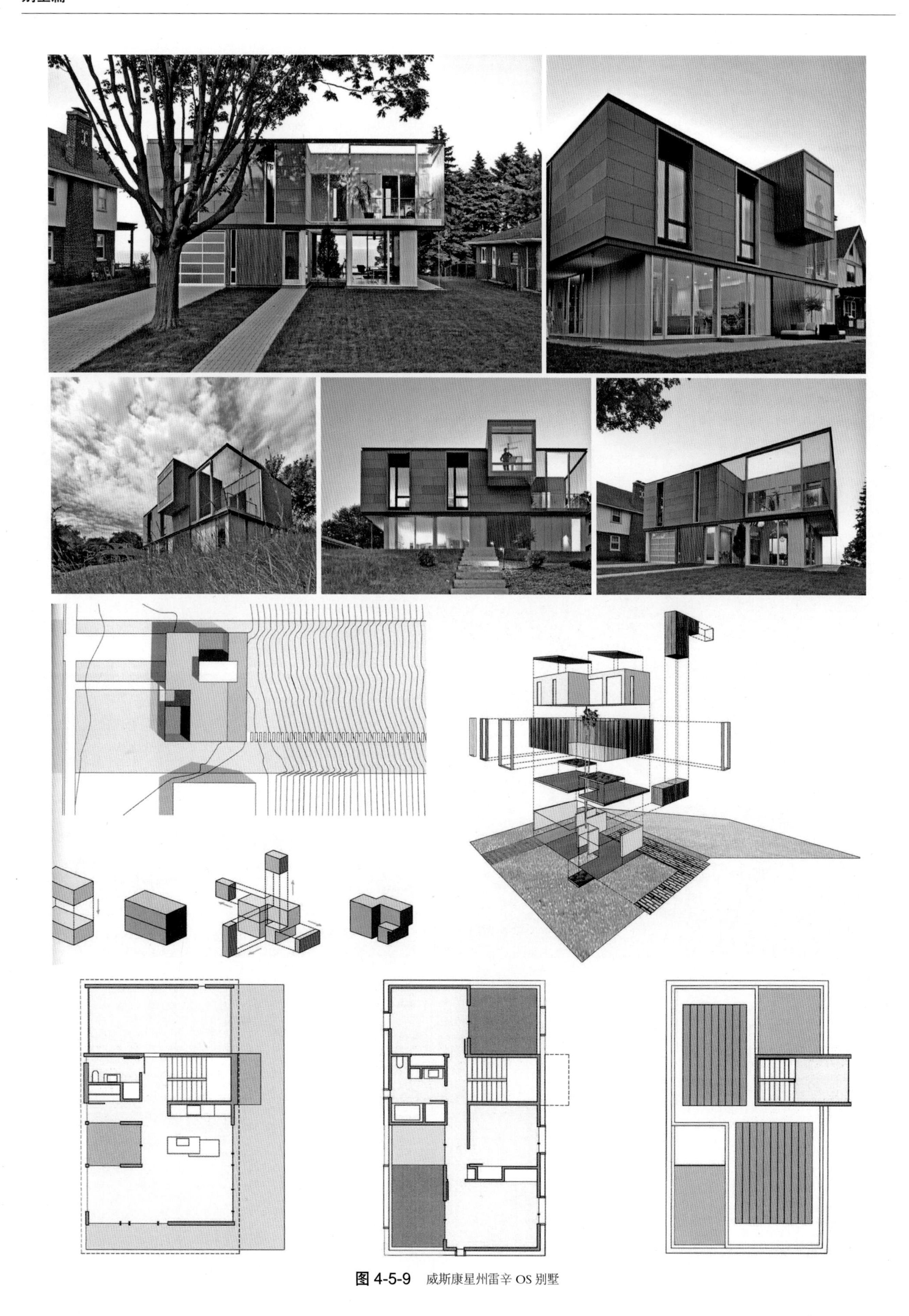

图 4-5-9　威斯康星州雷辛 OS 别墅

这座智能建筑具有优良的品质，紧凑的布局实现了自然通风、自然采光，使得大部分时间可以不依靠电力系统供应，紧附在屋顶防水层上的光电板负责发电，同时通过独立式光电方阵将多余的能量输入电网。深埋地下的地热系统负责供热和制冷，同时也提供太阳能热水器需要的热量。再循环热水系统和流量控制装置可将用水量降到最低。

装有高效玻璃的星级能量窗，使房屋获得相对较高的透明度。通风雨幕是房屋外观的重要组成，采用闭孔泡沫板隔离后，系统热阻值达到最低。装有雨水收集系统，用于灌溉，道路和露台采用可渗透材料，使雨水渗入地下或转移到雨水收集园中。

（二）国内别墅的设计实例

1. 深圳金碧苑

位于深圳市罗湖区银湖，背靠银湖山的一片原始生态林，以海拔 445m 的鸡公山为最高峰的绵延山体构成一道天然屏障，给住户提供了怡人的绿色享受。

金碧苑是深圳具有时代特征的现代别墅区，总建筑面积为 32000m^2，利用山坡和优越的自然环境，创造出了建筑与景观统一和谐的整体效果。住区共有建筑 34 栋，以面湖与山景为最佳视野，将别墅的功能和建筑特点简洁地呈现出来，没有繁琐的装饰，优化平面布置与室内外空间，提升住区的生活品质。该项目是华森建筑与工程设计顾问有公司早期设计作品，建筑师为张孚珮、黄建才。

图 4-5-10 深圳金碧苑全貌 1[16]

图 4-5-11 深圳金碧苑全貌 2[16]

图 4-5-12 深圳金碧苑设计效果图 [16]

图 4-5-13 深圳金碧苑现代居住区 [16]

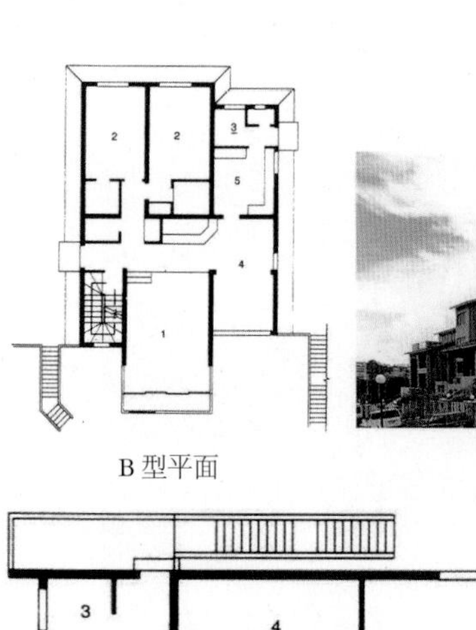

B 型平面

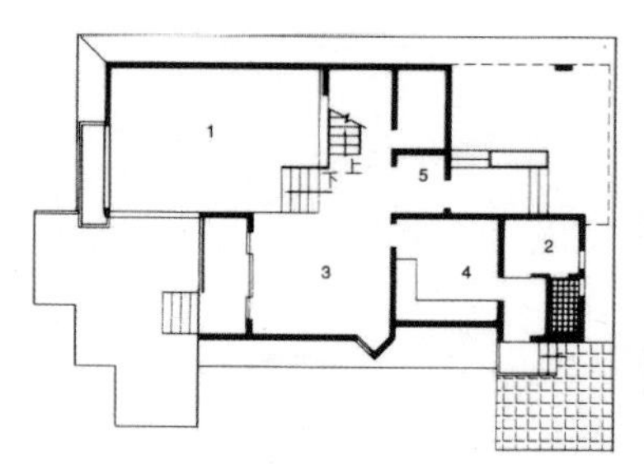

C 型平面

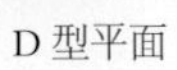

D 型平面

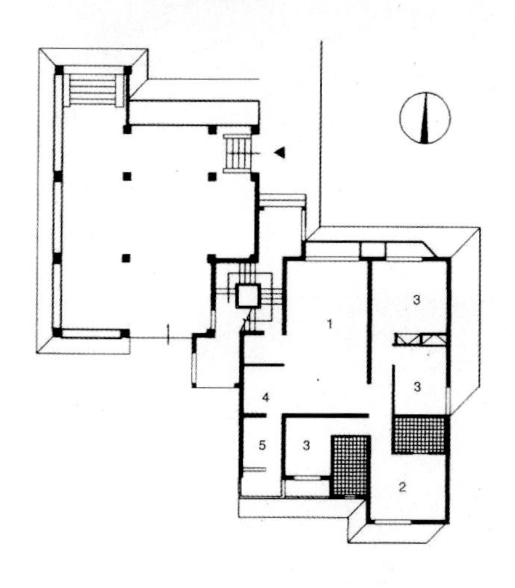

图 4-5-14 深圳金碧苑户型设计 [16]

图 4-5-15 深圳金碧苑实景 [16]

2. 苏州招商依云水岸

地处苏州相城区阳澄湖东路，由联排别墅、叠拼别墅与配套的会所、幼儿园组成，以水系与四周建筑相隔，与18洞中兴高尔夫球场只一路之隔，不远处就是著名的阳澄湖。该项目分三期建设，二期占地74774m²，建筑面积为53314m²，户型面积在150～310m²之间，由华森建筑与工程设计顾问有限公司（主创建筑师为岳子清）与英国RMJM设计公司合作设计。

建筑设计凸显简洁时尚的现代风格，别墅采用前花园、中庭、后院和天台花园的一宅四庭院设计，增添了开放式生活情趣空间，并与传统的苏州园林完美结合，演绎现代江南风情，提升了居住品质。

图 4-5-16 苏州招商依云水岸全景 [16]

图 4-5-17 苏州招商依云水岸建筑实录（一）[16]

图 4-5-17 苏州招商依云水岸建筑实录（二）[16]

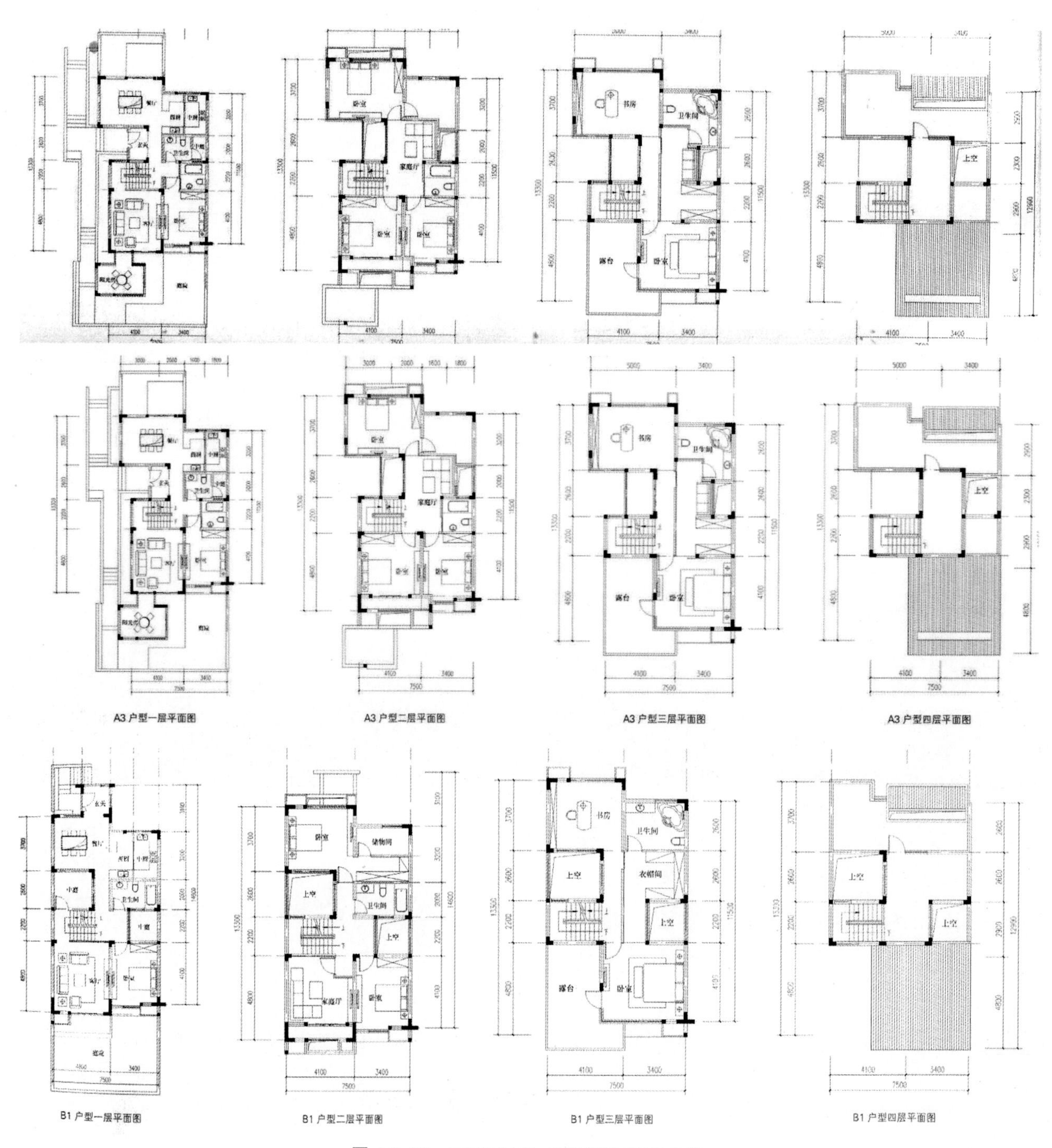

图 4-5-18 招商依云水岸一宅四庭院的别墅设计[16]

3. 黄山 1 号公馆别墅

坐落在黄山市郊，由别墅、花园公寓和四星级酒店组成，近邻蒲溪河，可远眺黄山七十二峰，拥有优越的自然景观资源，由中国建筑设计研究院设计，主创建筑师为孟犁歌。

这是一个旅游房地产改扩建项目，由于原建的8栋欧陆风格别墅与当地的地域文化格格不入，在改扩建时将其一并打造成具有传统文化内涵的新中式建筑风格，从当地优秀的徽派建筑中吸取经典元素加以精炼与提升，通过不同特色的庭院与廊道的组合变化，创造出具有徽派意境的院落式建筑空间，唤起对传统民居氛围的眷念。

图 4-5-19 黄山 1 号公馆新中式徽派建筑风格[21]

4. 广东从化明月山溪

地处广东从化温泉镇，三面环山，南望流溪河，拥有含氧温泉、古榕树、毛竹林、荔枝林等丰富的自然生态资源。占地面积为432000m^2，总建筑面积为315000m^2，容积率为0.80，建筑密度为12.9%，绿化率为40.2%。在规划设计中，依山就势建造一个开阔的中心湖面，围绕水面随高就低地布置建筑群，并以园林景观作为纽带，形成一个有韵律的居住空间体系。

该项目凸显现代住区的创作理念，采用新中式建筑风格，崇尚传统居住文化，体现时尚的生活方式。住区共有400套住宅，分六期开发，最先建成的文明里、诗书里两个别墅组团，形成了富有诗情画意的东方风情的居住氛围，深受住户的喜爱。该项目由华森建筑与工程设计顾问有限公司负责全程设计，主创建筑师为岳子清、史旭。

图 4-5-20 广东从化明月山溪实景与平面布置图（一）

图 4-5-20 广东从化明月山溪实景与平面布置图（二）

5. 北京靠山居·艺墅

地处北京市房山区，南邻绿化地带，结合西部地形起伏高差达 18m 的台地，布置高低错落的小体量联排别墅，东部地势相对平缓，布置多层、小高层，形成了一个完善的现代住区形象。

建筑依坡而建，起伏跌落，婉转而上的道路体系进一步强化了台地的特点，凸显了当地特色的山庄品位。建筑采用石材外饰，与整体环境融为一体。该项目由中国建筑设计研究院设计，主创建筑师为陈一峰、张雅。

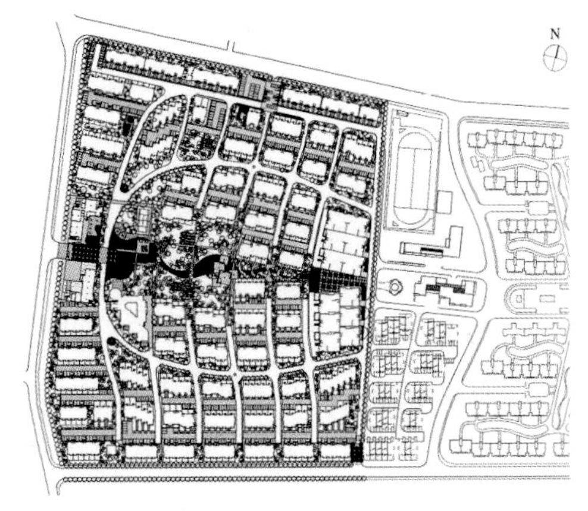

图 4-5-21 北京靠山居·艺墅总平面图

图 4-5-22 北京靠山居艺墅实景 [21]

6. 嘉兴江南润园

地处嘉兴市秀洲区。该项目弘扬当地的建筑文化，吸取浙江民居的建筑精髓，建筑规划以江南庭院大宅为特色，试图创造理想的现代住区意境。

通过传统江南大宅的简约的立面表达和细腻的线条处理以及江南园林的淡雅隽永的手法，来创造别墅的时尚居住空间。润园占地面积为 192830m^2，总建筑面积为 105930m^2，容积率为 0.4，由上海中房建筑设计有限公司和嘉兴市嘉地置业有限公司设计。

图 4-5-23 嘉兴江南润园总体布置图

7. 深圳曦城

坐落在群山环抱的俊秀山谷之中，以海拔 202.90m 的尖岗山为中心，环有孖松山、企龙山、岭下山等，地处广深高速公路一侧，隔路便是占地 72 万 m^2 的大型宝安公园。

曦城占地面积为 600048m^2，拥有独栋、双拼、联排和叠加等建筑形态的别墅 2000 多套，都配有私家庭园与室外空间，同时把户型做到极致：全景下沉式客厅，备有中西厨房与餐厅，卧室配有衣帽间，全套房设计，带有天台花园等。配套的 5 万 m^2 商业中心坐落在入口处，由 8000m^2 的山顶会所、近 18000m^2 的西班牙风情商业街巷、超过 20000m^2 的酒店式公寓三大功能组团构筑而成，并规划有国际幼儿园及优质学府等高端教育配套。总建筑面积为 303100m^2，容积率为 0.34，绿化率为 75%，由华森建筑与工程设计顾问有限公司（设总：武向兵、岳子清）与美国 DDG 建筑设计公司合作设计 [8]。

曦城采用西班牙建筑风格，建筑的每个细部都体现出地中海情调，而且还将建筑风格细分为四种：南面的一、二期采用西班牙东南部的伊比萨风格，

图 4-5-24 嘉兴江南润园实景与户型平面图

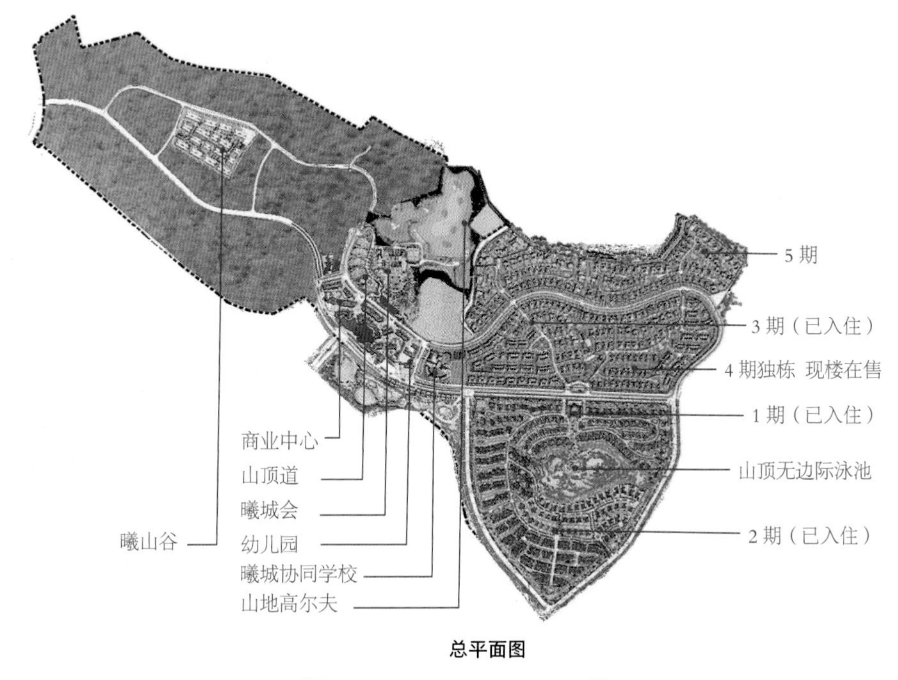

图 4-5-25 深圳曦城总体布置图 [32]

图 4-5-26 深圳曦城实景[32]

中央的三、四期，除伊比萨风格外，还采用帕尔玛及西班牙北部内陆的庄园风格，北面的五期由帕尔玛及庄园风格转为西班牙深陆的官殿风格。

曦城巧妙结合了林荫大道、森林公园、无边山顶泳池等超前规划，是一个功能齐备、配套完善、低密度、高标准的现代住区。

8. 上海嘉定秋霞坊

位于上海市嘉定区，项目由高层、联排与双拼别墅组成，低层别墅以 6 户组成的合院作为基本单元，通过并列等富有韵律的变化，形成了有层次的高尚居住区的整体形象，创造出了与普通联排与双拼别墅不一样的模式，以获得“我中有你，你中有我”的空间感受，在有限的面积内创造出三进院落，为邻里交往提供了场所。尤其是利用建筑墙面、加高围墙，形成了前后院，又增加了围合感。项目总建筑面积为 228933m^2，由加拿大拓维设计机构设计。

9. 千岛湖秀水山庄

位于千岛湖景区里，该项目拥有 5 个组团共 89 栋别墅，占地面积为 121044m^2，总建筑面积为 33850m^2，其中别墅面积合计 32750m^2，会所 1100m^2，容积率为 0.28，建筑密度为 12.9%，绿地率为 68%，停车位 183 个。

山庄充分利用山地自然条件，采取台地、错层、出挑等形式，运用排列、围合、组合等方法，顺应地形建造出了富有诗情画意的山地别墅群，有的呈阶梯退层状，有的营造在自然坡地上，与自然景观紧密融合，隐藏于山水之中。

别墅采用现代建筑风格，多选用当地材料，形成了独特的山地建筑特色。

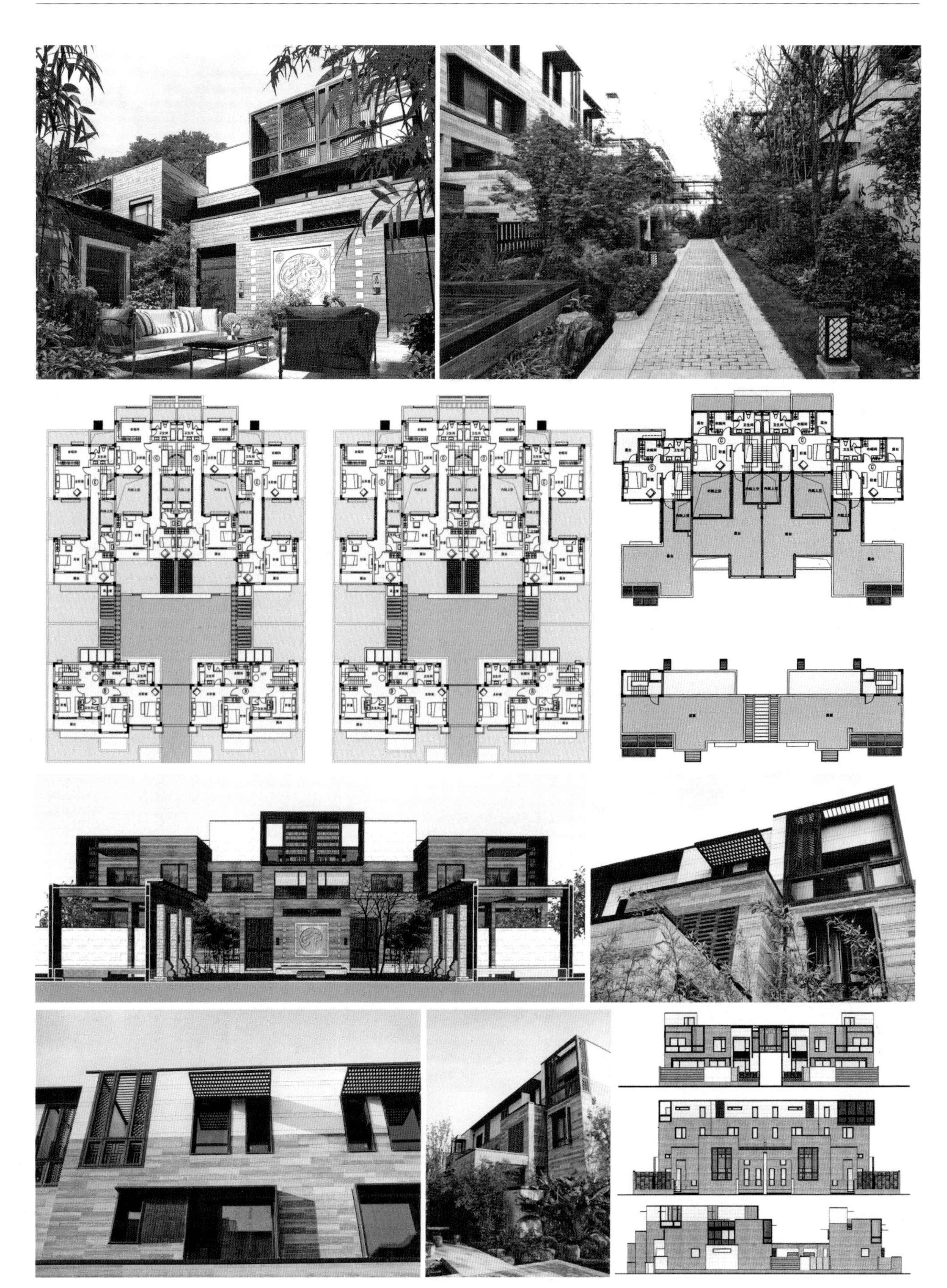

图 4-5-27　上海嘉定秋霞坊[29]

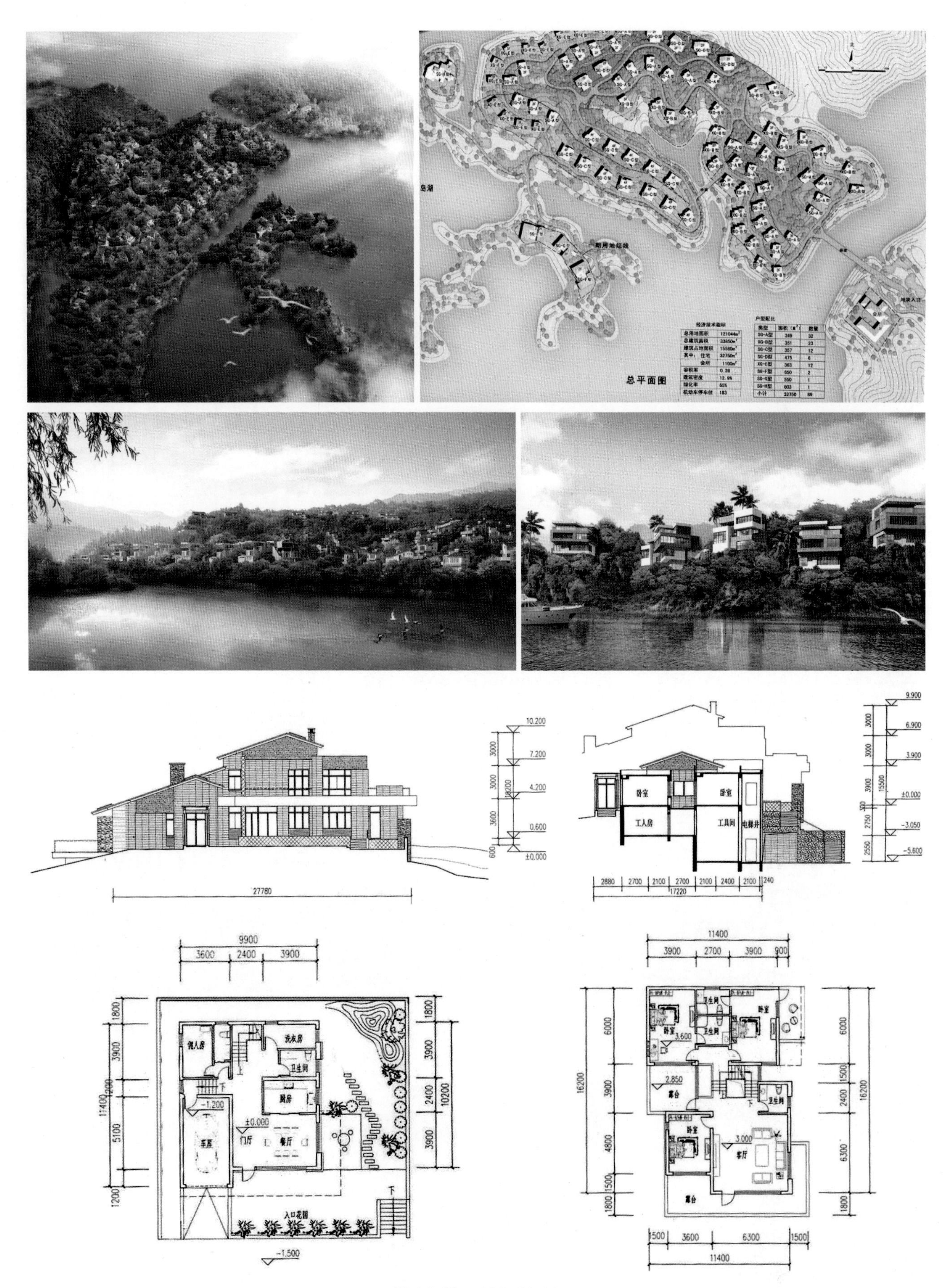

图 4-5-28　千岛湖秀水山庄

宿舍篇

一、概述

宿舍（Dormitory）是集中管理且供单身人士使用的居住建筑，如机关、企事业单位的职工单身宿舍，学校的学生宿舍，部队的营房以及工地的临时简易宿舍等，都是集体居住的住所，一般都配备一些公共设施。

在《宿舍建筑设计规范》JGJ 36-2005中，将宿舍定义为“单身人士使用的居住建筑”。通常认为宿舍有单身宿舍和家属宿舍之分，这一习惯说法应该纠正，带家眷居住的宿舍应规范为住宅或公寓。宿舍建筑设计应符合《宿舍建筑设计规范》JGJ 36-2005的规定。

但是宿舍的实际使用情况并不单一，单身宿舍中常有家眷前来小住一段时间，有的会住较长的时间，混住的现象时有发生。虽然已规定家眷前来探望应住进家属宿舍，但在执行时尚有很多实际困难。

宿舍一般有单人房、双人房、三人房、四人房、六人房、八人房等不同的类型，多于4人的房间一般设置上下铺，配备公共盥洗间与卫生间。条件好些的宿舍，每间都带卫生间，有的还配有洗衣房与厨房等生活设施。床上用品的配置各不相同，部队营房配置最全，提供全部床上用品；学生宿舍、企业员工宿舍，一般都自己解决床上用品；有些企业条件差些，上下铺均要住人。

随着经济的发展和社会的进步，现在的宿舍逐步社会化、公寓化，居住条件不断改善，配套设施不断完善，环境不断优化。

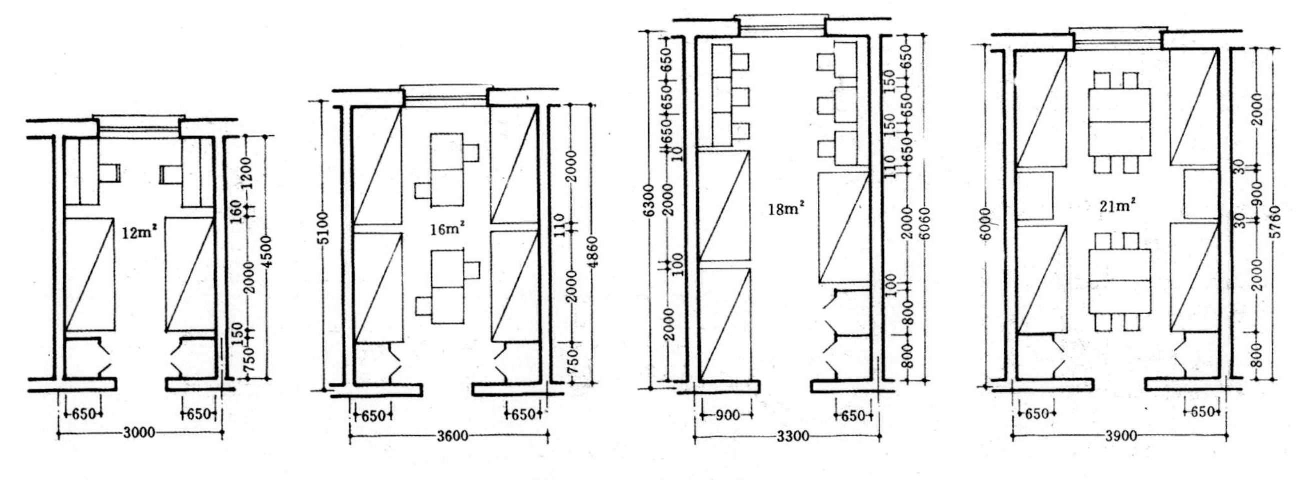

图 5-1-1 宿舍不同的类型

二、机关事业单位宿舍

1. 北京大院

20 世纪 50 年代起，北京出现许多机关大院：三里河的计委大院、复兴门的总工会大院、百万庄的建设部大院、二里沟的经委大院、长安街的煤炭部大院、木樨地的铁道部大院以及西郊的空军大院、海军大院、总后大院等。这些被称之为“北京大院”，形成了具有北京特色的居住形态，与北京胡同的居住文化完全不同。其基本特征是临城市大道的地块是办公大楼与礼堂，内院是个小区，建有一些集体宿舍、多栋家属宿舍与其他生活设施，如食堂、幼儿园、锅炉房等。那时大院里的宿舍由本单位申报、筹集资金与建设，再分配给职工居住。

1982 年《北京市城市建设总体规划方案》提出，今后不能再搞“大院”，要打破自立门户“大而全”、“小而全”的格局。当时北京的各种大院达 2.5 万个。

各省市也建有省委大院、省政府大院、市府大院，县、镇地方政府也随之效仿，只是规模不同。唯有上海市较为特殊，建市初期以外滩老建筑作为市政府办公大楼，后来面积不够用，正当经常在人民广场集会的时机，建起一栋带有大会主席台的市府办公楼，一直没有构成大院。

2. 事业单位大院

高等学校、科研所、设计院、文教卫生等事业单位同样形成了不同格局的大院，也修筑围墙。20 世纪 80 年代创办深圳大学之始，设想办成没有围墙的大学，可是后来也修筑了景观式围栏，作为地界。实际上，没有围墙的大学早就有了，武汉大学、湖南大学等高校就处在著名风景区里。为方便管理，设置围墙或围栏也是很正常的。

随着住房的商品化与职工住房制度的改革，机关及事业单位不再兴建宿舍，从根本上停止了建造大院，而且房地产的大时代带来的新建住房的居住环境与品质比原来的大院宿舍优越得多，老的大院宿舍也失去了昔日的辉煌。现在机关、事业单位的职工都走进了市场，选购所需要的住房，考虑最多的是房价和自己的承受能力。

3. 珠海海泉湾高管宿舍

香港中旅集团开发的珠海海泉湾度假城，由于

图 5-2-1 北京机关大院

图 5-2-2 浙江大学紫金港教师宿舍

图 5-2-3 成都理工大学教师宿舍

远离市区，多数职工只身在岗，待休息日才回家。为此，在海泉湾总体设计中，行政中心是由管理办公楼、高管宿舍和食堂通过连廊组合成的一组庭园式建筑。其建筑风格与总体建筑一致，设计时要求高管宿舍宁愿房间小些也不合住，做到一人一间。

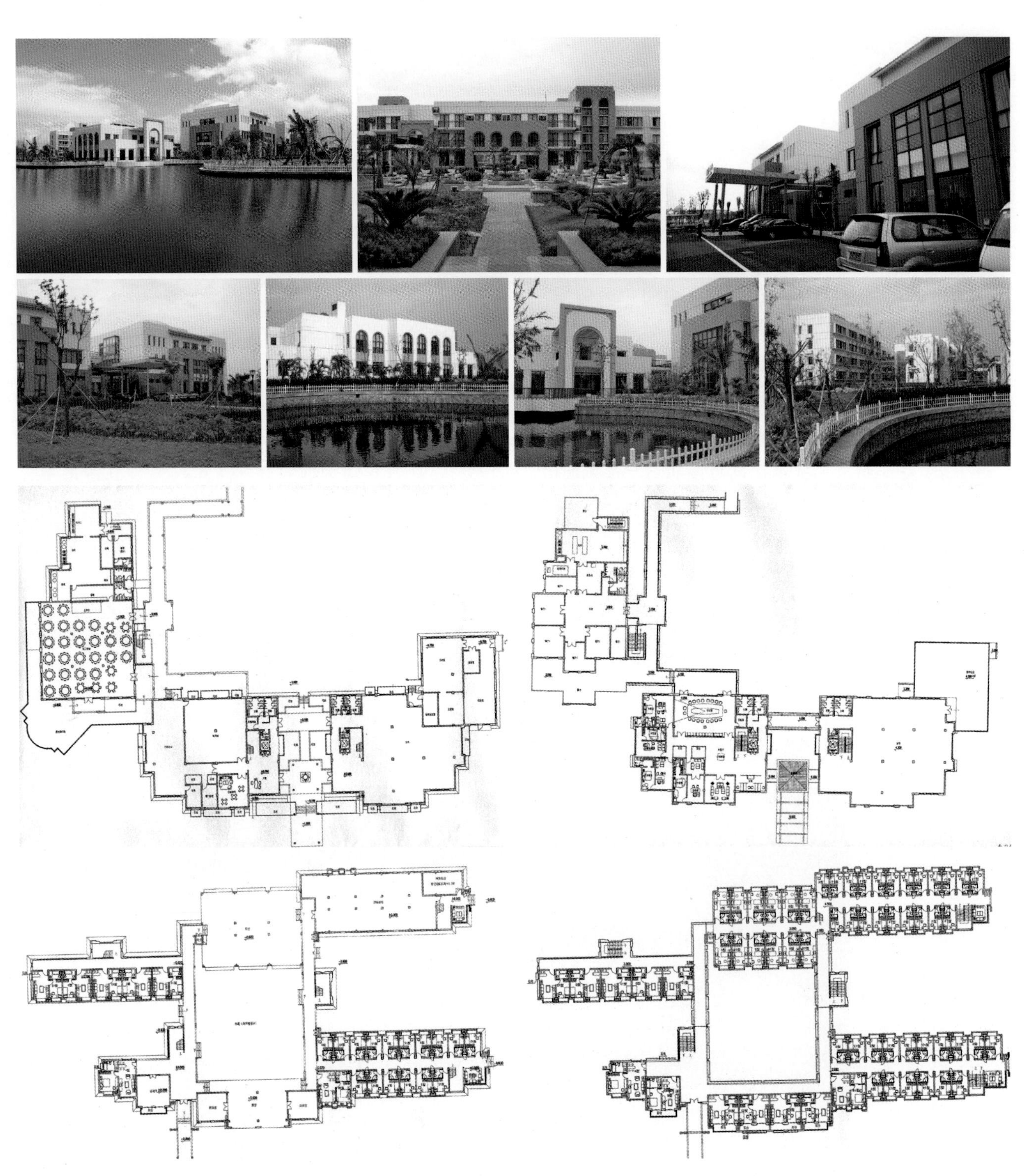

图 5-2-4 海泉湾行政中心高管宿舍（一）

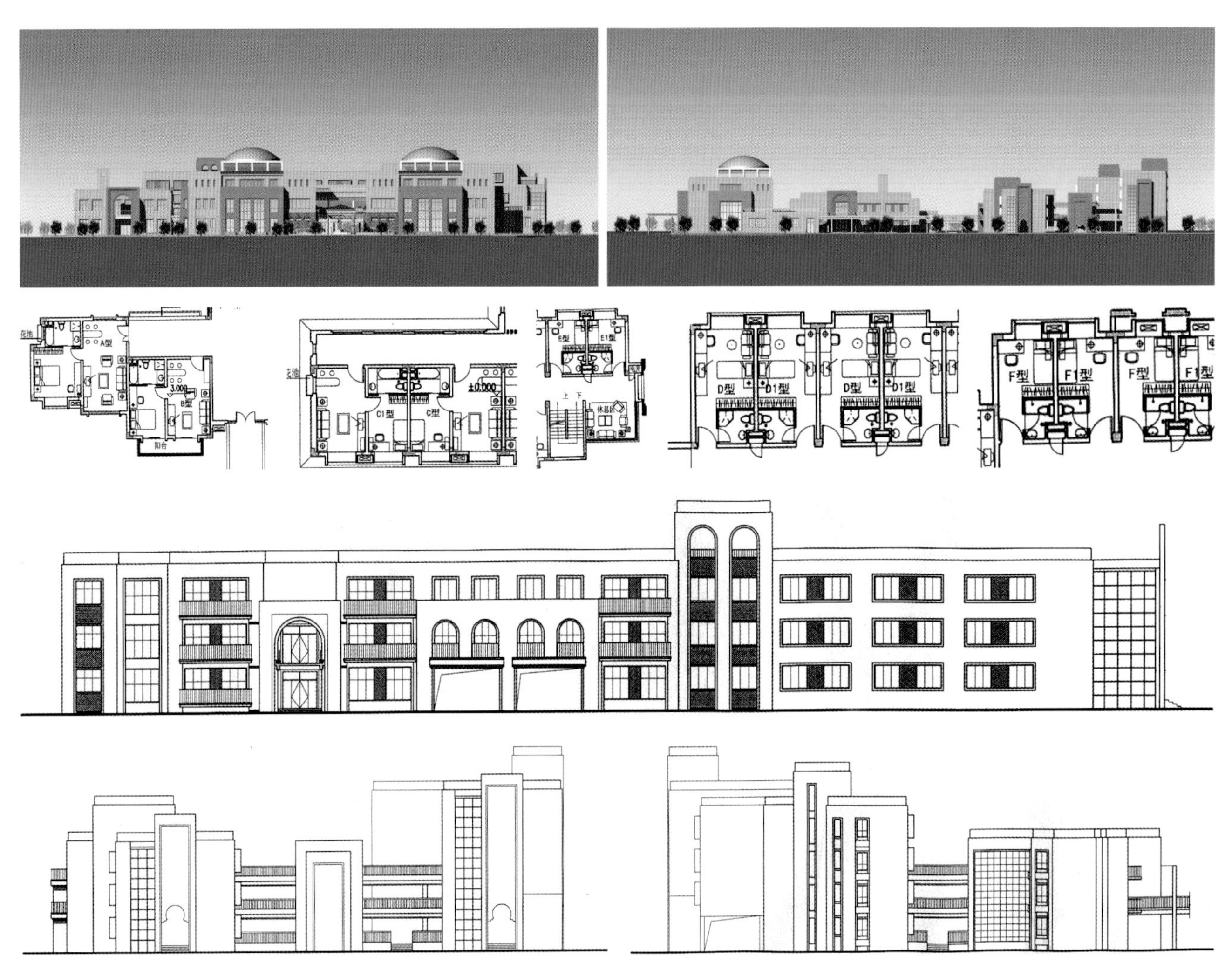

图 5-2-4 海泉湾行政中心高管宿舍（二）

三、工厂企业单位集体宿舍

大中型工业企业都选在城镇的近郊或更远的地方，在建设工厂的同时配套兴建生活区。新员工大多来自外地，首先要有集体宿舍，安排食宿，还得为带家眷的员工安排员工公寓，其他的生活服务设施也要跟进。大型企业的工厂区一般与生活区分开，这一整套建筑群被称之为“工业城”、“工业园”。

1. 福州长乐网龙员工宿舍

网龙公司新总部的员工宿舍位于福州市长乐地区，基地位于距海边不远的地方，既没有太多的周边环境，也没有明确的边界，占地面积为 44570m²。

设计创造了一种内向的、相对独立的退台方院，形似福建客家方形土楼，并将三栋方院以不同的角度布置在基地上，根据周边不同的景观和建筑之间的相对关系，各自朝着不同的方向退台，为居住者提供一系列共享的屋顶平台，组合成一个现代的建筑群体形象。同时还将封闭的内院开放，既可观山也可望海，居住者在这风景优美的平台上共享工作之外的闲暇时光。

为使方院内外空气流通和便于居住者穿行，三座建筑被架空在地面之上。这里的地面高低起伏，形成了复杂几何形态的土丘，既支撑起上面的建筑，又容纳宿舍的配套设施，如健身房、洗衣房、食堂、便利店等，被安置在这些景观土丘之上，店面朝向中心庭院。交通流线设置在内院，与所有共享平台相连通。

该项目建筑面积为 38203m²，由 OPEN 建筑事务所（由李虎、黄文菁主持设计）与时代建筑设计院（福建）有限公司合作设计，2014 年建成，荣获中国建筑学会建筑创作奖、2016 年居住建筑类金奖。

图 5-3-1 福州长乐网龙员工宿舍

2. TCL 某员工宿舍区

TCL 某员工宿舍总占地面积为 73728m^2，总建筑面积为 202091m^2，包括：八栋 6 层的员工宿舍和四栋 19 层的住宅式公寓，合计建筑面积 159961m^2，还配套有文化室（1500m^2）、健康服务中心（400m^2）、邮政所（100m^2）、垃圾站（240m^2），容积率为 2.20，覆盖率为 29.37%，绿地率为 30%。不计容积率面积为 39890m^2，包括架空层 15030m^2、地下停车库 24860m^2，可停车 811 辆，其中地下停车 730 辆、地面停车 81 辆。

该项目由中咨建筑设计（深圳）公司设计，主创建筑师为刘滨、丙鹏、何滔，已于 2014 年建成使用。

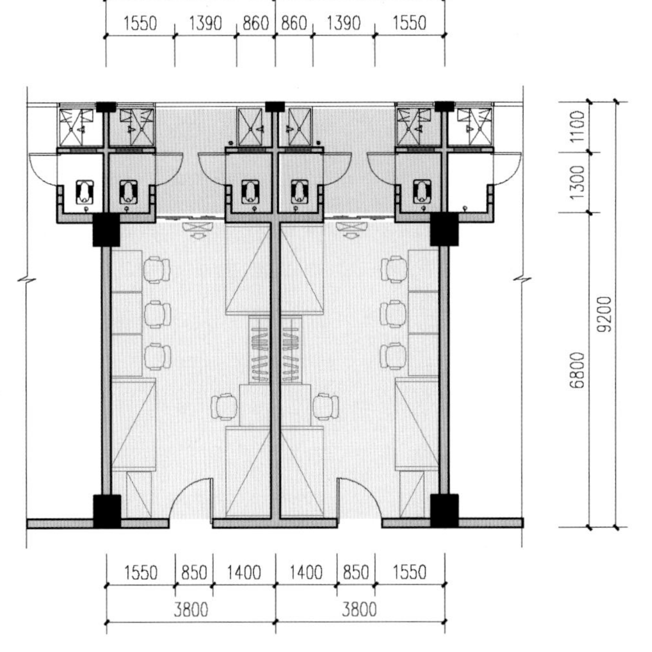

图 5-3-2 TCL 某员工宿舍区（一）

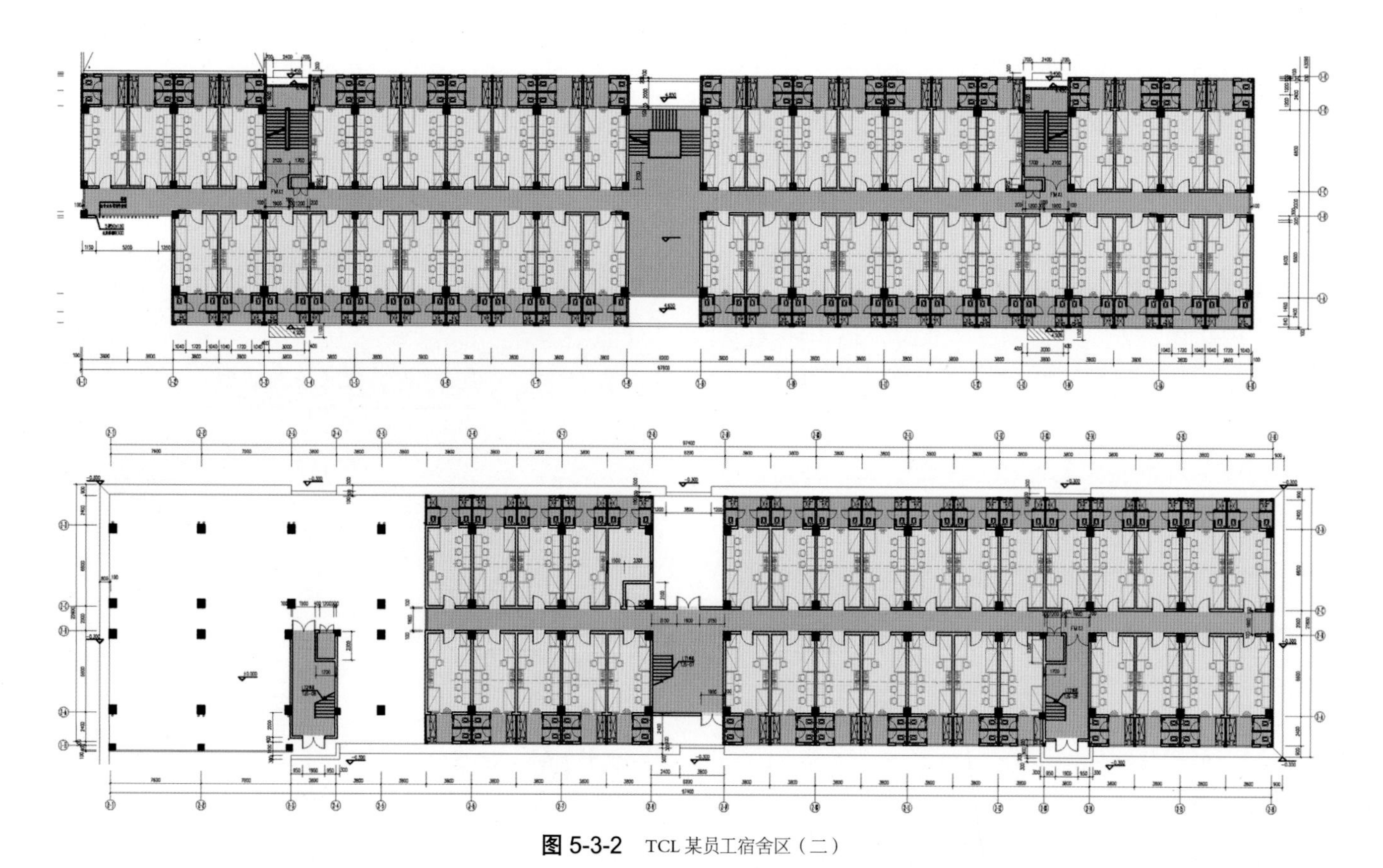

图 5-3-2 TCL 某员工宿舍区（二）

3. 深圳新天下工业城

新天下集团创立于 1995 年，生产基地新天下工业城位于深圳龙岗工业城内，与华为相邻，总用地面积为 161154.2m²。规划用地分东、西两块，西区为厂区，东区在大门广场右侧，是科研办公区，从很远处就能看到一栋代表工业城形象的科研办公大楼，与广场另一侧的现代风格的主厂房构成了新天下工业城的现代面貌。东区主要是员工宿舍区。其规划不仅功能分区明确，而且采用人车分流交通体系，以避免人流与基地内外车行流线的冲突。

该项目设计旨在塑造具有个性特征，又与周边环境相协调，体现高科技企业独特形象的建筑群。总建筑面积为 241562m²（容积率 1.49）。该项目由华森建筑与工程设计顾问有限公司设计，主创建筑师为李旭华，2002 年 10 月一期厂房与宿舍完成投产。

4. 深圳深航总部东区员工宿舍

深圳机场新航站楼 T3 位于珠江口东岸，2013 年 11 月 28 日正式启用。本项目（深航总部东区员工宿舍 B18、B19、B20）位于 T3 航站楼东侧，由深圳大学建筑设计研究院设计，其设计特点概括为：

（1）整体规划，统一风格；

（2）通盘调整，三楼一体；

（3）上部严谨，底层活泼；

（4）中心花园，优化环境；

（5）现代简约，绿色住宅。

5. 珠海海泉湾员工宿舍区

海泉湾是一个大型度假村，拥有两个五星级酒店与温泉中心等建筑，拥有员工两千多人。在度假村附近一块山前的三角地带，依附着树木茂盛的山体，建有 10 栋员工宿舍楼以及食堂与设备用房。占地面积为 29256.7m²，总建筑面积为 26321m²，其中宿舍建筑面积为 23969.2m²，食堂面积为 1908.8m²，还有配套的设备用房 246.6m²、自行车棚 197m²，容积率为 0.90，绿化率为 38.5%，建筑密度为 15.1%。该项目由中建北京建筑设计研究院珠海分院设计，建筑师为井岗丽、林亚文。

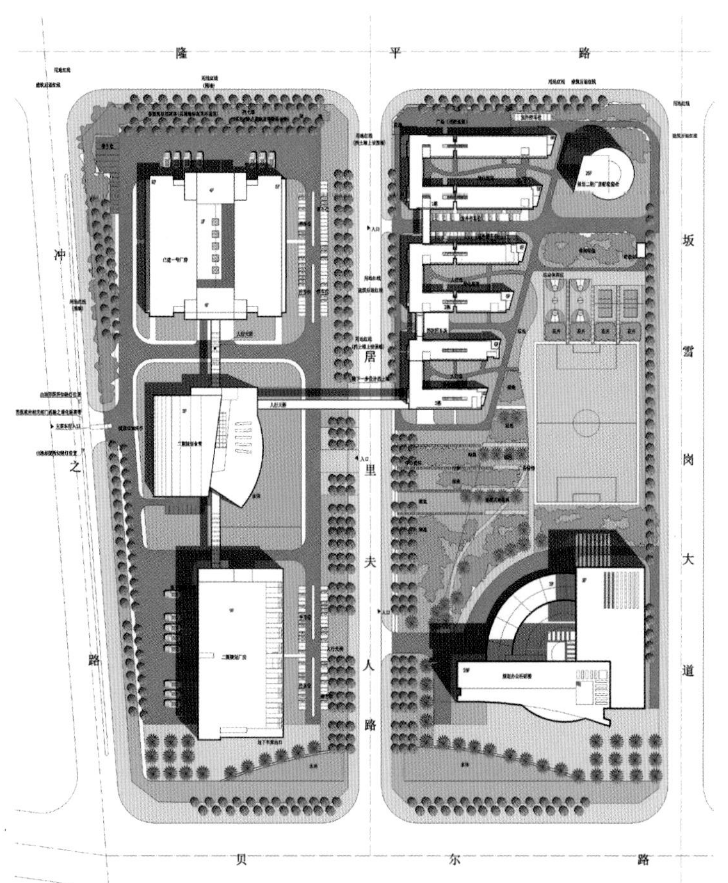

图 5-3-3 深圳新天下工业城

图 5-3-4 深圳深航总部东区员工宿舍

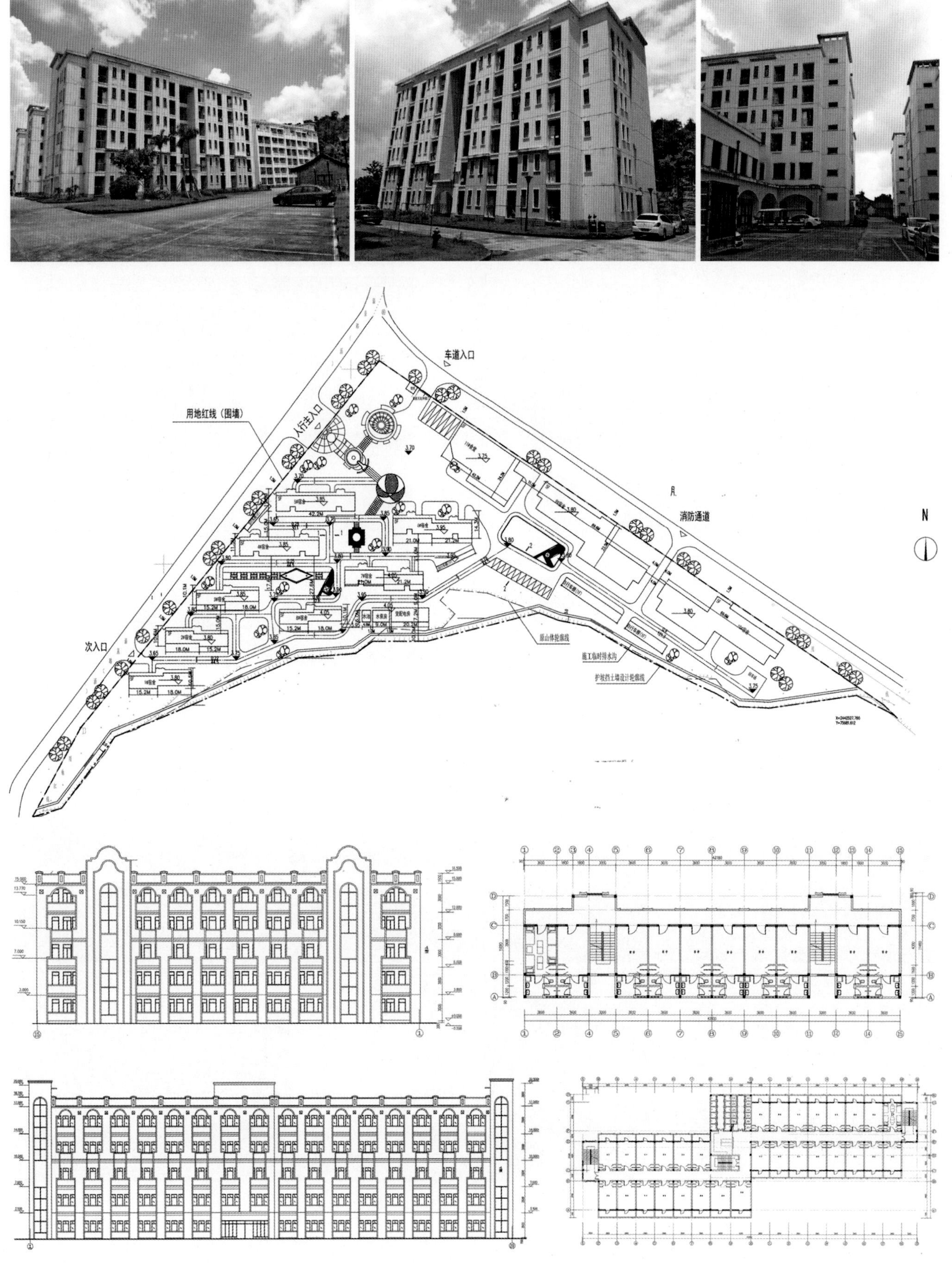

图 5-3-5 珠海海泉湾员工宿舍区

四、学生宿舍

（一）学生宿舍设计要求

2001 年中国教育部发布了《关于大学生公寓建设标准问题的若干意见》，要求新建大学生公寓要力求方便、实用、耐用，便于学生生活和管理，并规定：本科生 4 人一间，生均建筑面积 8m²；硕士生 2 人一间，生均建筑面积 12m²；博士生 1 人一间，生均建筑面积 24m²。大学生公寓一般仍采用筒子楼形式，建筑层高一般在 3 ~ 3.2m 之间；厕所、浴室、盥洗室仍为公用，不进居室；电视、电话原则上也不进居室，可在本楼的公共活动场所集中安排。

现在有的条件好些的中、小学也接收住校学生，提供学生宿舍或学生公寓，多数中、小学全部是上下铺，床与桌椅分开布置，6 ~ 8 人住一间，公用卫生设施。而多数高校都能实现本科生 4 人住一间，宿舍内设有卫生间的要求。北京语言大学平均每间学生宿舍住 2.3 人，堪称全国大学之首。有些高校宿舍还提供独用卫生间与淋浴。有空调与热水的达到 21% 以上。但是还有 7% 的高校不能实现按规定本科生 4 人一间。

学生宿舍用的都是单人床，一般以 90cm×190cm 为标准尺寸，学校一般只提供床铺与桌椅，不提供床上用品。现在多数学校采用上面为床铺，下铺空间放置书桌、书架、衣柜、生活用品柜等的组合设计，款式多样，方便学生使用。

（二）国内学生宿舍设计实例

南京师大附中，是作者的母校，自 1950 年读初二起就住校。学生宿舍是原中央大学附中建造的砖瓦平房，大通间，上下铺，在高三那一年搬进新建的宿舍，仍然是上下铺的大通间，全班四五十名学生住在一起。老同学聚会时说起当年的许多轶事，

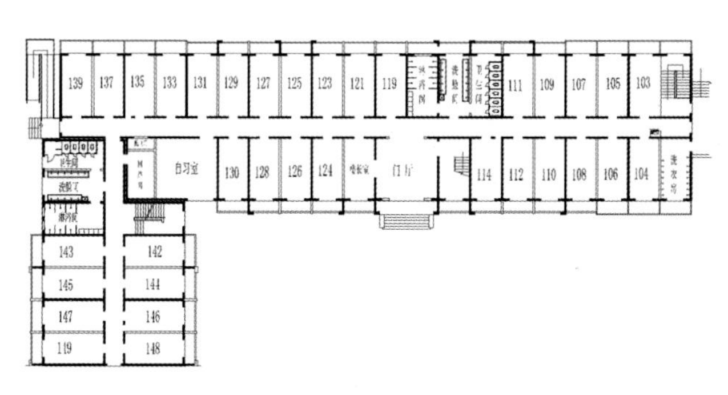

图 5-4-1 学生宿舍平面布置

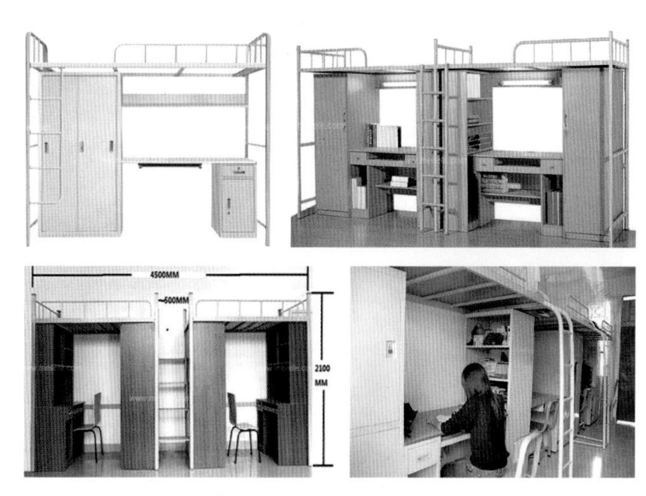

图 5-4-2 学生宿舍组合床

汕头大学宿舍

深圳大学宿舍

中山大学宿舍

厦门大学宿舍

图 5-4-3 大学生宿舍组合床柜实例（一）

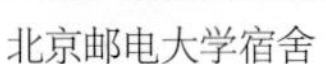

北京邮电大学宿舍　　清华大学宿舍　　天津大学宿舍　　同济大学宿舍

图 5-4-3 大学生宿舍组合床柜实例（二）

再看看在原址上新建的宿舍楼，一派现代学生宿舍的新面貌，都感到兴奋异常。

南京工学院（现已易名为东南大学），作者于1955 年入校后所住文昌桥宿舍，是原中央大学建造的 2 层砖木结构楼房，八人一间，上下铺，每人有一张作业台，公用盥洗间与卫生间。后新建了女生宿舍与沙塘园宿舍，以适应学校发展的需要。现在除设立了许多分校外，还在江宁九龙湖建成了新校区，正巧一路之隔就是南京师大附中新校区。

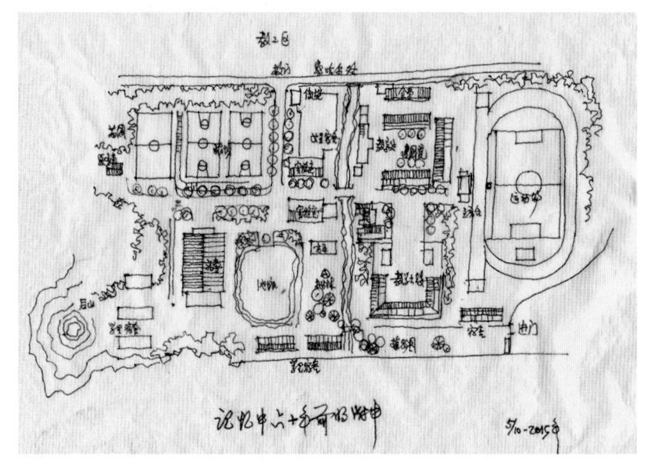

图 5-4-4 记忆中 60 年前的南师附中

图 5-4-5 南京师大附中的学生宿舍与食堂

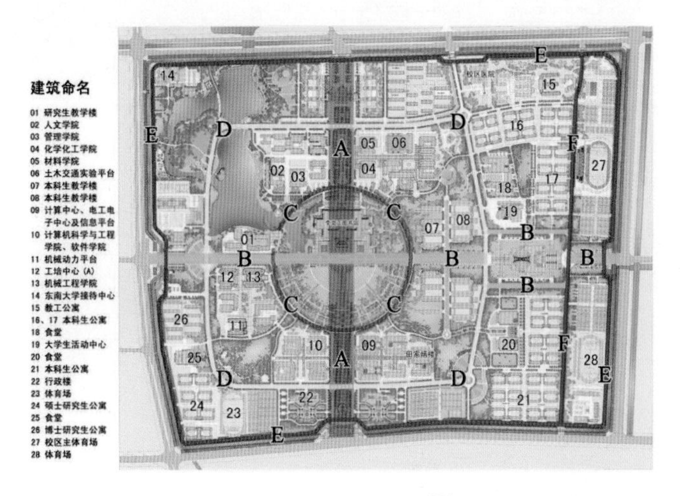

图 5-4-6 东南大学九龙湖校区总平面图与学生宿舍（一）

图 5-4-6 东南大学九龙湖校区总平面图与学生宿舍（二）

图 5-4-7 北京大学学生宿舍

图 5-4-9 清华大学学生宿舍

图 5-4-12 深圳大学研究生院宿舍与学生宿舍

图 5-4-8 中关村新园留学生公寓

图 5-4-10 浙江大学学生宿舍区与学生宿舍

图 5-4-11 香港科技大学·滨海学生宿舍

（三）国外学生宿舍设计实例

国外大学宿舍的种类大致有 Darlington House、Terraced Housing、Selle House、Apartment 四种。其中 Darlington House 是在校内的，其他的是在学校周边。

Darlington House 提供独立的卧室，分为大小两种。每栋公寓要么全是男生，要么全是女生，不存在男女混住的情况。每层楼都有投币式洗衣机，提供收费的停车位以及 24 小时的校园安防。

Terraced Housing 是校外的联排屋，与学校隔一条马路。男女混住，可以活动的空间包括自己的卧室以及楼内的公共区域，分为大、中、小三类。与校内公寓不同的是，这种联排房屋还有一个后院，是平时娱乐放松的好地方。

Selle House 是独立公寓或独立工作室的出租房，只有研究生可以申请，在申请成功后需要缴纳押金。

大多数学生选择校园以外的 Apartment，有单人、双人或多人合住，还可选择居民的家庭式公寓。

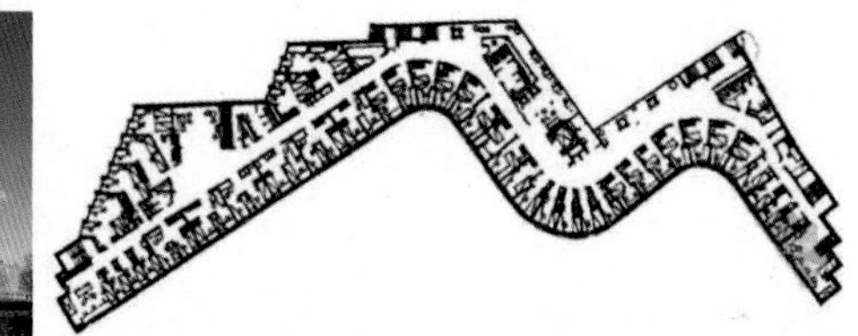

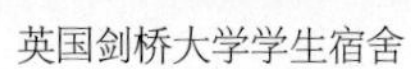

英国剑桥大学学生宿舍　　美国哈佛大学学生宿舍　　荷兰乌得勒支大学学生宿舍　　麻省理工学院学生宿舍贝克大楼平面图

图 5-4-13　国外大学学生宿舍

哥本哈根新学生宿舍的灵感源自中国东南部地区的传统土楼，即私人住宅和公用设施完美融合的乡村社区。五个垂直的断裂结构将这个环形的建筑划分为多个部分，并在这些部分之间充当过道，中间的庭院可用作公共休闲场所。此设计旨在充分利用空间，在一栋建筑中同时满足集体生活和私人空间的需求。学生房间的设计则更注重创意和个性表达。

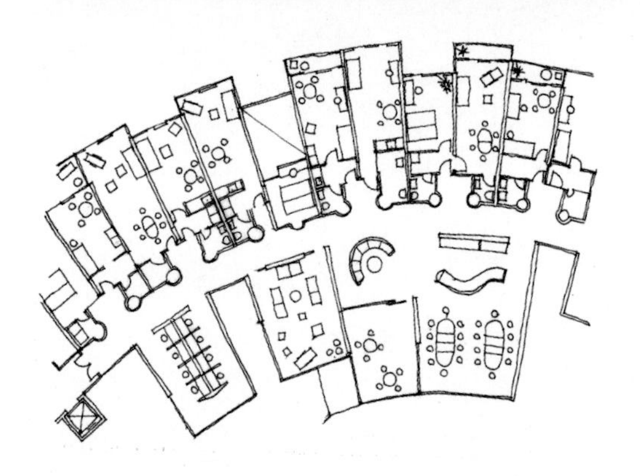

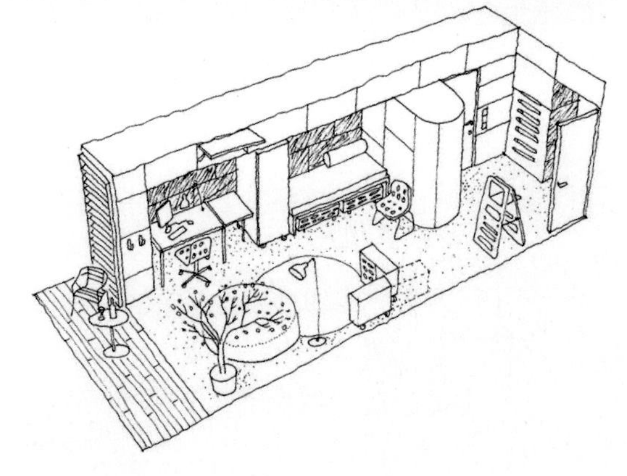

图 5-4-14　哥本哈根新学生宿舍

五、临时宿舍建筑

1. 板房宿舍建筑

用于解决建筑工人现场居住问题，以板房为主。板房是一种以轻钢为骨架，以夹芯板作为围护材料，以标准模数系列进行空间组合，构件采用螺栓连接的全新概念的环保经济型活动板房屋。可方便快捷地进行组装和拆卸，实现了临时建筑的通用标准化，树立了环保节能、快捷高效的建筑理念，使临时房屋进入了一个系列化开发、集成化生产、配套化供应、可库存和可多次周转使用的定型产品领域。板房建筑的围护材料，主要为彩色钢板，也有磷镁板材等。

（1）彩色钢板板房：墙体采用彩色钢板覆面聚乙烯泡沫夹心复合板，保温隔热性能良好，外形美观大方，室内可作装饰吊顶处理，使用周期可达 10 ~ 20 年，产品的规格尺寸、空间间隔可根据需要而定。

（2）磷镁板房：磷镁活动板房是目前活动房市场上价格最低，重量最轻，最易搭建的简易轻体活动房，它具有防水、防火、防震、防腐蚀的作用。板材采用聚苯夹芯板，可充分达到保温、隔热等效果。可根据用户要求设计、搭建异形房，标准宽 5m，长 12m，重 2 吨多，适用于施工单位的临时用房。

图 5-5-1　板房建筑

图 5-5-2　不同组合的板房建筑

板房广泛用作道路、铁路、建筑施工等野外作业的临时用房，城市市政、商业及其他临时性用房，如临时办公室、会议室、指挥部、宿舍及临时商店、临时学校、临时医院、临时停车场、临时展览馆、临时工作站等。

2. 中新天津生态城起步区建设公寓

中新天津生态城是中国和新加坡两国政府合作的旗舰项目。自 2008 年 9 月开工以来，生态城已经过三年的创业历程，昔日为盐碱荒滩，如今 8km^2 的起步区已初具规模和形象。在建设之初，首先兴建起步区建设公寓，以集中解决 6000 位建筑工人的居住问题，改善“民工板房”的居住生活条件。这一创举成为了中国建筑产业工人生活及管理的典范，把建筑民工正式纳入了城市产业工人行列。

起步区建设公寓由何勍 + 曲雷理想空间工作室设计。公寓为两层，采用单元式布局，每栋公寓都为员工提供了安静宜人的居住环境以及集休闲、运动、娱乐功能于一体的内院。公寓内均设置盥洗室和太阳能淋浴间以及厨房、餐厅、服务后院。用地规模 66185.15m^2，总建筑面积为 32000m^2，容积率为 0.453，建筑密度为 29.7%，绿地率为 0.49。

治安岗亭被设计成 10m 高，使岗亭成为整个小区的标志物。在每栋公寓主入口前设置大型编号，增加每个单体的标识性。公寓建筑外灰内红、公共建筑外红内灰的色彩搭配方式，简单区分了建筑内外关系，同时又增加了建筑物的趣味性和灵动性，使整个小区充满生气。

采用轻钢活动板房结构及统一的模数体系，所有的构件在场外进行标准化预制，这样既降低了造价，控制造价为 2000 元 /m^2，又可加快施工的进度，便于安装与拆卸。采用太阳能热水及路灯，中水回灌，减少了对传统能源的消耗。小区另设有供探亲使用的夫妻房，还有超市、派出所、医院等。

图 5-5-3 中新天津生态城起步区建设公寓

策划篇

一、扶贫脱贫　全面建成小康

1949年新中国成立，结束了战乱，续而开始大规模的经济建设，特别是开放改革以来，农村发生了翻天覆地的变化，成功走出了一条中国特色的扶贫开发道路，使7亿多农村贫困人口成功脱贫，为全面建成小康社会打下了坚实的基础，使中国成为了世界上减贫人口最多的国家。现在农村大量建起新房，展现出了农村居住建筑的新面貌。

图 6-1-1　农村新居

由于历史和自然的原因，各地区经济发展很不平衡，贫困状况依然十分严峻，居住状况差异很大。在中西部21个省区市中，有592个县（旗、市）为国家扶贫开发工作重点县。国家统计局数据显示，目前全国农村尚有7017万贫困人口，约占农村居民的7.2%。

一是贫困人口多，参照国际标准计算有2亿多人；二是贫困人口不仅收入低，还面临着住房、供水、用电、行路、上学、就医等诸多生活困难；三是贫困地区集中分布在生产条件差、自然灾害多、基础设施落后的少数民族地区、革命老区、边境地区和特困地区，例如四川大凉山区、贵州荔波县、广西都安瑶族自治县、贵州从江县、宁夏固原市原州区、云南怒江州福贡县等。

首先要确保把真正的贫困人口弄清楚，把贫困人口、贫困程度、致贫原因等搞清楚，坚持精准扶贫、精准脱贫，做到因户施策、因人施策，解决住房问题，改变落后、贫穷的面貌，打一场扶贫攻坚战。

1. 发展生产脱贫

脱贫致富终究要靠贫困群众用自己的辛勤劳动来实现，重要的是生产自救，发展家庭工厂、小型作坊，如同沿海的广东、浙江所走的致富之路。或是立足当地资源，创办现代农业，发展果园，种植经济作物等，实现就地脱贫。

贵州的小七孔是喀斯特世界自然遗产地核心区，旅游旺季常常人满为患，2016年国庆日，客流量达12万人。然而，景区5km外便是荔波县瑶山乡极贫区，还有人家住在用树枝、竹片拼成“墙壁”的茅草房里，因此，急待寻求脱贫措施，走共同致富的道路。

2. 易地搬迁脱贫

易地搬迁是居住在深山、悬崖、滑坡等生存环境差、生态环境脆弱、不具备基本发展条件的地区人口脱贫的有效途径。国家发改委提出《全国“十三五”易地扶贫搬迁规划》，到2020年要实现约1000万贫困人口的搬迁安置，易地扶贫搬迁工程总投资约 9463亿元。主要分布：西北荒漠化地区、高寒山区约300万人，而西南高寒山区、大石山区约400万人，中部深山区约300万人，其中贵州、陕西、四川、广西、湖北5省区的贫困人口搬迁规模为100万人以上。

如四川巴中地处大巴山，属秦巴山区集中连片特困地区，近400万人口，所辖三县两区均为国家或省扶贫开发工作重点县区，贫困范围广、贫困程度深、贫困人口多。2010年底的一次摸底排查显示，巴中有41.39万户152万人长期生活在高寒山区、地质灾害隐患区和洪水淹没区的危旧土坯房内，生活环境、生存条件极差，旱涝、山体滑坡、泥石流等自然灾害频发。

其中巴中南江县137个村3353户的易地扶贫搬迁工程已全面开工建设，年底前12264人全部搬进新居，计划集中3年时间，全面完成易地扶贫搬迁8333户30660人，同步搬迁5758户22281人，实现住上安全房。巴中市平昌县中岭村易地搬迁后，挪了窝，整个村子“活”了起来，“谁想到一个荒坡地竟能变成聚宝盆”。

在拉萨河畔达嘎乡，一座新村在短短3个月时间里建成，并被命名为“三有村”，即有房子、有产业、有健康，这是西藏建成的首个易地搬迁扶贫安置点。来自曲水县3个乡10个村子的184户712名贫困群众陆续搬进了新家，并加大了产业扶持力度，实施了藏鸡养殖、奶牛养殖、饲料作物种植等产业项目，开启了脱贫致富的新生活。

图 6-1-2 西藏建成的首个易地扶贫搬迁实例

3. 生态补偿脱贫

生态补偿是以保护生态环境，促进人与自然和谐发展为目的，运用市场手段，调节生态保护利益相关者之间利益关系的公共制度。对生态系统和自然资源保护所获得效益的奖励或破坏生态系统和自然资源所造成损失的赔偿，也包括对造成环境污染者的收费。

加大贫困地区生态保护修复力度，让有劳动能力的贫困人口就地转成护林员等生态保护人员，如贵州铜仁市2016年林业生态补偿脱贫工程，采取发展林业特色产业、发展木竹原料产业、发展林下经济产业、发展林产加工产业、发展森林旅游产业等五项措施，并将林业生态效益补偿、营造林项目补贴、退耕还林补助等森林资源资产收益转为脱贫用。

山西太行和吕梁这两大连片贫困区，通过建立生态补偿机制，大力发展生态治理产业，发展与当地资源相适应的农、林、草产业和生态旅游业，使其自身的经济目标与生态建设目标统一起来，在生态治理过程中逐步脱贫致富。

4. 发展教育脱贫

治贫先治愚，扶贫先扶智，国家教育经费要继续向贫困地区倾斜，对贫困家庭子女，特别是留守儿童给予特殊关爱。加强乡镇的中、小学基础教育建设，同时创办职业学校，就地培养对口的就业技能，帮助贫困地区摆脱贫困。

云南镇雄位于云贵川三省交界处，隶属于云南昭通市。镇雄，取“镇守雄关”之意，自西汉武帝建元六年（公元前135年）置南广县起。迄今已有2100多年，现有人口158万人。由于交通闭塞，成为了云南最大的贫困县，当地教育设施匮乏，孩子们普遍上学偏晚，读到中学的都很少。2016年8月，云南师范大学附属镇雄中学建成开学，扶助贫困地区解决上学难的问题。

5. 社会保障兜底

扶贫是为帮助贫困地区和贫困户摆脱贫困的一种社会工作。对贫困人口中完全或部分丧失劳动能力的人，由社会保障来兜底，统筹协调农村扶贫标准和农村低保标准，加大其他形式的社会救助力度。要加强医疗保险和医疗救助，新型农村合作医疗和大病保险政策要对贫困人口倾斜。

为了实现2020年全面建成小康社会的伟大目标，绝不能落下一个贫困地区、一个贫困群众，需要群策群力，全社会共同奋斗。

图 6-1-3 易地扶贫搬迁实例

二、城市分级　规划发展模式

（一）中国城市分级排名

2016年2月19日，专注于城市发展研究的“圣旅人”（holytrip）发布其综合研究报告《2016中国城市体系分级》，根据中国各城市的政治地位、经济总量及人均指标、增长速度、区位交通、发展潜力等进行系统性综合比较，作出排名：

一线城市（4个）：北京、上海、广州、深圳；

准一线城市（9个）：天津、杭州、青岛、南京、武汉、重庆、成都、济南、沈阳；

发达型二线城市（10个）：西安、大连、宁波、哈尔滨、长春、厦门、苏州、长沙、福州、郑州；

发展型二线城市（18个）：石家庄、唐山、无锡、烟台、佛山、东莞、泉州、合肥、太原、南昌、昆明、南宁、常州、淄博、南通、潍坊、温州、绍兴；

增长型三线城市（25个）：呼和浩特、海口、银川、西宁、贵阳、乌鲁木齐、兰州、拉萨、徐州、济宁、鄂尔多斯、威海、镇江、大庆、扬州、嘉兴、台州、临沂、金华、泰州、东营、保定、泰安、吉林（市）、鞍山；

新兴型三线城市（34个）：宜昌、襄阳、岳阳、中山、衡阳、咸阳、惠州、盐城、包头、德州、株洲、许昌、郴州、榆林、南阳、聊城、洛阳、邯郸、枣庄、沧州、珠海、常德、漳州、滨州、芜湖、茂名、湛江、廊坊、柳州、宝鸡、湖州、绵阳、通辽、赣州；

四线城市：其余地级以上城市及百强县级市；

五线城市：其余县级市。

以上一线与二、三线城市合计整100个。

按照国际通行的理解，现代意义上的城市是工商业发展的产物，是资金、人才、货品、信息交流之地，是一个坐落在有限的空间地区内的各种经济市场——住房、劳动力、土地、运输等相互交织在一起的网络系统。

因此，根据中国城市体系分级，加紧包括住房在内的城市规划。在规划中，首先保护与利用好土地资源和自然环境，挖掘并保护好城市历史文物与文化资源，完善城市基础设施，防止水土流失，防止环境污染，在总体城市规划的控制下，制定本地区分级的建筑高度控制，创造和谐舒适的居住环境，严禁仿造外国建筑，杜绝丑陋建筑的出现，构筑具有地方特色的建筑风貌。

（二）城市发展模式

第一种是在原有市区的基础上，逐步向外发展，均匀扩张。北京是向四面扩张的典型实例，从原皇城的一环开始，二环、三环、四环、五环、六环，一直扩到七环。

第二种是在原有市区的基础上，在周边发展一个或多个卫星城，通过交通干线连接起来，这种模式被许多城市所采用，如上海有闵行、吴泾、松江、嘉定、安亭、吴淞、金山等卫星城。

第三种是一些新兴城市，在城市规划时就形成了多中心与城市节点，分别赋予城市区域功能，如深圳是一个东西长的城市，东起大亚湾、大鹏湾、盐田、罗湖、福田、南山、宝安，西到珠江口，形成一连串城市中心，北靠广州，为中心的珠三角地区，南以深圳河为界与香港接壤。

1. 兴建卫星新城

卫星城是城市的有机组成部分，可促进单极化的城市结构转变为更大区域内的多核结构，实现大城市中心区的人口和产业的疏散。在1898年英国学者霍华德（Ehenezer Howard）提出的“田园城市”理论以及昂温（Unwin）的“卫星城”理论的支持下，经过半独立卫星城、基本独立新城及新城等演化过程，才在实践中获得成功，巴黎就是成功的一例。

按《巴黎地区战略规划》，1965年巴黎开始新城建设，放弃单中心的传统模式，以全新的多中心布局规划思想，在更大、更广范围内规划了8座30万～100万人口规模的新城，新城与市中心地带相距约25km，并有便利的公共交通系统相联系。新城有产业基地、商业中心、学校、娱乐设施，甚至大学城等，满足了居住的多种需要，保证了居住与就业的平衡。1990年时已建成5座，让20万巴黎人从市中心迁出，来到这里安居乐业。

中国于20世纪80年代开始兴建开发区，到20世纪末已经衍生出大学城、工业园、新城、新区等各种形态，在近年土地财政的刺激下，全国开始新一轮的造城运动，规模上千平方公里的开发区，成为中国土地资本化的典型例证。据国家发改委调研发现，截至2013年底，全国各省市（包括县级市）规划有3000多个新城新区，最多的是沈阳，规划有19个，而广东平均每个市有1.78个，山东其次，也有1.37个。除省市级外，县级规划的新城新区更是数不胜数，在2006年之前，全国共规划有6866个开发区，经2007年整治缩减了2/3。

2. 城市的俱进式发展

在1929年7月《大上海计划》中，就确定了在江湾一带建立新市区，后因抗日战争而延至1945年重新制定《大上海都市计划》，并引入卫星城理论，制定了6580km^{2}范围内的城市规划布局，并在中心区外围建设绿带以控制城市的蔓延，同时设定相对独立的11个新城镇，在工业区附近同时建设住宅。后因时代的变迁而未能实施，直到1956年重新提出建设卫星城的计划，并于1958年从建设闵行开始，继而建设了吴泾、松江、嘉定、安亭四个卫星城，之后又规划了青浦、南汇、川沙、崇明等12个卫星城，每个新城人口控制在10万～20万人，距离市中心区20～30km。

改革开放后编制的《上海城市总体规划方案》，经报国务院批复于1986年开始实施，重点开发浦东地区及金山卫与吴淞南北两翼，并有计划地建设郊县小城镇，逐步实现以中心城区为主体，卫星新城、郊县小城镇、农村集镇四级城镇体系。纵观以上发展历程，上海卫星新城的功能定位趋于合理，显示出城市持续健康发展的潜力。

3. 城市更新　旧城改造

城市更新能够提升城市发展质量。日前，深圳市规划和国土资源委员会发布《深圳市城市更新"十三五"规划的通知》，深圳将完成城市更新固定资产投资约3500亿元，争取完成各类更新用地规模30km^2，完成100个旧工业区复合式更新，100个城中村或旧住宅区、旧商业区综合整治项目。

通过城市更新持续稳定地提供人才住房和保障性住房、创新型产业用房，规划期内力争通过更新配建人才住房和保障性住房约650万m^2，配建创新型产业用房总规模约100万m^2。

《规划》将优先开展涉及教育、医疗、文体等重大公共配套设施建设的更新计划立项、规划审批和项目实施。5年间，争取在城市更新单元规划阶段新增一批公共配套设施，其中规划批准中、小学不少于100所，综合医院不少于8家，幼儿园不少于215所，公交场站不少于133个，非独立占地的公共配套设施建筑面积不低于87万m^2。

三、协同建设　推进区域发展

（一）雄安新区

2017年4月1日，国务院决定设立河北雄安新区，是深入推进京津冀协同发展的一个重大国家战略，有序疏解北京非首都功能，探索人口经济密集地区优化开发新模式。京津冀人口共有1亿多，土地面积达21.6万km^2,调整优化城市布局和空间结构，促进区域协调发展，形成新增长极。

雄安新区，涉及河北省雄县、容城、安新3县及周边部分区域，与北京、天津相互间距约100km，区位优势明显、交通便捷通畅、生态环境优良、资源环境承载能力较强，这是继深圳经济特区和上海浦东新区之后又一具有全国意义的新区。规划建设以面积约100km^2的起步区先行开发，中期发展区面积约200km^2，远期控制区面积约2000km^2。

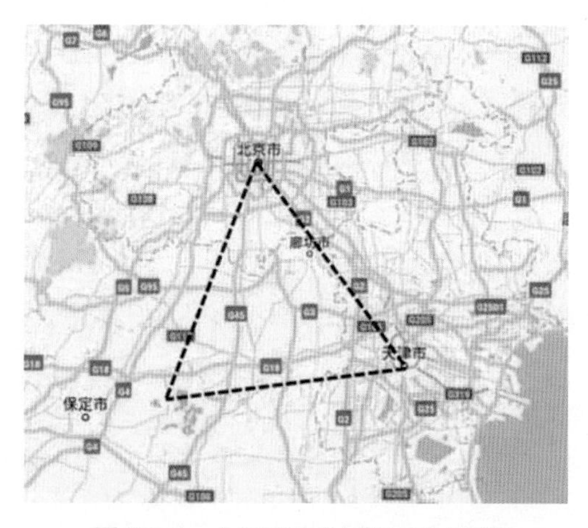

图6-3-1　北京天津与雄安新区呈鼎立位置

图6-3-2　雄安新区规划区域图

（二）粤港澳大湾区

2017年3月5日十二届全国人大第五次会议《政府工作报告》中提出，要推动内地与港澳深化合作，研究制定粤港澳大湾区城市群发展规划，发挥港澳独特优势，提升在国家经济发展和对外开放中的地位与功能。

粤港澳大湾区指的是由广州、佛山、肇庆、深圳、东莞、惠州、珠海、中山、江门9市和香港、澳门两个特别行政区形成的世界级城市群，未来有望打造成继美国纽约湾区、美国旧金山湾区、日本东京湾区之后，世界第四大湾区，是国家建设世界级城市群和参与全球竞争的重要空间载体。

（三）长江三角洲城市群（简称长三角城市群）

位于长江入海之前的冲积平原，根据2016年5月国务院批准的《长江三角洲城市群发展规划》，长三角城市群包括:上海，江苏省的南京、无锡、常州、苏州、南通、盐城、扬州、镇江、泰州，浙江省的杭州、宁波、嘉兴、湖州、绍兴、金华、舟山、台州，安徽省的合肥、芜湖、马鞍山、铜陵、安庆、滁州、池州、宣城等26市，国土面积21.17万km^2，2014年地区生产总值12.67万亿元，总人口1.5亿人，分别约占全国的2.2%、18.5%、11.0%。

长三角城市群是“一带一路”与长江经济带的重要交汇地带，在中国现代化建设大局和全方位开放格局中具有举足轻重的战略地位。《长江三角洲城市群发展规划》指明:长三角城市群要建设面向全球、辐射亚太、引领全国的世界级城市群。建成最具经济活力的资源配置中心、具有全球影响力的科技创新高地、全球重要的现代服务业和先进制造业中心、亚太地区重要国际门户、全国新一轮改革开放排头兵、美丽中国建设示范区。

四、立足本土　建设新型乡镇

人人都对家乡有一种特殊的感情，正如歌中唱的：谁不说俺家乡好。虽然由于上学、工作离开了家乡，但是家乡情永远记在心中。为了实现中国梦，开发本土经济，把家乡建设成一个新型乡镇，是大家的共同心愿。

（一）发展本土经济

江苏省江阴市华士镇西有个华西村，建于1961年，像大多数村庄一样，经历过贫穷的岁月，600多名村民人均分配不到55元，连吃饭都困难。自20世纪70年代开始农田改造，推行家庭联产责任制，进行以村民投入为主体的股份制度改革，走上了一条工农业均衡发展、共同脱贫致富的道路。同时还帮带周边20个村共同发展，建设出有青山绿水的江南田园风光，有良好的文化教育、医疗的适合颐养的居住生活环境，有高速公路、航道和直升机场的便利交通设施配套，成为一个现代化的新型乡镇。

2011年，华西村集资30亿建成74层328m高的国际大酒店。最近，美国纽约时报广场电子屏上，以“新农村、新中国”为主题的华西村形象宣传片亮相，向世界诠释了一个传统与现代交融的中国新农村形象。

图6-4-1　江苏华西村展现出中国新农村形象

再举一例，杭州城郊山脚下的丘陵缓坡有一片林场，占地10km^2，浓密幽深的森林、几千亩茶园、油菜花园和稻田曼妙起伏，山林间栖息着十多种鸟类，还有十多个形态不同的湖泊。开发商试图在这片未受污染的土地上打造一个淳朴的新型乡镇，具有自然的生态环境、现代的居住设施、方便的交通出行、适合颐养和休闲的地方特色。合理规划中，在230亩用地的核心位置建立乡镇中心，规划建设中小学校、酒店、商业街区等。充分利用本土资源，开发本土经济，注入经济活力。

2016年，全国内地31个省、区、市《关于进一步推进户籍制度改革的实施意见》正式出台，全部取消农业户口，以户籍制度改革根除了城乡的差异。

现在一、二、三线城市共计100个，与改革开放前的50个相比正好翻了一番。当前的“城市化”，并不是大家盲目涌向大中城市，而是一个城乡共同发展的现代化的进程。大城市、中小城市、县以及乡镇在现代化、城镇化的进程中，充分利用本土资源，开发本土经济，注入经济活力，同时挖掘当地的文化资源，整治名胜古迹，开发旅游资源，创造出具有不同地域特色的生活居住环境。鼓励成功人士回乡置业，传承上辈的家业，兴建宅院，讲述代代相传的故事；许多农民工不再外出打工，在家乡创业。

（二）建设新型乡镇

纵览中华大地，为了实现全民族的幸福安康，不仅是国家扶贫脱贫重点县，广大农村都必须尽快改善落后的居住生活条件，让乡镇居民住上现代新居。

（1）许多自然村庄和乡镇有着深远的历史文化渊源，虽然比不上著名的黄山宏村、凤凰古镇、周庄、乌镇等全国重点文物保护单位，但仍有各地不一样的风情，可进一步挖掘和传承。

（2）六七十年来，大多数乡镇都有了很大的发展，当前尚需合理地调整乡镇规划，与时俱进，提升整体环境品质，让天更蓝，山更青，水更清，修筑乡镇公路，通水通电通网络，治污减排，植树造林，美化环境。

（3）当前最突出的问题是如何改善广大乡镇居民的住房条件，虽然他们也盖起了许多新房，但是距现代居住生活条件仍相差甚远。

因此，乡镇与村庄建房要严格规划管理审批程序，要有资质的建筑设计单位设计，尤其是需要优秀的建筑师参与。在这里要大声呼吁：建筑师们要积极担负起这个重大的社会责任，为四、五线城镇与乡村创造更多更好的居住建筑。

（三）乡镇新建居住建筑实例

1. 一位 80 后建筑师的自家屋

从农村走出来的 80 后青年建筑师王旭潭，基于自身对农村生活的深刻理解，试图以建筑空间的组织梳理并改善农村家庭人与人之间的关系，重新定义家的亲情本质，打造自己家的住房，亲切地称为“自家屋”，形成了一个新型居住建筑形象。建筑作为“家”的载体，它科学合理地规划着每一个家庭成员的生活，也维护着这份永恒的亲情。家，当然不仅仅只是一个建筑。

首层为全家团圆与接待客人的堂屋、长辈卧室、餐厅与厨房，全家人同处在一个屋檐的庇护下，象征一个大家庭，撑起上面三个独立又有联系的小家庭，

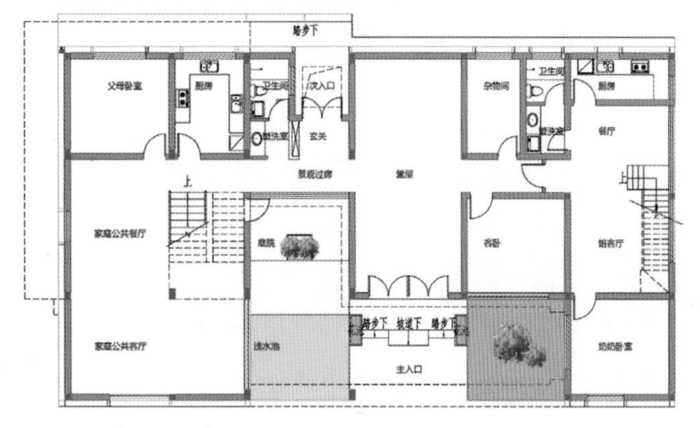

一层平面图

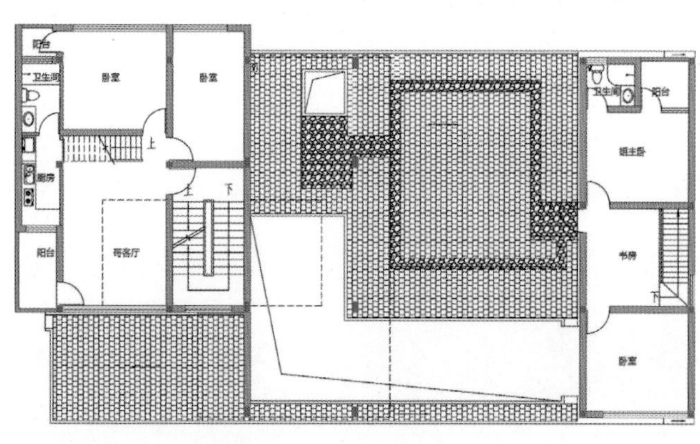

二层平面图

三层平面图

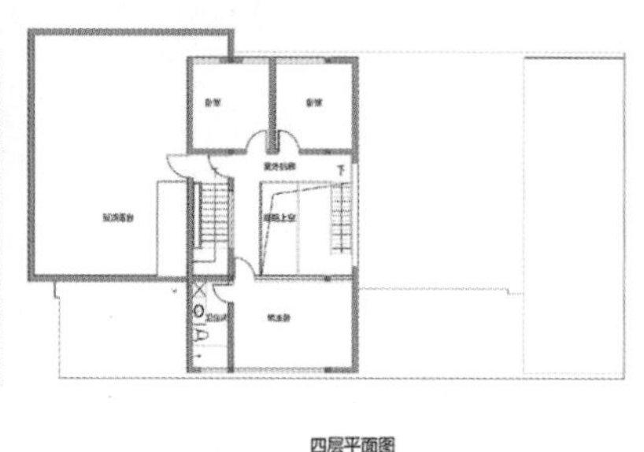

四层平面图

图 6-4-2　一位 80 后建筑师的自家屋（一）

图 6-4-2　一位 80 后建筑师的自家屋（二）

代表着被托起的三个子女，构成了现代的亲情生活。

王旭潭发挥设计专长，三兄妹共同出资，建设新家是一种传承，两代人开始了职责的转换，新家成了这一时刻的见证者。家屋建筑面积为 620m²，土建造价为 55 万元，2016 年 1 月竣工。

2. 李家四兄弟合宅

“家和万事兴”是中国传统思想，是诠释中华居住文化的核心价值观。以血缘组合成一个家庭，以统一的建筑空间规划构建一个完整的宅院。

李家父母哺育了四个儿子，而今已各自成家，一个大家衍生出四个独立的小家。本设计试图通过空间来组织起血脉相连的兄弟同堂的家庭生活——欢聚一堂，共畅兄弟情，共享亲情之乐，也有各自独立的生活空间，最完美地弘扬了传统的居住文化。建筑形式上呈现出四个体块的组合关系，其建筑面积为 1800m²。这种独立又集合的住宅是一种传承，也是一次尝试和思考，由青年建筑师王旭潭和陶其然合作完成。

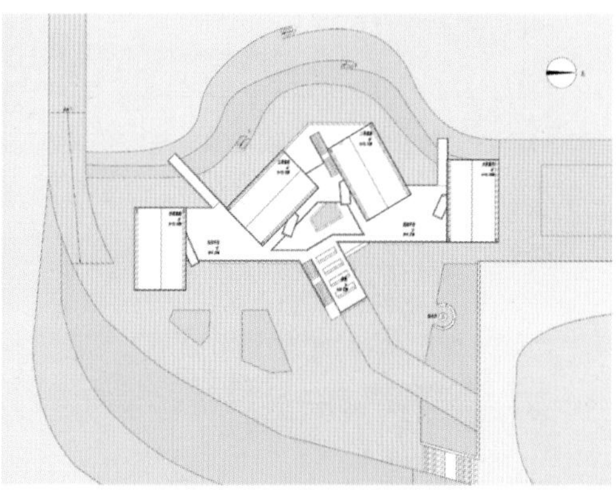

图 6-4-3　李家四兄弟合宅（一）

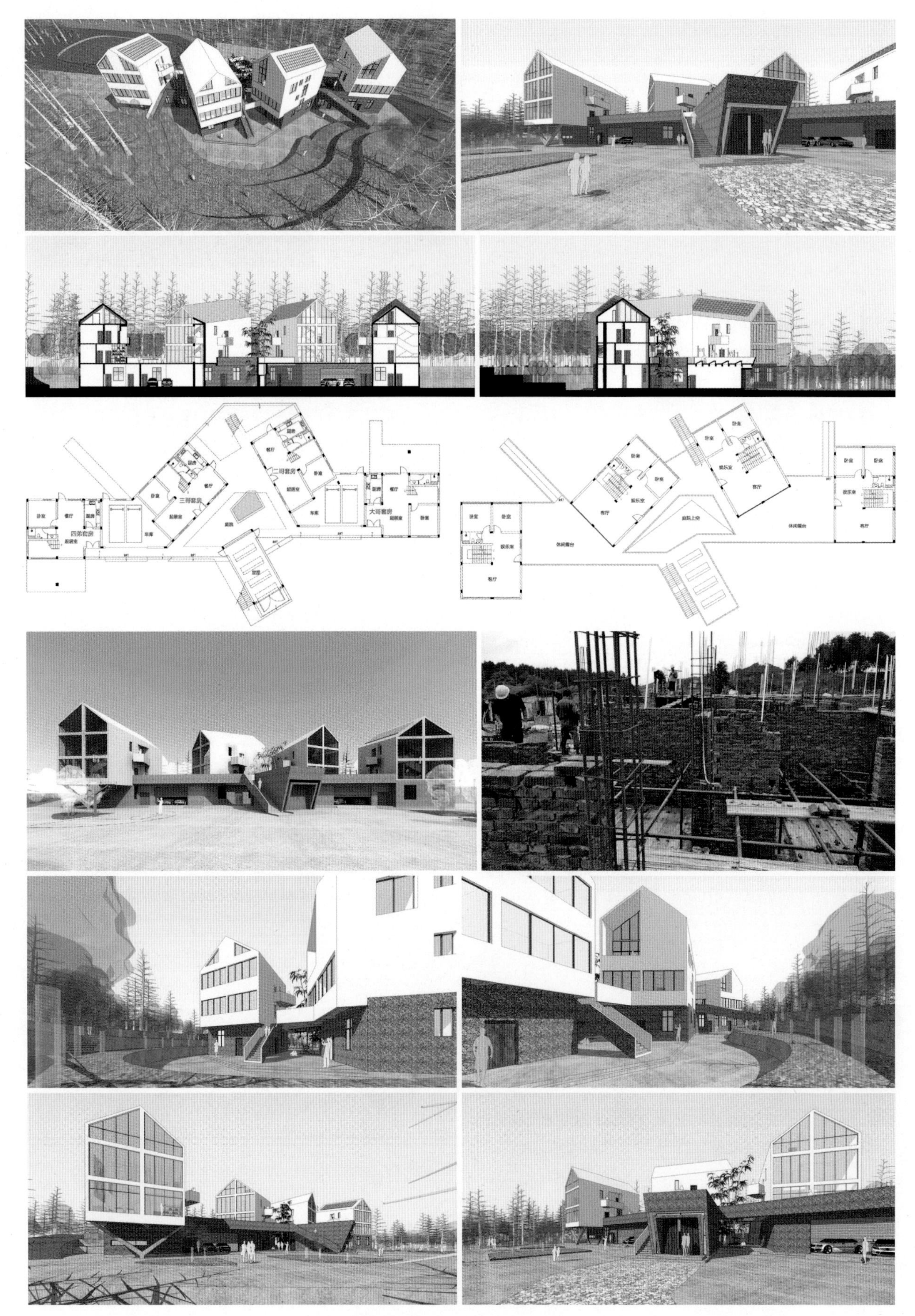

图 6-4-3 李家四兄弟合宅（二）

3. 武夷山南舍

它是景区度假别墅，主人除自己使用外，为适应市场需要，将原建部分提升成为可以接待游客的住所，并增加了一个温馨的入口，满足多种使用需求，还要与周边环境相协调。该项目建筑面积为 550m²，由青年建筑师陶其然、高昂设计。

4. 还乡建新房实现梦想

无论走多远，思乡之情总在，家乡的那山那水那片土地，还有那破落的老房屋，始终让人魂牵梦绕。这位年轻人自小苦读，一举考入理想的大学，在外求学工作多年，决定还乡建新房，实现梦想。

在与设计师反复沟通后，最终确定设计成现代简约中式建筑，这种建筑风格也是当地文化的积淀，与人们的生活和谐共融。总建筑面积 348m²，2 层，首层有堂屋、客厅、餐厅、厨房、棋牌室、老人房和储藏室，二层共有 5 间卧室。在建筑领域从业十年的他，带出了一支专业的施工队，所以修建起来也算得心应手，总共花费 36 万元，建起一栋端庄的新房，引起了众多乡亲的热烈反响。

图 6-4-4 武夷山南舍

图 6-4-5 返乡建新房

五、居住建筑　适应老龄生活

按照国际惯例，当一个国家或地区60岁以上的老年人占人口总数的10%，或65岁以上的老年人占人口总数的7%，即意味着该国家或地区进入了老龄化社会。60岁以上的老年人的比例超过14%，就称为“老龄社会”，法国是世界上最早进入老龄化社会的国家。

（一）中国老龄化的状况

1999年，中国60岁以上老年人口已经达到1.31亿，占总人口的10%，按照国际通行标准，中国正式成为人口老龄型国家。在2010年第六次人口普查中，65岁以上的老年人占人口总数的8.9 %。截至2014年底，中国60岁以上老年人口已经达到2.12亿，占总人口的15.5%，说明中国已经成为世界上老龄化速度最快的国家之一。全世界老年人口超过1亿的国家只有中国，2亿老年人口几乎相当于印尼的总人口数，已超过了巴西、俄罗斯、日本等人口大国的人口数。

据老龄办披露，到2020年，失能老人将达到4200万，空巢老人将达到1.18亿。空巢老人是指无子女照顾、独居或仅与配偶居住的老人；失能老人是指在穿衣、吃饭、上下床、如厕、洗浴和室内走动六项生活指标上不能完全自理，必须依赖他人照料的老人。到2030年，失能老年人将达到6168万，空巢老人将达到1.80亿。

预计2050年前后将会有4.38亿老年人口，占到全国人口的1/3,届时,每3人中就会有一个老年人，几乎家家都有老人，其中失能老年人将达到9750万，空巢老人达到2.62亿，超过80岁的有1.08亿人。

反映老龄化压力的数据是老年抚养比，即每100个劳动年龄人口要抚养65岁以上老年人口数，目前中国的老年抚养比为13.7%，各省情况差异较大，重庆、四川的老年抚养比达到20%，江苏、山东、辽宁、湖南、天津也都超过了15%，青海、新疆、西藏、宁夏的老年抚养比还不足10%。

中国目前推出的养老政策实行“9073模式”，即90%家庭养老、7%居家养老、3%机构养老。按3%机构养老计算，就需要500万以上的床位，而现有床位只有289万张，相差甚远。尤其是老龄化比例较高的城市，如上海老年人口比例为24.5%，北京为18.2%，广州为14%等，机构养老床位的需求就更加突出。

（二）全龄化社区

全龄化社区，即一个从0岁到100岁的全龄化社区。对于老年人而言，他们并不愿意住进单一的老年公寓，喜欢与儿童、中青年混居在同一社区，这样也有利于保持良好的养老心态和提升生活品质，营造和谐的居住环境。

一个人在住房期间也会逐年老龄化，还有更多的人购房时就已经想到退休后的老年生活。一般情况下，一个人的身体状况在退休后仍然较好，可结友旅游、出外活动，尽情享受生活;过80岁就行动迟缓了，上楼需要扶手，病痛也多了。现在，活到90岁甚至100多岁的老人愈来愈多，这些老人的身体状况差异较大，多数生活尚能自理，只是行动更迟缓些，有的要借助手杖，上下台阶需要搀扶，有的出行要坐上轮椅，有的可能卧病在床，需要更多的陪伴。

世界卫生组织（WHO）对年龄划分标准作出新的规定，将人的一生分为5个年龄段：0～17岁为未成年人，18～65岁为青年人，66～79岁为中年人，80～99岁为老年人，100岁以上为长寿老人。

因此，新建住宅要适应老龄化社会的需要，建设更多的全龄化社区，将其作为家庭养老和居家养老的主体，有效地实施“9073模式”。

（三）家庭养老和居家养老居住方式

1. 同堂居住

这是家庭养老和居家养老的主要居住方式。我们这一代在父母的呵护下慢慢长大，而父母则越来越老，越来越需要我们的照顾，需要创建一个舒心的家庭养老氛围。常言道：“家有老人是福气！”多代人和谐地生活在一起，共享天伦之乐，是中国传统的家庭美德和居住文化。

现在许多家庭子女或一方在异地工作，有时老人还和孙子女生活在一起，老人自得其乐。

2. 邻居生活

在同一全龄化社区里，与老人紧邻居住，或同栋另一楼层，或另一栋分开居住，相距很近但又有点距离，有人形象地称之为“一碗汤的距离”，即一碗汤端过来还是热的。这一居住方式，保证了两代人都有相对独立的生活空间，又创造了关照和孝敬老人的亲近条件，还可减少代际间的不和谐因素。

但是对于行动不便的高龄老人，失能或有时失能的老人，需要更多的护理，甚至24小时陪伴，提防突发意外情况。

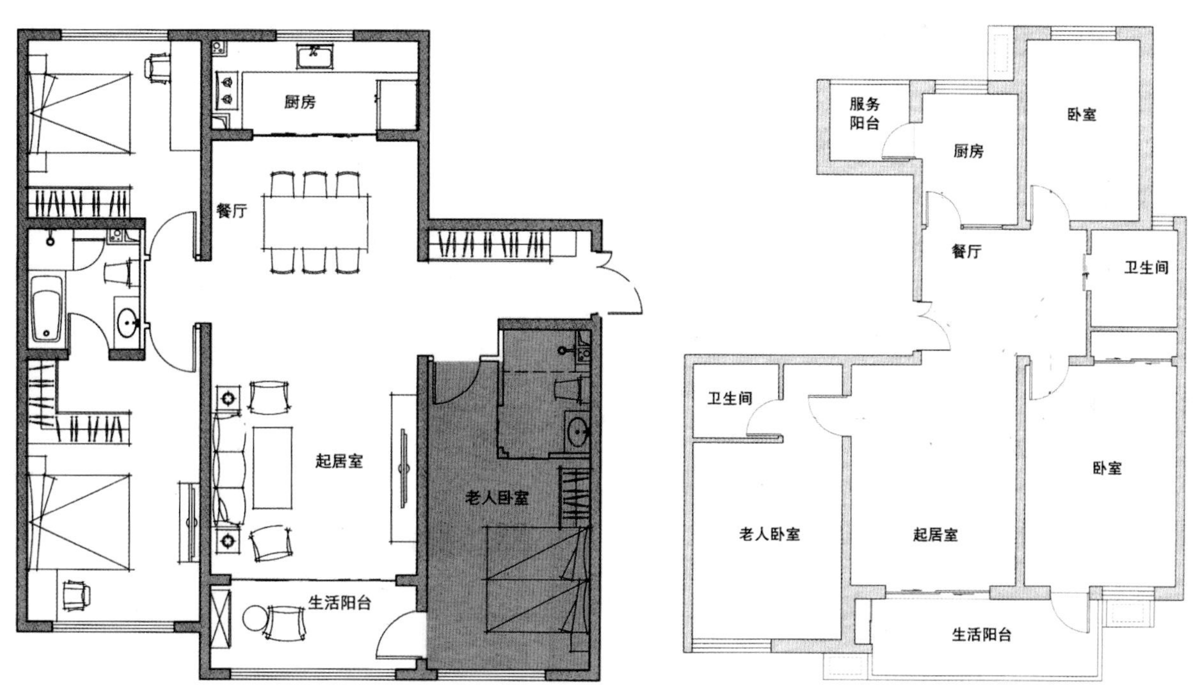

图 6-5-1 和老人和谐同住的三室户型平面

图 6-5-2 紧邻居住的老人房户型平面

3. 适应老龄化的别墅设计

适合老人居住的别墅有两种设计方案：一是老人的起居室与卧室布置在底层（图 6-5-3），二是增设电梯，老人的房间可以布置在任意层（图 6-5-4、图 6-5-5）。前者有三种组合方式，可迎合不同家庭的选择：

（1）独立型：在同一别墅中，将两代人的所有功能空间都分开独立设置，在底层有各自的出入口。底层为老人独立使用，上面二、三层供子女与孙子孙女使用。

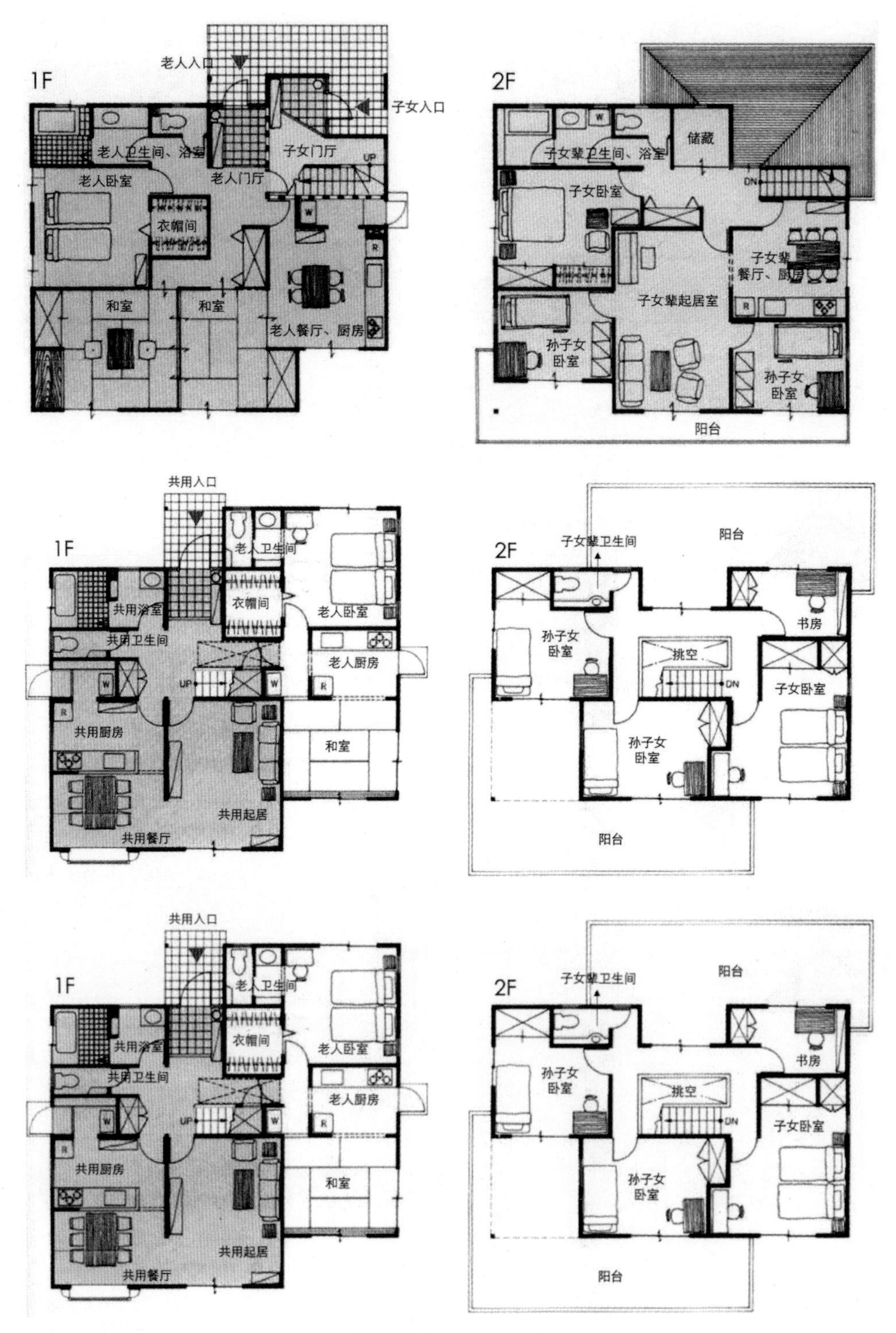

图 6-5-3 适应老龄化的独立别墅

（注：此处选用日本的实例，尚有“和室”等布置，仅供参考）

（2）半合型：全家由同一大门进出，设有共用门厅、卫生间，应不同家庭的需要，底层可设共用餐厅或厨房、健身、储藏等共用空间。底层其他空间为老人独立使用，二、三层由子女与孙子孙女使用。

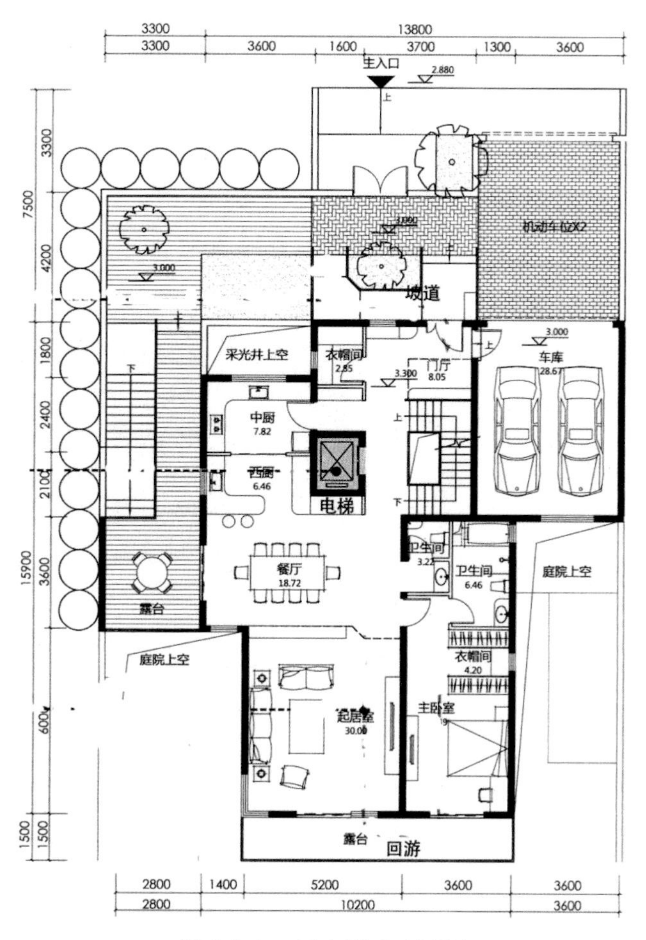

图 6-5-4　适应老龄化的独立别墅

（3）融合型：和前述的同堂居住的住宅一样，多代人和谐在一起生活，共享天伦之乐。

4. 适应老龄化的住宅设计

（1）适合老人居住的住宅设计应能满足老年人的生活需求，或经简单改装后就能满足老年人的生活需求。现在绝大多数住宅采用框架结构与轻质隔墙（断），现行规范也对无障碍设计、电梯与担架电梯等作出规定，已经比较适合老人居住。

（2）现在有些地区提出，新建社区应配套10%的面积作为老年日间照料中心和老年公寓，提供居家养老服务，如有必要，再配备一些护理型机构养老的医疗护理支持。随着社保与医疗改革的深入，地区性医院将会承担区域内的多个居住区的医疗护理服务。

5. 上门护理服务

第一种：家庭养老和居家养老时，由所在社区配合提供养老服务以及志愿者服务等。服务内容包括基本生活照料（饮食起居照顾、打扫卫生、代为购物等）、物质支援（提供食物、安装维修等）、医疗护理支持、提供休闲娱乐设施等，建立起一套完善的社会保障系统。

第二种：具有资质的服务机构，指派接受过专业培训的护理人员来到老人家中，提供身体护理和生活服务。根据老人的身体状况、自理能力和需要，经双方商定，提供对应的专业护理服务：

身体护理：根据老人的身体状态，提供进餐、

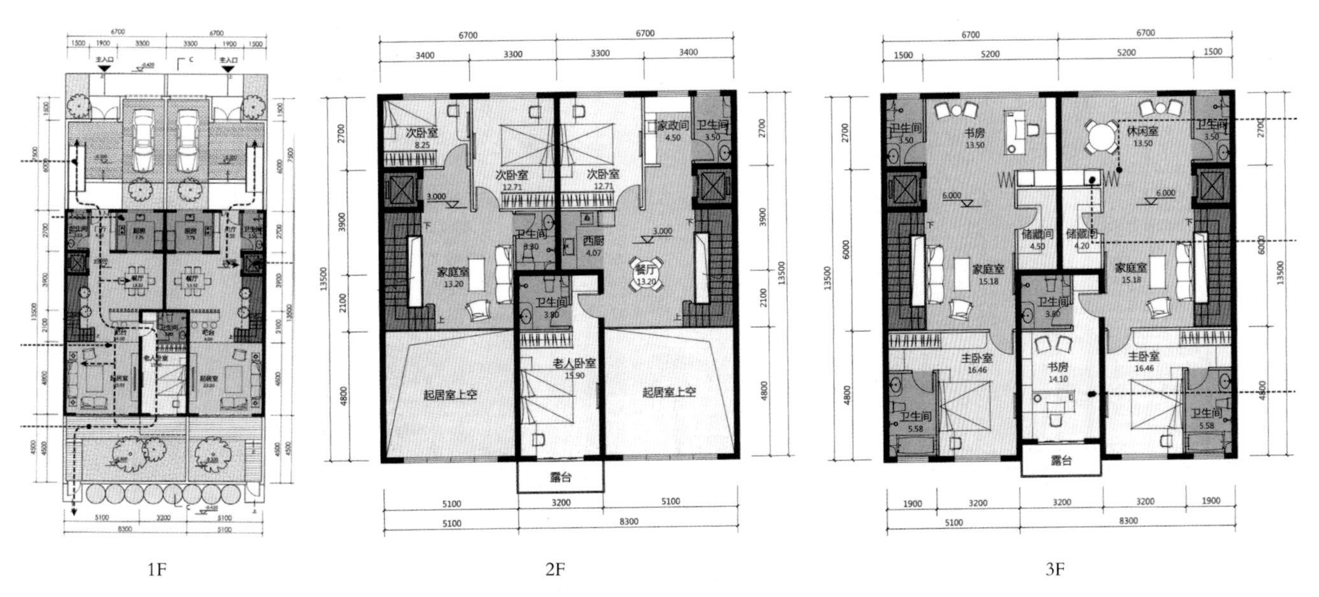

图 6-5-5　适应老龄化的联排别墅

图 6-5-6 深圳招商蛇口新近推出适应老龄化的住房样板间

服药、体位变换、移动、移乘、起床、就寝、更衣、梳洗、擦身、辅助洗浴、辅助如厕以及针对失能老人的守护等专业的护理服务。

生活服务：提供购物、取药、做饭、配餐、打扫、整理环境、清洗衣物等日常生活所需要的援助。

对家庭养老和居家养老的老人而言，在住惯了的生活环境中养老当然更安心，对老人的家属而言，既可减少护理方面的事务，又可随时观察老人的身体变化，创造关怀和孝敬老人的亲近氛围。

6. 远程健康管理和家庭医生服务

医疗改革中，一切以病人为中心，有的医院大力推广居家高血压、糖尿病人远程健康管理和家庭医生服务制度。这一服务模式是通过互联网技术在签约医生团队和居民之间建立一个远程健康管理体系，通过给高血压、糖尿病等慢性病患者穿戴移动医疗器械，全天候监测其身体健康数据，签约医生团队不仅随时关注居民的身体健康，还可以即时与其取得联系，最大化满足居民对健康的需求。

例如突然降温，社康医生在远程监控时发现老人的血压偏高、血糖指标有上升，可立即通知老人注意饮食和药物调理，并优先安排转诊到医院心内科专家门诊，经过充分评估，专科医生为老人制定了详细的治疗方案，随后再转回社康中心，由社康家庭医生对其跟踪服务，进行用药和饮食健康指导。

这一服务方式的创新，也为辖区留守老人、儿童、残疾人等特殊人群的健康提供了有力的保障。监测数据也可以传输到他们的亲人手中，减少亲人们的担忧，形成以家庭为单位的健康保障体系。

（四）“互联网 + 养老”智能居家养老模式

为了应对老龄化的需要，政府和民间的探索从未停止过，养老地产、养老保险等多种业态快速发展，带来了养老产业的迅速扩容。然而不少养老机构建在偏远地区，老人不愿远离家庭、社会，造成了床位空置现象，据业内人士透露，床位空置率达30%以上，北京高达40%。实际上，许多老人并没有购买力，反而给子女带来了压力和困难。其实刚性需求就是日常护理。

那么，什么才是解决中国养老问题的最好办法？在信息化技术发达的今天，一系列智能化设备，有能力支持老人在自己的家中度过老后生活，不需要再把老人送到老年公寓或照料中心，而是把服务直接送到老人家中。

江南水乡乌镇是互联网大会的永久会址，在2016年11月第二届世界互联网大会上，推出了“乌镇智慧养老综合服务平台”，利用微信等互联网、物联网、云技术等综合服务于整个养老周期，是中国首次将信息化技术完整应用于养老事业。

“智慧养老综合服务平台”主要分为线上和线下两个部分。线上平台即照护服务管理系统。乌镇设有居家养老服务照料中心，使用面积达2000m^2，是一个24小时不间断运行的“后台”，也是整个乌镇照护服务管理系统的“大脑”。目前乌镇近150户老人家中安装了“智能居家照护设备”、“远程健康照护设备”、“SOS呼叫跌倒与报警定位”，老人在家里的任何“风吹草动”，都能被“后台”所掌控。如果老人意外摔倒，其随身携带的手环会立即发出警报；如果家中洗手台忘关导致漏水，溢水报警传感器会进行预警；针对长期卧床老人，一旦出现异常离开情况，离床感应床垫也能进行预警。接收到此类情况，“后台”会第一时间联系到老人或是老人的家属，社区工作人员、医护人员会以最快的速度给老人提供帮助。

养老综合服务中心的线下部分包括餐饮、棋牌、跳舞、读书、上网、打体感游戏等，是老人们平日里的好去处。服务中心还提供健康检查、洗澡服务等服务项目。

通过评估老人的生活自理能力、心理状况、家庭生活状态、社会交往情况等，照料中心把服务分为7个等级，可根据老人的实际情况定制服务套餐，满足个性化的生活照护需求。对于不方便出门的老人，也能通过物联网享受到平台提供的各类远程服务，例如助浴服务，到预约时间，工作人员会推着轮椅上门迎接，在照料中心一楼的助浴室里，有专门为失能及生活需要协助的老年人准备的步入式浴缸、人体烘干机、洗衣机等一系列专业设备，一次费用为30元。

（五）入住老年公寓

老年公寓是政府和社会为缺乏子女及亲属照顾的老人提供的居所，尤其是老年痴呆症患者，残疾以及患有慢性病的失能老人，需要康复治疗与专业护理的老人。它属于机构养老的范畴，是社会保障系统的重要部分，能享受到社会福利机构和慈善机构提供的资助。

由于老年公寓条件优越，许多有子女、亲属照料的老人也自愿申请到老年公寓来安度晚年。老年公寓在本书“公寓篇”中已有详细论述。

六、住宅公寓的建筑风格

中国作为文明古国，五千年的辉煌缔造出了璀璨的建筑文化艺术，形成了独特的中式建筑风格。以北京四合院、江南民居、徽州民居、陕北窑洞、吊脚楼、竹楼等为代表的中国民居建筑形态，展现出了与大自然相和谐的建筑风貌。

20世纪70年代末，随着国门的打开，众多外国建筑师带来了先进的设计理念和优秀的建筑作品，同时大量西方建筑文化也随之涌入，曾经辉煌数千年的中国传统建筑文化被认为“落后”,而“罗马柱”、“圆拱门”占据了我们的视线，外国的“国会大厦”屋顶甚至高戴在中国政府机关大楼上，欧陆风劲吹之时带给我们国人更多的反思。

先师梁思成告诫我们：“一个东方大国的城市，在建筑上，如果完全失掉自己的艺术特性，在文化表现及观瞻方面是大可痛心的。因这事实明显地代表着我们文化的衰落，以至于消失的现象。”东西方建筑文化产生了激烈的冲突，建筑风格的取舍摆在我们面前，民族建筑如何实现现代化、如何振兴本土建筑风格成了建筑界共同的话题。

建筑是富有生命的，是凝固的诗、立体的画、贴地的音符，是一座城市的面孔，也是人们的共同记忆和身份凭据。我们对待建筑的新风格、新样式要包容，但是绝不能搞那些奇奇怪怪的建筑。现在，一些地方不重视城市特色风貌的塑造，很多建设行为表现出对历史文化的无知和轻蔑，做了不少割断历史文脉的蠢事。我们应该注意吸收传统建筑的语言，让每个城市都有自己独特的建筑个性，让中国建筑长一张“中国脸”，特别是标志性建筑应当是中国风格、中国气派。

1. 中式建筑风格

中国经济的进一步发展，也推动了民族文化的复兴，国人开始重新审视建筑文化的价值取向，更加珍视属于中国人自己的瑰宝，深深意识到应该传承使之发扬光大。正是在这样的背景下，一种充分糅合传统与现代的中国之风逐渐吹起，创造出了“新中式建筑风格”，它延续了“中式建筑风格”，继承与发展了中国唐宋、明清时期建筑文化的精华，将其中的经典元素提炼并加以丰富，通过中式风格的特征，表达出对东方文化精神境界的追求，给传统建筑文化注入了现代气息。

新中式建筑风格是中国人的生活、文化与价值观的集中体现，主要包括两方面的基本内容，一是中国传统建筑风格的文化意义在当前时代背景下的演绎，一是在对中国当代文化充分理解的基础上的当代设计，反映的其实是一种现代生活方式，是现代中国人传承自己伟大民族文化的一种精神追求，以现代人的审美需求来打造富有传统韵味的意境，同时又具有很强的实用性与功能性，让传统艺术在当今社会得以体现。

新中式建筑风格更多利用了后现代手法，把传统的建筑形式重新设计组合，以民族特色的新颖标志符号出现。新中式建筑风格并不是元素的堆砌，而是通过对传统文化的理解和提炼，将传统元素与现代要素相结合，因此，新中式风格建筑很快被肯定、被推崇。

（1）新中式建筑最大的特点就是从使用功能出发，突破旧传统，通过现代材料和结构构成的改进，将传统建筑中的元素进行必要的演变和优化，创造出新的建筑形式。虽然外貌上已经不再是传统建筑原来的模样，但在整体风格上，仍然保留着中式建筑的神韵和精髓。

新中式建筑实际上是比较流行的现代风格建筑，追求时尚与潮流，注重建筑布局、空间构成与使用功能的完美结合。

（2）新中式建筑的另一特点是传承中国传统建筑主张的“天人合一、浑然一体”，在继承中国传统建筑精粹的同时，更注重现代生活价值，以人为本，提高环境的舒适度，增强自然采光通风，追求人与环境的和谐共生，讲究环境的稳定、安全和归属感。

另外，还吸纳了江南庭院意境的营造手法，如白墙灰砖青瓦，飞檐画廊，采用内庭院、外庭院、下沉庭院、回廊等空间组合，采用园林中常见的景观营造手法，如借景、漏景、对景、隔景等，更讲究空间的借鉴和渗透，创造一种更自然、更现代、更具生命力的现代生活流动空间，同时还注重吸收当地的建筑色彩及建筑风格，整体建筑形象如同中国水墨画，清丽淡雅，诗意油然而生。

（3）新中式家居装饰风格是新中式建筑风格的重要组成。中国传统室内装饰的特点是总体布局对称均衡，格调高雅，内蕴简朴，装饰色彩以黑、灰、红为主。古典家居以木质材料居多，多以红木、花梨木和紫檀为主。在装饰细节上崇尚自然情趣，花鸟鱼虫等精雕细琢，富于变化，充分体现出中国传统美学精神。明清式家具、窗棂、布艺织锦相互辉映，陈设中国山水字画、匾幅、挂屏、盆景、瓷器、屏风、博古架等，营造出一种东方人的生活境界，再现了移步换景的精妙效果，体现出高贵、含蓄、秀美的新中式风格，构成了新中式家居装饰的独特魅力。

致力于新中式建筑风格的创作，发扬新中式建筑风格的特点，需要设计师提升自身的文化修养和专业功底，需要多方位的知识累积，包括中国历史、文学、地理、古典建筑、绘画、书法、园林、风水以及儒家、佛家、道家等百家。只有深入了解传统文化艺术，敏锐地捕捉当代社会时尚元素，并且对现代生活方式和意境有独特的理解，追求传统与新潮的完美结合，才能使之相得益彰。

2. 现代建筑风格

当今大量居住建筑设计成现代建筑风格，没有过分的装饰，一切从功能出发，讲究造型，比例适度，空间构图明确、美观，强调外观的明快、简洁，体现了富有朝气的现代生活气息。与此同时，现代建筑风格仍然强调民族性、地域性和个性，避免形成千篇一律的建筑样式，造成统一的国际化风格。

现代建筑主张发展新的本土建筑学原则，结合民族特点、地域特色，提倡新的建筑美学，包括：建筑形体和内部功能的配合、表现手法和建造手段的统一、建筑形象的逻辑性、灵活均衡的非对称构图、简洁的处理手法和纯净的体形，还主张积极采用新材料、新结构，摆脱固化的建筑式样的束缚，创造现代建筑新风格。

3. ArtDeco 建筑风格

“ArtDeco”即艺术装饰，也被称为装饰艺术，发源于法国，兴盛于美国，是世界建筑史上一个重要的风格流派。在20世纪20年代，美国的摩天大楼如雨后春笋般涌现，但是传统的柱式、繁复的线条在高耸的大楼上显得矫揉造作。

为适应时代的发展，ArtDeco风格发挥出潜在的象征力，回纹饰、曲线线条、金字塔造型等埃及元素出现在建筑的外立面上，表达了当时高端阶层所追求的高贵感，而摩登的形体又赋予其古老的、尊贵的气质，代表的是一种复兴的城市精神。这种艺术风格在美国大行其道，发展成为20世纪重要的建筑设计力量，使纽约成为了世界ArtDeco艺术的中心。

上海国际饭店

上海海关大厦

上海国泰电影院

上海亚细亚大厦

图 6-6-1 ArtDeco 建筑风格的经典实例

ArtDeco风格一度风行于20世纪30年代的上海，它强调建筑物的高耸、挺拔，具有拔地而起、傲然屹立的非凡气势，体现出了工业革命的技术革新所带来的不断克服地心引力而达到新的高度，表现了不断超越的人文精神和力量，通过新颖的造型、艳丽夺目的色彩以及豪华材料的运用，成为了一种摩登艺术的符号。

当时上海建起的国际饭店、沙逊大厦、锦江饭店、上海海关大厦及衡山路上的一些建筑都是ArtDeco的典型代表，上海成为了世界上现存ArtDeco建筑总量第二位的城市，仅次于纽约。它们不同于其他的古典建筑风格，所呈现出的现代简洁的风貌，是上海“万国建筑博览”的一大要素，也奠定了上海城市风貌的又一特征。

七、森林城市与人居环境

为了推动联合国《2030年可持续发展议程》，促进森林城市建设的新理念、新模式和新实践，首届国际森林城市大会于2016年11月29日在深圳开幕，大会就城市化与森林城市、森林城市与生态系统服务、森林城市规划与区域可持续发展、森林城市的文化融合与传承、森林城市发展模式与创新实践等议题展开研讨。

预计到2030年，中国城镇化率将达到66%，城镇人口将超过10亿人。在城镇化快速推进的过程中，只有积极发展城市森林，才能确保生态资源总量不减少、城市人居环境不下降，走出一条绿色、低碳、循环的城镇化道路。人口、资源与环境问题一直是中国可持续发展的关键性制约因素。当前，中国政府已把森林城市建设作为“十三五”时期的一项重要工作。我们要把全国森林城市发展总体目标具体转化为一个个阶段性目标。广东力争到2020年在珠三角基本建成首个国家森林城市群，整体提升全省城市的绿色发展水平和可持续发展能力。

（一）城市森林

森林能够吸收CO_2。科学研究表明，森林蓄积每生长1m^3，平均吸收1.83吨CO_2，放出1.62吨O_2。造林就是固碳，绿化等同于减排。

人工林的固碳作用更加显著，如人工桉树林的生产力相当于天然林（针叶林）的20～30倍，5～7年就可以成材，生物量相当于原始林在自然情况下100～150年的产量。据预测，到2050年，中国的人工林可达158万km^2。若人工林平均蓄积量提高一倍，将使人工林固碳总量达到88.4亿吨。

当然，森林在呼吸的过程当中也会释放出CO_2，但是从整个碳平衡来看，森林是巨大的碳汇。目前全球有四大碳汇，分别是大气、陆地、海洋和森林。

据估计，陆地生态系统中储存了2.48万亿吨的CO_2，其中1.15万亿吨储存在森林生态系统当中，所以说，森林是陆地生态系统最大的碳库，森林植物的含碳量占很大的比重。

所以说，低碳城市建设也呼唤着城市森林，因为城市森林可以直接吸收城市中释放的碳，同时城市森林通过减缓热岛效应，调节城市气候，减少我们使用空调的次数，可以间接减少碳的排放。城市森林不只具有美化城市的功能，城市森林的碳汇功能在打造低碳城市的过程中，显现出了强大的作用。

（二）森林城市评价指标

国家林业局于2007年3月15日公布了“国家森林城市评价指标”。国家森林城市，是指城市生态系统以森林植被为主体，城市生态建设实现城乡一体化发展，各项建设指标达到以下指标，并经国家林业主管部门批准授予“森林城市”称号。其森林建设：

1. 综合指标

（1）编制实施的城市森林建设总体规划科学合理，有具体的阶段发展目标和配套的建设工程。

（2）城市森林建设理念切合实际，自然与人文相结合，历史文化与城市现代化建设相交融，城市森林布局合理、功能健全、景观优美。

（3）以乡土树种为主，通过乔、灌、藤、草等植物的合理配置，营造各种类型的森林和以树木为主体的绿地，形成以近自然森林为主的城市森林生态系统。

（4）按照城市卫生、安全、防灾、环保等要求建设防护绿地，城市周边、城市组团之间、城市功能分区和过渡区建有绿化隔离林带，树种的选择、配置合理，缓解城市热岛效应、混浊岛效应等效果显著。

（5）江、河、湖等城市水系网络的连通度高，城市重要水源地森林植被保护完好，功能完善，水源涵养作用得到有效发挥，水质近5年来不断改善。

（6）提倡绿化建设，节水、节能，注重节约建设与管护成本。

2. 覆盖率

（1）城市森林覆盖率，南方城市达到35%以上，北方城市达到25%以上。

（2）城市建成区（包括下辖区市县建成区）绿化覆盖率达到35%以上，绿地率达到33%以上，人均公共绿地面积达到$9m^2$以上，城市中心区人均公共绿地达到$5m^2$以上。

（3）城市郊区森林覆盖率因立地条件而异，山区应达到60%以上，丘陵区应达到40%以上，平原区应达到20%以上（南方平原应达到15%以上）。

（4）积极开展建筑物、屋顶、墙面、立交桥等立体绿化。

3. 森林生态网络

（1）连接重点生态区的骨干河流、道路的绿化带达到一定宽度，建有贯通性的城市森林生态廊道。

（2）江、河、湖、海等水体沿岸注重自然生态保护，水岸绿化率达80%以上。在不影响行洪安全的前提下，采用近自然的水岸绿化模式，形成城市特有的风光带。

（3）公路、铁路等道路绿化注重与周边自然、人文景观的结合与协调，绿化率达80%以上，形成绿色通道网络。

（4）城市郊区农田林网建设按照国家要求达标。

4. 森林健康

（1）重视生物多样性保护。自然保护区及重要的森林、湿地生态系统得到合理保育。

（2）城市森林建设树种丰富，森林植物以乡土树种为主，植物生长和群落发育正常，乡土树种数量占城市绿化树种使用数量的80%以上。

（3）城市森林的自然度应不低于0.5。

（4）注重绿地土壤环境改善与保护，城市绿地和各类露土地表覆盖措施到位，绿地地表不露土。

（5）科学栽植、管护树木。对大树移植进行严格管理，做到全株移植。

5. 公共休闲

（1）建成区内建有多处以各类公园、公共绿地为主的休闲绿地，多数市民出门平均500m有休闲绿地。

（2）城市郊区建有森林公园等各类生态旅游休闲场所，基本满足本市居民日常休闲游憩需求。

6. 生态文化

（1）生态科普宣传设施完善，建有2处以上森林或湿地等生态科普知识教育基地或场所。

（2）认真组织全民义务植树活动，建立义务植树登记卡制度，全民义务植树尽责率达80%以上。

（3）广泛开展城市绿地认建、认养、认管等多种形式的社会参与绿化活动，并建有各类纪念林基地。

（4）每年举办各类生态科普活动3次以上。

（5）国家森林城市创建的市民知晓率达90%以上，市民对创建国家森林城市的支持率达80%以上。

（6）城市古树名木保护管理严格规范，措施到位。

7. 乡村绿化

（1）采取生态经济型、生态景观型、生态园林型等多种模式开展乡村绿化，近5年来乡村绿化面积逐年增加。

（2）郊区观光、采摘、休闲等多种形式的乡村旅游和林木种苗、花卉等特色生态产业健康发展。

八、居住建筑的立体绿化

意大利米兰有一个立体绿化项目，共种植大中型树木480棵、小树50棵以及11000棵地面覆盖植物和5000棵灌木，总共相当于1hm^2森林的外墙树木种植量，建成了一个居住区的生态系统，与绿色大自然紧密联系在一起。这个创新的概念为其他城市树立了榜样。

立体绿化一般有花盆、花池或花槽等平面式绿化和外挂式垂直绿化、种植墙体绿化等不同类型，居住建筑在立面上设置些花池或花槽是较为常见的。但要设置垂直绿化或墙体绿化就不一样了，有人称之为“垂直花园”。

普遍认为法国植物学家帕德里克·布朗克（Patrick Blanc）是“垂直花园”的创始者，他曾经专门从事热带雨林植物的研究，清楚植物能够在只有水和肥料的情况下存活，并进一步发展了绿色墙壁系统。世界上首座垂直花园于1988年建造在巴黎工业及科学城的温室里，1994年法国肖蒙城堡国际花园艺术节中，又展出了两座青葱翠绿的花园，它们栽植着绿意盎然的亚热带森林植物，开满了五彩缤纷的花朵，别具一格的垂直花园成功地诞生了。布朗克的垂直花园系统中最著名的是巴黎凯布朗利博物馆以及伦敦8层高的雅典娜神庙饭店，它种植了260种植物共1.2万多株，处处洋溢着生机。

外挂式垂直绿化被称为“会呼吸的墙”、“生态墙”，是植物和建筑协调划一的表现。它是将一种金属框架固定在梁柱或墙体上，上面覆盖一层合成纤维毛布，植物根茎可以穿透这片绿色毛布向四周生长，灌溉系统采用一种特殊的液体肥料以保持毛布的湿润状态，液体肥料是模仿雨水特性制作的，滴滴答答地从绿色覆盖物流到下面。但用于这种垂直花园的植物必须精挑细选。

图 6-8-1 新加坡现最大的垂直花园

垂直花园是一种在建筑墙壁上种植的园艺方式，能最大限度地利用有限的空间，还能在最小的范围内实现植物的多样性。21世纪初，世界各地越来越重视垂直花园的建设，垂直花园不仅为城市建筑装饰设计带来了新元素，而且让更多的绿色代替钢筋混凝土和砖石围墙，使城市充满生机和活力。

立体化的环境绿化，共享式空中花园，让人与自然环境和谐共处。人性化的生活与工作环境设计，将强调美感的绿化空间与功能性的工作、休闲空间恰到好处地结合起来，形成了舒适、富有品位的商务生活空间。

图 6-8-2 城市立体绿化实例

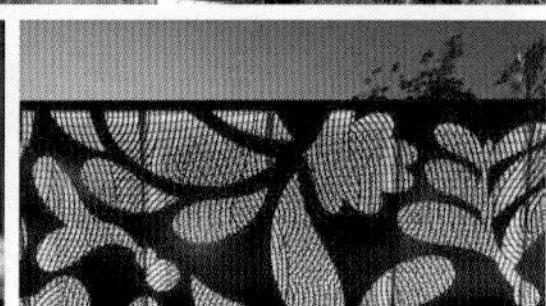

图 6-8-3 新加坡滨海湾花园实例

意大利都灵的维德森林公寓共有63套住宅，由锈蚀的钢铁作为结构骨架，150棵树木种植在骨架中类似大花盆的空隙里，水体穿插于步行道间，住宅房间部分以木板作为外墙材料，就像是一棵大树上雕刻出来的。屋顶设有郁郁葱葱的花园。整座建筑犹如一座现代城市中的森林，它是可呼吸的，成为了调节内部微环境的关键，可以有效地屏蔽城市的噪声与烟尘。该项目由Luciano Pia工作室设计。

图6-8-5所示是加拿大魁北克市的一栋建筑内

部的立体绿化，高达65m，种植了42个不同品种的11000多株植物，它致力于改善室内空气质量，为员工和游客创造一个独特的环境，是世界上最高的种植墙体。

图6-8-4 意大利都灵的维德森林公寓

图6-8-5 加拿大魁北克市室内垂直花园

九、居住建筑的新能源

太阳是地球能源的主要源头，中国有十分丰富的太阳能资源，按年平均日照时数，分为五类地区。青藏高原平均海拔高度4000m以上，大气层薄而清洁，透明度好，日照时间长，例如被称为“日光城”的拉萨市，年平均日照时间为3005.7h，相对全年日照时间为68%；而在四川和贵州两省，尤其是四川盆地，雨多、雾多，晴天少，成都年平均日照时数仅1152.2h，相对日照为26%。

中国太阳能资源分布状况表　　表6–9–1

地区类型	年日照时数（h）	年辐射总量（MJ/m²）	等量热量所需标准燃煤（kg）	包括的主要地区	备注
一类	3200 ~ 3300	6680 ~ 8400	225 ~ 285	宁夏北部、甘肃北部、新疆南部、青海西部、西藏西部	太阳能资源最丰富地区
二类	3000 ~ 3200	5852 ~ 6680	200 ~ 225	河北西北部、山西北部、内蒙古南部、宁夏南部、甘肃中部、青海东部、西藏东南部、新疆南部	较丰富地区
三类	2200 ~ 3000	5016 ~ 5852		山东、河南、河北东南部、山西南部、新疆北部、吉林、辽宁、云南、陕西北部、甘肃东南部、广东南部	中等地区
四类	1400 ~ 2000	4180 ~ 5016		湖北、湖南、广西、江西、浙江、台湾、福建北部、广东北部、陕西南部、安徽南部	较差地区
五类	1000 ~ 1400	3344 ~ 4180		四川大部分地区、贵州	最差地区

1. 太阳能集热器的应用

住房建设中,依照地区的日照条件,有光－热利用、光－电利用、光－化学利用、光－生物利用四种基本方式，尤其是在太阳能资源丰富地区，应设法利用太阳能。由于光－热转换的应用技术比较成熟，成本相对较低，应用范围最广，目前应用最多的是太阳能热水器，即利用太阳能将水从低温加热到高温，常用的结构形式为真空管式与平板式太阳能热水器两种。

任何地方都有阴云雨雪天气，尤其是在日照不足的地区。据上海地区近三年的统计，平均每年阴雨天达67%,在这样的气候下不可能全部依靠太阳能，还需要配置电热、热泵或燃气锅炉等辅助热力设备，并配置智能化选择性太阳能出水控制器，太阳能不足时能自动切换到其他的热力设备及时补充，保证热水的不间断供应，以最大限度地利用太阳能。

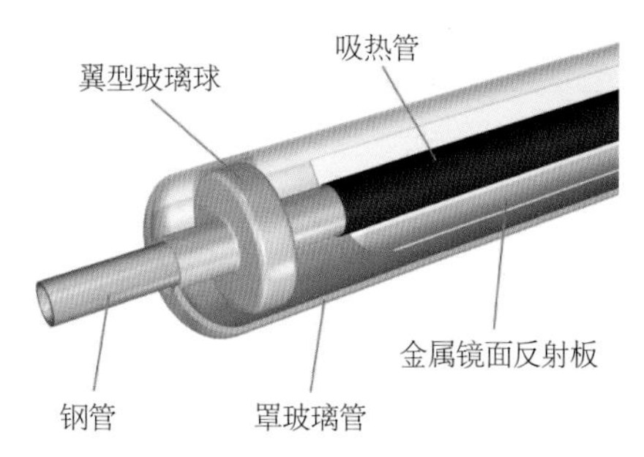

图 6-9-1　真空管集热器构造图

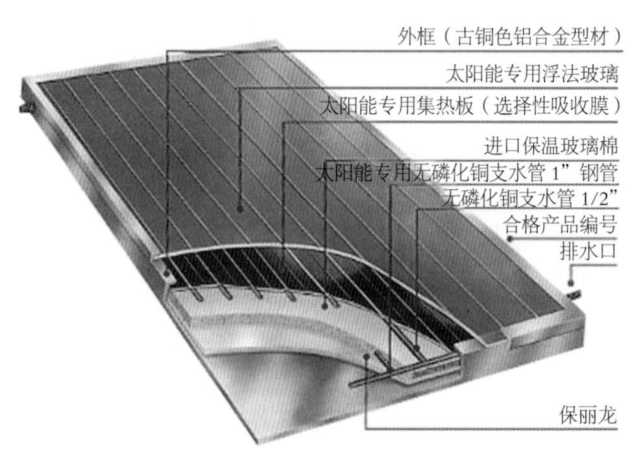

图 6-9-2　平板式集热器构造图

图 6-9-3　安装在屋顶上的太阳能集热器

图 6-9-4　安装在窗间与栏板上的太阳能集热器

2. 利用太阳能发电

在物理学上称为太阳能光伏（Photovoltaic，缩写为 PV），简称光伏，意思是“光生伏特”（伏特是电压的单位）。1839 年法国物理学家 A.E.Becquerel 第一次发现光照射到材料上所引起的“光起电力”行为，1883 年第一块太阳能电池由 Charles Fritts 制备成功，是在硒半导体上覆上一层极薄的金属层形成半导体金属结而成。

太阳能电池又称为“太阳能芯片”或“光电池”，是一种利用太阳光直接发电的光电半导体薄片，它只要被满足一定照度条件的光照到，瞬间就可输出电压并在有回路的情况下产生电流。

图 6-9-5　利用太阳能发电

现在中国已超越欧洲、日本成为太阳能电池生产世界第一大国，应大力推广太阳能电池在住房中的应用。将电源供给照明、家电、电梯和废水回收系统，产生的多余能量还可并入电网。

随着太阳能技术的发展，未来的住房中将会有更多的太阳能产品得到应用和发展。

3. 利用风能和太阳能二源发电

把太阳能发电装置安装在风力发电机塔筒上，这种利用风能和太阳能二源发电的方法，太阳能电池板阵列旋转式安装，并采用自动对光调节装置，节约太阳能电池板。例如目前河北省在“十三五”发展规划中指出，要以大幅度提升新能源、清洁能源比例为目标，做强太阳能光伏、风电、智能电网三大产业。

十、居住建筑　策划设计细则

（一）居住建筑的套型

供一个家庭独立使用的空间，由起居室、卧室、厨房、卫生间等组成，为基本住宅单位，称为“套”。套型的大小，一般都以面积指标来划分，不同的“套型”，满足不同家庭生活的居住空间需要。

居住建筑应按套型设计，每套内应设卧室、起居室（厅）、厨房和卫生间等基本功能空间。《住宅设计规范》规定：每套的使用面积不应小于30m²；而由兼起居的卧室、厨房和卫生间等组成的最小套型，其使用面积也不应小于22m²。随着住房商品化的房地产市场的不断发展，除保障性住房、安居房、公有住房等政策性住房外，其他住房的套型标准正趋于市场化。

套型分类表　　表 6-10-1

套型	居住空间（个）	使用面积（m²）
一类	2	34
二类	3	45
三类	3	56
四类	4	68

注：表内使用面积均未包括阳台面积。

“套”是由“室”组成的，“室”一般指居住建筑中的居室和起居室。通常住房中使用面积不小于12m²的房间称为一个“室”，6～12m²的房间称为半“室”，小于6m²，一般不算“室”数或“间”数。因此，套型通常也称为“户型”，可分一室户、一室半户、二室户、二室半户、三室户、多室户等。

（二）居住建筑的层高

（1）居住建筑的层高是指上下相邻两层楼面或楼面与地面之间的垂直距离，是影响建筑高度的主要因素。《住宅设计规范》中规定：普通住宅层高宜为2.80m。通常北方地区建筑层高取2.70～2.80m，南方地区建筑层高取2.80～3.00m。

（2）室内净高是指楼面或地面至上部楼板底面或吊顶底面之间的垂直距离，即：层高＝室内净高＋楼板厚度。《住宅设计规范》规定：

1）卧室、起居室（厅）的室内净高不应低于2.40m，局部净高不应低于2.10m，且其面积不应大于室内使用面积的1/3。

2）利用坡屋顶内空间作卧室、起居室（厅）时，屋面板下表面至楼板地面的净高低于1.20m的空间不应计入使用面积；净高为1.20～2.10m的空间应按1/2计算使用面积；净高超过2.10m的空间应全部计入套内使用面积；坡屋顶无结构顶层楼板，不能利用坡屋顶空间时，不应计算其使用面积。

3）厨房、卫生间的室内净高不应低于2.20m；厨房、卫生间内排水横管下表面与楼面、地面净距不应低于1.90m，且不得影响门、窗扇开启。

（3）实际工程中，居住建筑的超高现象常有发生，这种情况下，按下列规定控制层高、计算面积、容积率：

居住建筑（包括住宅、公寓、别墅、宿舍等），一般情况下，建筑标准层层高不宜大于3.30m，特殊情况下也不得大于5.60m。住宅建筑标准层层高大于3.30m，但不大于4.90m时，按该层水平投影面积的1.5倍计算建筑面积与容积率；住宅建筑标准层层高大于3.30m，但不大于5.60m时，不论层内有无隔层，按该层水平投影面积的2.0倍计算建筑面积与容积率。

（4）中国地域广阔，南北气候差异大，有些华中、华南地区调整了当地的建筑层高要求：

2007年8月10日，福建省建设厅制定的《福建省住宅建筑层高和面积等有关设计问题的暂行规定》：我省属于夏热冬暖地区，考虑通风和建筑节能要求，住宅建筑层高不宜小于2.80m，但不应大于3.20m，首层和顶层层高可适当提高，但不应大于3.30m；酒店公寓层高不应大于3.60m。

上海市2006年《住宅设计标准》（征求意见稿）：住宅层高宜为2.80m，且不宜高于3.2m。

成都市规划管理局《关于对<成都市规划管理技术规定>中容积率、建筑面积等指标的补充解释》规定，自2010年2月起，层高放宽到：住宅建筑层高不应大于3.60m。

广州市从2011年6月1日起，将住宅层高上限提升为3.60m。

2012年9月1日《南京市建设项目容积率管理暂行规定》实施，要求：住宅建筑层高不得超过3.60m，公寓和办公建筑层高不得超过4.8m。对于住宅层高的“长高”，南京市规划部门相关人士解释，将住宅层高从限高3.00m，放宽到3.60m，主要是考虑到一些豪宅产品的实际需求。对于高端住宅来说，3.6m的层高比较合适，而普通住宅层高还是会保持在3m左右。

武汉的层高自2013年10月起，也提高了20cm，为2.80～3.20m。

（5）居住建筑的层数计算

1）当住宅楼的所有楼层的层高都不大于3.00m时，层数应按自然层数计。

2）当住宅和其他功能空间处于同一建筑物内时，应将住宅部分的层数与其他功能空间的层数叠加计算建筑层数。当建筑中有一层或若干层的层高大于3.00m时，应对大于3.00m的所有楼层按其高度总和除以3.00m进行层数折算，余数小于1.50m时，多出部分不应计入建筑层数，余数大于或等于1.50m时，多出部分应按1层计算。

3）层高小于2.20m的架空层和设备层不应计入自然层数。

4）高出室外设计地面小于2.20m的半地下室不应计入地上自然层数。

5）建筑底层设计布置架空层，以柱、剪力墙落地，视觉通透，空间开敞，无特定功能，只作为公共休闲、交通、绿化等公共开敞空间使用，除过道、楼梯间等围合部分须计算容积率外，开敞空间部分可不计算容积率，若设计用于停车功能，则须计算容积率。

（三）居住建筑的面积

建筑面积是表示一个建筑物规模大小的主要指标，是指建筑外墙外围线测定的各层平面面积之和，它包括三项，即使用面积、辅助面积和结构面积。居住建筑的使用面积是指房间实际能使用的面积，不包括墙、柱等结构面积。

1. 建筑面积的计算

建筑面积的计算应按国家标准《建筑工程建筑面积计算规范》GB/T50353-2005执行：

（1）单层建筑的建筑面积，应按其外墙勒脚以上结构外围水平面积计算，并应符合下列规定：

1）单层建筑物高度为2.20m及以上者应计算全面积；高度不足2.20m者应计算1/2面积。

2）利用坡屋顶内空间时，净高超过2.10m的部位应计算全面积：净高为1.20～2.10m的部位应计算1/2面积；当设计不利用或室内净高不足1.20m的部位不应计算面积。

（2）多层建筑物，首层应按其外墙勒脚以上结构外围水平面积计算；二层及以上楼层应按其外墙结构外围水平面积计算。层高为2.20m及以上者应计算全面积；层高不足2.20m者应计算1/2面积。

（3）地下室及半地下室，包括相应的有永久性顶盖的出入口，应按其外墙上口（不包括采光井、外墙防潮层及其保护墙）外边线所围水平面积计算。层高在2.20m及以上者应计算全面积；层高不足2.20m者应计算1/2面积。

（4）吊脚楼建筑架空层、深基础架空层，设计加以利用并有围护结构的，层高在2.20m及以上的部位应计算全面积，层高不足2.20m的部位应计算1/2面积。无围护结构的吊脚楼架空层，设计加以利用的应按其利用部位水平面积的1/2计算；设计不利用的深基础架空层、坡地吊脚楼架空层、多层建筑坡屋顶内的空间，不应计算面积。

（5）建筑物间有围护结构的架空走廊，应按其围护结构外围水平面积计算。层高在2.20m及以上者应计算全面积，层高不足2.20m者应计算1/2面积，有永久性顶盖、无围护结构的应按其结构底板水平面积的1/2计算。

（6）建筑物顶部有围护结构的楼梯间、水箱间、电梯机房等，层高为2.20m及以上者应计算全面积，层高不足2.20m者应计算1/2面积。

（7）设有围护结构不垂直于水平面而超出底板外沿的建筑物，应按其底板面的外围水平面积计算。

层高为2.20m及以上者应计算全面积，层高不足2.20m者应计算1/2面积。

（8）建筑物内的室内楼梯间、电梯井、观光电梯井、提物井、管道井、通风排气竖井、垃圾道、附墙烟囱，应按建筑物的自然层计算。

（9）雨篷结构的外边线至外墙结构外边线的宽度超过2.10m者，应按雨篷结构板的水平投影面积的1/2计算。

（10）有永久性顶盖的室外楼梯，应按建筑物自然层的水平投影面积的1/2计算。

（11）建筑阳台均应按其水平投影面积的1/2计算。

（12）建筑物外墙外侧有保温隔热层的，应按保温隔热层外边线计算建筑面积。以幕墙作为围护结构的建筑物，应按幕墙外边线计算建筑面积。

2. 在房地产交易中的面积确定

在房地产交易中，以“房产证”上的建筑面积为准。无证时，应按照房屋测绘部门测绘的建筑面积确定。对未经测绘的老私房、宅基地住房等，应当实地丈量，确定建筑面积，其中不成套的老私房难以确定共用分摊面积的，先丈量确定居住面积。

（1）住房的厅小于$6m^2$（含$6m^2$）的，按50%计算居住面积；大于$6m^2$的，减去$3m^2$后按实计算居住面积。

（2）住房的阁楼或者扶梯间高度小于1.2m的，不计算居住面积；1.2～1.7m的，按50%计算居住面积；1.7m以上的，全部计算居住面积。

（3）旧式里弄住房，独用灶间已改变用途且实际作居住使用的，按实计算居住面积。

（4）私自搭建的房屋原则上应当先拆除，方可审核共有产权保障房的申请；如相关管理部门认为不宜作拆除处理的，应当计算居住面积。

（5）未经批准擅自改变居住用途的房屋，仍按照原居住面积计算；经批准同意改变居住用途的，按照实际居住面积确定。

按照以上（1）、（3）、（4）项计算的居住面积，应当按照下列各类住宅的换算系数换算成建筑面积（住房建筑面积＝住房居住面积×换算系数）：

各类住宅的换算系数表　　表6-10-2

房屋类型	老式公寓	高层（成套）	多层（成套）	多层（不成套）	花园住宅	新里	（新工房）3（3）	旧里及非改居	简屋
换算系数	2.06	2.00	1.98	1.94	1.83	1.82	1.65	1.54	1.25

（四）居住建筑的使用年限

居住建筑的使用年限，首先受土地使用年期的限制。新中国成立以来，土地一直实行公有制，即国家和农村集体所有制。除国家因建设需要征用农村集体土地时须支付征地补偿费外，土地使用者均为无偿无限期使用土地。

《深圳经济特区土地管理暂行规定》于1981年11月17日通过，并于12月24日公布，1982年1月1日起正式施行。其中第十五条规定，客商使用土地的年限，根据经营项目投资额和实际需要协商确定。最长使用年限为：工业用地30年；商业（包括餐馆）用地20年；商品住宅用地50年；教育、科学技术、医疗卫生用地50年；旅游事业用地30年；种植业、畜牧业、养殖业用地20年。

深圳的土地使用权年限历经数次调整，1996年，深圳市政府依据市人大决定，发布了《深圳市人民政府关于土地使用权出让年期的公告》。公告规定：凡与深圳市规划国土局签订《土地使用权出让合同》的用地，其土地使用最高年期按国家规定执行，即：居住用地70年；工业用地50年；教育、科技、文化、卫生、体育用地50年；商业、旅游、娱乐用地40年；综合用地或者其他用地50年。

关于土地使用权到期后如何续期的问题，《中华人民共和国物权法》第149条规定：“住宅建设用地使用权期间届满的，自动续期。”国土资源部2007年发布的《土地登记办法》第五十二条规定，只有非住宅土地使用权到期须办理续期手续，否则注销登记；对于住宅到期，则无须办理任何手续，更未规定需要交出让金——这实际上是以部门规章的形式清晰地解释了《物权法》中“自动续期”的含义。

续期问题可以从三个方面来考虑：一是不够70年的，到期后必须都续期到70年；二是70年到期后自动续期，相当于住宅建设用地使用权是一个无期限的物权，即一次取得永久使用，国家不必每次续期都收费；三是到期后经过自动续期变成永久性建设用地使用权之后，应当确定使用权人与国家所有权人之间的关系，可以考虑收取必要而不过高的税金，但应当经过立法机关立法决定。

（五）保障性住房与经济适用住房

保障性住房是指政府为中低收入住房困难家庭所提供的限定标准、限定价格或租金的住房，一般有廉租住房、经济适用住房和政策性租赁住房等类型，这些住房有别于由市场形成价格的商品房。国家大力加强保障性住房建设力度，是为进一步改善人民群众的居住条件，促进房地产市场健康发展。

为了加快保障性住房建设，有些地方如郑州市出台《商品住房项目配建保障性住房实施办法》规定，郑州市所有商住房项目将按10%的总建筑面积配建保障性住房，不配建的开发企业需向政府缴纳保障房易地移建款，该款项将被全部用于保障房建设。

还有一种被称为安居商品房，是指实施国家“安居（或康居）工程”而建设的住房，是国家安排贷款和地方自筹资金建设的面向广大中低收家庭，特别是4m^{2}以下特困户提供的销售价格低于成本、由政府补贴的非营利性住房，属于经济适用房的一类。

经济适用住房是指已经列入国家计划，由城市政府组织房地产开发企业或者集资建房单位建造，以微利价向城镇中低收入家庭出售的住房。经济适用房相对于商品房具有3个显著特征：经济性、保障性、实用性。它是具有社会保障性质的商品住宅。经济适用住房保障面积标准是指可以享受经济适用住房价格的建筑面积，在具体计算时须扣除申请家庭的房产建筑面积。保障面积以60m^{2}为基本标准；但是对于申请家庭人口为3人及以上的多人口家庭，保障面积标准为80m^2；购买高层、小高层的申购家庭保障面积可增加10m^2。

申请经济适用房，购买安居型商品房，各地的政策不尽相同，出售时所交的费用也不同，以当地政策为准。

如福州市建委为优化福州市保障性住房建筑设计，编制了《福州市保障性住房标准化设计图集》，包括建筑面积45m^2、60m^2、75 m^2、90m^2、105m^{2}五类共计12种标准户型，可形成7个楼层户型组合平面图。同时，图集推出了3个厨房及卫生间标准模块，可适应不同标准户型的选择需要。

又如江西省的《江西省保障性住房建设标准（试行）》，在保障性住房选址、配套、设计、安装、装修等方面作出了详细规定：保障性住房的立面造型应简洁美观，设计上宜采用成本较低、能耗较少的造型和材料，减少凸窗、大面积窗及落地窗的使用；宜采用多套住房组合单元，单元平面布局应合理紧凑，减少公摊面积。保障性住房的户型以单套建筑面积50m^{2}的小户型为主，最大建筑面积不超过80m^2。

深圳市住建局制定的《深圳市保障性住房建设标准（试行）》规定，新建保障房户型应为88m^{2}内的标准户型，同时，选址区域应在公交车站点500m半径覆盖范围内或地铁800m半径覆盖范围内。根据此标准，保障房户型宜采用保障性住房的标准户型。保障性住房户型按照房型分为四类：A类户型为一个或两个居住空间模式；B类户型为三个居住空间模式；C类户型为三个居住空间模式，并可考虑改造为四个居住空间的设计；D类户型为四个居住空间的模式。

同时，各类户型均有严格对应的建筑面积。A类户型建筑面积约35m^2；B类户型建筑面积约50m^2；C类户型建筑面积约65m^2；D类户型建筑面积约80m^2。各类户型建筑面积允许上下浮动5%～10%。另外，此标准对四种户型的起居室、卧室、卫生间、厨房、阳台面积都分别作出了明确规定。

根据此标准规定，新建保障性住房选用标准户型库中的户型不应少于80%，20%以下的户型可以根据项目用地的实际情况，在满足本标准相应指标的前提下进行针对性的设计，但均不得超出四类户型的面积标准，即保障房的户型面积不得超过88m^{2}的最高上限。

（六）关于花园洋房

在房地产大发展时，开发商顺应市场需求，针对特定少数阶层，仿照西方的建筑形式，选用一些新型装饰材料开发出了一部分高端住宅产品，并冠以“花园洋房”之称。

实际上，“花园洋房”就是Garden Villa（花园别墅），就是通常所说的花园式住宅、带有花园草坪和车库的独院式别墅以及市场中的联排（或双拼）别墅（Townhouse），强调户户有花园。

在市场推销运作时，对于 6 层以下的多层建筑，就是因为外国建筑风格显著、景观较好、绿化率比较高、首层赠送花园、顶层赠送露台，也美其名曰“花园洋房”。

例如上海陆家嘴泛 CBD 区的一个楼盘，直呼“上海滩花园洋房”（Shanghai Bund Garden Villa），并宣扬拥有极强的稀缺性和品质感，7 层带电梯的仿欧风格花园洋房总计 80 栋。

大家永远不会忘记，西方列强用洋枪洋炮欺负中国的那个年代，火柴被叫成“洋火”，煤油被叫成“洋油”，白铁皮被叫成“洋铁皮”……那个年代已经一去不复返了，那么被叫成“洋”名的，可以休矣！“花园洋房”这一宣传词也不再适用了，还是回归到建筑学上的本名吧。

（七）居住建筑的安全

居住建筑设计起始，首先应符合当地城乡规划要求，依据当地的自然条件、地理特征，妥善处理与周边环境的关系，进行场地设计（Site Design），也就是总平面设计。总平面设计应布局合理，功能分区明确，总体各部分联系方便、互不干扰，并综合自然和规划条件等各种因素，以寻求一个融合于当地总体环境的最佳设计方案。

在居住建筑设计与建设中，保证居住安全是最重要的：

（1）在地质断层和有泥石流、滑坡、流沙、溶洞等直接危害的地段，矿区、采矿爆破危险与陷落范围内以及Ⅳ级自重湿陷性黄土、厚度大的新近堆积黄土、高压缩性的饱和黄土和Ⅲ级膨胀土等工程地质恶劣地区，是不宜居住的，以避免人员和财产的巨大损失。

设计之初，要对建设场地进行工程地质勘察，取得普勘阶段工程地质报告；待设计方案确定后再进行详细工程勘察。

（2）居住建筑选址必须按国家相关安全规定，避免建在会出现电磁辐射污染的地方，如电视广播发射塔、雷达站、通信发射台、变电站、高压电线附近等。如果人体长期暴露在超过安全剂量的电磁辐射下，细胞会被大面积杀伤或杀死，就会引起多种疾病。另外，氡是主要存在于土壤和石材中的无色无味的致癌物质，将对人体产生极大危害。

避免建在油库、加油站、煤气站、有毒物质车间等容易发生火灾、爆炸和毒气泄漏的危险的地方。避免建在存在有害气体和烟尘影响及存在污染物排放超标的污染源的区域，包括油烟未达标排放的厨房、车库、超标排放的燃煤锅炉房、垃圾站、垃圾处理场及其他工业项目等地块，否则会污染区域内大气环境，影响人们的室内外环境。

（3）当居住在江岸河边时，就一定要将住房建在 50 年一遇洪水位以上；对于有台风影响的东南沿海地区，要选建在避风的地方，并采取防风灾的措施。当今气候异常，强暴雨的灾害频频发生，雨水来不及排出，城市道路变成了水路，水漫沿街商店。因此，对城市地下管沟、地下室防洪排水能力以及下坡道的剖面和截流沟的设计要更为周密。

（4）当建在坡地时，结合平坦（0% ~ 3%）、缓坡（3% ~ 5%）和中坡（10% ~ 25%）地形因势而建，既要提高基地利用的科学性，又应珍惜土地，保护环境，使居住建筑与总体环境有机结合，产生良好的整体效益。而对陡坡（25% ~ 50%）和急坡（50% ~ 100%）的区域，一般保持自然风貌，严防山体滑坡等自然灾害发生。

（5）在居住建筑消防设计中，必须通过机电设备师与建筑师、室内设计师共同配合，使所有设计满足国家规范要求，包括防灾和消防设施的保障、疏散通道的畅通、装饰材料的防火等级、报警和喷淋系统的可靠等，每一项每一个细节都要周密地设计、检测和监控。

总之，居住安全，保证人员和财产的安全，是建筑设计的最重要的任务。

（八）居住建筑的设计流程

1. 前期策划

居住建筑设计前，必须进行前期策划。聘请开发、策划和咨询公司或专业顾问，对当地市场现状与需求进行调研，对项目的工程建设和投资过程作风险评估。

首先对建设地点进行环境评估，包括环境资源、水资源、电资源、交通设施以及文化资源，分析这一城市或地区的经济状况以及可持续发展的前景，在确定地点后，划出建设用地的红线范围，完成土地征用手续，取得项目规划要点与市政条件，最终取得土地证书。

2. 设计方案

根据建设地点的特征，在调查研究当地的市场状况的前提下，进行建筑设计招标，或直接委托可信赖的合作伙伴作方案设计。一般包括两个重要方面：

（1）居住区的总体规划

（2）户型设计与组合

开发并没有一个固定的模式，但是方案设计是保证开发成功与增强投资信心的关键，有利于获得可靠的融资和回报。

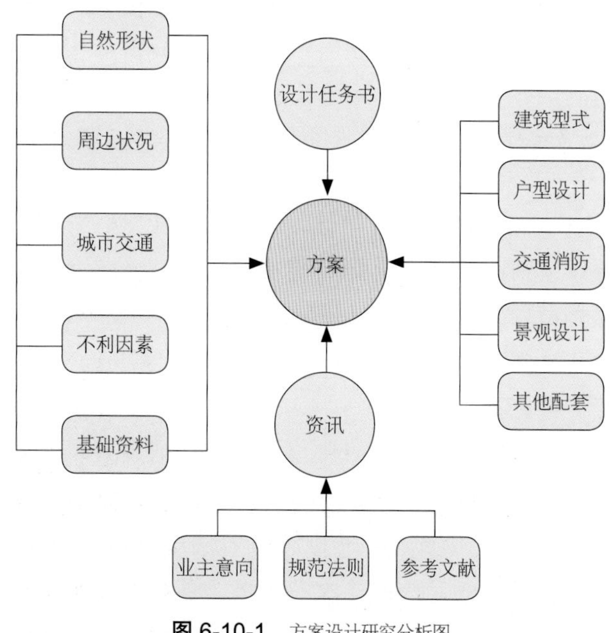

图 6-10-1 方案设计研究分析图

3. 建筑设计

建筑设计通常包括四个阶段：

（1）方案设计阶段，约占设计总工作量的 20%；

（2）初步设计阶段，约占设计总工作量的 20%；

（3）施工图设计阶段，约占设计总工作量的45%；

（4）设计配合阶段，约占设计总工作量的 15%。

大型居住区、高层或超高层居住建筑设计，需要进行初步设计，各专业要有一个技术设计过程以及专业间的配合和协调阶段。设计配合阶段，除了工程建造阶段的施工配合外，还要与景观园林设计、机电顾问、展示区与样板房装饰设计、停车与交通标志、游泳池等专业顾问的设计和工程配合，实现整体建筑设计的完整、完美和完善。

4. 园林设计

根据居住区内的地形地貌，考虑到建筑风格、庭院空间以及业主的意愿等，要把保护生态环境放在首位。对于天然的地形地貌和自然植被应尽力加以保护，特别是要将本土的水、石和植物引入其中，宛如自然生成的富有野趣的溪流和山石，与整个环境巧妙地融为一体。

园林设计要委托专业设计公司，通过合理的规划和设计，实现住房与环境的一体化——自然景色、人文环境与地域特色，以实现建筑与周边环境的协调与统一。

5. 样板房的展示设计

为了创造一个有特色的、舒适的居住环境，需要聘请室内设计师进行室内设计，室内设计师工作流程如下：

（1）概念设计：根据业主的要求与建筑设计平面图，提出室内设计的概念设计，包括平面布局、公共区域空间设想、家具布局以及效果图。此外，还需要提供初选材料的样板、家具设备的参考照片和费用预算。

（2）方案设计：依据被业主接受的概念设计方案，选择最有代表性的户型作为样板房，进一步展开设计，包括空间设计，家具卫浴和设备的布局，顶棚、墙（柱）面、灯光和艺术品等设计。与此同时，还需提供演示文件、效果图、材料样板与参考图片，并提交一份室内家具设备预算。

（3）样板房实施：提供一套设计图，包括平面图、立面图、顶棚图，灯具、电源、电视、电话插头位置，还要选择窗帘、床上用品、装饰艺术品等，在审图通过后搭建样板房，样板房可选在现场或其他有足够空间的位置。实践证明，样板房建成前后，还会不停地修改，直到最终认可。

6. 专业顾问

在建设过程中还会遇到二次专业设计，在建筑设计师的综合与协调下，由分包工程专业厂商来完成，如电梯工程、门窗工程、幕墙工程、消防工程、燃气工程、游泳池工程、电信工程、网络工程、交通标志工程和污水处理工程等。

（九）中介服务与多元化发展

房地产中介服务业，是指在房地产市场中，以提供房地产供需咨询，协助供需双方公平交易，促进以房地产交易形成为目的而进行的房地产租售的经纪活动，委托代理业务或价格评估等活动的总称。

房地产中介服务业既是一个年轻的行业，又是一个蓬勃发展的行业。房地产业成为了经济支柱产业，出台了一系列规范发展房地产业的政策措施，为房地产中介服务的发展注入了新的生机和活力。居民住房消费的旺盛需求，经济的持续、稳定、快速发展，为房地产中介提供了广阔的发展空间。

1. 中介服务业的变革

为适应信息时代的飞速发展，从2014年开始，中介行业展开了一系列应对市场变化的规模调整以及扩张市场布局的转型尝试，多家地产中介纷纷加大转型力度。

在地产中介转型中，最典型的要数020转型，“互联网＋传统线下中介”的平台模式几乎成为各家中介并购、转型的主题。就是因为房地产交易市场渐渐由买方市场向卖方市场转变，随着移动互联网对行业的改变，未来将有超过半数的交易前行为能在移动互联网上完成，加快线上与线下的快速融合、优势叠加，能让交易效率大大提高，实现房产交易的020闭环，需要结合互联网探索出一套全新的商业模式。

2. 房地产业寻求多元化发展

时代在进步，房地产中介在谋求变革，众多的房地产企业在寻找适合自己的创新发展之路时，尝试向其他行业发展。

深圳星河集团携手龙岗区，以位于坂田的星河WORLD为基地，打造产城、产融、产教、产居四位一体项目，尝试以项目产权或租金与创新企业进行产权置换，走创投机构转型的发展之路。

中海物业在香港实现分拆上市，成为又一家上市的物业管理公司，恒大也是多个板块分拆上市，多元化版图越铺越广，房企分拆板块上市俨然成为行业的新风向。

业内人士认为，目前很多房企的转型，其实是希望摆脱对传统土地增值模式的依赖，通过多元化发展，导入更富有竞争性和前瞻性的产业结构，这既能衍生出一些新的行业，也能为后续的产业发展提供新的动力。

（十）住房租购并举的新政策

自1978年改革开放以来，住房市场化改革先后经历了探索试验售房（1978～1985年）、提租补贴（1986～1990年）、以售带租（1991～1993年）、全面推进（1994～1998年）、取消福利分房实行货币分房（1998年～）等阶段。到2001年，全国商品住宅投资达4216.68亿元，占全国城镇住宅投资的67.34%，城镇人均住房建筑面积达20.8平方米。随着大发展到2010年城镇人均住房建筑面积已达31.6平方米，但同时出现房价飞涨、住房投机盛行等问题。

2017年，全国超50个地方出台各类鼓励住房租赁的政策，系列租房新政轮番登场，让居者有其屋。“坚持房子是用来住的，不是用来炒的”，住房回归居住属性，加快建立多主体供应、多渠道保障、租购并举的住房制度。

2017年，北京市住建委会同市发改委等八部门联合发布《关于加快发展和规范管理本市住房租赁市场的通知》，旨在发展住房租赁市场、推动租购并举。承租人为本市户籍无房家庭，符合在同一区连续单独承租并实际居住3年以上且在住房租赁监管平台登记备案、夫妻一方在该区合法稳定就业3年以上等条件的，其适龄子女可在该区接受义务教育，依法申请办理户口登记和迁移手续。由于长期租赁的房源少，北京在未来5年内将加大租赁住房供应，计划供地1300公顷，建设公租房50万套，并主要通过集体建设用地安排。

深圳近年来陆续出台多项政策，力图解决来深建设者租房的困难，逐步实施“以租为主、租售并举、先租后买”的住房消费模式，深圳市住房公积金管理中心上调住房公积金租房提取额度，职工可提取公积金租房。租房已经成为相当一部分职工解决住房问题的主要方式，截至2017年11月30日，深圳市共有196.4万人办理了公积金提取业务，其中114.45万人办理了租房手续。即使没在深圳买房，深圳市居住证作为提供公共服务的凭证，解决了暂不具备落户条件或者不愿落户人口的教育、就业、医疗等基本公共服务保障问题。

深圳“城中村”是一个独特的城市现象，城区中被保留的原居民村落，有700多年历史的皇岗村，有居住着10万白领的白石洲，以及建村最早的蔡屋围、向西村、泥岗、笋岗、水贝、湖贝、黄贝岭等，还有居住南宋抗元英雄文天祥第二十六代后裔的岗厦村，占地面积约22万平方米，如今周边高楼林立，是深圳CBD中心区内唯一的城中村。

深圳住宅总量约4亿平方米，其中城中村占了约1/3，约500万人住在城中村里。深圳以城中村为主的、庞大的、租金相对较低的住房租赁市场，已成为大学毕业生、外来人群来深的“第一站”，成为深圳市吸引人才、积聚年轻人口的重要支柱，成为深圳市房地产市场最重要的组成部分。近日，深圳市规划和国土资源委员会发布了《深圳市关于加快培育和发展住房租赁市场的实施意见》(征求意见稿)，深圳将加大租赁住房建设和供应，在探索商业建筑改建为租赁住房的同时，引导城中村通过综合整治开展规模化租赁。

新创建的河北雄安新区将在房地产方面进行创新，严禁大规模开发房地产，制定全新的住房政策，加快建立多主体供应，一些改革举措在这里先行先试。未来雄安新区，要满足各种不同消费群体的需求，不留炒作空间，实行租售并举的住房政策。

实践篇

一、深圳万科城市花园

在深圳万科城市花园设计中，重视住宅、研究住宅，面向社会、面向市场，努力探索出一整套住宅设计的新理念，开创住宅设计的一个新局面。

（一）把握机遇　更新观念

1995年深圳开发建设景田生活区，万科在土地拍卖时中标，就在这块土地上建造了“万科城市花园”。

作者和万科有过深圳荔景大厦合作设计的情谊，创业时的万科不仅有有胆有略的王石、姚牧民这样的老总，还聚集一批精明强干的建筑师——夏南、莫军、周桐等，大家志同道合，为万科地产打江山出谋划策。这个块块拥有优美的香蜜湖景观及北面山峦的衬托，还有便利的交通条件，良好的外部环境以及当时还在建设中的美式仓储式大型商场——山姆会员商店，关于如何打造这个项目，产生了许多美好的憧憬与创新的意念。

深圳以建成一个国际化城市为目标，考虑到与国际多方位接轨，势必要提高现有的居住水平，逐步达到国外的居住质量要求。因此，设计不仅要满足现今的居住要求，还力求创造一个既反映时代特征的又具有高质量、高品位的新型人居社区，作为我们设计的目标。

（二）围合布局　亲密和谐

为了加快实现这一规划设计目标，万科试着向澳大利亚、日本等境外设计单位征集设计方案，同时还派员到国外考察，搜集半地下停车方式等先进经验。设计方案评选会上，澳大利亚柏涛的规划方案被大家接纳，并要求在这个方案的基础上作出实施设计方案。

小区地块呈缺角的矩形，总体设计采用围合式布置，这一种传统的亲密的街坊居住空间是中国建筑文化的瑰宝。由于地块的对角线为正南北向，使得建筑朝向具有均好性，不是朝东南就是朝西南。起居室与主人房一般选择好的朝向，或者选择景观好的一面作为主要朝向。

原柏涛方案在小区中央布置两栋小高层，采用一种传统的核心筒四周住户的方式，户型与建筑体量都不太好。因此，在总体规划方案调整时以景观主轴为中心线，建筑均衡对称地布局，围合成的五个组团有各自的领域空间，精致的景观配置使小区既私密又相互渗透，和谐地融于城市之中，真正成为大家喜爱的“城市花园”。

（三）建筑设计　改革创新

我们在小区建筑设计中统一采用一梯两户，5～9层高，7层以上的配备电梯，建筑高低拼接的格局，使整个小区的建筑尺度亲切感人，让每个住户拥有安乐感、舒适感。

小区中心线上的过街楼设计成一座座大门，已经成为突出的标志，以满足中国传统习俗进门回家的感觉。门洞上方专门设计一种E形住宅，在打造精品户型平面的同时，刻画出匀称、鲜明的小区门楼形象。

图 7-1-1　深圳万科城市花园效果图（王志军绘）

除阳台采用落地大玻璃门窗外，主人房、书房采用高500mm的低窗台以获得更大的采光观景面积，窗的中央选用大块固定玻璃，侧窗设计成开启扇，采用欧式白色格窗和我国传统窗棂相结合的景窗设计，取得了新颖的艺术效果和文化品位。

半地下停车场的设计，把首层住宅升高半层，与公共空间之间又有绿化分隔，改善了居住环境，还增加了首层住宅的私密性。

整个小区的空间轮廓、群体组合、建筑造型，构成了鲜明的整体形象。通过门窗、阳台、花台、阁楼、老虎窗、拱门等构件的运用，加强建筑细部装饰，亲和的暖色调住宅墙面、蓝灰色瓦屋面、白色的格窗以及稳重色调的勒脚，精心营造出了亲切和谐的居住环境气氛。

（四）研究户型　满足需要

在户型设计中，一直努力探索住户的居住心理、居住文化、装修潮流以及对居住环境的要求，探索高品质的住宅设计概念。我们还采取创新的构图手法，以八角形和六边形平面布置打破方正的格局，寻求立面形态、色彩、材质的变化和丰富多彩的室内外空间效果。住宅是面向社会、面向千家万户的，既要符合不同层次、不同文化的居者精神与物质等各方面的要求，又要能展示城市居住小区的崭新面貌。

在户型设计中，首先要深入研究住户对户型、面积、环境、设备以及市场的需求，必须符合当时中小户型的市场需求。原方案户型面积偏大，大户型偏多，尤其是顶层复式面积过大，达 278.40m^2，需作重大修改。例如这次调整中的F型是小区的最小户型，87m^{2}做成三室两厅带工人房，折形的客厅面向中心花园，成了最热销的户型，显然高出房率成为了一个营销卖点。

万科城市花园经精心优化后，保留A、B、C、D、E、F和弧形的G、H精品户型，形成了AA、BA、BB、BC1、C2B、C3B、DE、BF和GH、HH 10种户型组合。该项目共绘制施工图1059张（以2号图为准），其

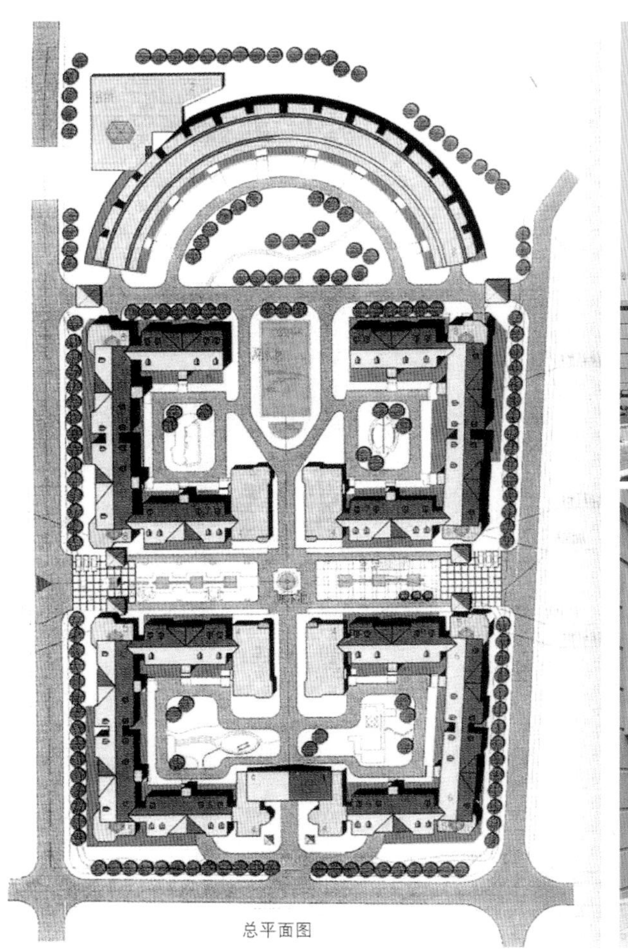

总平面图

图 7-1-2　深圳万科城市花园（一）

图 7-1-2 深圳万科城市花园（二）

中建筑 356 张、结构 460 张、设备 242 张。

深圳万科城市花园总建筑面积为 61403m^2，拥有 354 套住宅单位和一户一车的停车库，从方案设计到竣工，只用了一年零两个月时间。楼盘推出后在社会上引起了轰动，即使是“天价”，也被抢售一空，成为房地产市场的一个成功范例，并荣获最高奖项：全国优秀工程设计金奖（1999 年）、建设部优秀设计一等奖（1998 年）、深圳市优秀设计一等奖（1998 年）、深圳首届“金牛奖”（1998 年）。

规划设计：澳大利亚柏 PEDDLE THORP 建筑设计公司
深圳市万创建筑设计顾问有限公司
建筑设计：华森建筑与工程设计顾问有限公司
建　　筑：朱守训（设总）　林健威（副设总）
时　红　肖　蓝　刘艳平
结　　构：章　勇　柯海峰
给水排水：宋　坚
电　　气：张　磊
总　　图：叶莲金

二、深圳荔景大厦

荔景大厦是一座集商业、办公与公寓于一体的综合楼宇，位于红岭中路红宝路口，面向荔枝公园，因此得名。该地块原计划建酒店，完成桩基、地下室和地面楼板工程后停建。1990年由万科接手重新开发，华森设计中标，1994年12月建成交付使用。工程被评为1994年深圳市级样板工程之首，1995年深圳市优秀设计一等奖，1996年全国建设工程鲁班奖。

荔景大厦原中标方案（图7-2-1），施工图设计时发现主楼一翼处在微波通道上，市规划部门即时修改规划条件并表歉意，于是设计上忍痛割爱改成了现在的形象（图7-2-2）。这一“维纳斯式”的修改得到了社会与业界的认可，并荣获优秀设计等奖项。

荔景大厦建筑用地面积为4800m²，总建筑面积为37682m²，地上29层：1～3层为商业，4～9层为景观办公，9a层为结构与设备转换层，10～29层为公寓，地下一层是设备房与停车库。公寓采用复式设计，双数层为起居室层，单数层为家庭厅与卧室，共有127户，主力户型面积为150～160m²，不小于100m²，不超过200m²。

原建为7600 mm开间，除厨卫与工人房占用2400mm，起居室拥有宽5200mm的空间，配上大玻璃外窗，无疑可取得良好的室内环境效果。通常复式是在同一平面内上下层布置，为了取得朝向与景观的均好性，荔景大厦别出心裁地采取卧室穿堂布置方式，不论起居室在走廊的哪一侧，楼层都会有不同朝向的卧室。

图7-2-1 深圳荔景大厦效果图（周平绘）

图7-2-2 深圳荔景大厦实景

原建为22层酒店，通过各专业的精心核算，在不改动桩基、地下室的条件下，结构改为框架抗震墙体系，以陶粒混凝土空心砌块作隔墙，现建成29层，建筑高度达99.8m，共增加了7层面积，使开发商获得了超值的效益。

设　　计：华森建筑与工程设计顾问有限公司
建　　筑：朱守训（设总）周　平　褚　英
　　　　　朱荷蒂　陈祖农
结　　构：谢定南　金　象
给水排水：葛淦洪　周连祥
电　　气：王丙霖
空　　调：刘天川　陈春吉

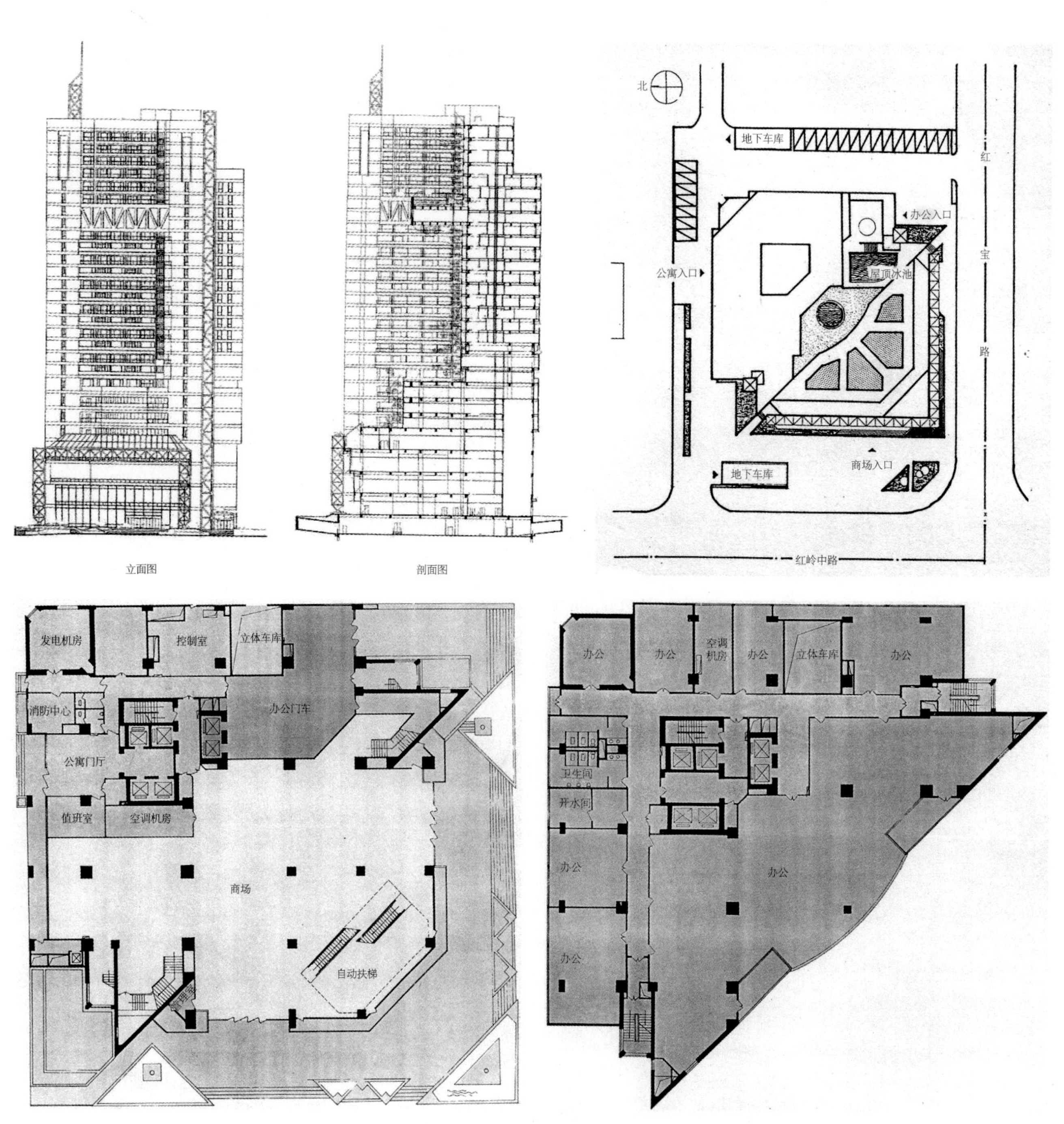

图 7-2-3　深圳荔景大厦（一）

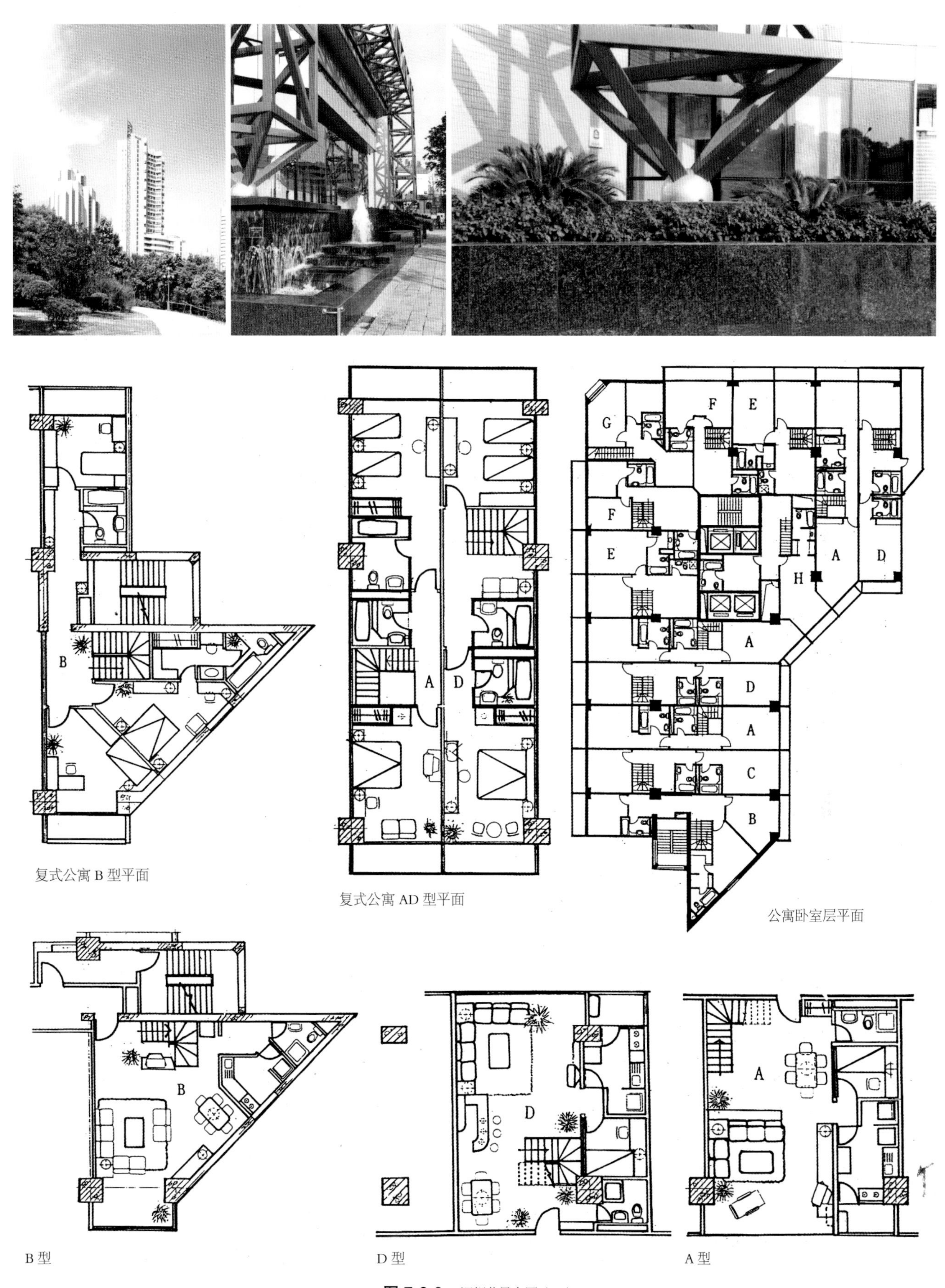

图 7-2-3 深圳荔景大厦（二）

三、深圳蛇口海滨高层公寓

深圳蛇口海滨高层公寓，建在蛇口半岛的海滨花园里，正对面就是著名的海上世界。三栋20层全海景公寓，以2层的商场和写字楼裙房连成整体，坐北朝南，傲然挺立，宛如一组鲜明的现代雕塑，总建筑面积为45213m^2。

公寓平面呈穿梭机形，布局富有创意，别致新颖，标准层两梯五户，有155m^2、150m^2和109m^2三种户型，各户的厅堂和两个以上的卧室都面海，为海内外人士提供了理想的置业居住之地。

公寓、商场和写字楼有各自的出入口，以简洁的玻璃柱廊与雨篷相连接，建筑外墙以浅色锦砖饰面，采用白色带弧形线脚的阳台，以求与区域内南海酒店的阳台呼应，本色铝窗与浅蓝色镀膜玻璃，和谐地显现出了海滨建筑的风貌，与青山绿林、蓝天碧波的环境融为一体。

本项目荣获1994年深圳市优秀设计二等奖、1996年全国建设工程鲁班奖。

设　　计：华森建筑与工程设计顾问有限公司
建　　筑：朱守训（设总）　周耀荣　郑超美
结　　构：李汉森
给水排水：葛淦洪　李万华
空　　调：刘天川
电　　气：黄　浩
动　　力：熊育铭

图7-3-1　峻工之日的实景

图7-3-2　设计效果图（褚英绘）

图7-3-3　建成的公寓风貌

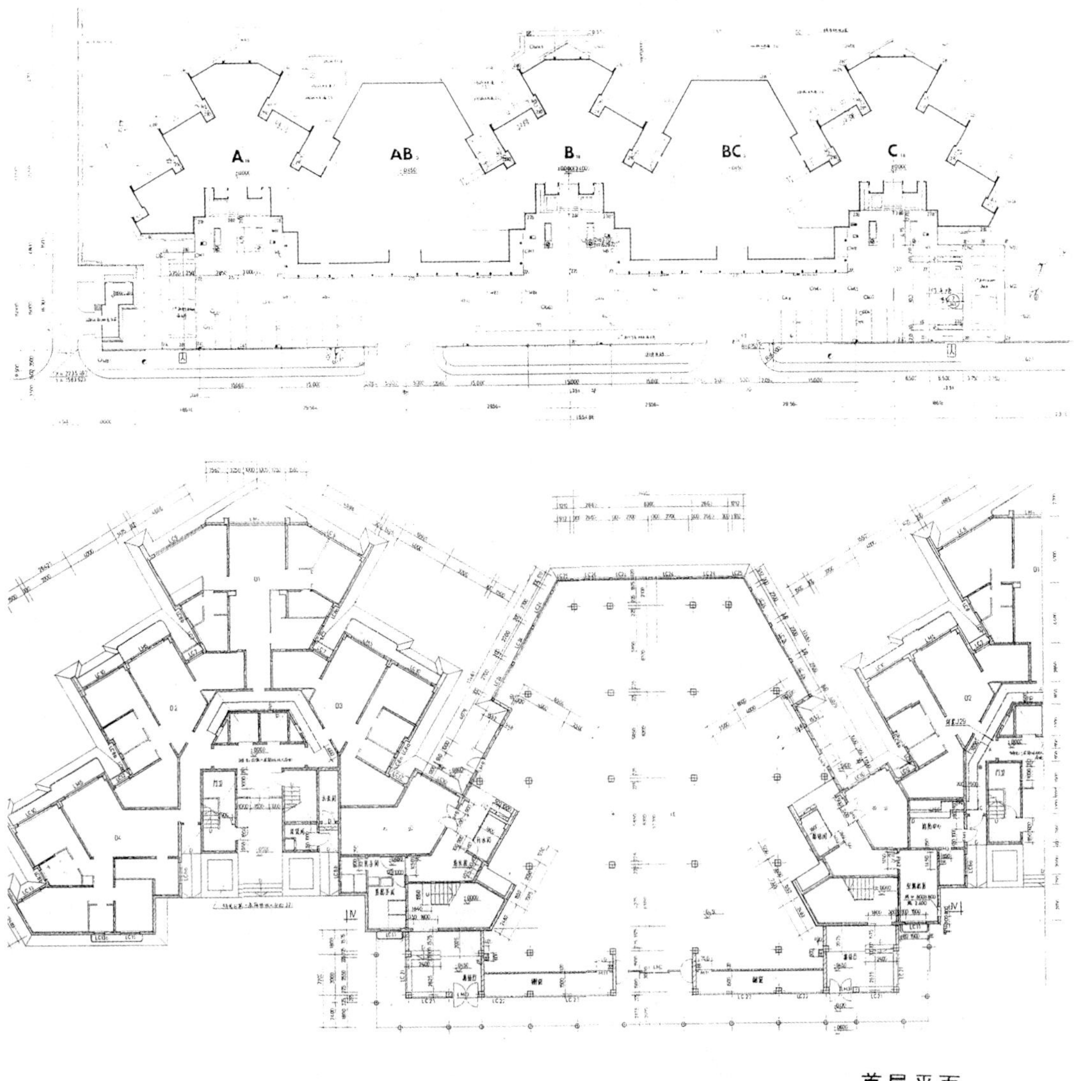

首层平面

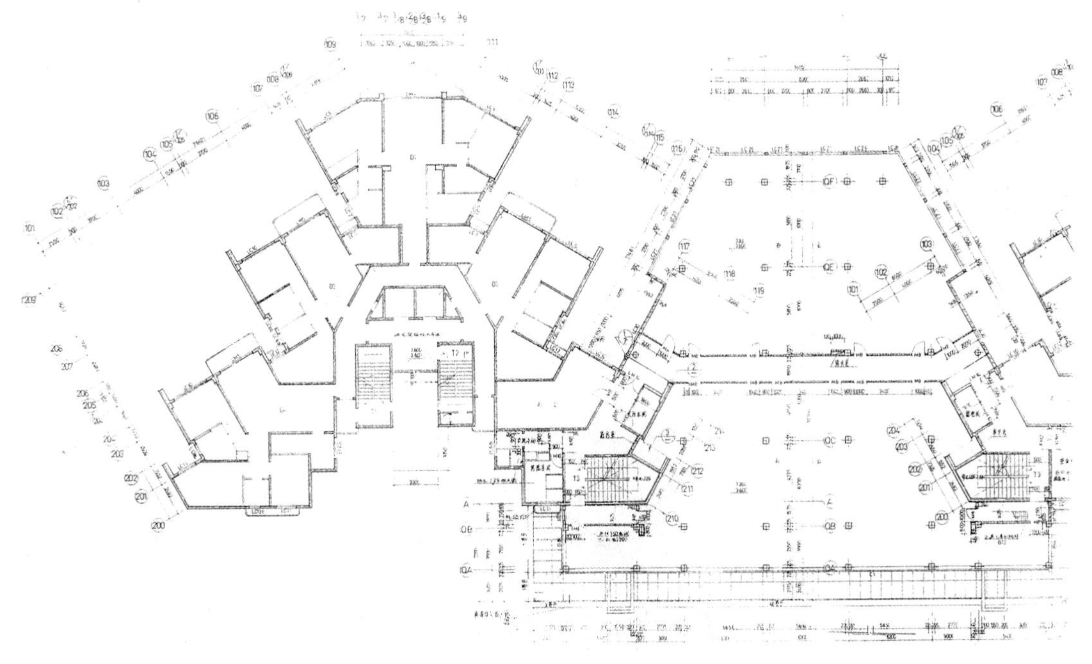

图 7-3-4　深圳蛇口海滨高层公寓（一）

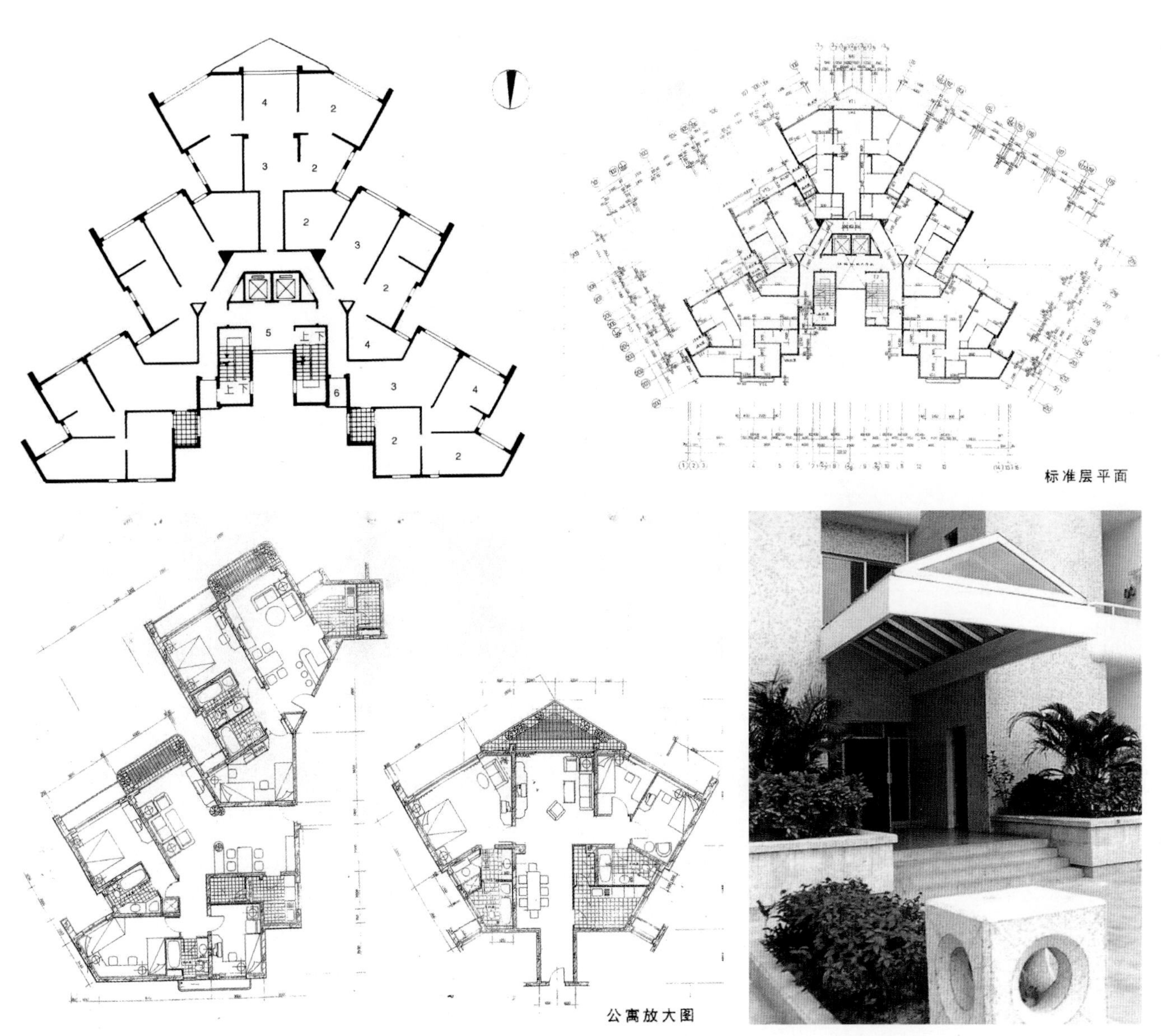

图 7-3-4 深圳蛇口海滨高层公寓（二）

四、广州锦城花园

锦城花园地处东山区黄金地段，东风东路与梅花路交界处，具有得天独厚的地理环境，生活便利，是极具影响力的大型社区，占地面积为 49961.5m²，总建筑面积为 259307m²，总容积率为 5.19，建筑密度为 32%，绿化覆盖率为 33%。

锦城花园分两期开发，第一期为 14 栋（A2 ~ A15）11 层小高层住宅（建筑面积 57660m²）和 1 栋 3 层的会所（A1，建筑面积为 2200m²）。采取围合式布局，形成中央庭院，结合园林景观布置游泳池、网球场、儿童游乐场等娱乐设施。地下建筑面积为 7884m²，作停车与设备用房。原有公交站（重建面积为 557m²）、垃圾站、公厕（238m²）等城市设施。第一期工程于 1997 年全面建成完工。

第二期被称为“锦城花园南苑”，共有 5 栋（B1 ~ B5）32 ~ 33 层高层住宅，建筑面积为 114117m²，沿城市道路东风东路和中山一路布置，并共享社区的中央景观庭院。第二期还包括 40 层的写字楼（面积为 48000m²）、临东风东路的高层住宅二层商业裙房（面积为 25450m²）以及小学（3200m²）。

设　　计：华森建筑与工程设计顾问有限公司
一期设总：朱守训
建　　筑：朱守训　刘　滨　单立欣
结　　构：柯海峰
电　　气：吉　斌
给水排水：宋　坚
二期设总：单立欣　邓　明

图 7-4-1　广州锦城花园一、二期总平面图

图 7-4-2　广州锦城花园一期工程

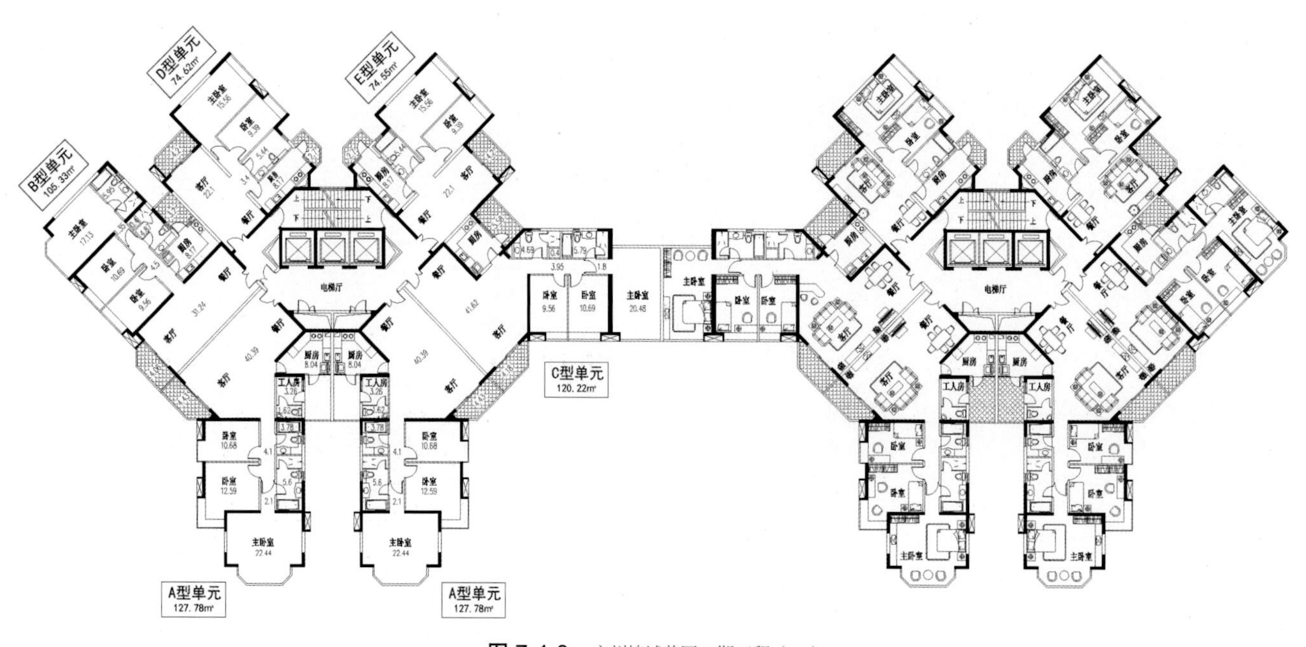

图 7-4-3　广州锦城花园二期工程（一）

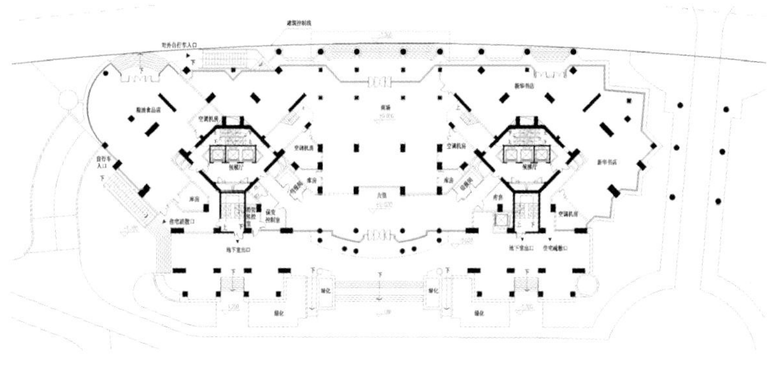

图 7-4-3 广州锦城花园二期工程（二）

图 7-4-4 广州锦城花园南苑（二期）实景

五、厦门鹭江新城

鹭江新城位于厦门市思明区莲花南路北侧，是厦门早期开发的大型住宅区，占地面积为36720.504m²，总建筑面积为146947.45m²，其容积率为4.0，建筑密度为20%，绿地率为67%，共分四期开发，由厦门市建筑设计院设计。1997年第一期开发建有14～23层的高层住宅11栋，建筑面积共计46114m²，其中住宅30940m²，商铺6674m²。

整个项目首层架空，外围设对外商铺，与莲花二村步行商业街紧密相连，地块北邻吕岭路，南面为莲花幼儿园和航空宿舍，西面为鹭江新城小学，是一个生活便利、配套设施完善的住宅区，是一个闹中取静的理想安家之地。经过多年的开发建设，鹭江新城已经成为厦门的品牌房产，获得多项荣誉与政府嘉奖。

图7-5-1　厦门鹭江新城

鹭江新城采取围合式布局，形成绿林成荫的中央庭园，与住宅首层架空的空间互相穿插，设置步行廊，可方便地进入首层会所。中央庭园的南端设大门、广场及水景等；北端设游泳池与儿童戏水池，邻近的第四座的底层设更衣与健身房。当时绘制的手稿，十分明确地表达了建筑、景观、步廊与绿化的概念设计，并指导了室内外装饰的设计与实施。

在开发鹭江新城时，按“创意、创新、创造顾客价值”的要求，结合项目进行了“灵活间隔住宅体系”的研究（合作人：张毓英、王东莉）。针对其中的B户型作了六种可能方案的比较，创造了不同的居住空间，提供了结构与水电配合的实施细则，最大限度地满足顾客的需求。

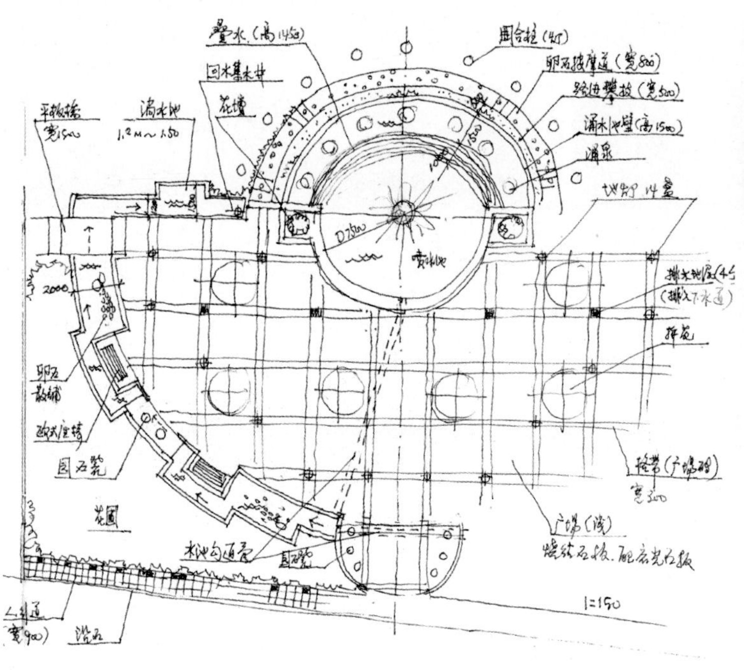

图7-5-2　入口广场与景观池设计（一）

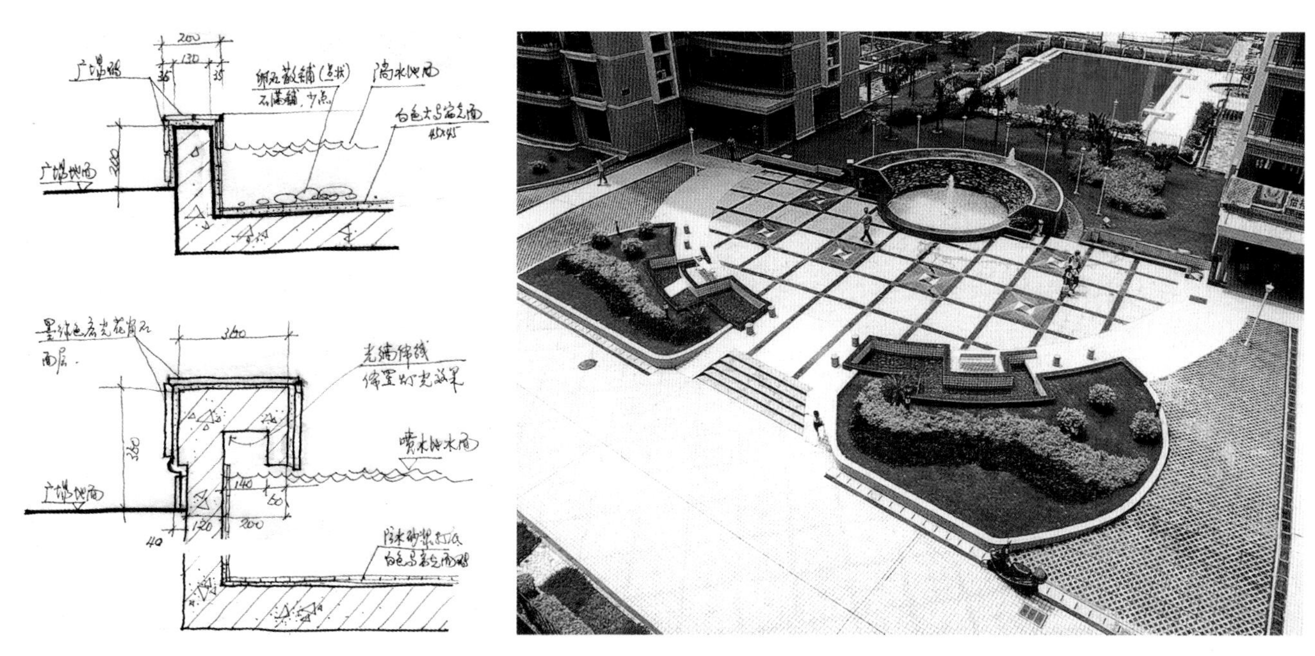

图 7-5-2 入口广场与景观池设计（二）

图 7-5-3 大门与步廊设计（一）

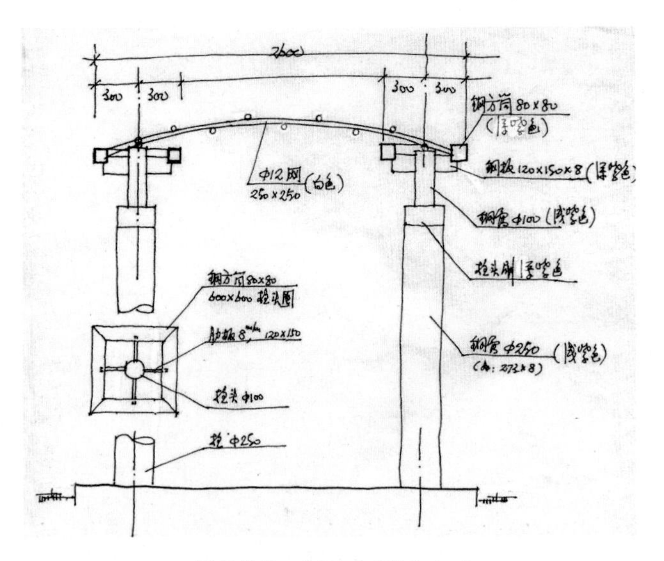

图 7-5-3 大门与步廊设计（二）

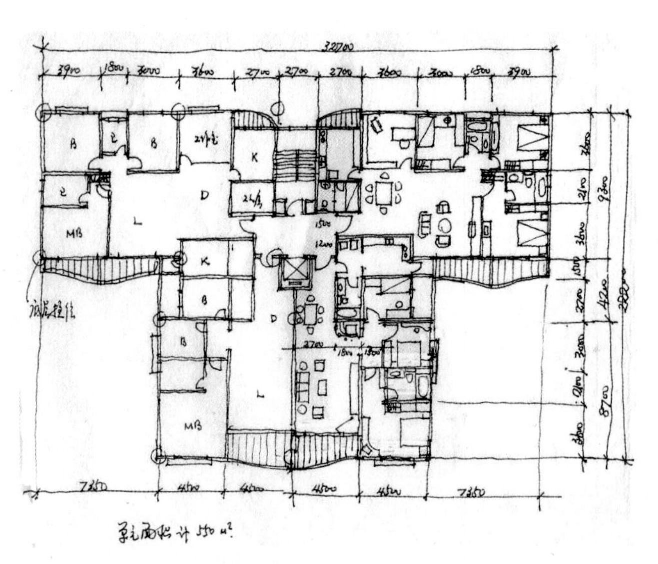

图 7-5-4 标准层平面图

厦门鹭江新城 A 地块标准层
（以 B 户型为案例）

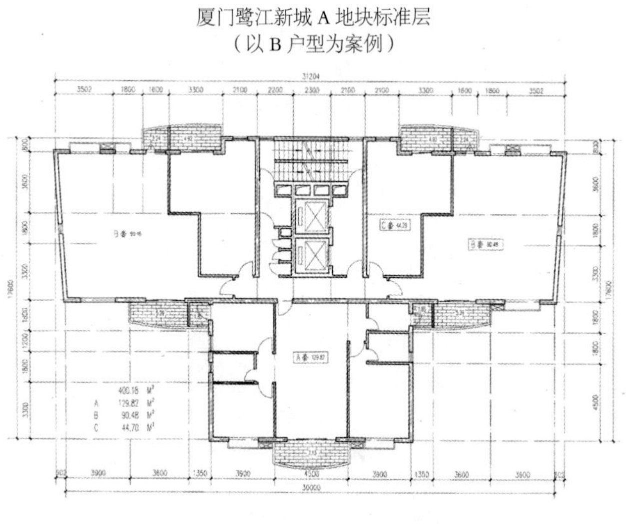

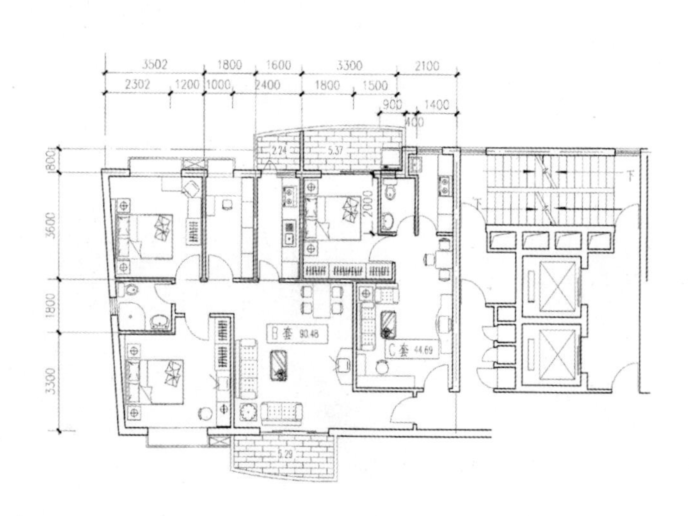

三房一卫两厅方案

两房两卫两厅方案

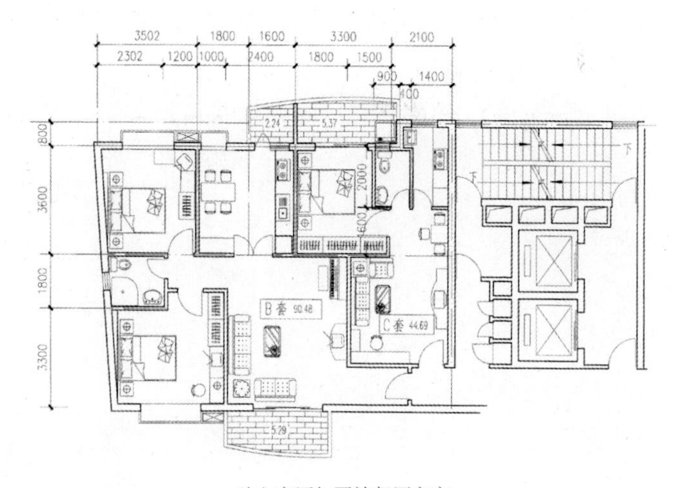

独立客厅与开放餐厅方案

图 7-5-5 灵活间隔住宅体系（一）

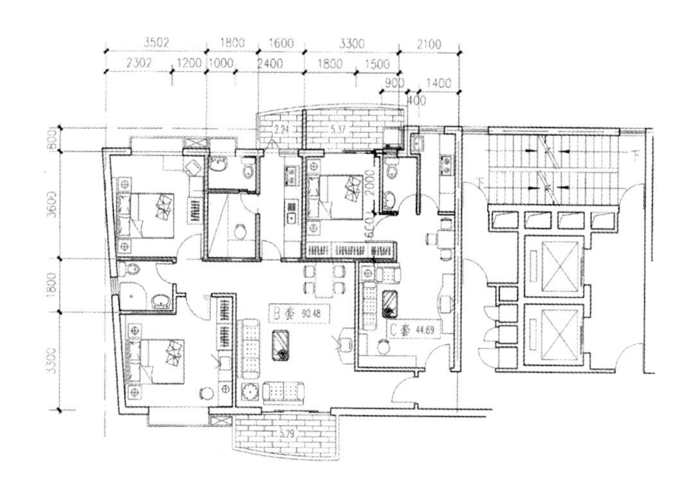

两房两卫两厅方案（带工人房）

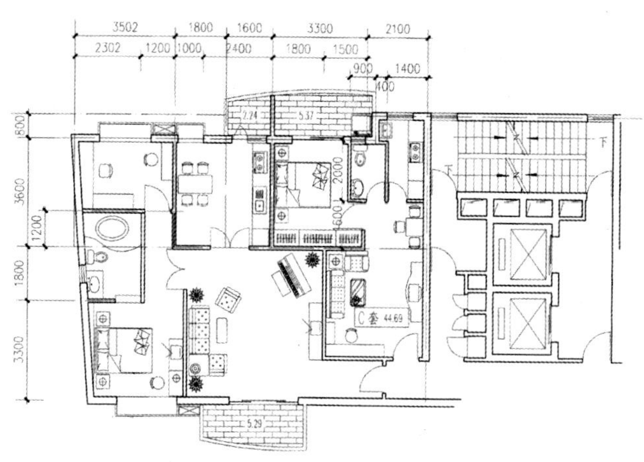

两人世界方案

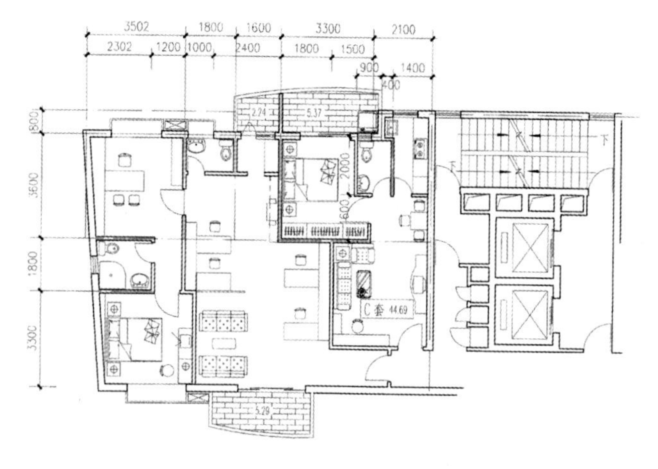

商住方案
（专为小型公司、办事处设计）

- 具有同样的建筑面积
- 具有同样的建筑外墙、门窗与阳台
- 楼板上预留上下水接口位置一样
- 燃气进户接口都通过服务阳台进入厨房用气点
- 每户配电箱都安在同样位置，配电干线预埋在楼板内，其余配线由客户在隔墙和棚顶内安装
- 预留同样的空调室外机位置

图 7-5-5 灵活间隔住宅体系（二）

六、鞍山智慧新城

智慧新城是鞍山市最早开发的大型房地产项目，位于市区通往千山风景名胜区的千山中路北侧。总占地面积为 41 万 m^2，总建筑面积达 50 万 m^2，其容积率为 2.24，绿化率为 40。项目由鞍山中冶焦耐设计院设计，分多期开发，一期 2009 年 4 月入住，二期 2011 年 9 月入住，三期 2012 年 10 月入住。

图 7-6-1　鞍山智慧新城实景

智慧新城利用优越的地形，因地制宜，依坡就势，形成高低错落的景观与台地庭院式园区空间形态，将园区景观与自然坡地融为一体，使楼体与环境完美融合，加上曲线流畅，富有变化和律动的园路、绿植配置，空间氛围自由浪漫，与之相对应的组团空间自然亲切，形成了良好的邻里氛围。

幼儿园效果图

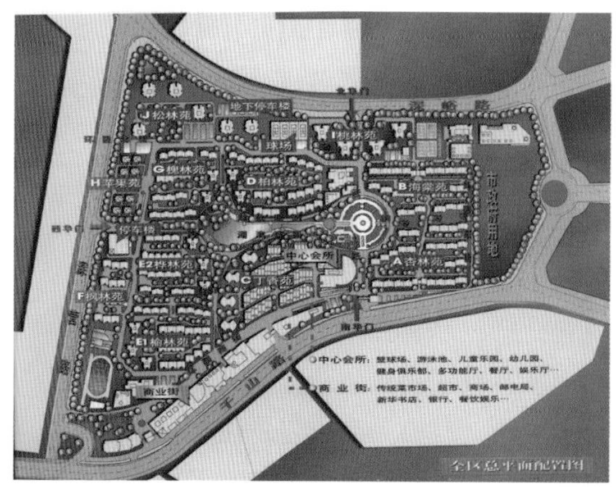

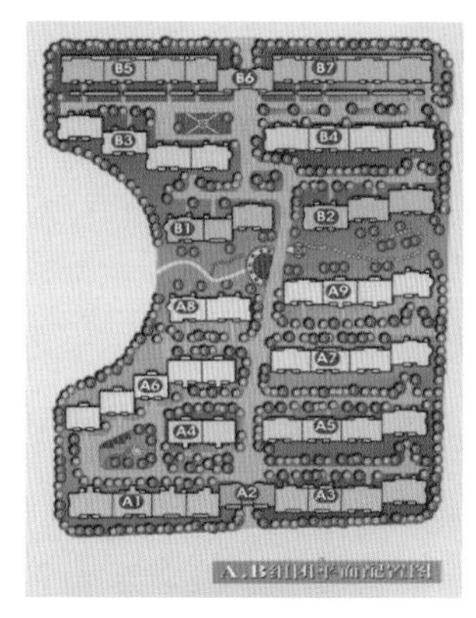

AB 组团总图

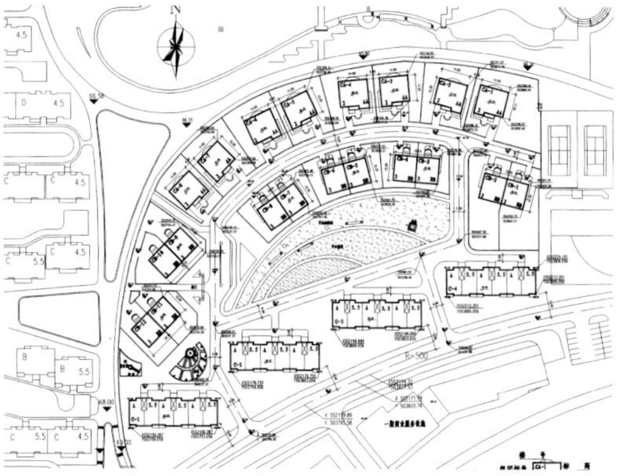

C 组团总图

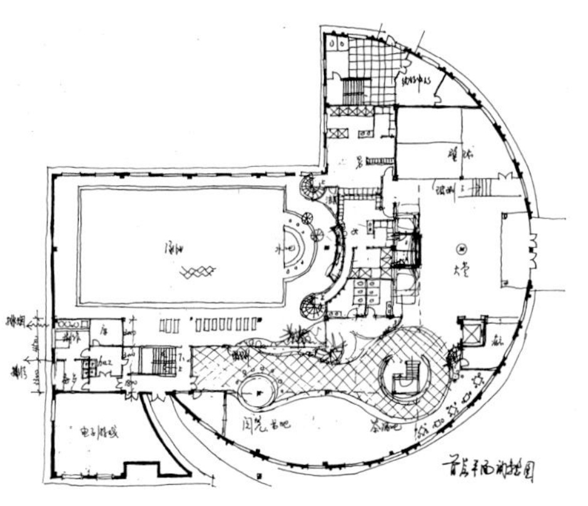

会所平面一层（手稿）

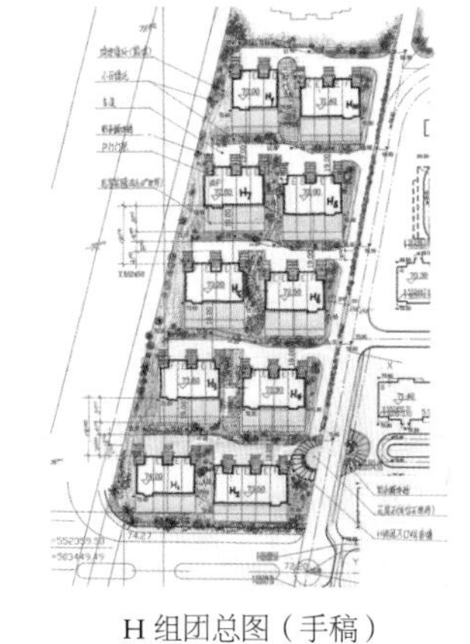

H 组团总图（手稿）

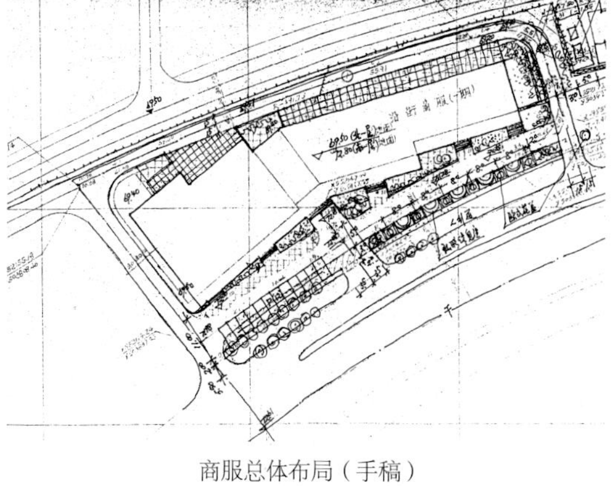

商服总体布局（手稿）

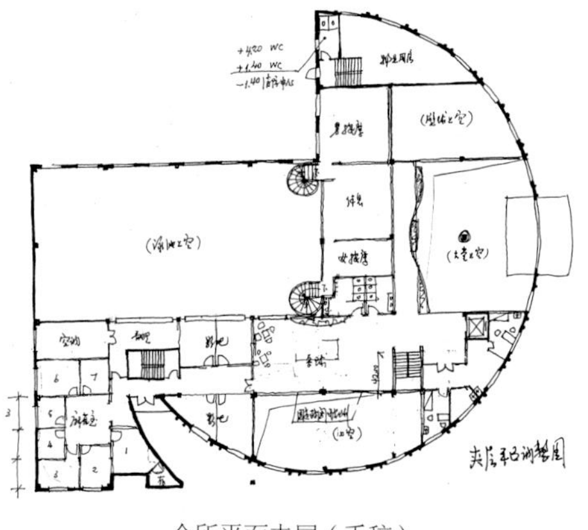

会所平面夹层（手稿）

图 7-6-2 鞍山智慧新城

七、上海丽水华庭

项目位于上海市西南方向，地处上海最大别墅区之一的莘闵别墅区。项目南邻明中路北侧，北至砖新河。规划以中高档联排别墅和双拼别墅为主，辅以部分中小户型住宅的小高层和商业设施。该项目方案由美国JWDA建筑设计事务所提供，由南京建筑设计研究院设计。

项目以1500m原生态水系为特色，三条天然河流，两条人工内河环绕城区，室内采用新风系统、管道直饮水系统、渗透性场地系统、绿化驱蚊系统、景观水处理系统等新型健康住宅技术。

该项目技术经济指标：基地总面积262364m^2，其中一期用地面积79362m^2，二期用地面积160622m^2，河道面积13584m^2，城市绿化带面积8796m^2，建筑总面积194676.2m^2，其中地上建筑总面积196983.9m^2，地下建筑总面积4000m^2。

一期建筑总面积为62205.1m^2，包括联体别墅20341.0m^2，双联别墅4695.3m^2，双叠别墅34902.8m^2，会所1600m^2，商业512m^2，其他154m^2。

二期建筑总面积为134504.3m^2，包括地上建筑面积134778.8m^2，其中联体别墅48650.2m^2，独立别墅6935m^2，双联别墅4695.3m^2，双叠别墅74398.3m^2，其他100m^2。地下停车库建筑面积为4000m^2。

综合容积率为0.82，一期建筑容积率为0.784，二期建筑容积为0.839，建筑占地面积为57198.2m^2，建筑覆盖率为21.8%，绿化总面积为148476.8m^2，绿化率为56.6%，集中绿化面积为34566.2m^2，集中绿

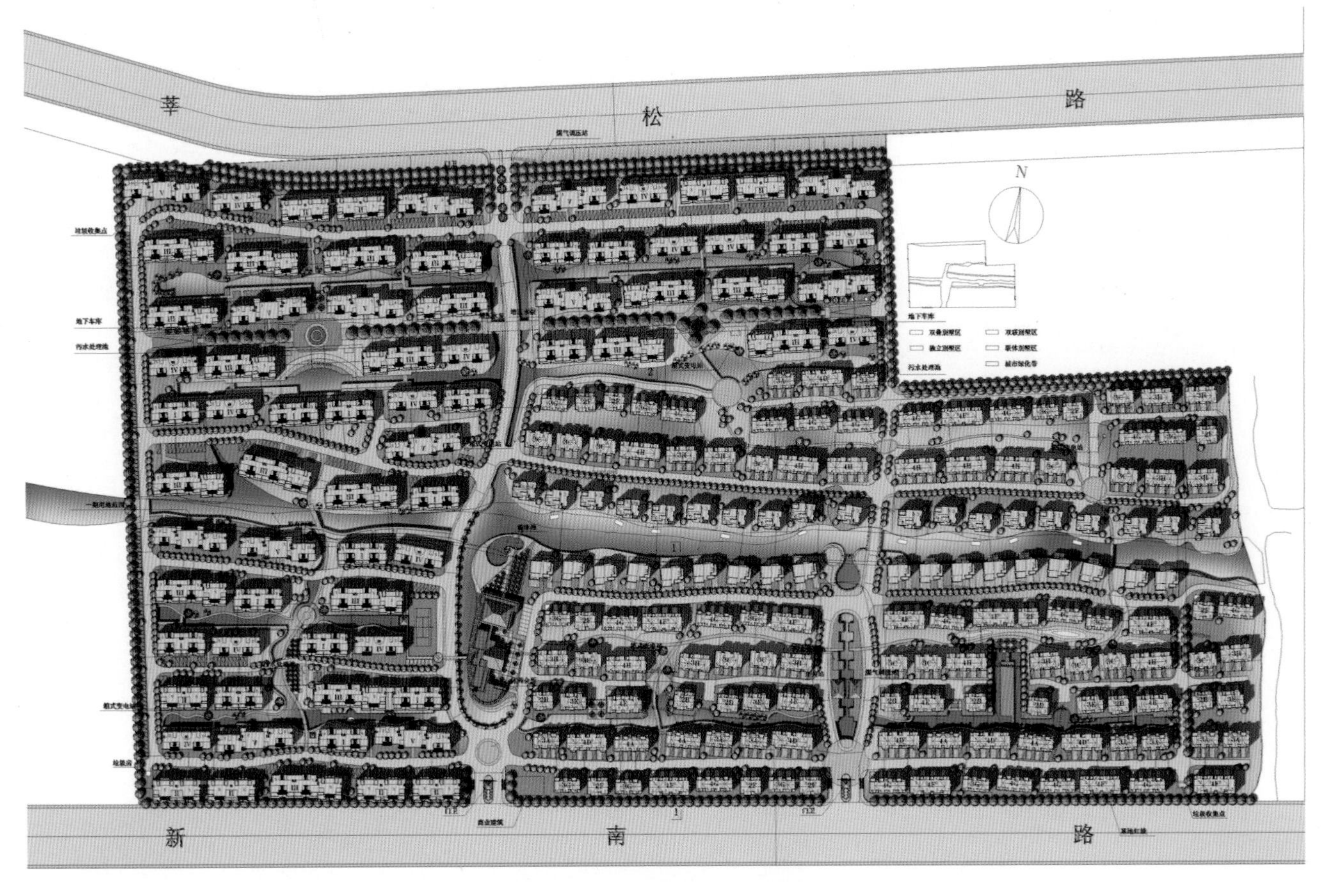

图 7-7-1 上海丽水华庭总体布置图

化率为 14%。

机动车停车位 1053 个，其中地下停车位 114 个，地面公共停车位 498 个，地面私家车位 386 个，地面私家车库 55 个。

图 7-7-2 上海丽水华庭生态特色

八、武汉丽水佳园

位于武汉市东西湖区金银湖畔，机场路西，南邻马池路，北面为生态观光园，总用地面积为 383335m^2，总建筑面积为 555776m^2，容积率为 1.45，其中多层住宅 303618m^2、小高层住宅 210491m^2、别墅 23174m^2、公建 18493m^2，覆盖率为 23.5%，绿地率为 29%。

武汉丽水佳园项目旨在“构筑环境与艺术空间”，为业主创造理想的生活环境，创造顾客的真实与喜悦。具有五大特征：

（1）独特崇尚的规划概念；

（2）自然天成的生态环境；

（3）实用舒适的户型设计；

（4）灵活间隔的生活空间；

（5）贴切完善的服务配套。

该项目由中南建筑设计院设计，在湖北省 2001 年度优秀城市规划设计评选中荣获“优秀城市规划设计三等奖”。

丽水佳园首期推出住宅公寓 40 栋，其中多层住宅楼 27 栋，具有 A、B、C、D、E 户型的多种选择，建筑面积 81.83 ~ 122.86m^2，平面方正、尺度宜人、生态环境、全明设计、适应客户多功能需求。

图 7-8-1 武汉丽水佳园建成实景图

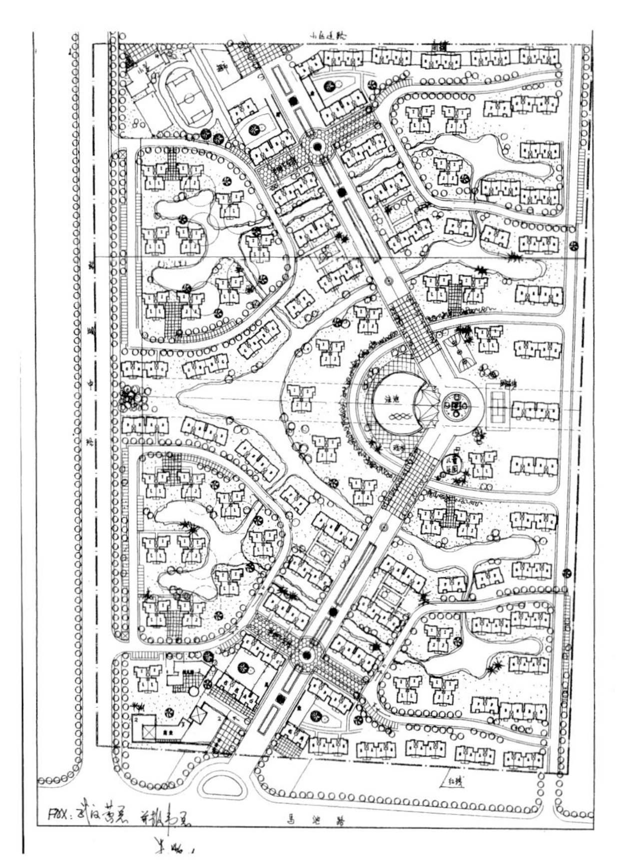

图 7-8-2 武汉丽水佳园总体设计

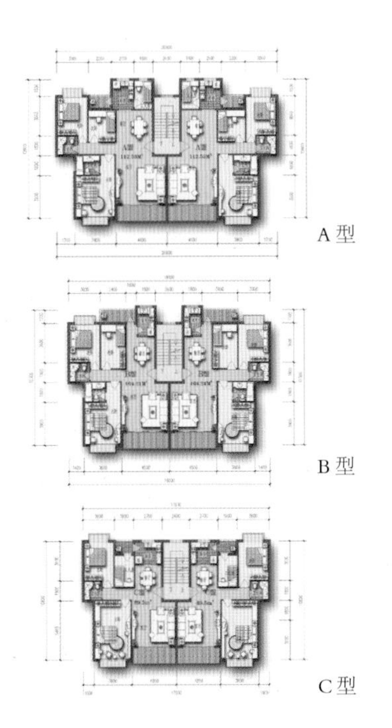

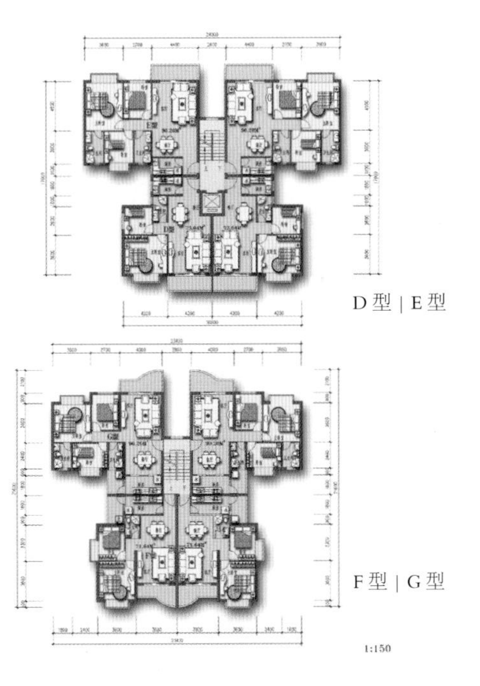

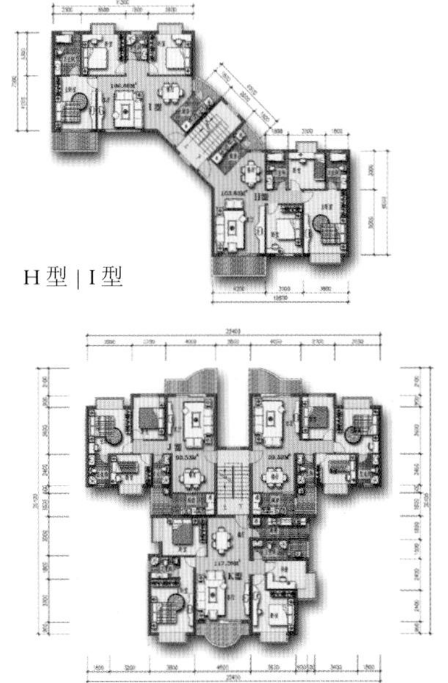

图 7-8-3 武汉丽水佳园户型设计

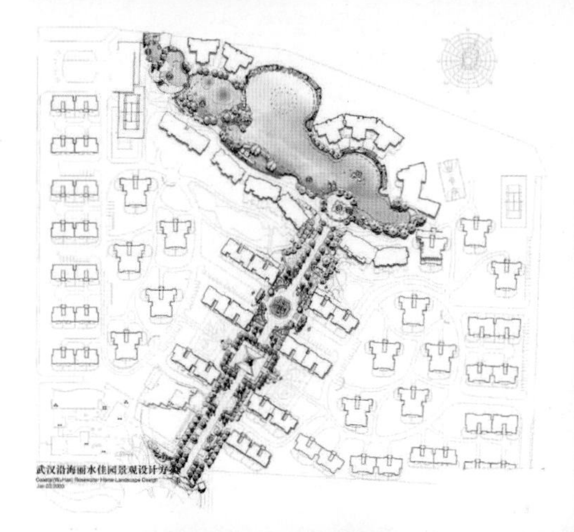

图 7-8-4 构筑环境与艺术空间设计前门广场、景观大道与中央公园

九、福州豪廷

福州豪廷位于华林路与五四路的交汇处，是福州市中心地段的高尚住宅，总建筑面积为 32783.83m²，总户数 179 户，容积率为 1.65，绿地率为 21%。

该项目原计划创造工程奇迹，建 5 层地下室以取得更多的地下面积，并提高项目知名度，现场完成桩基与基坑围（支）护后被迫停工。当作者于 1999 年接手后，发现地下室基地不大，按规范要求应设计两条上下车道，除去结构外，停车空间所剩无几。因此，必须停止无效工程，重新修改设计，设法接长桩基，提高底板，走出困境。

（1）为了取得好的户型设计，不受原柱网与桩基的限制，将基础底板设计成结构转换层，这样使

图 7-9-1 福州豪廷实景图

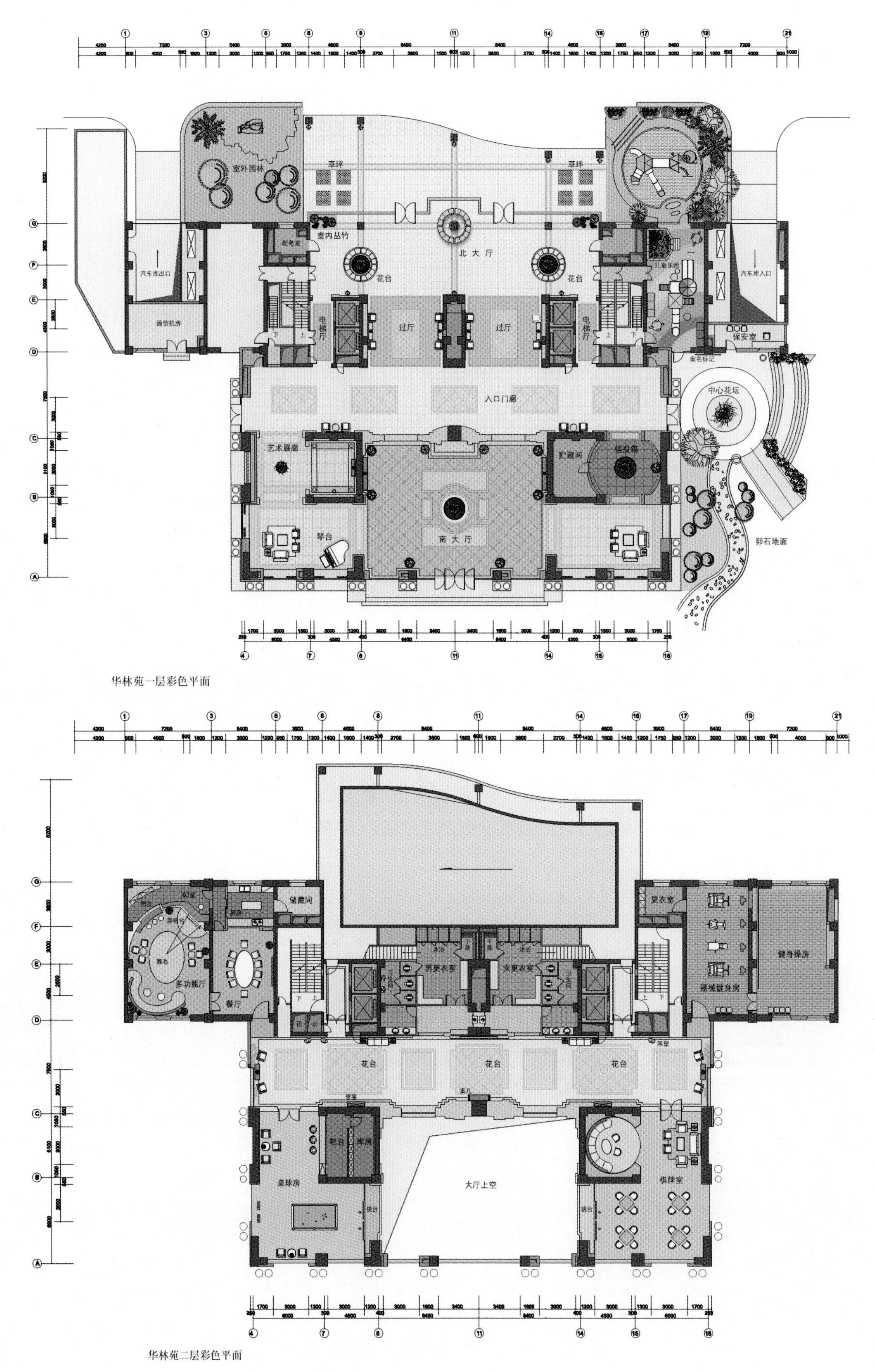

图 7-9-2 福州豪廷一、二层平面布置图

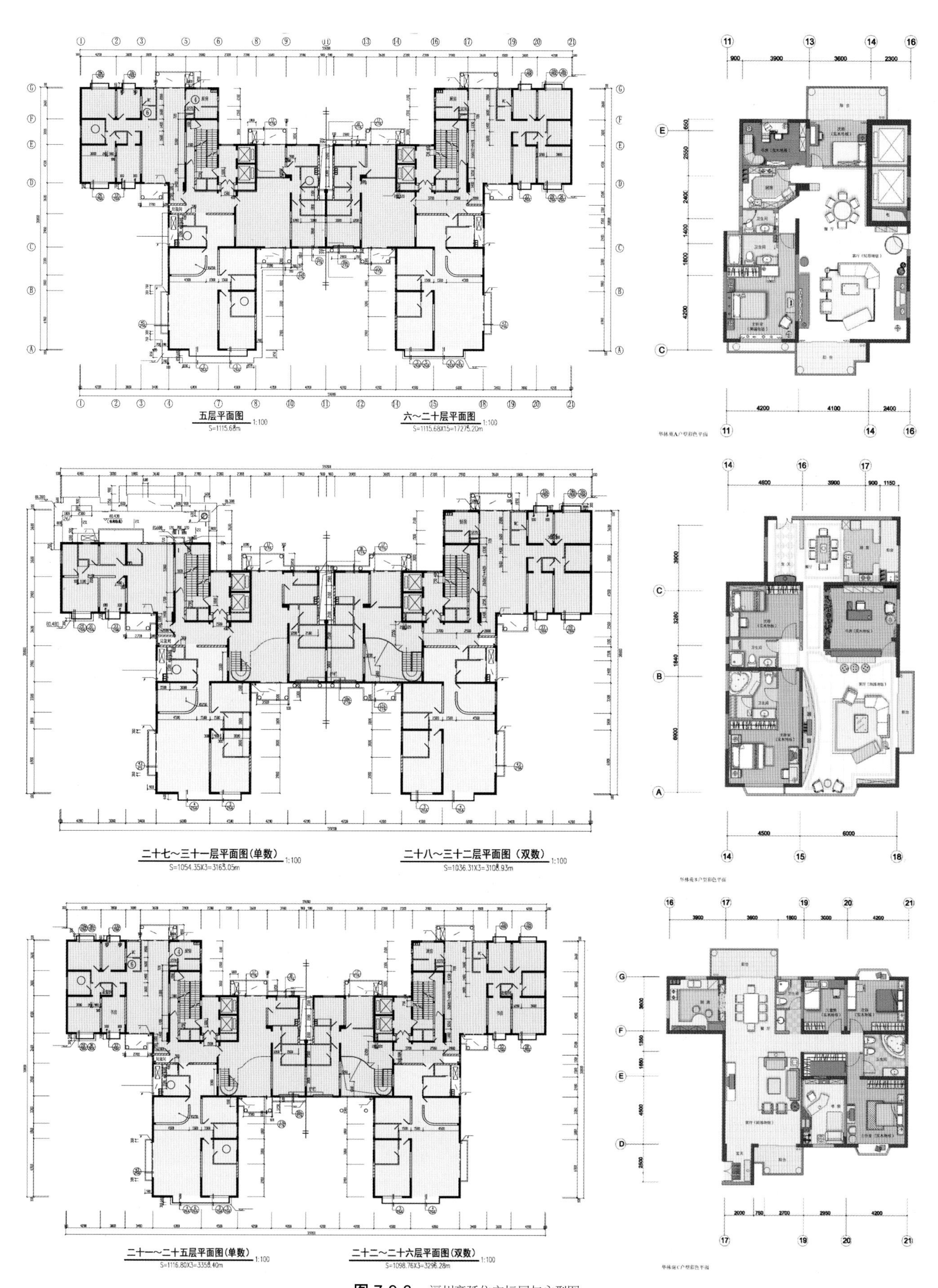

图 7-9-3 福州豪廷住宅标层与户型图

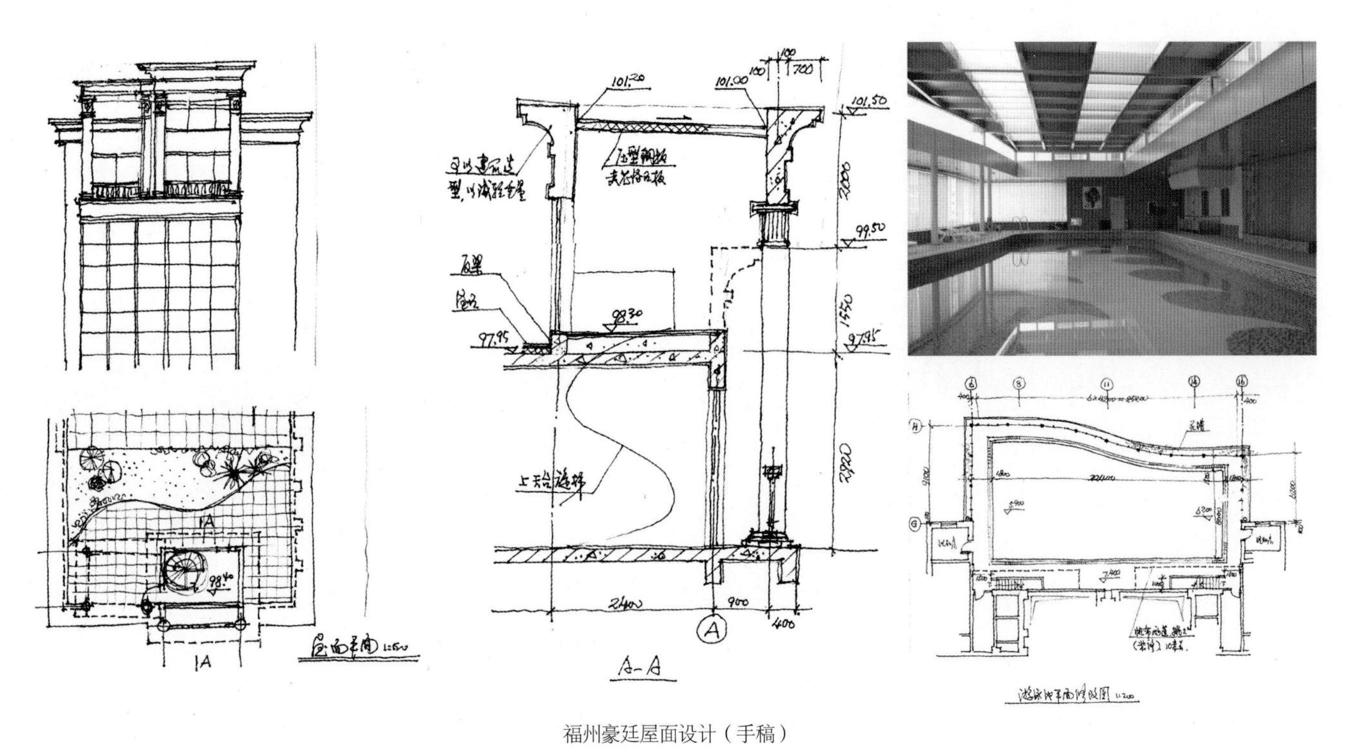

福州豪廷屋面设计（手稿）

图 7-9-4 福州豪廷游泳池

设计大大改观，上部建筑结构可作出完善的设计。重新定位时，以在市中心区建高尚住宅为理想的目标，调控好户型面积、厅房的尺度，尽量做到平面合理。其中以 A、B、C 三种户型为主力户型：

（2）时处 20 世纪末，设计采用现代建筑风格，精心创新，以迎接千禧之年。

（3）为适应市场营销与住宅科技发展的需求，项目率先采用家庭独立式中央空调系统。

主力户型的具体尺寸　　表 7-9-1

名称	A	B	C	备注
套型建筑面积	$210.25m^2$	$205.00m^2$	$152.06m^2$	
起居室、餐厅宽	5.1m	6.3m	4.5m	轴线尺寸
起居室、餐厅面积	$49.05m^2$	$72.09m^2$	$33.75m^2$	轴线尺寸
主卧室	$4.2\times4.5=18.9m^2$	$4.5\times3.6=16.2m^2$	$3.6\times4.5=16.2m^2$	轴线尺寸
主卧室卫生间	$9.0m^2$	$6.93m^2$	$4.32m^2$	轴线尺寸

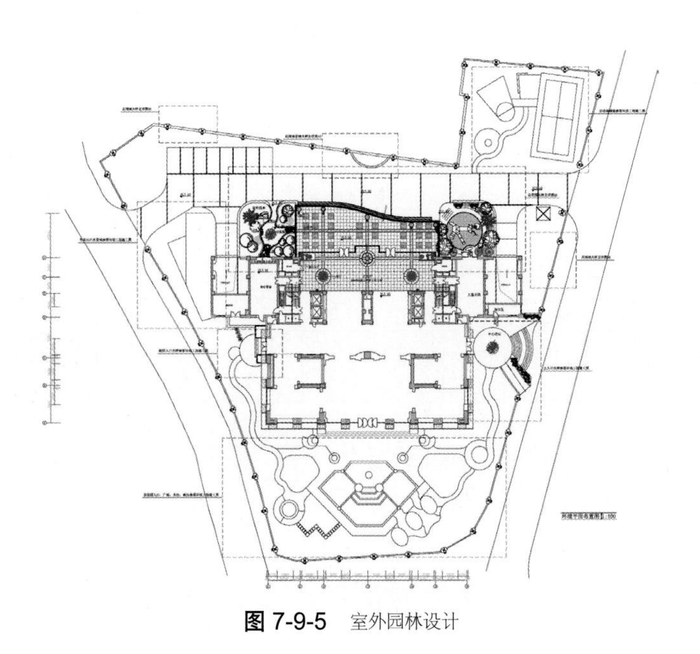

图 7-9-5 室外园林设计

图 7-9-6 福州豪廷一、二层厅堂

十、杭州大华·西溪风情

杭州西溪景区，处于绕城高速公路西侧文一路南，是一片 $80hm^2$ 的原生态湿地：清澈的水面，长达 5000m 的延绵坡岸，茂密的植被，丛生的竹林、果树与芦苇，一片江南水乡的自然风光。2002 年，受浙江大华房地产公司之托，试图充分保护与延续这块自然生态宝地，建造出一个具有江南特色的现代民居。

（1）充分保护与延续自然生态环境

在保护生态环境的条件下建设，又以建筑景观再创造来提升生态环境的质量，这是我们设计的重要原则。

在对基地现状进行充分考察与研究后，首先将现场最值得保留的生态资源：一片占地 $30000m^2$ 的水面和岸边自然天成的植被，保护设计成以水面为中心的中央生态公园，利用原有溪流向周边延伸与渗透，形成一个完整、均好的景观网络系统，与外河道构成以水景为主题的小区生态环境。

成组团布置的住宅，散落在自然环境中，临水而建，亲水生情。

每家每户的住宅宛如肺泡，以天然湿地、树丛绿地相间隔，与大自然共呼吸，构成富有诗情画意的理想人居环境。

全力将完整的人工湿地污水处理系统引入小区景观建设，并设法给水边两栖动物提供自然生活环境，使区域的生态环境得到延续。

图 7-10-1 生态湿地的基地原貌

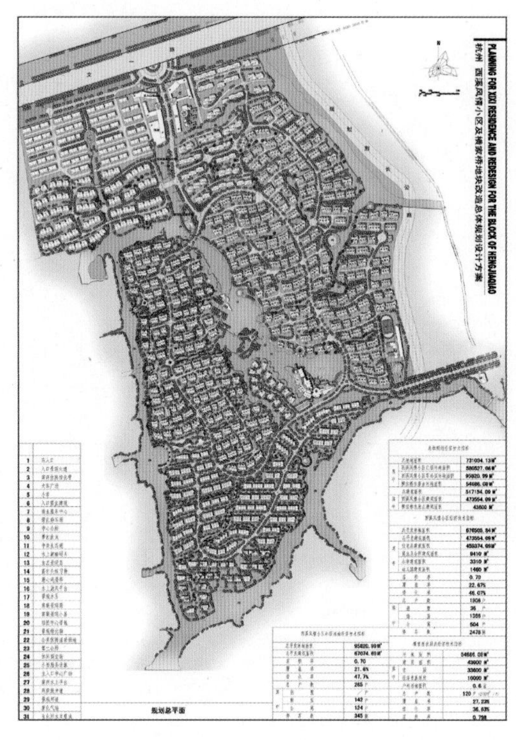

图 7-10-2 总体平面规划图

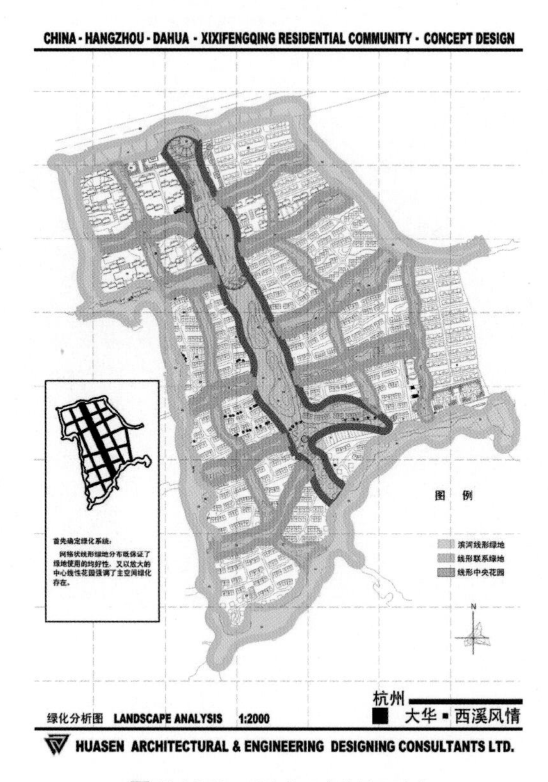

图 7-10-3 肺泡状的自然景观系统

图 7-10-4　总体鸟瞰

（2）自然生态的规划理念

根据基地环境的特征，在整个规划布局中，首先注重建筑与生态环境的充分融合，在对空间的整体驾驭中，实现空间的转换和过渡，形成步移景异的意境。

整个小区由一条自然形态的环状林荫大道作为主干道，北接文一路、南通城市路网，形成小区的两个出入口。干道内侧为直接面向中央生态公园的内向住宅组团，干道外侧是直接面向外河道的外向住宅组团，在保证住户出行方便的前提下，使各个住宅组团均有适中的规模与良好的景观朝向。

各住宅组团采用叶脉状、尽端式的道路布局，使住户拥有良好的、宁静的居住环境，居民可以通过组团间的绿化带或花园小路，直接到达滨河漫步长廊与中央生态公园。

用地范围内居住着几百户当地居民，他们在这里世代繁衍，他们的根就在这一片赤土之中。在规划布局时，建设方与当地居民达成协议：当地居民自成组团，留在原址，实行统一规划、分头建设。同时，加强新区的人文建设，优化内部环境质量，充分体现生态社区的人文规划思想。

北门景观广场，一侧为商业服务，另一侧为幼儿园与休闲园地，从城市进入小区，是由一条30m宽景观大道引入，直接面对小区中心会所，临水而建，将中央生态公园和优美的景观尽收囊中。会所设室内泳池、室外泳池、健身房、超市、茶室、酒廊和设备用房，地下室兼作人防工程。小区内还建有小学、幼儿园各一座，全面服务于小区居民生活。

整个规划完整统一，突出生态环境的主题，营造了自由开放、宽松悠闲的意境，达到了宛若天成的效果，真正体现了富有江南特色的现代生活理念。

图 7-10-5　融于自然的江南民居现代风貌

图 7-10-6 拥抱自然的会所设计

（3）实现人、建筑与自然的灵动

对于住宅而言，与人关系最密切的莫过于住宅的室内外空间设计，舒适的内部设计直接影响人的居住体验，而住宅与自然的沟通，反映出住户对阳光、空气、景观的需求和精神感受。本项目以独院联排式住宅为主体，面积在 200 ~ 260m² 之间，适应不同客户群体的需要，不论哪种户型都充分考虑到使用空间的适宜尺度、人性化的生活需求和现代住宅功能的完整配置以及使用的合理性和适应性。

遵循生态健康的理念，户户朝阳通风，每户均有 4.2m 高的朝南客厅，并且与错层设置的餐厅、厨房形成富有趣味的空间关系；二层为围绕家庭厅设置的各个卧室空间，满足家庭成员对于个人私密性和家庭交流的双重需求；顶层为完整的主人区，每户的主人房面积至少为 60m²。主人房内设有独立的书房、衣帽间、景观浴室和开敞的室外露台，大至 10m² 左右的景观浴室光线充足，功能齐备，甚至可以躺在浴缸内观赏湖景，达到从身体的清洁到心灵的净化，从身体的保健到精神上的愉悦。每户还设有车房以及洗衣、储藏等辅助空间。

（4）寻求融于自然的建筑形态

建在诗意环境中的民居，其外观更加重要。江南民居粉墙黛瓦、小桥流水，是中国传统建筑文化的重要文脉。若采用传统方式营造现代居住区，显然不合时宜，因此，我们在创作设计中，从这个节点切入，寻求江南建筑文化的回归和对自然的诗画意境的眷恋，努力创造江南特色的现代民居。

尽管江南民居的传统构架，由钢筋混凝土结构所替代，但江南建筑的雅致、细腻、简朴的风格，可以通过现代手法、现代材料的应用，加上灵活的空间自由退落和大面积通透门窗，得到充分展示。考虑到水体对建筑的影响，建筑整体色彩柔和淡雅，分段分块的立面色彩、质感的变化，门饰、廊架与阳台露台的应用，更体现出传统与现代风格兼容的建筑风格所具备的特有魅力。

（5）以经济合理的方式解决防洪排涝

原始生态湿地的防洪排涝是首要解决的大事。在设计中，沿外河道以生态坡地形态形成自然的防洪堤坝，沿河住宅退后10m以上，使生态绿地的坡度与范围得到保证，不再大面积填土，使特有的自然生态环境得到保留。同时，结合河滨漫步道的设计，使河滨景观系统成为小区的一大特色。

设计将中央生态公园水体作为主要的蓄水场所，中央水体及湿地蓄水系统的蓄水能力设计达到蓄存50年一遇暴雨的地表水收集能力。小区水体系统与周边河道分离，并设有闸门和大型泵站，需要时可以进行防洪外排，将多余雨水外排入河道，而一般情况下，通过自流就可以排出，以节约日常费用。雨水收集系统将基地分为6个区域。收集到的雨水经过湿地，由湿地污水处理系统净化过滤后进入蓄水系统；生活污水也通过中水系统处理后作为小区水景用水循环使用。

（6）以科技手段保持生态平衡

用地范围内的湿地系统由三类基本群落组成：一是水生植物群落；二是两栖生物群落；三是水层区生物群落。

图 7-10-7 获奖证书

设计采用人工湿地系统，可起到净化污水、改善环境、提供湿地原始景观的作用。人工湿地系统主要是人工建造的多级植物床，形成水生植物群落——挺水植物、漂浮植物、沉水植物和浮叶植物以及水生植物系统与陆生植物系统相结合的完整的生态体系，与局部高大乔木形成的林地景观，同为优化小区内部环境的主要元素。

在设计中，湿地系统与小区内建筑、景观设计相结合。纵横交错的水道与步道起到了丰富空间与景观的作用。不同高度的地形、不同形式的地域、不同功能的场所如同一粒粒珍珠，由湿地水流串联起来，形成既丰富又整体的大地景观。

本项目一经推出，即获得杭州房地产市场的热烈反响。实践证明，源于自然、超于自然的人居环境，既符合当代居住建设的发展趋势，也是都市人的生活追求。该设计正是顺应了这一趋势才取得了初步的成功。当然，建设方和建筑师的精诚合作无疑也是本项目成功的关键，正是高品位、高层次的设计追求和精益求精的开发精神，为建筑师构筑了追求精品设计的平台。这一具有江南特色的现代民居设计获得了双赢的成果，并荣获了全国人居建筑规划综合大奖（2003年）。

设　　计：华森建筑与工程设计顾问有限公司
设　　总：朱守训　夏　韬　孙湛辉
建　　筑：朱守训　夏　韬　张　翔　李旭华
　　　　　唐志辉　郑　颖　阮步能
结　　构：杜　军　杨旭晨
给水排水：刘　磊　孔卫平
电　　气：吕　毅　沈　梅
空　　调：王红朝　刘永安

十一、广州海盈居

海盈居坐落于广州珠江南岸的老城区滨江西路200号，对岸的沿江路是广州的传统文化、商业中心，传承广州的历史精髓，有着深厚的历史底蕴。海盈居可西眺白鹅潭、东看二沙岛，随着老城区一线江景地块的绝迹，更显其弥足珍贵。因此，顺应区位历史和江景资源的两大优势，开发商提出了“复古奢华”的定位路线，期望它能继续传承历史文脉，并成为珠江两岸又一标志性建筑。

海盈居原设计成两个蝶形平面相连接，已进入施工图设计阶段，可是业主并不满意。2005年2月，作者与开发方一道围坐在爱群大厦里，眺望珠江对岸，面对这最后一个临江地块，想方设法，寻找最合适的设计方案。

海盈居北临珠江，首先应有挺拔简洁的建筑体形、端庄华贵的建筑立面，但蝶形平面体量分散，山墙面小，显然体现不出建筑的分量，因此宜选用大户型、大面积开窗、大块外墙面的方案，很自然地引出了南北通透的大进深豪宅方案，即刻便被大家接受：各户南北通透，面宽5m多的起居厅堂与入户花园布置在北面，透过大玻璃窗饱览珠江两岸景色。这样，南向正好成为安静的卧房区域，具有好朝向，又有南北穿堂风。将建筑两端布置成四室大型豪宅，拥有三面外窗，同时可为塑造端庄的外立面提供有利条件。在设计中，以实现高端的品质、舒适的居住空间为目标。

海盈居由三栋32层联体塔楼组成，其中1层为住宅大堂与商铺,2～3层为餐厅与厨房,4层为健身、游泳池与商场，5层为架空层，6～31层为高端住宅，主要有110m^{2}的三室户型和128～230m^{2}四室户型两种，32层为复式和双拼的空中别墅，总户数为223户。地下共2层，作为设备用房与可停放156辆车的车库，建筑占地面积为6315.8m^2，总建筑面积为54686.76m^2，其容积率为7.09，绿化率为27%。由华森建筑与工程设计顾问有限公司2005～2006年设计，2008年建成，竣工结算30499.58万元，并荣获2010年广州市优秀工程设计三等奖。

图7-11-1 坐落珠江南岸的广州海盈居

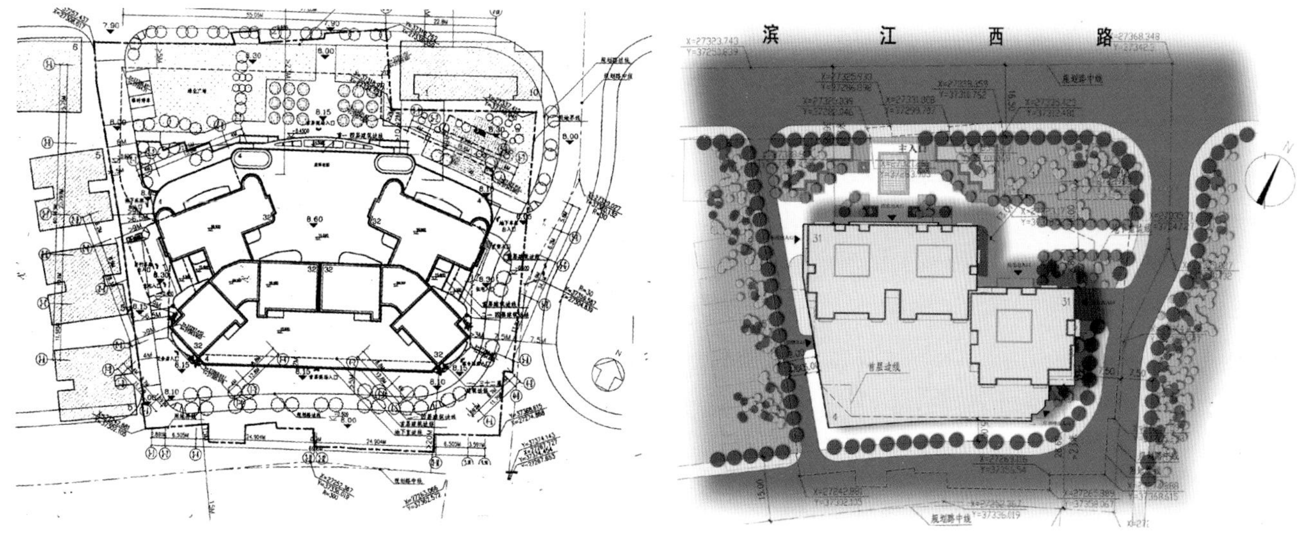

图 7-11-2 原设计计成两个蝶形平面相连接

图 7-11-3 改成南北通透的大进深豪宅

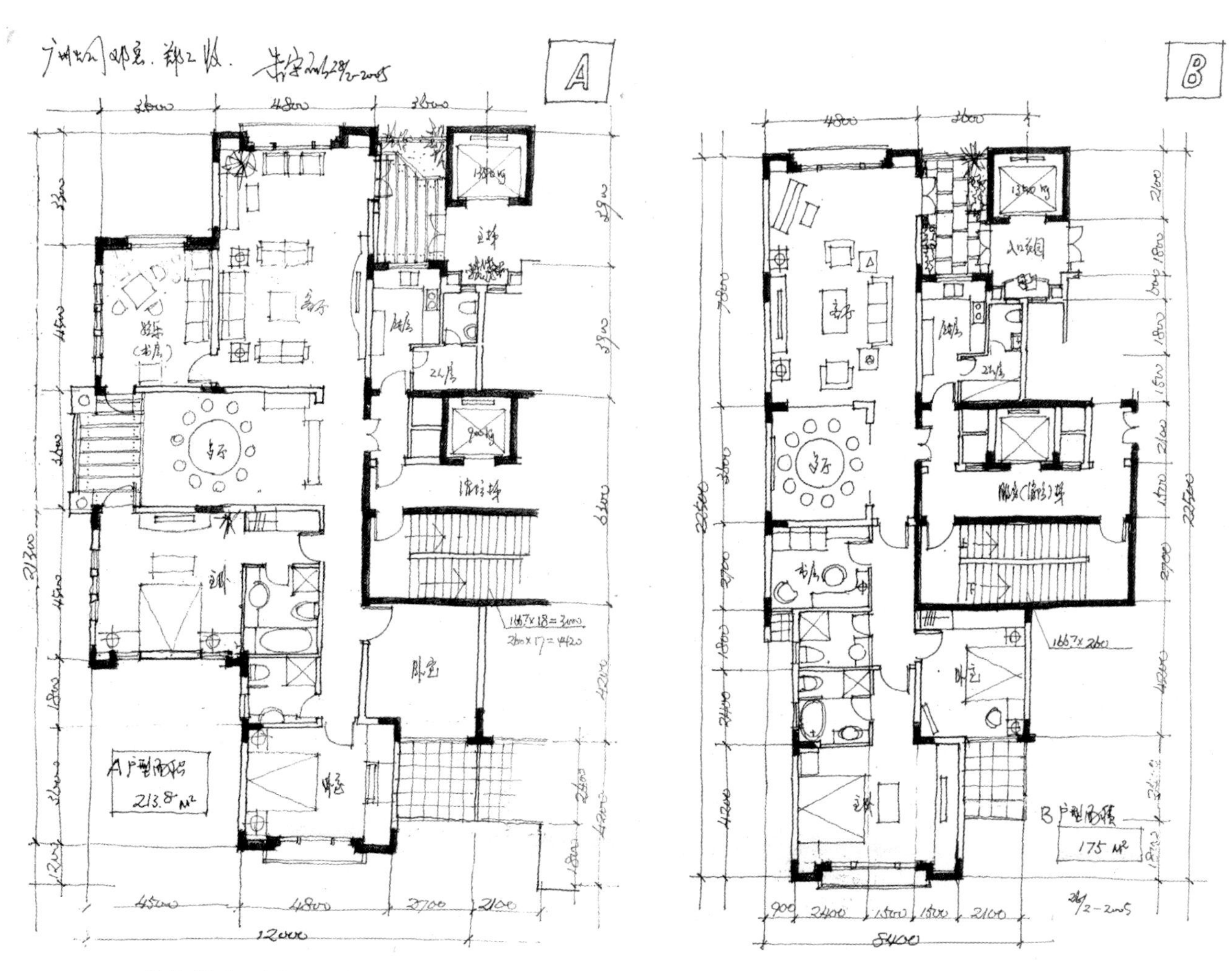

图 7-11-4 南北通透的豪宅端头单位（手稿）

图 7-11-5 南北通透的豪宅中间单位（手稿）

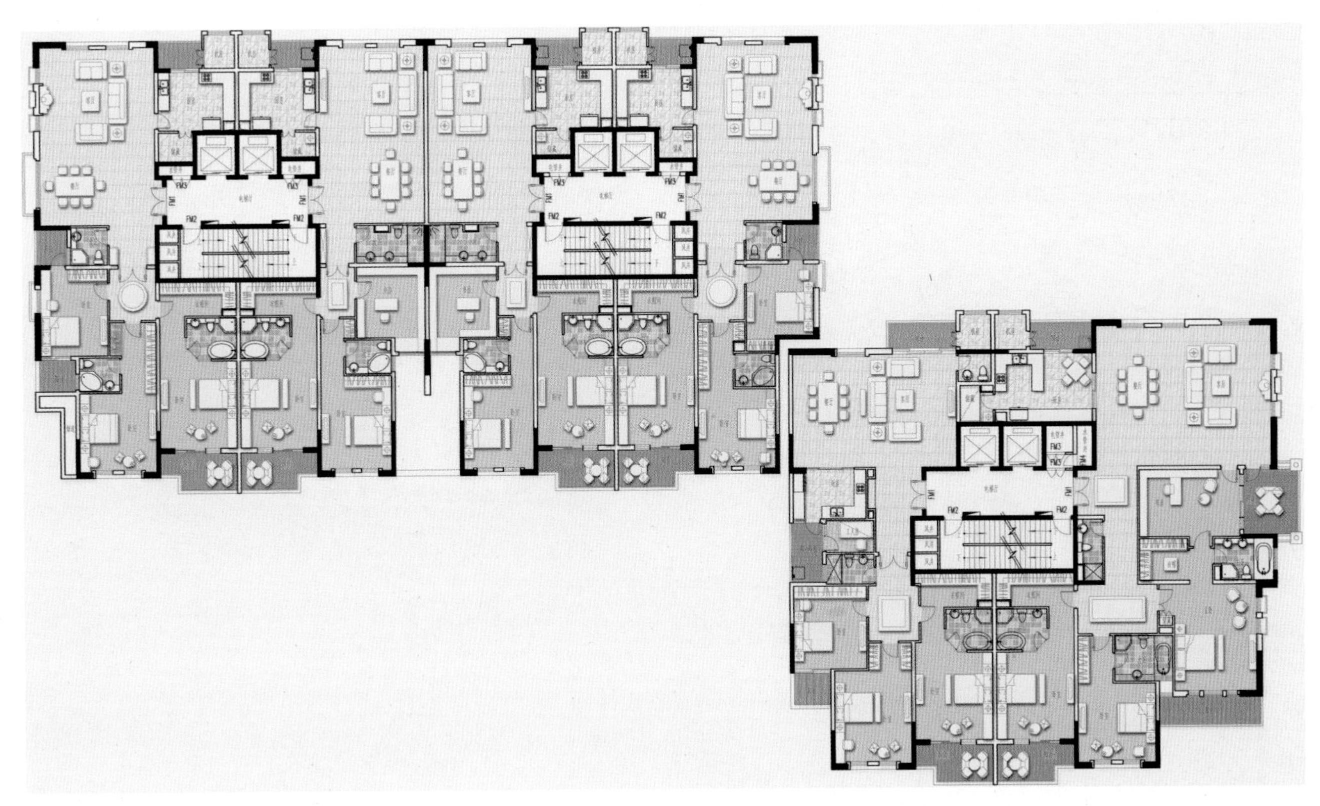

图 7-11-6 标准层平面

图 7-11-7 住宅入口

图 7-11-8 海盈居

设　　总：邓　明　梁沛之
方　　案：朱守训　郑日晖
建　　筑：汤文健
结　　构：陈刘刚　李力军
给水排水：董达明
电　　气：杨　虎
空　　调：陈庆春

十二、海南博鳌宝莲城公寓

宝莲城位于琼海市东部的博鳌镇，地块东南临海，西北为城市干道龙博大道，是一个集酒店、酒店公寓、度假、商务、餐饮、休闲和娱乐等于一体的度假区。

酒店公寓是宝莲城二期工程，位于地块西北，用地面积为 71778.5m²，由五栋高层酒店公寓楼组成，总建筑面积为 98362m²，其中半地下停车库、机房和辅助用房 15021m²。设计将公寓与景观有机结合，充分体现了海南的气候、海景和热带植物的环境优势，1 号楼的首层为酒店入口大堂、前台、会议室、商务中心和大堂吧，客人在此登记入住后走进各栋公寓。利用地势高差，将半地下一层用作酒店餐厅、露天酒吧以及办公、后勤用房。

1 ~ 3 号楼标准层每层布置 10 套公寓单位，而 4 号、5 号楼标准层有 7 套公寓单位，以满足多样化的居住和投资的需求。开敞式走廊和小中庭的设计增加了室内外空间的联系，实现了绿色建筑的目标。

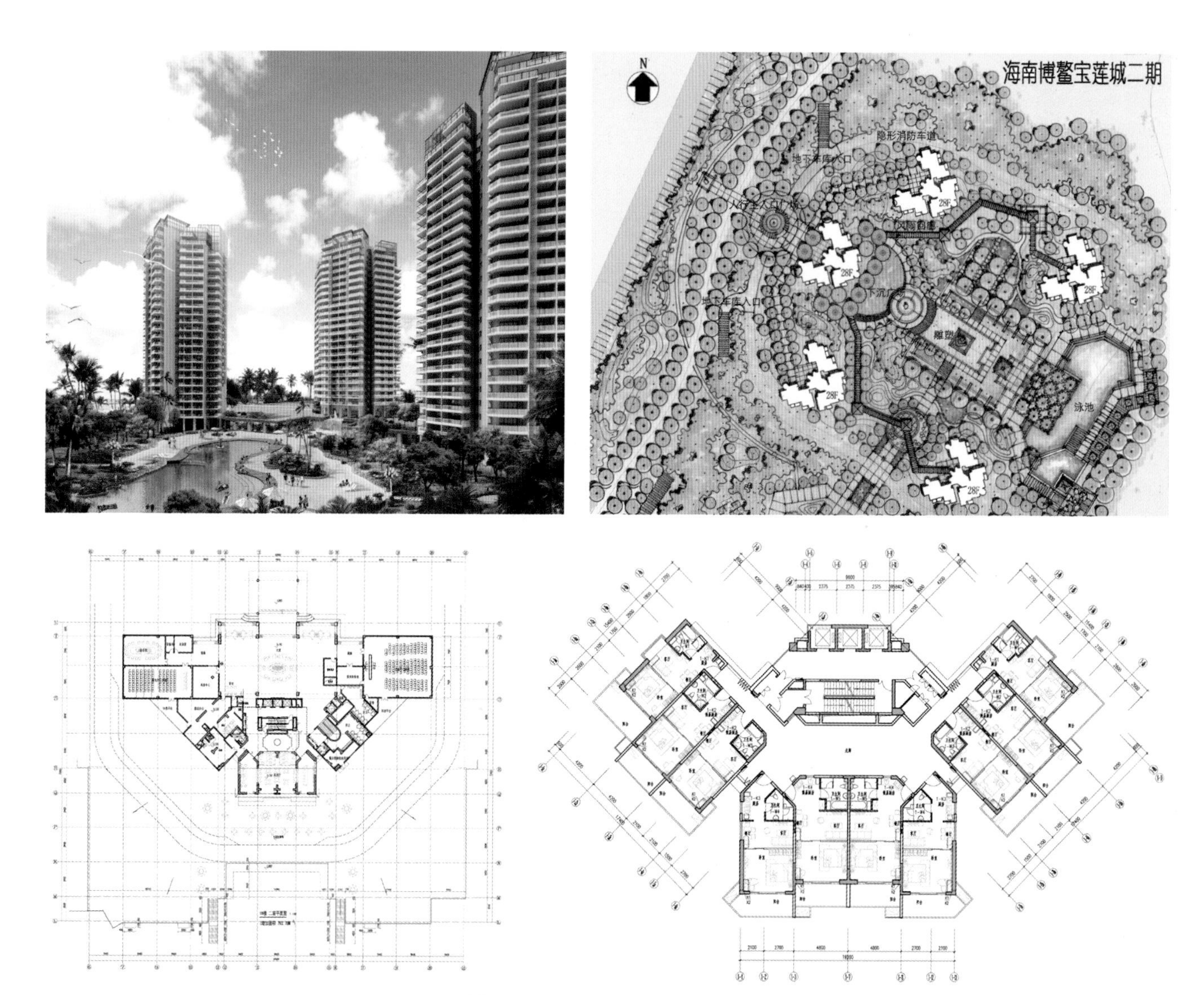

图 7-12-1 海南博鳌宝莲城酒店公寓

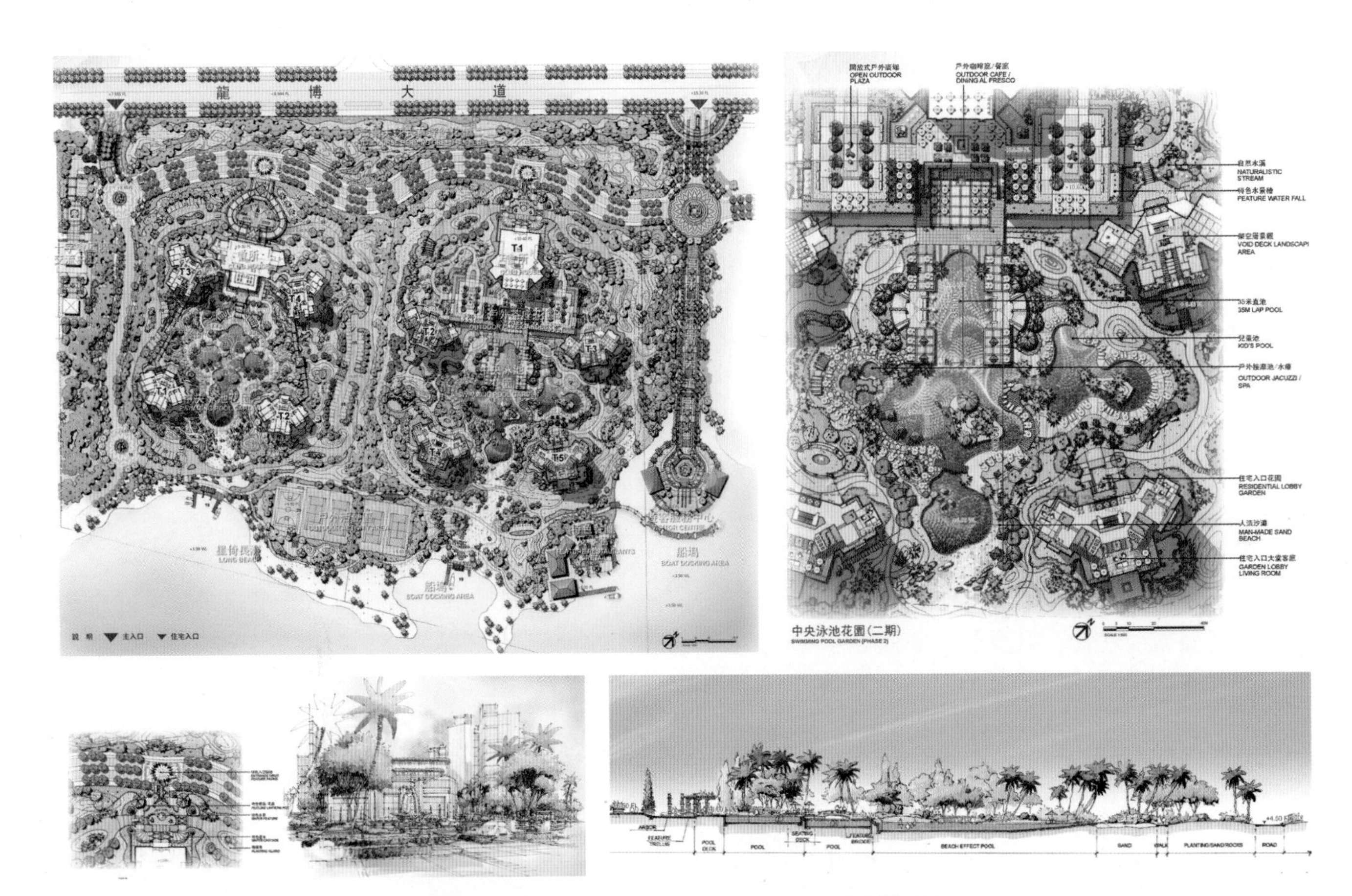

图 7-12-2 海南博鳌宝莲城公寓景观总平面图（贝尔高林设计）

所有公寓均有朝海的景观阳台，立面设计采用简约主义手法，将现代元素融入传统的三段式，顶部作局部退台处理，阳台采用微倾的玻璃栏板，并结合部分铁花、百叶的艺术装饰，为建筑增添了秀丽和亲切之感。

该项目由华森建筑与工程设计顾问有限公司于2008年设计，景观设计由香港贝尔高林公司设计，2010年建成。

设　　总：朱守训　周　枫
方　　案：朱守训　李旭华　谢　佳
建　　施：周　枫　陈春旭　叶丽娟
结　　构：白建永　张治国
总　　图：
给水排水：刘　磊　张红玲
电　　气：周小强　林景中
空　　调：李百公　张　伟

十三、宁波万达广场酒店公寓

宁波万达广场是一个大型综合性商业中心，位于宁波市南部鄞州中心区，总占地面积为 21.09hm^2。48 层的酒店公寓（A 楼）楼高 158.70m，建筑面积为 87581m^2；20 层的酒店（H 楼）楼高 81.5m，建筑面积为 44238.5m^2；地下 2 层配置机房、车库和其他配套设施，总建筑面积为 131819m^2。

酒店和酒店公寓两楼一高一低，形成挺拔的空间组合，相互辉映。建筑立面简洁，强调现代感，黑色与清色玻璃幕墙的竖向线条交替变化，活跃了立面形象。

规划要求酒店公寓楼建筑高度控制在 160m 以内，采用（8.9+9.9）双跨 ×9000 柱网，两侧设电梯、

图 7-13-1 宁波万达广场的酒店公寓与平面图（一）

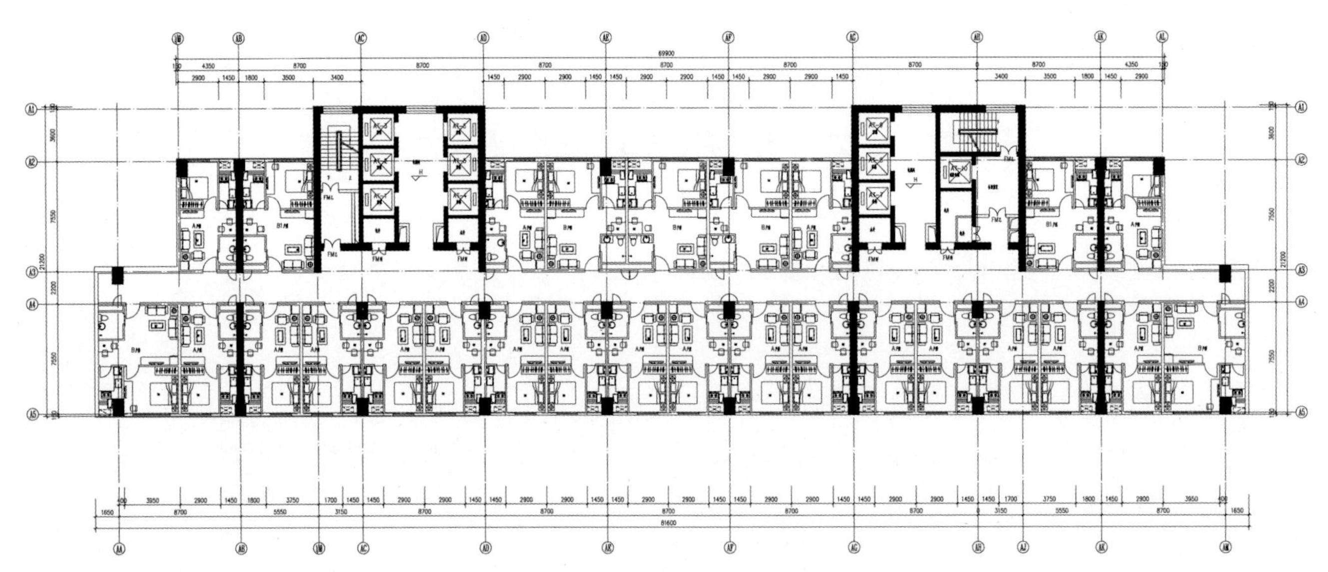

图 7-13-1 宁波万达广场的酒店公寓与平面图（二）

楼梯和管线竖井的结构核心筒，以求得最佳的使用率。标准层拥有 4 种不同户型的酒店公寓单位共 27 套，全楼共有酒店公寓 1168 套，可为客户提供便捷、舒适的商务生活环境。该项目由华森建筑与工程设计顾问有限公司与澳大利亚 BAU 建筑与城市设计事务所联合设计，2008 年竣工并经营使用。

建　　筑：朱守训（设总） 周　枫（设总）
谢善章
结　　构：王卫忠
总　　图：贾宗梁
给水排水：周克晶
电　　气：张立军
电　　信：沈　梅
空调、燃气：李百公

十四、南京溧水秦淮湾

南京溧水秦淮湾处在秦淮河南源头中山河畔，西邻宝塔路，总用地面积为 18672m²。按城市规划容积率 3.0 的要求，其中 30% 为酒店与商业面积（16805m²），70% 为住宅面积（39211m²）；按城市规划停车不超过 20%（按实际 57 辆计）的要求，尚需两层地下停车库，共停放 661 辆；还要配备设备机房和物业管理用房等。总建筑面积达 82090m²。

在规划与设计中充分利用当地的自然元素，力求与当地的自然环境完美结合。这是一个办公、商业与居住小区综合开发项目，从项目策划、规划到全程设计，全部由中咨建筑设计（深圳）公司承担。

面向城市道路要有一栋主体建筑，作为项目的标志和企业形象，定位为办公楼或精品酒店，可以根据市场需要作楼层分配，沿街部分可用作底层商业以满足街区居民的生活需要。

居住区由四栋高层住宅组成，沿北面河岸可布置三栋，再结合围合的中央庭园布置一栋，建筑密度为 18%，绿化率为 36%。

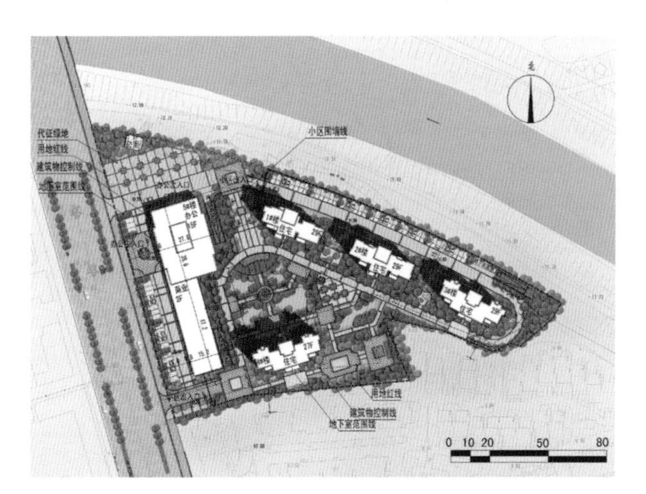

图 7-14-1 总体布置图

图 7-14-2 鸟瞰图

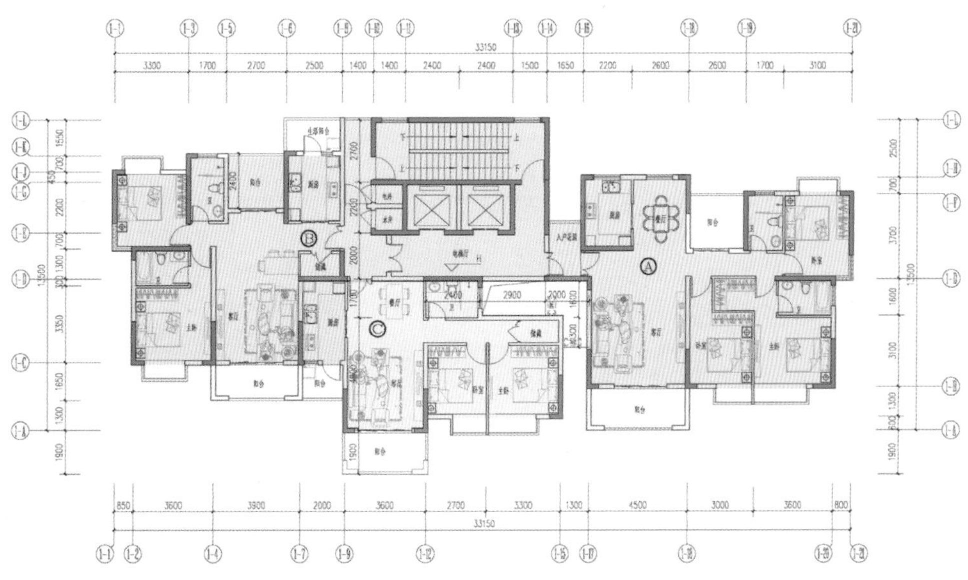

图 7-14-3 第一栋（共 29 层）户型平面 A 型 134.14m²，B 型 103.69m²，C 型 84.82m²

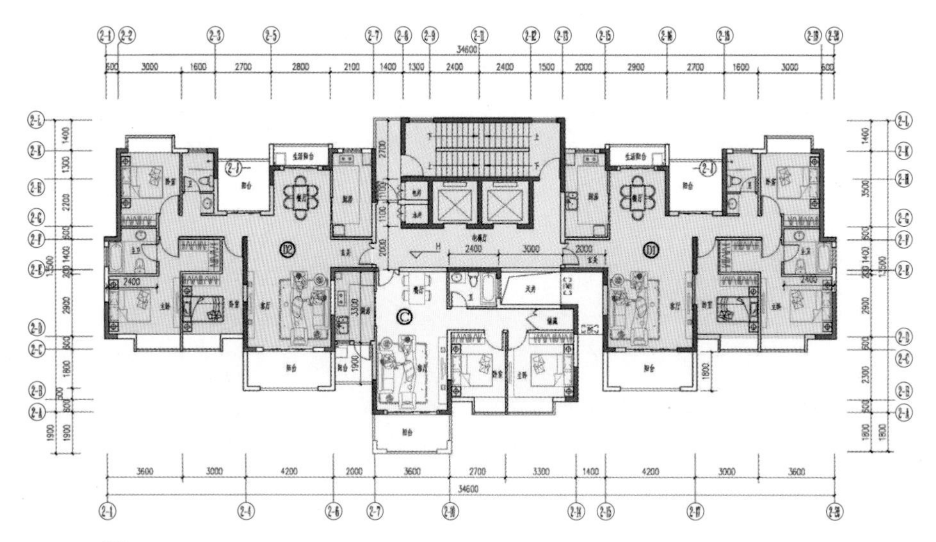

图 7-14-4 第二栋（共 29 层）户型平面 D1 型 130.16m²，D2 型 129.54m²，C 型 83.17m²

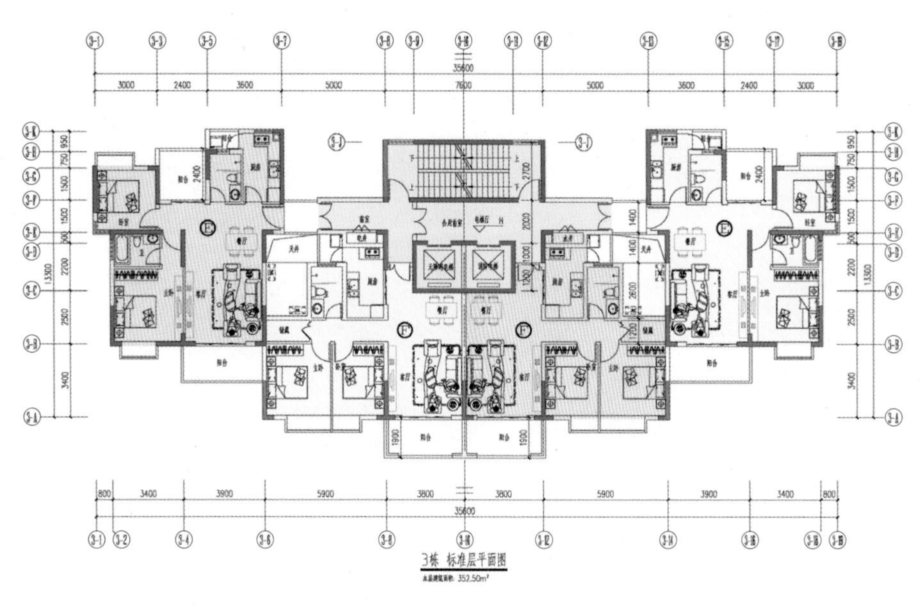

图 7-14-5 第三栋（共 29 层）户型平面 E 型 93.34m²，F 型 82.81m²

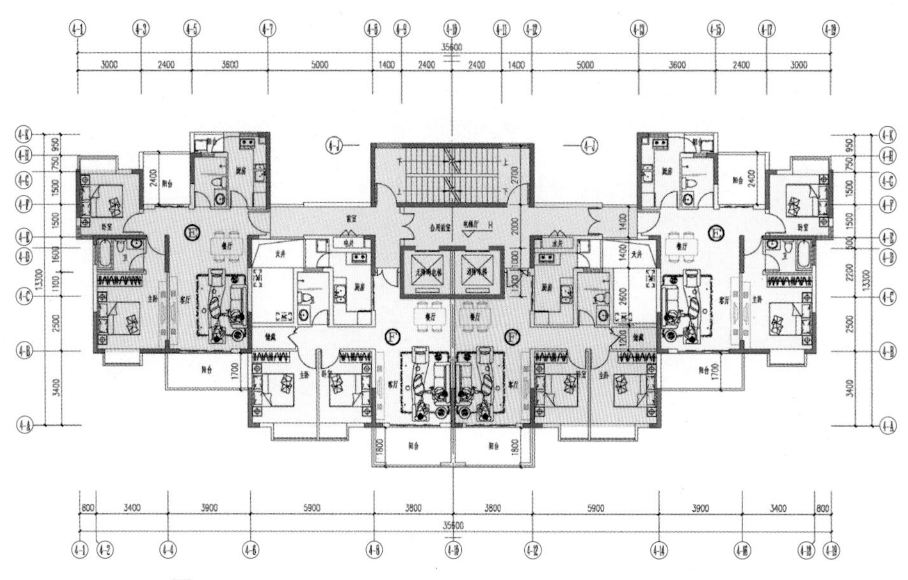

图 7-14-6 第四栋（共 26 层）户型平面 E 型 93.34m²，F 型 82.81m²

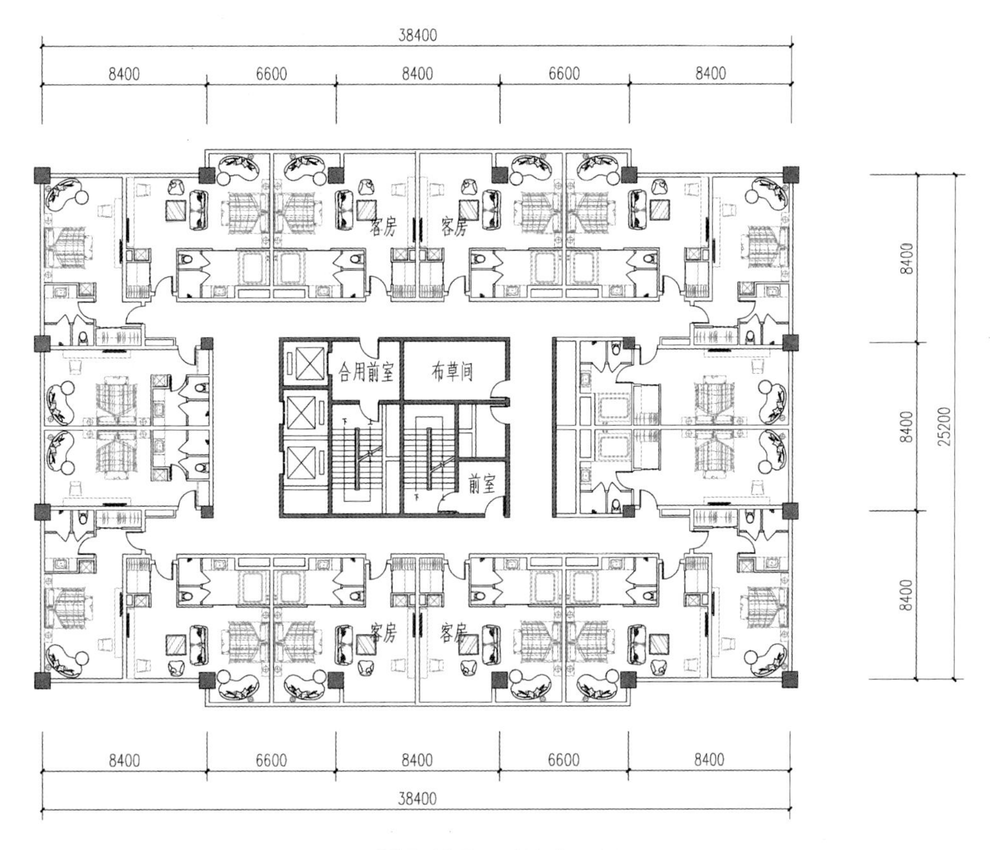

图 7-14-7 主楼标准层平面

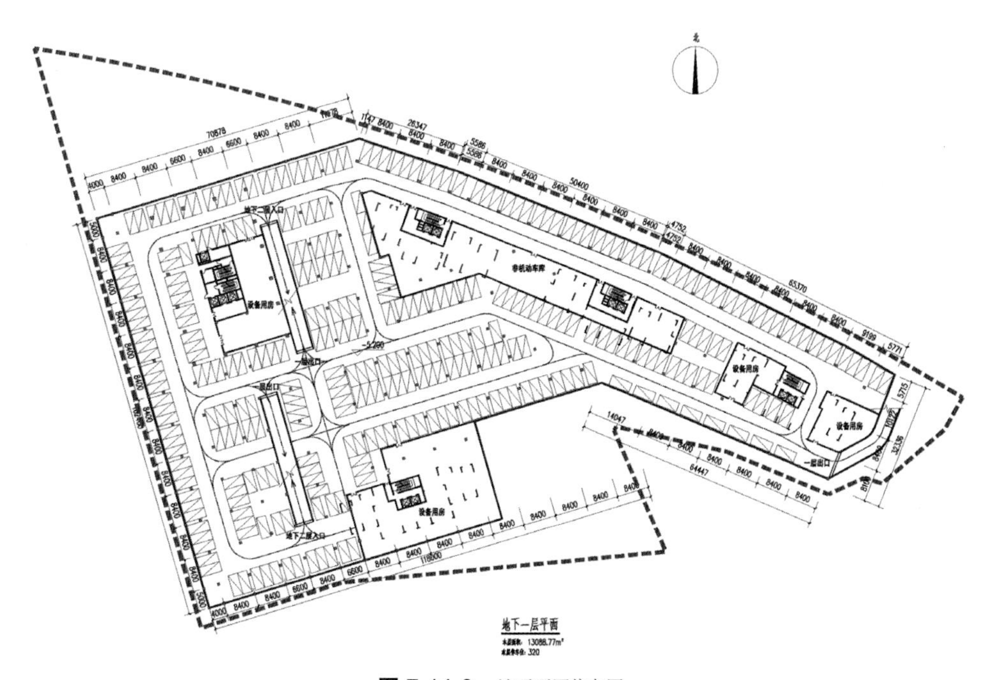

图 7-14-8 地下两层停车层

设　　总：刘　滨　朱守训
建　　筑：白　扬　梁相君
结　　构：刘小秋
给水排水：王灵莉
电　　气：左广萍
空　　调：刘　蓓

十五、珠海自贸区公寓设计方案

自贸区的横琴国际创新基地总占地面积为87152.99m^2，总建筑面积为24.4万m^2，容积率为2.81。其中“研发”占68484m^2、“孵化”占17456m^2、“加速”占31534m^2、“公寓”占48370m^2、“商业”占35130m^2。

在现代高科技园区里，作为配套项目的公寓，应与园区其他建筑相协调，不宜建得过高、过于张扬，但要有科技含量，成为公寓中的精品。作者于2016年5月提出如下方案：

公寓大楼由三栋21层高层公寓、架高的9层青年公寓以及架高的9层连锁酒店组成。在项目总体指标把控下，总建筑面积为53389.56m^2，其中公寓面积48262.20m^2，商业（酒店）面积5514.44m^2。

三栋高层公寓以中小户型为主，由48.25m^2、52.60m^2、57.29m^2、86.42m^{2}和106.65m^{2}这5种基本户型组成每层10户的标准层。设计中，三栋高层公寓外围尺寸相同，外形一致，当市场需要时，可将B座中的部分两小户合并改成大户型。

本方案的另一特色是架高的9层青年公寓和连锁酒店的设计，同样，当市场需要时，可将连锁酒店转作公寓用。架空两层让地面活动场所更宽敞，生活空间更有情趣，并提高了绿地率。公寓和连锁酒店的设计也力求精品化，在小面积的空间中创造更高的生活品质。

本方案采用现代的简洁的立面造型，配以丰富的色彩和细部装饰，与整个创新基地相协调。

图7-15-1 公寓南向透视与立面图

图7-15-2 公寓北向透视与立面图

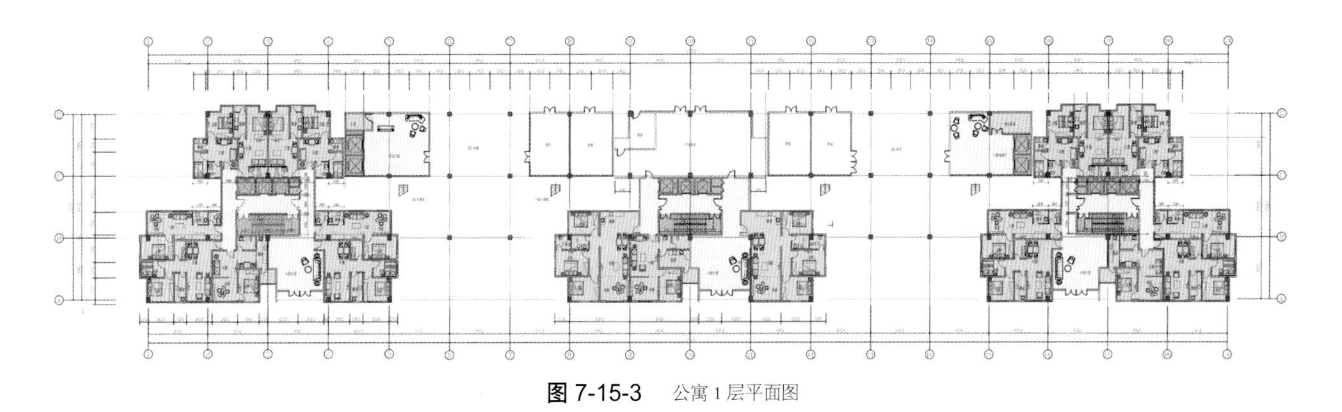

图 7-15-3　公寓 1 层平面图

图 7-15-4　公寓 3 ~ 11 层组合平面图

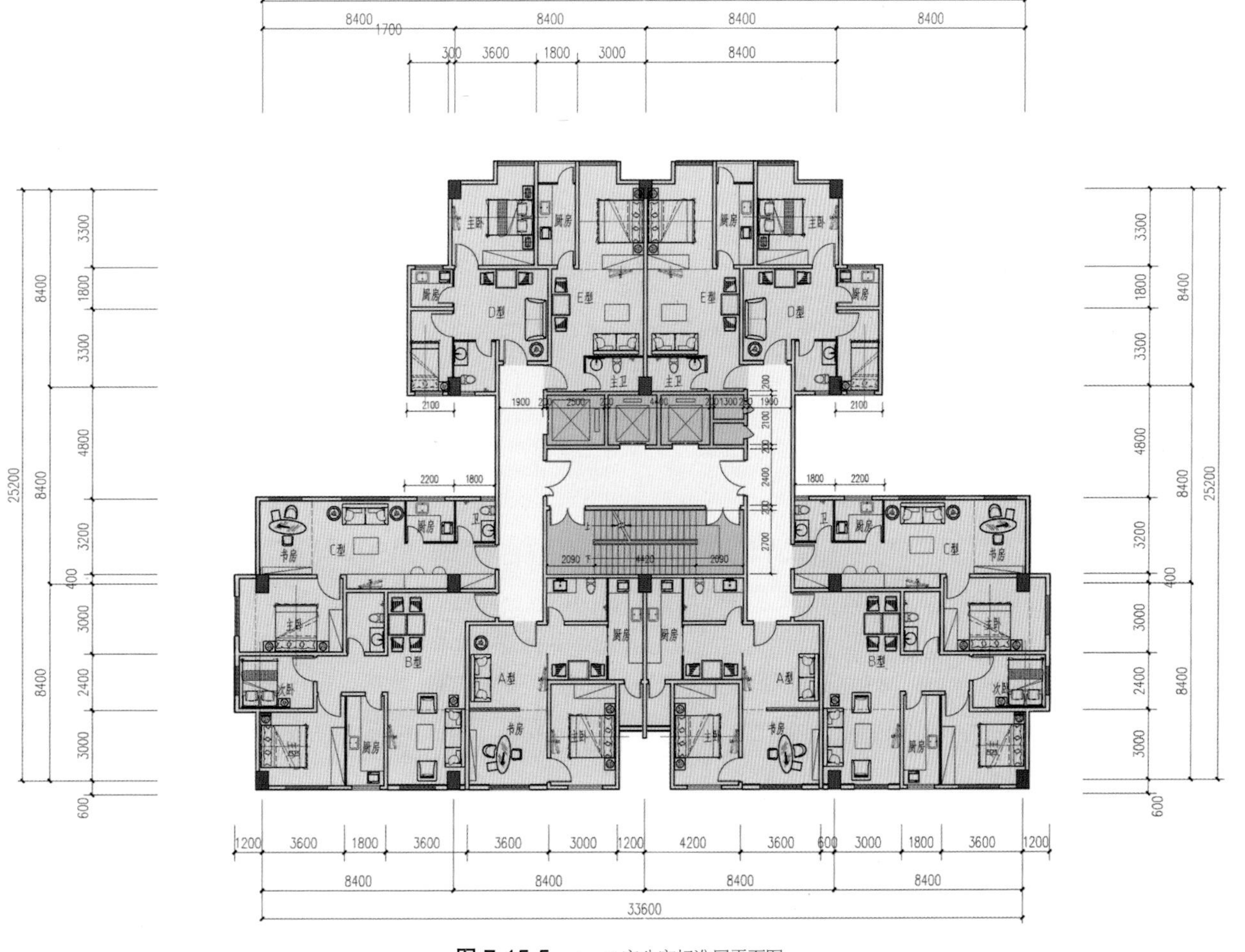

图 7-15-5　A、C 座公寓标准层平面图

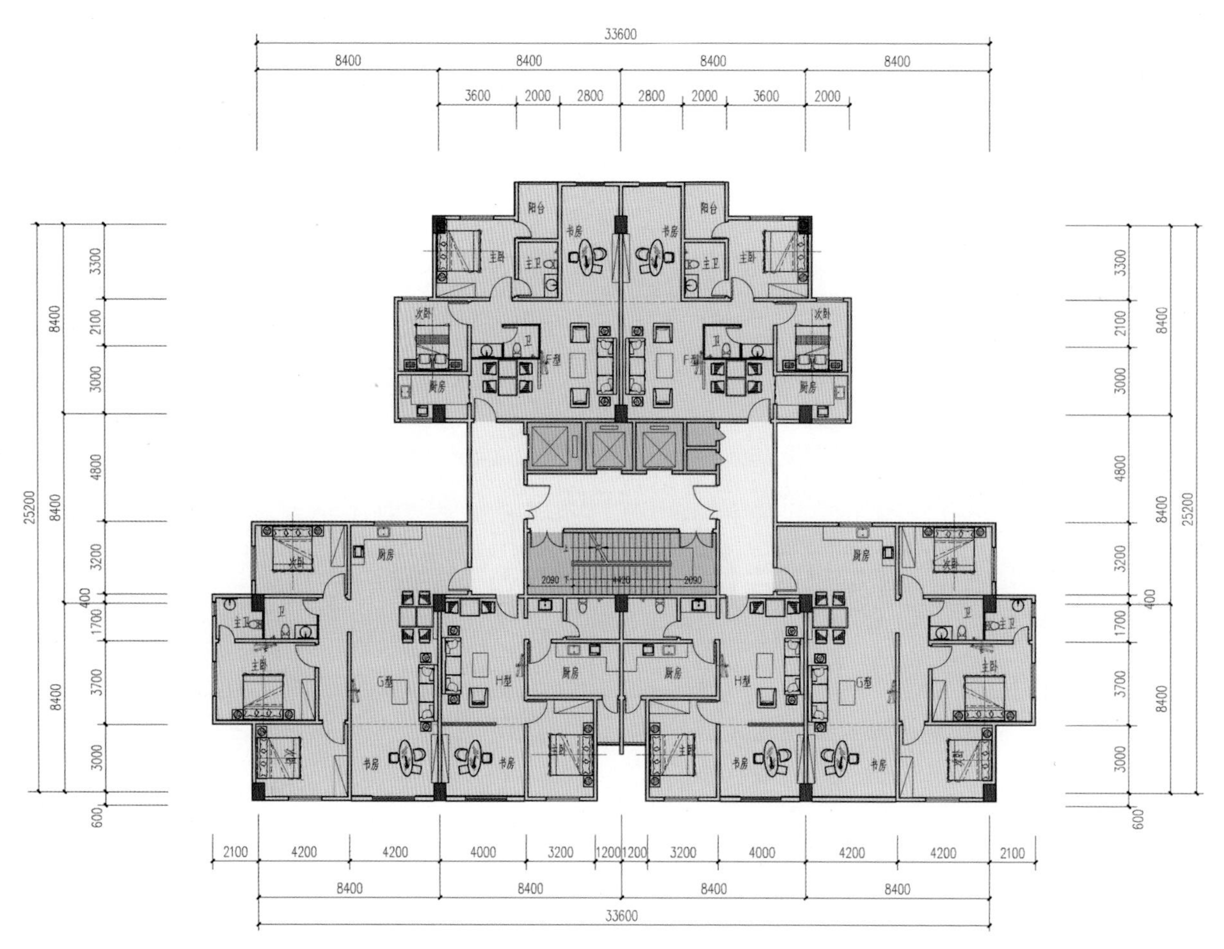

图 7-15-6　B 座公寓标准层平面图

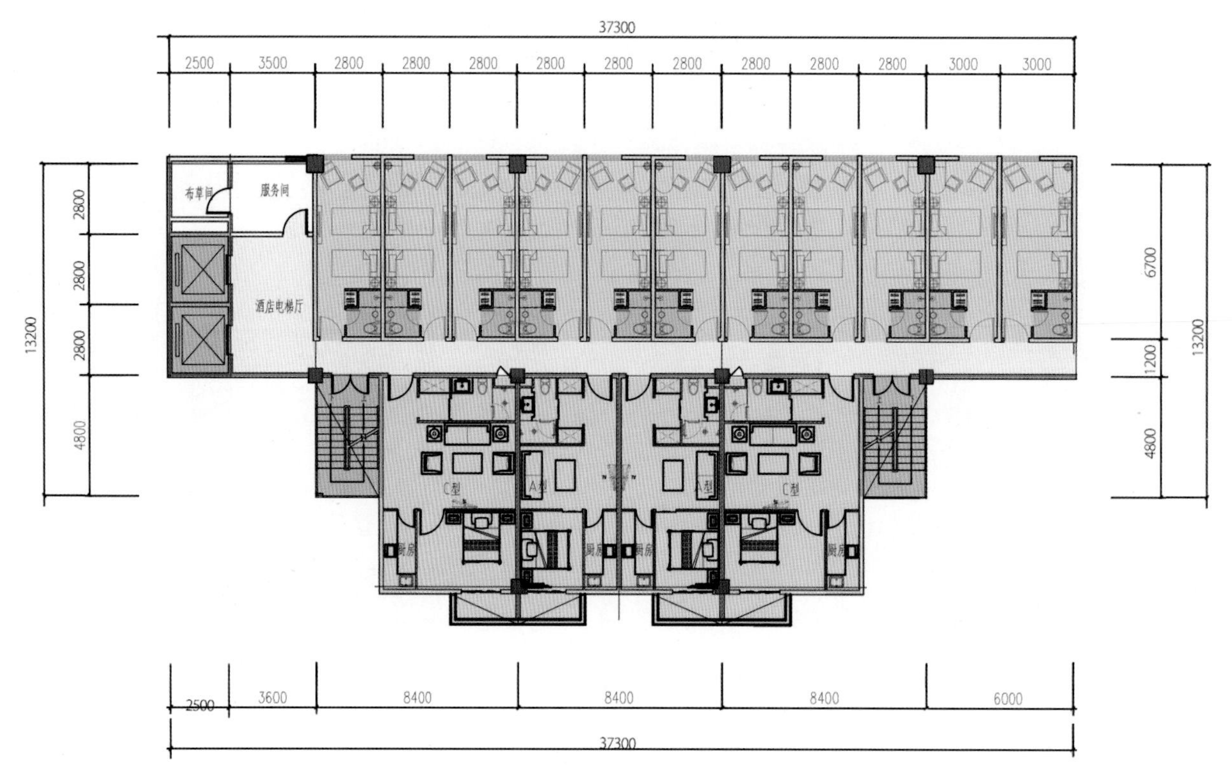

图 7-15-7　连锁酒店 3 ~ 11 层平面

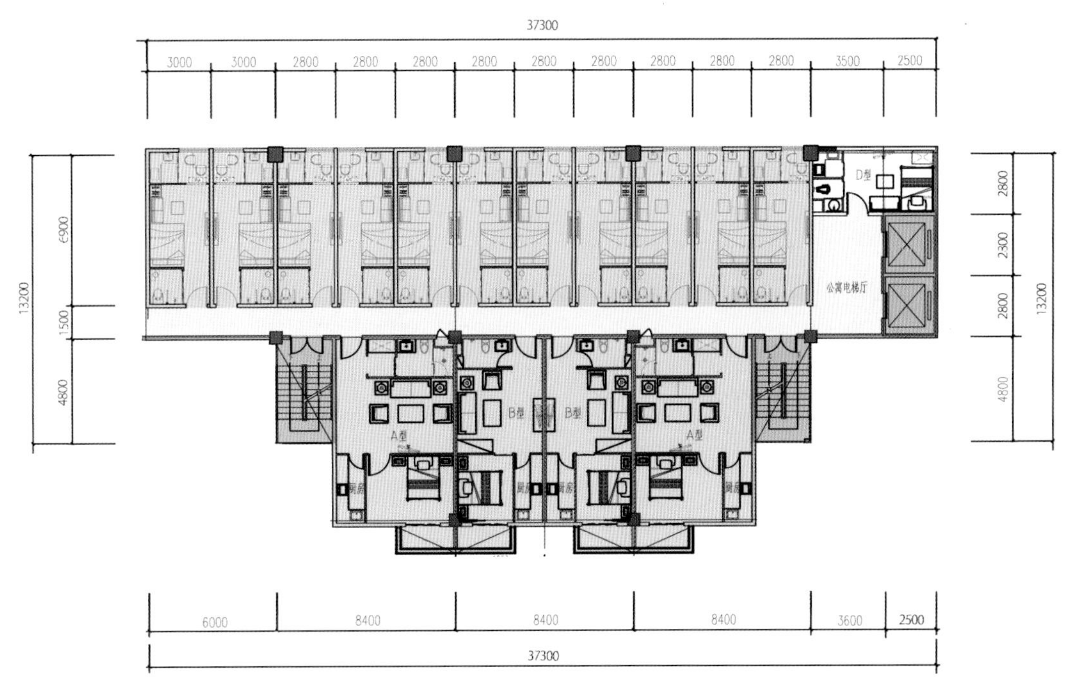

图 7-15-8 青年公寓 3 ~ 11 层平面

图 7-15-9 连锁酒店客房

图 7-15-10 青年公寓

主　　创：朱守训

合　　作：张　巧　袁　毅　朱朋武

参考文献

[1] 刘敦桢．中国住宅概说．北京：中国建筑工业出版社，1957.

[2] 建筑科学研究院建筑史编委，刘敦桢．中国古代建筑史．北京：中国建筑工业出版社，1978.

[3]《住宅建筑设计原理》编写组．住宅建筑设计原理．北京：中国建筑工业出版社，1986：7.

[4] 项秉仁．国外著名建筑师丛书·赖特．北京：中国建筑工业出版社，1992.

[5] 温梓森．北京旧居住区典型调查．建筑学报，1956（06）：29-39.

[6] 彭一刚，屈浩然．在住宅标准设计中对于采用外廊式小面积居室方案的一个建议．建筑学报，1956（06）.

[7] 李宏铎．百万庄住宅区和国棉一厂生活区调查．建筑学报，1956（66）：19-28.

[8] 华揽洪．北京幸福村街坊设计．建筑学报，1957（03）.

[9] 宋融，刘开济．关于小面积住宅设计的探讨（下）．建筑学报，1957（09）.

[10] 赵冬日．北京北郊——居住区规划方案与住宅设计．建筑学报，1957（09）：91-95.

[11] 杨芸．究竟盖平房合不合算．建筑学报，1957（12）.

[12] 全国广矿职工住宅设计竞赛结果的报导．建筑学报，1958（03）.

[13] 刘秀峰．创造中国的社会主义的建筑风格．建筑学报，1959（21）：5-14.

[14] 陶逸钟．大板长楼板住宅方案．建筑学报，1979（02）.

[15] 张敬淦，任朝钧，萧济元．前三门住宅工程的规划与建设．建筑学报，1975（05）.

[16] 建设部建筑设计研究院．当代中国著名机构优秀建筑作品丛书 1——建设部建筑设计研究院．哈尔滨：黑龙江科学技术出版社，1998：6.

[17] 华东建筑设计研究院．当代中国著名机构优秀建筑作品丛书2——华东建筑设计研究院．哈尔滨：黑龙江科学技术出版社，1998：6.

[18] 中国建筑设计研究院建筑历史研究所．浙江民居．北京：中国建筑工业出版社，2007：5.

[19] 胡延利．A+ 建筑．武汉：华中科技大学出版社，2007：11.

[20] 曾江河．世界优秀建筑设计机构精选作品集．天津：天津大学出版社，2013.

[21] 中国建筑设计研究院．作品 2009. 北京：清华大学出版社，2010：1.

[22]《设计家》杂志社．全球新建筑．天津：天津大学出版社，2012：6.

[23] 深圳博远空间．映象中国·顶级楼盘Ⅲ．北京：中国林业出版社，2012：4.

[24] 广州市唐艺文化传播有限公司．第 8 届金盘奖．广州：广东省出版集团，广东经济出版社，2014.

[25] 王志纲工作室．大盘时代：中国泛地产革命．成都：四川人民出版社，2001：11.

[26]（德）艾克哈德·费德森，（德）伊萨·吕德克，周博，范悦，陆伟．全球老年住宅建筑设计手册．北京：中信出版社，2011：11.

[27]（意）安东尼奥·伯纳特．私家豪宅定制．南京：江苏科学技术出版社，2014：4.

[28]《设计家》杂志社．最新居住建筑设计．桂林：广西师范大学出版社，2014：5.

[29] 田砚杰．全球低耗材精品住宅设计．凤凰空间译．南京：江苏凤凰科学技术出版社，2014：9.

[30] 周燕珉等．住宅精细化设计Ⅱ．北京：中国建筑工业出版社，2016：9.

[31] 中国建筑设计研究院．作品 2006. 北京：清华大学出版社．2007.

[32] 宋文国粹图典·建筑．北京：中国画报出版社，2016.

作者经历

朱守训

中国建筑设计研究院　教授研究员级高级建筑师

国家一级注册建筑师

国家级监理工程师

中国建筑学会资深会员

深圳市卓越贡献专家

深圳市土木建筑学会荣誉专家

1960年毕业于南京工学院（现名：东南大学）。20世纪80年代调入中国建筑设计研究院（当时的建设部建筑设计院），先后任中国第一家中外合资的设计公司——华森建筑与工程设计顾问有限公司副总建筑师、设计部经理以及中国建筑设计咨询公司深圳分公司总建筑师等职。主持的居住建筑设计项目主要有：

深圳万科城市花园——荣获全国1999年优秀设计金奖、建设部优秀设计1998年一等奖、深圳市优秀设计一等奖、首届金牛奖；

深圳蛇口海滨高层公寓——荣获深圳市1994年优秀设计二等奖；

深圳荔景大厦——荣获深圳市1996年优秀设计一等奖；

广州锦城花园——荣获建设部直属单位1998年优秀设计一等奖。

1997年退休后被香港沿海物业集团聘为总建筑师，从上海金桥花园外墙外装及室内装修开始，先后开发与设计了深圳聚龙大厦、厦门鹭江新城、鞍山智慧新城、上海丽水华庭、福州豪廷、武汉丽水佳园等房地产项目。

2002年又回到华森，担任顾问总建筑师，主持和参与了杭州大华·西溪风情荣获“全国人居建筑规划综合大奖（2003年）”，广州海盈居（荣获2010年广州市优秀工程设计三等奖）、海南博鳌宝莲城公寓、宁波万达广场酒店公寓等居住建筑项目设计。

2010年被聘为北京中外建建筑设计有限公司深圳分公司顾问总建筑师，2013年后回归中咨建筑设计（深圳）公司任资深总建筑师。

后 记

本书是一本居住建筑的专著，全面叙述了居住建筑的起始、发展、形态、功能以及设计实例，并结合作者五十多年来的居住建筑设计实践，连同日常收集的国内外资料，整合编写而成。书中重温一些经典的实例，旨在穿越时空获得新知。在当今的互联网时代，书中有选择地从网上引用一些优秀的设计实例和图照，可供读者从中鉴赏和甄别，探索建筑创作之路。有些图片无法联系到相关原作者，在此深表歉意。本书图片版权事宜请与笔者联系。

本书编写时，得到了同事单立欣、黄建才、时红、刘滨、刘萍昌、陆洲、施广德、魏慧、李旭华、韦国清、杨敬轩、陈国荣等友好帮助，以及杭州匡合国际袁宁环、青年建筑师王旭潭、陶其然、中建北京建筑设计研究院珠海分院白国德等提供的珍贵的设计资料，谨表真诚的谢意！同事白扬、袁毅、张巧、杨敏、朱朋武等帮助整理图形文件，衷心感谢同事们的热诚支持！最后吾儿立葭对全书文字进行总审校，以保证稿件的品质。完稿收笔之时，我衷心感谢先师的教诲、亲人的呵护、同事的共同努力以及所有友人的盛情帮助！